Android
自定义控件开发入门与实战

启舰◎著

电子工业出版社
Publishing House of Electronics Industry
北京·BEIJING

内 容 简 介

在 Android 中，官方提供的控件是非常有限的，而我们所面临的需求却是多样的。大家在工作中难免会接触到自定义控件的需求，但系统讲解自定义控件知识的书籍却少之又少。这不仅因为自定义控件涉及的知识丰富、繁杂，而且与动画和色彩相关的知识很难在纸张上表现出来。

本书从自定义控件的动画、绘图、视图三方面入手，分别讲解与自定义控件相关的各种知识，给大家系统地梳理相关知识点，并且通过翔实的案例讲解每个知识点在现实工作中所能实现的功能。

本书不仅适合 Android 初、中级水平从业者学习，也适合高水平从业者查漏补缺使用，还可以作为高校 Android 自定义控件方面的入门级教材。

未经许可，不得以任何方式复制或抄袭本书之部分或全部内容。
版权所有，侵权必究。

图书在版编目（CIP）数据

Android 自定义控件开发入门与实战 / 启舰著. —北京：电子工业出版社，2018.7
ISBN 978-7-121-34556-2

Ⅰ.①A… Ⅱ.①启… Ⅲ.①移动终端－应用程序－程序设计 Ⅳ.①TN929.53

中国版本图书馆 CIP 数据核字（2018）第 135168 号

策划编辑：付 睿
责任编辑：牛 勇　　　特约编辑：赵树刚
印　　刷：北京捷迅佳彩印刷有限公司
装　　订：北京捷迅佳彩印刷有限公司
出版发行：电子工业出版社
　　　　　北京市海淀区万寿路 173 信箱　　邮编：100036
开　　本：787×1092　1/16　　印张：31.5　　字数：806.4 千字
版　　次：2018 年 7 月第 1 版
印　　次：2022 年 3 月第 8 次印刷
定　　价：99.00 元

凡所购买电子工业出版社图书有缺损问题，请向购买书店调换。若书店售缺，请与本社发行部联系，联系及邮购电话：(010) 88254888，88258888。
质量投诉请发邮件至 zlts@phei.com.cn，盗版侵权举报请发邮件到 dbqq@phei.com.cn。
本书咨询联系方式：010-51260888-819，faq@phei.com.cn。

前言

在我刚入门 Android 的时候，就被各种自定义控件所吸引，但当真正想要自己去制作时，由于涉及的知识太多，所以根本无从下手。而且我在搜索网页时也发现，与自定义控件相关的知识非常少，大都是一些例子的源码，讲解的内容非常有限。从那时起，我便想，如果我学会了自定义控件，就要写一系列博文，把相关的知识梳理清楚，供后来者参考。

从 2015 年起，我便着重积累这方面的知识。从 2016 年 1 月起，我基本保持每两周一篇博文的频率在 CSDN 上公开发表。在不知不觉间，我已经连续更新了二十几篇博文，得到了很多朋友的喜欢和赞扬。我当初更新博客的目的很简单，一方面，能够梳理知识点，以防自己忘记；另一方面，能为后来者做一点事，希望大家在学习自定义控件时，不必像我这样费劲。

后来，电子工业出版社的付睿编辑联系到我，想让我把与自定义控件相关的知识整理成书。刚开始我是犹豫的，因为纸质媒介很难表现出自定义控件所特有的动画和色彩。为此，电子工业出版社给予了我很大的支持，在官网上添加博客功能，方便我的动态图片上传到后台，进而将图片地址制作成二维码，供大家扫描观看。这一突破性的想法解决了我的后顾之忧。非常感谢他们的支持！

我在阿里巴巴工作的时候，在时间上是非常紧张的，从每天早上 9 点到晚上 9 点是正常的上下班时间。为了写书，我每天早上保证 7 点到公司，写到 9 点，然后再回工位上班；周末基本上也都在准备资料、写代码、写书中度过。这让我原本非常紧张的生活变得更加紧张。

然而我又是一个不安分的人，我于 2017 年 4 月从阿里巴巴辞职，跟朋友一起去创业。创业路上的艰辛是我所没有预见的，原本不多的时间被瓜分得更是少之又少，只能每天熬夜写作。

非常感谢我的妻子聂倩，在这两年里，基本上没有时间陪你，是你的宽容与支持才有了这本书的成稿。同时，也要感谢我的小公主雯雯，如果不是你的到来，我就不会体会到为人父的快乐，是你让我在工作中充满了力量。感谢灰灰，从创业开始就随我四处奔波，不离不弃。感谢博哥，在公司最困难的时候，选择留下来共渡难关。感谢你们在公司走上正轨后，为我承担了工作中大部分的责任，让我能安心地完成本书。

本书开篇主要讲解了入门自定义控件所需的一些必备知识；在动画篇中，详细讲解了在 Android 中制作动画的几种方法；在绘图篇中，具体讲解了与绘图相关的知识；在视图篇中，主要讲解了控件本身所涉及的一些知识。

在写作过程中，我尽量做到两点。第一，讲通、讲透。以我的理解，讲解出相关的知识所涉及的方方面面，力争让大家不再需要自己找资料，就可以全面理解这些知识。当然，本书中的有些内容在网上是找不到的，都是根据个人经验而得出的结论，难免有所偏失，如有不足，还望指正。第二，实例交织。我尽量在每个知识点中都加入一些实战中的例子，方便大家理解。

为了做到这两点，本书内容非常多，我把相对不重要的内容迁移到网上，大家可以到网上继续阅读。同时，本书的前后章节是经过严格推敲的，大家切勿跳章学习，必须按照顺序逐步进行。虽然我会给大家提供源码，但是请大家自己把代码敲一遍，因为只有动手写过的东西，才真正是自己的。

我在更新博客时，喜欢在每篇博文前加一句序言来激励自己。在本书中，我在每章前仍会加一句序言。本书第 1 章的序言是我非常喜欢的一句话，送给大家：迷茫，本就是青春该有的样子，但不要让未来的你讨厌现在的自己。

轻松注册成为博文视点社区用户（www.broadview.com.cn），扫码直达本书页面。

- **下载资源**：本书如提供示例代码及资源文件，均可在 下载资源 处下载。

- **提交勘误**：您对书中内容的修改意见可在 提交勘误 处提交，若被采纳，将获赠博文视点社区积分（在您购买电子书时，积分可用来抵扣相应金额）。另外，可以添加作者的勘误 QQ 群，第一时间获得作者的支持，QQ 群号：931279874。

- **交流互动**：在页面下方 读者评论 处留下您的疑问或观点，与我们和其他读者一同学习交流。

页面入口：*http://www.broadview.com.cn/34556*

目录

开 篇

第1章 绘图基础 2
   1.1 基本图形绘制 2
      1.1.1 概述 2
      1.1.2 画笔的基本设置 4
      1.1.3 Canvas 使用基础 6
      1.1.4 Color 10
   1.2 路径 11
      1.2.1 概述 11
      1.2.2 直线路径 12
      1.2.3 弧线路径 12
   1.3 Region 14
      1.3.1 构造 Region 14
      1.3.2 区域相交 16
   1.4 Canvas（画布） 19
      1.4.1 Canvas 变换 19
      1.4.2 画布的保存与恢复 23

动 画 篇

第2章 视图动画 26
   2.1 视图动画标签 26
      2.1.1 概述 26
      2.1.2 scale 标签 28

  2.1.3 alpha 标签 34
  2.1.4 rotate 标签 35
  2.1.5 translate 标签 36
  2.1.6 set 标签 37
 2.2 视图动画的代码实现 38
  2.2.1 概述 38
  2.2.2 ScaleAnimation 38
  2.2.3 AlphaAnimation 40
  2.2.4 RotateAnimation 40
  2.2.5 TranslateAnimation 41
  2.2.6 AnimationSet 42
  2.2.7 Animation 43
 2.3 插值器初探 44
  2.3.1 AccelerateDecelerateInterpolator 45
  2.3.2 AccelerateInterpolator 47
  2.3.3 DecelerateInterpolator 48
  2.3.4 LinearInterpolator 49
  2.3.5 BounceInterpolator 49
  2.3.6 AnticipateInterpolator 50
  2.3.7 OvershootInterpolator 51
  2.3.8 AnticipateOvershootInterpolator 53
  2.3.9 CycleInterpolator 54
 2.4 动画示例 55
  2.4.1 镜头由远及近效果 55
  2.4.2 加载框效果 56
  2.4.3 扫描动画 57
 2.5 逐帧动画 60
  2.5.1 XML 实现 61
  2.5.2 代码实现 66
第 3 章 属性动画 68
 3.1 ValueAnimator 的基本使用 68
  3.1.1 概述 68
  3.1.2 ValueAnimator 的简单使用 71
  3.1.3 常用函数 74

目录

3.1.4 示例：弹跳加载中效果 83

3.2 自定义插值器与 Evaluator 86
  3.2.1 自定义插值器 87
  3.2.2 Evaluator 90

3.3 ValueAnimator 进阶——ofObject 96
  3.3.1 概述 96
  3.3.2 示例：抛物动画 98

3.4 ObjectAnimator 101
  3.4.1 概述 101
  3.4.2 ObjectAnimator 动画原理 106
  3.4.3 自定义 ObjectAnimator 属性 107
  3.4.4 何时需要实现对应属性的 get 函数 110
  3.4.5 常用函数 112

3.5 组合动画——AnimatorSet 113
  3.5.1 playSequentially()与 playTogether()函数 113
  3.5.2 AnimatorSet.Builder 118
  3.5.3 AnimatorSet 监听器 119
  3.5.4 常用函数 122
  3.5.5 示例：路径动画 126

3.6 Animator 动画的 XML 实现 132
  3.6.1 animator 标签 132
  3.6.2 objectAnimator 标签 134

第 4 章 属性动画进阶 136

4.1 PropertyValuesHolder 与 Keyframe 136
  4.1.1 PropertyValuesHolder 137
  4.1.2 Keyframe 140
  4.1.3 PropertyValuesHolder 之其他函数 148
  4.1.4 示例：电话响铃效果 148

4.2 ViewPropertyAnimator 150
  4.2.1 概述 150
  4.2.2 常用函数 150
  4.2.3 性能考量 153

4.3 为 ViewGroup 内的组件添加动画 153
  4.3.1 animateLayoutChanges 属性 154

· VII ·

        4.3.2　LayoutTransition 157
        4.3.3　其他函数 161
    4.4　开源动画库 NineOldAndroids 163
        4.4.1　NineOldAndroids 中的 ViewPropertyAnimator 164
        4.4.2　NineOldAndroids 中的 ViewHelper 164

第 5 章　动画进阶 168
    5.1　利用 PathMeasure 实现路径动画 168
        5.1.1　初始化 168
        5.1.2　简单函数使用 169
        5.1.3　getSegment()函数 171
        5.1.4　getPosTan()函数 177
        5.1.5　getMatrix()函数 181
        5.1.6　示例：支付宝支付成功动画 182
    5.2　SVG 动画 184
        5.2.1　概述 184
        5.2.2　vector 标签与图像显示 186
        5.2.3　动态 Vector 197
        5.2.4　示例：输入搜索动画 198

绘 图 篇

第 6 章　Paint 基本使用 204
    6.1　硬件加速 204
        6.1.1　概述 204
        6.1.2　软件绘制与硬件加速的区别 204
        6.1.3　禁用 GPU 硬件加速的方法 206
    6.2　文字 207
        6.2.1　概述 207
        6.2.2　绘图四线格与 FontMetrics 210
        6.2.3　常用函数 214
        6.2.4　示例：定点写字 216
    6.3　Paint 常用函数 218
        6.3.1　基本设置函数 218
        6.3.2　字体相关函数 221

第 7 章 绘图进阶 223

7.1 贝济埃曲线 223
7.1.1 概述 223
7.1.2 贝济埃曲线之 quadTo 227
7.1.3 贝济埃曲线之 rQuadTo 234
7.1.4 示例：波浪效果 235

7.2 setShadowLayer 与阴影效果 238
7.2.1 setShadowLayer()构造函数 238
7.2.2 清除阴影 240
7.2.3 示例：给文字添加阴影 242

7.3 BlurMaskFilter 发光效果与图片阴影 243
7.3.1 概述 243
7.3.2 给图片添加纯色阴影 245

7.4 Shader 与 BitmapShader 248
7.4.1 Shader 概述 248
7.4.2 BitmapShader 的基本用法 249
7.4.3 示例一：望远镜效果 254
7.4.4 示例二：生成不规则头像 256

7.5 Shader 之 LinearGradient 257
7.5.1 概述 257
7.5.2 示例：闪光文字效果 261

7.6 Shader 之 RadialGradient 264
7.6.1 双色渐变 264
7.6.2 多色渐变 266
7.6.3 TileMode 填充模式 267

第 8 章 混合模式 269

8.1 混合模式之 AvoidXfermode 269
8.1.1 混合模式概述 269
8.1.2 AvoidXfermode 270
8.1.3 AvoidXfermode 绘制原理 274
8.1.4 AvoidXfermode 之 Mode.AVOID 275

8.2 混合模式之 PorterDuffXfermode 276
8.2.1 PorterDuffXfermode 概述 276
8.2.2 颜色叠加相关模式 279

8.3 PorterDuffXfermode 之源图像模式ﾍ285
8.3.1 Mode.SRC ﾍ285
8.3.2 Mode.SRC_IN ﾍ285
8.3.3 Mode.SRC_OUT ﾍ288
8.3.4 Mode.SRC_OVER ﾍ293
8.3.5 Mode.SRC_ATOP ﾍ293

8.4 目标图像模式与其他模式ﾍ294
8.4.1 目标图像模式ﾍ294
8.4.2 其他模式——Mode.CLEAR ﾍ303
8.4.3 模式总结ﾍ303

第 9 章 Canvas 与图层ﾍ305

9.1 获取 Canvas 对象的方法ﾍ305
9.1.1 方法一：重写 onDraw()、dispatchDraw()函数ﾍ305
9.1.2 方法二：使用 Bitmap 创建ﾍ306
9.1.3 方法三：调用 SurfaceHolder.lockCanvas()函数ﾍ307

9.2 图层与画布ﾍ307
9.2.1 saveLayer()函数ﾍ307
9.2.2 画布与图层ﾍ312
9.2.3 saveLayer()和 saveLayerAlpha()函数的用法ﾍ312

9.3 Flag 的具体含义ﾍ316
9.3.1 Flag 之 MATRIX_SAVE_FLAG ﾍ316
9.3.2 Flag 之 CLIP_SAVE_FLAG ﾍ318
9.3.3 Flag 之 FULL_COLOR_LAYER_SAVE_FLAG 和 HAS_ALPHA_LAYER_SAVE_FLAG ﾍ320
9.3.4 Flag 之 CLIP_TO_LAYER_SAVE_FLAG ﾍ323
9.3.5 Flag 之 ALL_SAVE_FLAG ﾍ325

9.4 恢复画布ﾍ325
9.4.1 restoreToCount(int count) ﾍ325
9.4.2 restore()与 restoreToCount(int count)的关系ﾍ328

第 10 章 Android 画布ﾍ330

10.1 ShapeDrawable ﾍ331
10.1.1 shape 标签与 GradientDrawable ﾍ331
10.1.2 ShapeDrawable 的构造函数ﾍ333

10.1.3 常用函数 345

10.1.4 自定义 Drawable 351

10.1.5 Drawable 与 Bitmap 对比 357

10.2 Bitmap 359

10.2.1 概述 360

10.2.2 创建 Bitmap 方法之一：BitmapFactory 362

10.2.3 BitmapFactory.Options 369

10.2.4 创建 Bitmap 方法之二：Bitmap 静态方法 377

10.2.5 常用函数 384

10.2.6 常见问题 401

10.3 SurfaceView 408

10.3.1 概述 408

10.3.2 SurfaceView 的基本用法 409

10.3.3 SurfaceView 双缓冲技术 421

第 11 章 Matrix 与坐标变换 442

视 图 篇

第 12 章 封装控件 444

12.1 自定义属性与自定义 Style 444

12.1.1 概述 444

12.1.2 declare-styleable 标签的使用方法 444

12.1.3 在 XML 中使用自定义的属性 446

12.1.4 在代码中获取自定义属性的值 447

12.1.5 declare-styleable 标签其他属性的用法 448

12.2 测量与布局 452

12.2.1 ViewGroup 绘制流程 452

12.2.2 onMeasure()函数与 MeasureSpec 452

12.2.3 onLayout()函数 455

12.2.4 获取子控件 margin 值的方法 460

12.3 实现 FlowLayout 容器 466

12.3.1 XML 布局 466

12.3.2 提取 margin 值与重写 onMeasure()函数 468

第 13 章 控件高级属性 475

13.1 GestureDetector 手势检测 475
13.1.1 概述 475
13.1.2 GestureDetector.OnGestureListener 接口 475
13.1.3 GestureDetector.OnDoubleTapListener 接口 479
13.1.4 GestureDetector.SimpleOnGestureListener 类 ... 483
13.1.5 onFling()函数的应用——识别是向左滑还是向右滑 485

13.2 Window 与 WindowManager 486
13.2.1 Window 与 WindowManager 的关系 486
13.2.2 示例：腾讯手机管家悬浮窗的小火箭效果 487

开 篇

自定义控件是 Android 系统中一个非常重要的特性，通过自定义控件可以使生硬的界面变得生动活泼。每个应用或多或少都会有几个乃至几十个自定义控件。

想要自如地自定义控件，必须系统地掌握动画、绘图、Android 原生控件和系统的重要特性等方面的知识。有时候，必须从源码的角度来进行分析，才能达到知其所以然的境界。

本书将分别在绘图、动画、系统特性、原生控件等方面讲述自定义控件的方法，并且会在不同的章节中根据当前所学内容举一些现实中的例子来加深理解。现在我们就一步步走入自定义控件的世界吧。

第 1 章 绘图基础

迷茫，本就是青春该有的样子，但不要让未来的你讨厌现在的自己。

本章作为开篇第 1 章，主要讲解有关自定义控件系列的一些基础知识，是后续各章节的根基。

由于本书初始成稿时已经近 700 页，而这么厚的书定价比较高，因此对第 1 章的内容进行了删减，只保留核心的部分。不过本章完整版本提供了网络下载，读者可登录博文视点本书页面自行下载，其中详细介绍了有关绘图基础知识的内容。

1.1 基本图形绘制

1.1.1 概述

我们平时画图需要两个工具：纸和笔。在 Android 中，Paint 类就是画笔，而 Canvas 类就是纸，在这里叫作画布。

所以，凡是跟画笔设置相关的，比如画笔大小、粗细、画笔颜色、透明度、字体的样式等，都在 Paint 类里设置；同样，凡是要画出成品的东西，比如圆形、矩形、文字等，都要调用 Canvas 类里的函数生成。

下面通过一个自定义控件的例子来看一下如何生成自定义控件，以及 Paint 和 Canvas 类的用法。

（1）新建一个工程，然后写一个类派生自 View。

```
package com.harvic.PaintBasis;

import android.content.Context;
import android.graphics.Canvas;
import android.graphics.Color;
import android.graphics.Paint;
import android.util.AttributeSet;
```

```java
import android.view.View;
public class BasisView extends View {
    public BasisView(Context context) {
        super(context);
    }

    public BasisView(Context context, AttributeSet attrs) {
        super(context, attrs);
    }

    public BasisView(Context context, AttributeSet attrs, int defStyle) {
        super(context, attrs, defStyle);
    }

    @Override
    protected void onDraw(Canvas canvas) {
        super.onDraw(canvas);

        //设置画笔的基本属性
        Paint paint=new Paint();
        paint.setColor(Color.RED);              //设置画笔颜色
        paint.setStyle(Paint.Style.STROKE);     //设置填充样式
        paint.setStrokeWidth(50);               //设置画笔宽度

        //画圆
        canvas.drawCircle(190, 200, 150, paint);
    }
}
```

代码很简单,首先,写一个类派生自 View。派生自 View 表示当前是一个自定义控件,类似 Button、TextView 这些控件都是派生自 View 的。如果我们想像 LinearLayout、RelativeLayout 这样生成一个容器,则需要派生自 ViewGroup。有关 ViewGroup 的知识,我们会在后面的章节中讲述。

其次,重写 onDraw(Canvas canvas)函数。可以看到,在该函数中,入参是一个 Canvas 对象,也就是当前控件的画布,所以我们只要调用 Canvas 的绘图函数,效果就可以直接显示在控件上了。

在 onDraw(Canvas canvas)函数中,我们设置了画笔的基本属性。

```java
Paint paint=new Paint();
paint.setColor(Color.RED);              //设置画笔颜色
paint.setStyle(Paint.Style.STROKE);     //设置填充样式
paint.setStrokeWidth(50);               //设置画笔宽度
```

在这里,我们将画笔设置成红色,填充样式为描边,并且将画笔的宽度设置为 50px(有关这些属性的具体含义,会在后面一一讲述)。

最后,我们利用 canvas.drawCircle(190, 200, 150, paint);语句画了一个圆。需要注意的是,画圆所用的画笔就是我们在这里指定的。

（2）使用自定义控件。

我们可以直接在主布局中使用自定义控件（main.xml）。

```xml
<?xml version="1.0" encoding="utf-8"?>
<LinearLayout xmlns:android="http://schemas.android.com/apk/res/android"
        android:orientation="vertical"
        android:layout_width="fill_parent"
        android:layout_height="fill_parent">

   <com.harvic.PaintBasis.BasisView
        android:layout_width="match_parent"
        android:layout_height="match_parent"/>
</LinearLayout>
```

可以看到，在 XML 中使用自定义控件时，需要使用完整的包名加类包的方式来引入。注意，这里的布局方式使用的全屏方式。后面会讲到如何给自定义控件使用 wrap_content 属性，而目前我们全屏显示控件即可。

效果如下图所示。

从这里可以看到，只需要先创建一个派生自 View 的类，再重新在 onDraw() 函数中设置 Paint 并调用 Canvas 的一些绘图函数，就可以画出我们想要的图形。由此看来，自定义控件并不复杂。下面分别来看如何设置画笔，以及 Canvas 中一些常用的绘图函数。

1.1.2 画笔的基本设置

下面初步讲一下 1.1.1 节的示例中所涉及的几个函数。

1. setColor()

该函数的作用是设置画笔颜色，完整的函数声明如下：

```
void setColor(int color)
```

我们知道，一种颜色是由红、绿、蓝三色合成出来的，所以参数 color 只能取 8 位的 0xAARRGGBB 样式颜色值。

其中：

- A 代表透明度（Alpha），取值范围是 0~255（对应十六进制数 0x00~0xFF），取值越小，透明度越高，图像也就越透明。当取 0 时，图像完全不可见。
- R 代表红色值（Red），取值范围是 0~255（对应十六进制数 0x00~0xFF），取值越小，红色越少。当取 0 时，表示红色完全不可见；当取 255 时，红色完全显示。

- G 代表绿色值（Green），取值范围是 0～255（对应十六进制数 0x00～0xFF），取值越小，绿色越少。当取 0 时，表示绿色完全不可见；当取 255 时，绿色完全显示。
- B 代表蓝色值（Blue），取值范围是 0～255（对应十六进制数 0x00～0xFF），取值越小，蓝色越少。当取 0 时，表示蓝色完全不可见；当取 255 时，蓝色完全显示。

比如 0xFFFF0000 就表示大红色。因为透明度是 255，表示完全不透明，红色取全量值 255，其他色值全取 0，表示颜色中只有红色；当然，如果我们不需要那么红，则可以适当减少红色值，比如 0xFF0F0000 就会显示弱红色。当表示黄色时，由于黄色是由红色和绿色合成的，所以 0xFFFFFF00 就表示纯黄色。当然，如果我们需要让黄色带有一部分透明度，以便显示出所画图像底层图像，则可以适当减少透明度值，比如 0xABFFFF00；当透明度值减少到 0 时，任何颜色都是不可见的，也就是图像变成了全透明，比如 0x00FFFFFF，虽然有颜色值，但由于透明度是 0，所以整个颜色是不可见的。

其实，除手动组合颜色的方法以外，系统还提供了一个专门用来解析颜色的类——Color（有关 Color 类的使用，我们将在本章后面介绍）。

下面绘制一大一小两个圆，并且将这两个圆叠加起来，上方的圆半透明，代码如下：

```
Paint paint=new Paint();
paint.setColor(0xFFFF0000);
paint.setStyle(Paint.Style.FILL);
paint.setStrokeWidth(50);
canvas.drawCircle(190, 200, 150, paint);

paint.setColor(0x7EFFFF00);
canvas.drawCircle(190, 200, 100, paint);
```

这里绘制了两个圆，第一个圆的颜色值是 0xFFFF0000，即不透明的红色，半径取 150px；第二个圆的颜色值是 0x7EFFFF00，即半透明的黄色，半径取 100px。效果如下图所示。

扫码看彩色图

2. setStyle()

完整的函数声明如下：

```
void setStyle(Style style)
```

该函数用于设置填充样式，对于文字和几何图形都有效。style 的取值如下。

- Paint.Style.FILL：仅填充内部。
- Paint.Style.FILL_AND_STROKE：填充内部和描边。
- Paint.Style.STROKE：仅描边。

设置填充内部及描边的样式代码如下：

```
Paint paint=new Paint();
paint.setColor(0xFFFF0000);
paint.setStyle(Paint.Style.FILL_AND_STROKE);
paint.setStrokeWidth(50);
canvas.drawCircle(190, 200, 150, paint);
```

下面以绘制圆形为例，看一下这三个不同的类型，效果如下图所示。

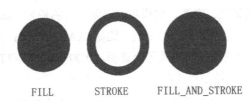

明显可见，FILL_AND_STROKE 是 FILL 和 STROKE 叠加在一起显示的结果，FILL_AND_STROKE 比 FILL 多了一个描边的宽度。

3．setStrokeWidth()

完整的函数声明如下：

```
void setStrokeWidth(float width)
```

用于设置描边宽度值，单位是 px。当画笔的 Style 样式是 STROKE、FILL_AND_STROKE 时有效。

有关该函数的使用方法，在上面的例子中已经多次涉及，这里就不再举例了。

1.1.3　Canvas 使用基础

前面介绍了 Paint 的基本设置方法，下面再来讲讲有关 Canvas 绘图的知识。Canvas 可以实现很多绘图方式，这里仅列出了几个示例函数，更多函数的使用请参考完整版第 1 章内容。

1．画布背景设置

有 3 种方法可以实现画布背景设置，分别如下。

```
void drawColor(int color)
void drawARGB(int a, int r, int g, int b)
void drawRGB(int r, int g, int b)
```

其中，drawColor()函数中参数 color 的取值必须是 8 位的 0xAARRGGBB 样式颜色值。

drawARGB()函数允许分别传入 A、R、G、B 分量，每个颜色值的取值范围都是 0～255（对应十六进制数 0x00～0xFF），内部会通过这些颜色分量构造出对应的颜色值。

drawRGB()函数只允许传入 R、G、B 分量，透明度 Alpha 的值取 255。

比如，将画布默认填充为紫色。

```
protected void onDraw(Canvas canvas) {
    super.onDraw(canvas);
    canvas.drawRGB(255,0,255);
}
```

这里使用的是十进制数值。当然，使用十六进制数值会更直观。

```
drawRGB(0xFF,0x00,0xFF);
```

这个颜色值对应的另外两个函数的写法如下：

```
canvas.drawColor(0xFFFF00FF);
canvas.drawARGB(0xFF,0xFF,0,0xFF);
```

效果如下图所示。

扫码看彩色图

2. 画直线

```
void drawLine(float startX, float startY, float stopX, float stopY, Paint paint)
```

参数：

- startX：起始点 X 坐标。
- startY：起始点 Y 坐标。
- stopX：终点 X 坐标。
- stopY：终点 Y 坐标。

示例如下：

```
Paint paint=new Paint();
paint.setColor(Color.RED);
paint.setStyle(Paint.Style.FILL_AND_STROKE);
paint.setStrokeWidth(50);

canvas.drawLine(100, 100, 200, 200, paint);
```

当设置不同的 Style 类型时，效果如下图所示。

FILL   STROKE FILL_AND_STROKE

从效果图中可以明显看出，直线的粗细与画笔 Style 是没有关系的。

当设置不同的 StrokeWidth 时，效果如下图所示。

setStrokeWidth(5) setStrokeWidth(50)

可见，直线的粗细与 paint.setStrokeWidth 有直接关系。所以，一般而言，paint.setStrokeWidth 在 Style 起作用时，用于设置描边宽度；在 Style 不起作用时，用于设置画笔宽度。

3. 点

```
void drawPoint(float x, float y, Paint paint)
```

参数：

- float x：点的 X 坐标。
- float y：点的 Y 坐标。

示例如下：

```
Paint paint=new Paint();
paint.setColor(Color.RED);
paint.setStrokeWidth(15);
canvas.drawPoint(100, 100, paint);
```

代码很简单，就是在(100,100)位置画一个点。同样，点的大小只与 paint.setStrokeWidth(width) 有关，而与 paint.setStyle 无关。

效果如下图所示。

4. 矩形工具类 RectF、Rect 概述

这两个类都是矩形工具类，根据 4 个点构造出一个矩形结构。RectF 与 Rect 中的方法、成员变量完全一样，唯一不同的是：RectF 是用来保存 float 类型数值的矩形结构的，而 Rect 是用来保存 int 类型数值的矩形结构的。

我们先对比一下它们的构造函数。

RectF 的构造函数有如下 4 个，但最常用的还是第二个，即根据 4 个点构造出一个矩形。

```
RectF()
RectF(float left, float top, float right, float bottom)
RectF(RectF r)
RectF(Rect r)
```

Rect 的构造函数有如下 3 个。

```
Rect()
Rect(int left, int top, int right, int bottom)
Rect(Rect r)
```

可以看出，RectF 与 Rect 的构造函数基本相同，不同的只是 RectF 所保存的数值类型是 float 类型，而 Rect 所保存的数值类型是 int 类型。

一般而言，要构造一个矩形结构，可以通过以下两种方法来实现。

```
//方法一：直接构造
Rect rect = new Rect(10,10,100,100);
//方法二：间接构造
Rect rect = new Rect();
rect.set(10,10,100,100);
```

5. 矩形

在看完矩形的存储结构 RectF、Rect 以后，再来看看矩形的绘制方法。

```
void drawRect(float left, float top, float right, float bottom, Paint paint)
void drawRect(RectF rect, Paint paint)
void drawRect(Rect r, Paint paint)
```

第一个函数是直接传入矩形的 4 个点来绘制矩形的；第二、三个构造函数是根据传入 RectF 或者 Rect 的矩形变量来指定所绘制的矩形的。

```
Paint paint=new Paint();
paint.setColor(Color.RED);
paint.setStyle(Paint.Style.STROKE);
paint.setStrokeWidth(15);

//直接构造
canvas.drawRect(10, 10, 100, 100, paint);

//使用 RectF 构造
paint.setStyle(Paint.Style.FILL);
RectF rect = new RectF(210f, 10f, 300f, 100f);
canvas.drawRect(rect, paint);
```

这里绘制了两个同样大小的矩形。第一个直接使用 4 个点来绘制矩形，并且填充为描边类型；第二个通过 RectF 来绘制矩形，并且仅填充内容。

效果如下图所示。

1.1.4 Color

前面提到,除手动组合颜色的方法以外,系统还提供了一个专门用来解析颜色的类:Color。Color 是 Android 中与颜色处理有关的类。

1. 常量颜色

首先,它定义了很多常量的颜色值,我们可以直接使用。

```
int BLACK
int BLUE
int CYAN
int DKGRAY
int GRAY
int GREEN
int LTGRAY
int MAGENTA
int RED
int TRANSPARENT
int WHITE
int YELLOW
```

可以通过 Color.XXX 来直接使用这些颜色,比如红色,在代码中可以直接使用 Color.RED。在前面的代码中,我们也用到过 Color 的色彩常量,这里就不再赘述了。

2. 构造颜色

1)带有透明度的颜色

```
static int argb(int alpha, int red, int green, int blue)
```

这个函数允许我们分别传入 A、R、G、B 4 个颜色分量,然后合并成一个颜色。其中,alpha、red、green、blue 4 个色彩分量的取值范围都是 0~255。

我们来看一下 argb() 函数的具体实现源码,如下:

```
public static int argb(int alpha, int red, int green, int blue) {
    return (alpha << 24) | (red << 16) | (green << 8) | blue;
}
```

其中,<<是向左位移符号,表示将指定的二进制数向左移多少位。比如,二进制数 110 向左移一位之后的结果为 1100。

比如,alpha << 24 表示向左移 24 位。我们知道,一个色彩值对应的取值范围是 0~255,所以每个色彩值对应二进制的 8 位,比如 alpha 的取值为 255,它的二进制表示就是 11111111 (8 个 1)。

所以,alpha << 24 的结果为 11111111 00000000 00000000 00000000。

同样,如果我们构造的是白色,那么 A、R、G、B 各个分量的值都是 255,当它们进行相应的位移之后的结果如下。

alpha << 24:11111111 00000000 00000000 00000000

red << 16：00000000 11111111 00000000 00000000

green << 8：00000000 00000000 11111111 00000000

blue：00000000 00000000 00000000 11111111

利用"|"（二进制的或运算）将各个二进制值合并之后的结果就是 11111111 11111111 11111111 11111111，分别对应 A、R、G、B 分量。这就是各个分量最终合成对应颜色值的过程。在读代码时，有时会看到直接利用(alpha << 24) | (red << 16) | (green << 8) | blue 来合成对应颜色值的情况，其实跟我们使用 Color.argb()函数来合成的结果是一样的。

2）不带透明度的颜色

```
static int rgb(int red, int green, int blue)
```

其实跟上面的构造函数是一样的，只是不允许指定 alpha 值，alpha 值取 255（完全不透明）。

3. 提取颜色分量

我们不仅能通过 Color 类来合并颜色分量，而且能从一个颜色中提取出指定的颜色分量。

```
static int alpha(int color)
static int red(int color)
static int green(int color)
static int blue(int color)
```

我们能通过上面的 4 个函数提取出对应的 A、R、G、B 颜色分量。

比如：

```
int green = Color.green(0xFF000F00);
```

得到的结果 green 的值就是 0x0F，很简单，就不再赘述了。

本节主要讲解了有关 Paint 和 Canvas 的基本使用方法，并讲述了相关的 Rect 和 Color 类的用法。

但我们在示例中创建 Paint 对象和其他对象时都是在 onDraw()函数中实现的，其实这在现实代码中是不被允许的。因为当需要重绘时就会调用 onDraw()函数，所以在 onDraw()函数中创建的变量会一直被重复创建，这样会引起频繁的程序 GC（回收内存），进而引起程序卡顿。这里之所以这样做，是因为可以提高代码的可读性。大家一定要记住，在 onDraw()函数中不能创建变量！一般在自定义控件的构造函数中创建变量，即在初始化时一次性创建。

1.2 路径

1.2.1 概述

路径是一个比较重要的概念，本节仅列出了直线路径和弧线路径的使用方法，其实还有很多种方法可以实现很多效果，大家可以参考完整版第 1 章内容详细了解。

用过 Photoshop 的读者应该对路径比较熟悉，类似我们用画笔画画，画笔所画出来的一段不间断的曲线就是路径。

在 Android 中，Path 类就代表路径。

在 Canvas 中绘制路径的方法如下：

```
void drawPath(Path path, Paint paint)
```

1.2.2 直线路径

画一条直线路径，一般涉及下面 3 个函数。

```
void moveTo(float x1, float y1)
```

(x1,y1)是直线的起始点，即将直线路径的绘制点定在(x1,y1)位置。

```
void lineTo(float x2, float y2)
```

(x2,y2)是直线的终点，又是下一次绘制直线路径的起始点；lineTo()函数可以一直使用。

```
void close()
```

如果连续画了几条直线，但没有形成闭环，那么调用 close()函数会将路径首尾点连接起来，形成闭环。

示例：画一个三角形。

```
Paint paint=new Paint();
paint.setColor(Color.RED);              //设置画笔颜色
paint.setStyle(Paint.Style.STROKE);     //填充样式改为描边
paint.setStrokeWidth(5);                //设置画笔宽度

Path path = new Path();

path.moveTo(10, 10);          //设定起始点
path.lineTo(10, 100);         //第一条直线的终点，也是第二条直线的起始点
path.lineTo(300, 100);        //画第二条直线
path.close();                 //闭环

canvas.drawPath(path, paint);
```

我们先沿逆时针方向画了两条直线，分别是从(10, 10)到(10, 100)和从(10, 100)到(300, 100)，然后利用 path.close()函数将路径闭合，路径的终点(300,100)就会自行向路径的起始点(10,10)画一条闭合线，所以最终我们看到的是一个路径闭合的三角形。

效果如下图所示。

1.2.3 弧线路径

```
void arcTo(RectF oval, float startAngle, float sweepAngle)
```

这是一个画弧线路径的方法，弧线是从椭圆上截取的一部分。

参数：

- RectF oval：生成椭圆的矩形。
- float startAngle：弧开始的角度，以 X 轴正方向为 0°。
- float sweepAngle：弧持续的角度。

示例：

```
Path path = new Path();
path.moveTo(10,10);
RectF rectF = new RectF(100,10,200,100);
path.arcTo(rectF,0,90);

canvas.drawPath(path,paint);
```

效果如下图所示。

从效果图中发现一个问题：我们只画了一条弧，为什么弧最终还是会和起始点(10,10)连接起来？

因为在默认情况下路径都是连贯的，除以下两种情况外：

- 调用 addXXX 系列函数，将直接添加固定形状的路径。
- 调用 moveTo()函数改变绘制起始位置。

如果我们不想连接怎么办？Path 类也提供了另外两个重载方法。

```
void arcTo(float left, float top, float right, float bottom, float startAngle,
float sweepAngle, boolean forceMoveTo)
   void arcTo(RectF oval, float startAngle, float sweepAngle, boolean forceMoveTo)
```

参数 boolean forceMoveTo 的含义是是否强制地将弧的起始点作为绘制起始位置。

将上面的代码稍加改造：

```
Path path = new Path();
path.moveTo(10,10);
RectF rectF = new RectF(100,10,200,100);
path.arcTo(rectF,0,90,true);

canvas.drawPath(path,paint);
```

效果如下图所示。

1.3 Region

Region 译为"区域"，顾名思义，区域是一块任意形状的封闭图形。Region 是一个非常重要的内容，很多时候我们会选择使用 Region 来构造图形，在这里只列出了 Region 的几个常用函数，对于诸如 Region 的枚举、蜘蛛网实战等内容放在了完整版第 1 章中。

1.3.1 构造 Region

1. 直接构造

```
public Region(Region region)                            //复制一个 Region 的范围
public Region(Rect r)                                   //创建一个矩形区域
public Region(int left, int top, int right, int bottom) //创建一个矩形区域
```

第一个构造函数通过其他 Region 来复制一个同样的 Region 变量。

第二、三个构造函数才是常用的，根据一个矩形或矩形的左上角点和右下角点构造出一个矩形区域。

示例：

```
@Override
protected void onDraw(Canvas canvas) {
    super.onDraw(canvas);

    Paint paint = new Paint();
    paint.setStyle(Paint.Style.FILL);
    paint.setColor(Color.RED);

    Region region = new Region(new Rect(50,50,200,100));
    drawRegion(canvas,region,paint);
}
```

示例中构造出一个矩形的 Region 对象。由于 Canvas 中并没有用来画 Region 的方法，所以，如果我们想将 Region 画出来，就必须自己想办法。这里定义了一个 drawRegion()函数将整个 Region 画出来。drawRegion()函数的定义如下：

```
private void drawRegion(Canvas canvas,Region rgn,Paint paint)
{
    RegionIterator iter = new RegionIterator(rgn);
    Rect r = new Rect();

    while (iter.next(r)) {
        canvas.drawRect(r, paint);
    }
}
```

在这里只需要知道我们自定义的 drawRegion()函数是可以将整个 Region 画出来的。

效果如下图所示。

从这里可以看出，Canvas 并没有提供针对 Region 的绘图方法，这就说明 Region 的本意并不是用来绘图的。对于上面构造的矩形填充，我们完全可以使用 Rect 来代替。

```
Paint paint = new Paint();
paint.setStyle(Paint.Style.FILL);
paint.setColor(Color.RED);

canvas.drawRect(new Rect(50,50,200,100),paint);
```

实现的效果与上面相同。

2．间接构造

间接构造主要是通过 public Region()的空构造函数与 set 系列函数相结合来实现的。

Region 的空构造函数：

```
public Region()
```

set 系列函数：

```
public void setEmpty()   //置空
public boolean set(Region region)
public boolean set(Rect r)
public boolean set(int left, int top, int right, int bottom)
public boolean setPath(Path path, Region clip)
```

注意：无论调用 set 系列函数的 Region 是不是有区域值，当调用 set 系列函数后，原来的区域值就会被替换成 set 系列函数里的区域值。

各函数的含义如下。

- setEmpty()：从某种意义上讲，置空也是一个构造函数，即将原来的一个区域变量变成空变量，再利用其他的 set 函数重新构造区域。
- set(Region region)：利用新的区域替换原来的区域。
- set(Rect r)：利用矩形所代表的区域替换原来的区域。
- set(int left, int top, int right, int bottom)：根据矩形的两个角点构造出矩形区域来替换原来的区域。
- setPath(Path path, Region clip)：根据路径的区域与某区域的交集构造出新的区域。

在这里主要讲解利用 setPath()函数构造不规则区域的方法，其他的几个函数使用难度都不大，就不再详细讲解了。

```
boolean setPath(Path path, Region clip)
```

参数：

- Path path：用来构造区域的路径。
- Region clip：与前面的 path 所构成的路径取交集，并将该交集设置为最终的区域。

由于路径有很多种构造方法，而且可以轻易构造出非矩形的路径，因而摆脱了前面的构造函数只能构造矩形区域的限制。但这里有一个问题，即需要指定另一个区域来取交集。当然，如果想显示路径构造的区域，那么 Region clip 参数可以传入一个比 Path 范围大得多的区域，取完交集之后，当然得到的就是 Path path 参数所对应的区域了。

示例：

```
Paint paint = new Paint();
paint.setColor(Color.RED);
paint.setStyle(Paint.Style.FILL);
//构造一条椭圆路径
Path ovalPath = new Path();
RectF rect = new RectF(50, 50, 200, 500);
ovalPath.addOval(rect, Path.Direction.CCW);
//在 setPath()函数中传入一个比椭圆区域小的矩形区域，让其取交集
Region rgn = new Region();
rgn.setPath(ovalPath, new Region(50, 50, 200, 200));
//画出路径
drawRegion(canvas, rgn, paint);
```

效果如下图所示。

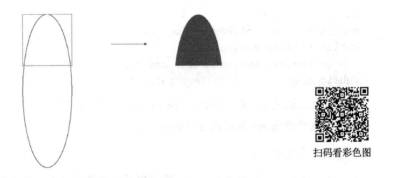

扫码看彩色图

左侧分别画出了所构造的椭圆和矩形，二者相交之后，所画出的 Region 对象是如右侧图像所示的椭圆上部分。

1.3.2 区域相交

前面说过，Region 不是用来绘图的，所以 Region 最重要的功能在区域的相交操作中。

1. union()函数

```
boolean union(Rect r)
```

该函数用于与指定矩形取并集，即将 Rect 所指定的矩形加入当前区域中。

示例：

```
Paint paint = new Paint();
paint.setColor(Color.RED);
```

```
paint.setStyle(Paint.Style.FILL);

Region region = new Region(10,10,200,100);
region.union(new Rect(10,10,50,300));
drawRegion(canvas,region,paint);
```

在上述代码中，先在横向、竖向分别画两个矩形区域，然后利用 union()函数将两个矩形区域合并。效果如下图所示。

2．区域操作

除通过 union()函数合并指定矩形以外，Region 还提供了如下几个更加灵活的操作函数。

系列方法一：

```
boolean op(Rect r, Op op)
boolean op(int left, int top, int right, int bottom, Op op)
boolean op(Region region, Op op)
```

这些函数的含义是：用当前的 Region 对象与指定的一个 Rect 对象或者 Region 对象执行相交操作，并将结果赋给当前的 Region 对象。如果计算成功，则返回 true；否则返回 false。

其中最重要的是指定操作类型的 Op 参数。Op 参数值有如下 6 个。

```
public enum Op {
    DIFFERENCE(0),          //最终区域为region1 与 region2 不同的区域
    INTERSECT(1),           //最终区域为region1 与 region2 相交的区域
    UNION(2),               //最终区域为region1 与 region2 组合在一起的区域
    XOR(3),                 //最终区域为region1 与 region2 相交之外的区域
    REVERSE_DIFFERENCE(4),  //最终区域为region2 与 region1 不同的区域
    REPLACE(5);             //最终区域为region2 的区域
}
```

至于这 6 个参数值的具体含义，后面会给出具体的对比图，这里先举一个取交集的例子。

下图显示的是两个矩形相交的结果，横、竖两个矩形分别用描边画出来，相交区域用颜色填充。

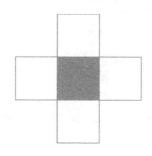

绘图过程如下：

首先构造两个相交的矩形，并画出它们的轮廓。

```
//构造两个矩形
Rect rect1 = new Rect(100,100,400,200);
Rect rect2 = new Rect(200,0,300,300);

//构造一个画笔，画出矩形的轮廓
Paint paint = new Paint();
paint.setColor(Color.RED);
paint.setStyle(Style.STROKE);
paint.setStrokeWidth(2);

canvas.drawRect(rect1, paint);
canvas.drawRect(rect2, paint);
```

然后利用上面的两个 rect（rect1 和 rect2）来构造 Region，并在 rect1 的基础上取与 rect2 的交集。

```
//构造两个区域
Region region = new Region(rect1);
Region region2= new Region(rect2);

//取两个区域的交集
region.op(region2, Op.INTERSECT);
```

最后构造一个填充画笔，将所选区域用绿色填充。

```
Paint paint_fill = new Paint();
paint_fill.setColor(Color.GREEN);
paint_fill.setStyle(Style.FILL);
drawRegion(canvas, region, paint_fill);
```

其他参数的操作与此类似，其实只需要改动 region.op(region2, Op.INTERSECT);的 Op 参数值即可，这里就不一一列举了，给出操作后的对比图，如下图所示。

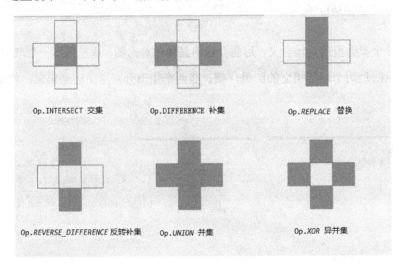

系列方法二：

```
boolean op(Rect rect, Region region, Op op)
boolean op(Region region1, Region region2, Region.Op op)
```

这两个函数允许我们传入两个 Region 对象进行区域操作，并将操作结果赋给当前的 Region 对象。同样，当操作成功时，返回 true；否则返回 false。

函数用法如下：

```
Region region1 = new Region(100,100,400,200);
Region region2 = new Region(200,0,300,300);

Region region = new Region();
region.op(region1,region2, Region.Op.INTERSECT);
```

在这里，将 region1、region2 相交的结果赋给 Region 对象。

1.4 Canvas（画布）

在 1.1 节中讲过 Canvas 是用来作画的画布，并且讲述了利用 Canvas 的 drawXXX 系列函数来绘制各种图形的方法。除可以在 Canvas 上面绘图以外，还可以对画布进行变换及裁剪等操作。

Canvas（画布）是一个非常重要而且难理解的内容，这部分涉及的内容比较多，关键在于对 Canvas 与屏幕的关系、画布的保存和恢复等方面的理解。因为篇幅太长，所以本节进行了删减，请大家务必下载完整版第 1 章内容仔细阅读。

1.4.1 Canvas 变换

1. 平移（Translate）

Canvas 中有一个函数 translate()是用来实现画布平移的。画布的原始状态是以左上角点为原点，向右是 X 轴正方向，向下是 Y 轴正方向，如下图所示。

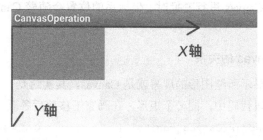

由于画布的左上角点为坐标轴的原点(0,0)，所以当平移画布以后，坐标系也同样会被平移。被平移后的画布的左上角点是新的坐标原点。translate()函数的原型如下：

```
void translate(float dx, float dy)
```

参数：

- float dx：水平方向平移的距离，正数为向正方向（向右）平移的量，负数为向负方向（向左）平移的量。
- float dy：垂直方向平移的距离，正数为向正方向（向下）平移的量，负数为向负方向（向上）平移的量。

示例：

```
protected void onDraw(Canvas canvas) {
    // TODO Auto-generated method stub
    super.onDraw(canvas);

    Paint paint = new Paint();
    paint.setColor(Color.GREEN);
    paint.setStyle(Style.FILL);

//  canvas.translate(100, 100);
    Rect rect1 = new Rect(0,0,400,220);
    canvas.drawRect(rect1, paint);
}
```

在上述代码中，先把 canvas.translate(100,100);注释掉，看原来矩形的位置；然后打开注释，看平移后的位置，对比如下图所示。

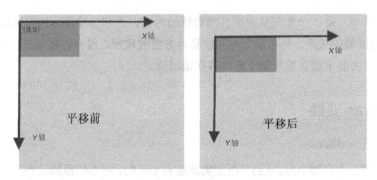

很明显，在平移后，同样绘制 Rect(0,0,400,220)，但是坐标系的起始点变成了平移后的原点。由此可见，在对 Canvas 进行变换时，坐标系的位置会随着 Canvas 左上角点的移动而移动。

2. 屏幕显示与 Canvas 的关系

很多读者一直以为显示所绘图形的屏幕就是 Canvas，其实这是一种非常错误的理解，比如下面这段代码。在这段代码中，同一个矩形，在画布平移前后各画一次，结果会怎样？

```
protected void onDraw(Canvas canvas) {
    super.onDraw(canvas);

    //构造两个画笔，一个红色，一个绿色
    Paint paint_green = generatePaint(Color.GREEN, Style.STROKE, 3);
    Paint paint_red   = generatePaint(Color.RED, Style.STROKE, 3);
```

```
    //构造一个矩形
    Rect rect1 = new Rect(0,0,400,220);

    //在平移画布前,用绿色画笔画下边框
    canvas.drawRect(rect1, paint_green);

    //在平移画布后,再用红色画笔重新画下边框
    canvas.translate(100, 100);
    canvas.drawRect(rect1, paint_red);
}
private Paint generatePaint(int color,Paint.Style style,int width) {
    Paint paint = new Paint();
    paint.setColor(color);
    paint.setStyle(style);
    paint.setStrokeWidth(width);
    return paint;
}
```

实际结果如下图所示。

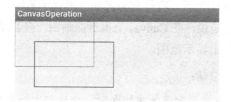

扫码看彩色图

为什么绿色框并没有移动?

这是由于屏幕显示与 Canvas 根本不是一个概念！Canvas 是一个很虚幻的概念,相当于一个透明图层。每次在 Canvas 上画图时(调用 drawXXX 系列函数),都会先产生一个透明图层,然后在这个图层上画图,画完之后覆盖在屏幕上显示。所以,上述结果是经以下几个步骤形成的。

（1）在调用 canvas.drawRect(rect1, paint_green);时,产生一个 Canvas 透明图层,由于当时还没有对坐标系进行平移,所以坐标原点是(0,0);在 Canvas 上画好之后,覆盖到屏幕上显示出来。过程如下图所示。

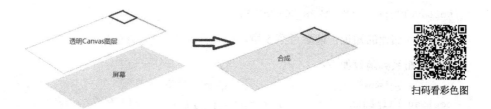

扫码看彩色图

（2）在调用 canvas.drawRect(rect1, paint_red);时,又会产生一个全新的 Canvas 透明图层,

但此时画布坐标已经改变了，即分别向右和向下移动了 100 像素，所以此时的绘图方式如下图所示（合成视图，从上往下看的合成方式）。

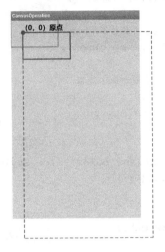

扫码看彩色图

上图展示了上层的 Canvas 图层与底部的屏幕的合成过程。由于 Canvas 已经平移了 100 像素，所以在画图时是以新原点来产生视图的，然后合成到屏幕上，这就是我们看到的最终结果。我们看到，当屏幕移动之后，有一部分超出了屏幕的范围，那超出范围的图像显不显示呢？当然不显示了！也就是说，在 Canvas 上虽然能画图，但若超出屏幕的范围，是不会显示的。当然，这里并没有超出显示范围。

下面对上述知识做一下总结：

（1）当每次调用 drawXXX 系列函数来绘图时，都会产生一个全新的 Canvas 透明图层。

（2）如果在调用 drawXXX 系列函数前，调用平移、旋转等函数对 Canvas 进行了操作，那么这个操作是不可逆的。每次产生的画布的最新位置都是这些操作后的位置。

（3）在 Canvas 图层与屏幕合成时，超出屏幕范围的图像是不会显示出来的。

3. 裁剪画布（clip 系列函数）

裁剪画布是指利用 clip 系列函数，通过与 Rect、Path、Region 取交、并、差等集合运算来获得最新的画布形状。除调用 save()、restore()函数以外，这个操作是不可逆的，一旦 Canvas 被裁剪，就不能恢复。

注意：在使用裁剪画布系列函数时，需要禁用硬件加速功能。

```
setLayerType(LAYER_TYPE_SOFTWARE,null);
```

有关硬件加速的知识，请参考第 5 章。

裁剪画布系列函数如下：

```
boolean clipPath(Path path)
boolean clipPath(Path path, Region.Op op)
boolean clipRect(Rect rect, Region.Op op)
boolean clipRect(RectF rect, Region.Op op)
boolean clipRect(int left, int top, int right, int bottom)
```

```
boolean clipRect(float left, float top, float right, float bottom)
boolean clipRect(RectF rect)
boolean clipRect(float left, float top, float right, float bottom, Region.Op op)
boolean clipRect(Rect rect)
boolean clipRegion(Region region)
boolean clipRegion(Region region, Region.Op op)
```

以上就是根据 Rect、Path、Region 来获得最新画布状态的函数，使用难度都不大，就不再一一讲述了。下面以 clipRect()函数为例来讲解具体应用。

```
protected void onDraw(Canvas canvas) {
    super.onDraw(canvas);

    canvas.drawColor(Color.RED);
    canvas.clipRect(new Rect(100, 100, 200, 200));
    canvas.drawColor(Color.GREEN);
}
```

效果如下图所示。

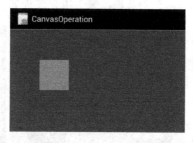

扫码看彩色图

先把背景色涂成红色，显示在屏幕上；然后裁剪画布；最后将最新的画布涂成绿色。可见，绿色部分只有一小块，而不再是整个屏幕了。

1.4.2　画布的保存与恢复

1. save()和 restore()函数

前面介绍的所有对画布的操作都是不可逆的，这会造成很多麻烦。比如，为了实现一些效果而不得不对画布进行操作，但操作完了，画布状态也改变了，这会严重影响到后面的画图操作。如果能对画布的大小和状态（旋转角度、扭曲等）进行实时保存和恢复就好了。本小节就讲述与画布的保存和恢复相关的函数——save()和 restore()。这两个函数的原型如下：

```
int save()
void restore()
```

这两个函数没有任何参数，使用很简单。

- save()：每次调用 save()函数，都会先保存当前画布的状态，然后将其放入特定的栈中。
- restore()：每次调用 restore()函数，都会把栈中顶层的画布状态取出来，并按照这个状态恢复当前的画布，然后在这个画布上作画。

为了更清晰地显示这两个函数的作用，我们举一个例子，代码如下：

```java
protected void onDraw(Canvas canvas) {
    super.onDraw(canvas);

    canvas.drawColor(Color.RED);

    //保存当前画布大小,即整屏
    canvas.save();

    canvas.clipRect(new Rect(100, 100, 800, 800));
    canvas.drawColor(Color.GREEN);

    //恢复整屏画布
    canvas.restore();

    canvas.drawColor(Color.BLUE);
}
```

在这个例子中,首先将整个画布填充为红色,在将画布状态保存之后,将画布裁剪并填充为绿色,然后将画布还原以后填充为蓝色。整个填充过程如下图所示。

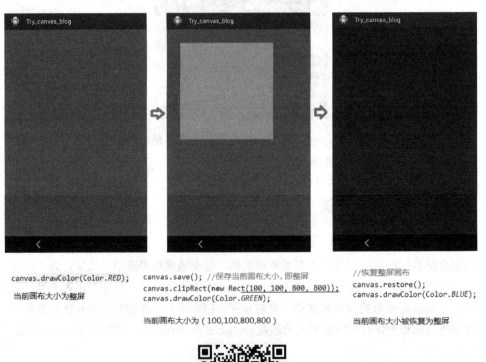

扫码看彩色图

在完整版第 1 章中,还有一个多次利用 save() 和 restore() 函数的例子,讲述了有关保存画布状态的栈的概念。这个例子非常重要,请大家务必下载阅读。

动画篇

动画是自定义控件的基础特性之一，它能使僵硬的视图变得活跃、有趣、富有创造性。动画的使用并不难，然而想要掌握原理却不是那么容易的，有时候为了达到完美的动画效果，会用到 SVG 动画。在本章中，我们有时会从源码角度分析动画的原理，通过自定义动画插值器等内容来深入理解动画的使用方法。

在本篇中，我们将使用几个章节来详细介绍各种动画的使用方法，并且结合工作中的实例来讲述一些看似使用困难的自定义控件的具体实现。

第 2 章

视图动画

人生最纠结的事情不是你甘于平淡，而是你明明不希望平凡，却不知道未来应该怎么办。

在 Android 动画中，共有两种类型的动画：View Animation（视图动画）和 Property Animation（属性动画）。其中，View Animation 包括 Tween Animation（补间动画）和 Frame Animation（逐帧动画）；Property Animation 包括 ValueAnimator 和 ObjectAnimator。

View Animation 就是本章要介绍的动画内容，它在 API Level 1 时就被引入了。而 Property Animation 是在 API Level 11 时被引入的，即从 Android 3.0 才开始有与 Property Animation 相关的 API。既然 Property Animation 引入的时间较晚，那么它肯定是用来弥补 View Animation 的不足的。至于它们的具体区别，我们暂且不提，先来看看视图动画的定义和用法。

2.1 视图动画标签

2.1.1 概述

Android 的视图动画由 5 种类型组成：alpha、scale、translate、rotate、set。本小节主要看看如何利用 xml 标签来定义一个动画并使用它。

1．配置 XML 动画文件

在配置一个 XML 动画文件时，需要用到如下几个标签。

- alpha：渐变透明度动画效果。
- scale：渐变尺寸伸缩动画效果。
- translate：画面变换位置移动动画效果。
- rotate：画面转移旋转动画效果。
- set：定义动画集。

比如，可以利用 scale 标签定义如下所示的 XML 动画文件（scaleanim.xml）。

```xml
<?xml version="1.0" encoding="utf-8"?>
<scale xmlns:android="http://schemas.android.com/apk/res/android"
    android:fromXScale="0.0"
    android:toXScale="1.4"
    android:fromYScale="0.0"
    android:toYScale="1.4"
    android:duration="700" />
```

2. 动画文件存放位置

动画文件应该存放在 res/anim 文件夹下，访问时使用 R.anim.XXX，位置如下图所示。

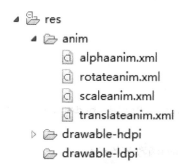

当然，也可以存放在 res/drawable 文件夹下，访问时使用 R.drawable.XXX。

3. 使用动画文件

比如，有下面的布局文件：

```xml
<?xml version="1.0" encoding="utf-8"?>
<LinearLayout xmlns:android="http://schemas.android.com/apk/res/android"
        android:orientation="vertical"
        android:layout_width="fill_parent"
        android:layout_height="fill_parent">

    <Button
        android:id="@+id/btn"
        android:layout_width="match_parent"
        android:layout_height="wrap_content"
        android:text="startAnim"/>

    <TextView
        android:id="@+id/tv"
        android:layout_width="100dp"
        android:layout_height="100dp"
        android:layout_gravity="center_horizontal"
        android:background="@android:color/darker_gray"
        android:text="Hello World"/>
</LinearLayout>
```

在单击按钮的时候，给 TextView 应用动画。

```java
public class MyActivity extends Activity {
```

```
    @Override
    public void onCreate(Bundle savedInstanceState) {
        super.onCreate(savedInstanceState);
        setContentView(R.layout.main);

        findViewById(R.id.btn).setOnClickListener(new View.OnClickListener() {
            public void onClick(View v) {
                TextView tv = (TextView)findViewById(R.id.tv);
                Animation animation = AnimationUtils.loadAnimation(MyActivity.this,R.anim.scaleanim);
                tv.startAnimation(animation);
            }
        });
    }
```

首先加载动画。

```
Animation animation = AnimationUtils.loadAnimation(MyActivity.this,R.anim.scaleanim);
```

然后利用 View 的 startAnimation() 函数开始动画。

效果如下图所示。

扫码看完整效果

当动画开始时，会将 TextView 的宽度、高度都从 0 缩放到 1.4 倍大小。

2.1.2 scale 标签

scale 标签用于缩放动画，可以实现动态调整控件尺寸的效果。该标签有如下几个属性。

- android:fromXScale：动画起始时，控件在 X 轴方向上相对自身的缩放比例，浮点值，比如，1.0 代表自身无变化，0.5 代表缩小 1 倍，2.0 代表放大 1 倍。
- android:toXScale：动画结束时，控件在 X 轴方向上相对自身的缩放比例，浮点值。
- android:fromYScale：动画起始时，控件在 Y 轴方向上相对自身的缩放比例，浮点值。
- android:toYScale：动画结束时，控件在 Y 轴方向上相对自身的缩放比例，浮点值。
- android:pivotX：缩放起始点 X 轴坐标，可以是数值、百分数、百分数 p 三种样式，如 50、50%、50%p。如果是数值，则表示在当前视图的左上角，即原点处加上 50px，作为缩放起始点 X 轴坐标；如果是 50%，则表示在当前控件的左上角加上自己宽度的 50%

作为缩放起始点 X 轴坐标；如果是 50%p，则表示在当前控件的左上角加上父控件宽度的 50%作为缩放起始点 X 轴坐标（具体含义后面会举例演示）。
- android:pivotY：缩放起始点 Y 轴坐标，取值及含义与 android:pivotX 相同。

1. scale 标签的相关参数

再回到 2.1.1 节中的例子，在这个例子中定义的缩放动画是：在 X 轴方向上，控件的宽度从 0 缩放到原宽度的 1.4 倍；在 Y 轴方向上，控件的高度也从 0 缩放到原高度的 1.4 倍。从效果图中也可以看出，在动画开始后，它将控件的宽度和高度都设为 0；然后逐渐展开，一直放大到原宽度和高度的 1.4 倍；在动画结束后，回到初始态。

再举一个例子：

```
<scale xmlns:android="http://schemas.android.com/apk/res/android"
    android:fromXScale="1.0"
    android:toXScale="0.4"
    android:fromYScale="1.2"
    android:toYScale="0.6"
    android:duration="700" />
```

起始时，在 X 轴方向上，从原宽度的 1 倍大小开始缩放到 0.4 倍大小，1 倍大小就是原大小；而在 Y 轴方向上，则从原高度的 1.2 倍大小开始缩放到 0.6 倍大小。

效果如下图所示。

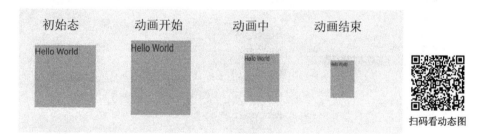

2. pivotX 和 pivotY 取不同值时的含义

在 scale 标签中，pivotX 和 pivotY 用于指定动画的起始点坐标。它们都有三种取值：50、50%、50%p。下面分别讲述不同取值的具体含义。

1）取值为数值时（50）

比如下面的这段代码：

```
<?xml version="1.0" encoding="utf-8"?>
<scale xmlns:android="http://schemas.android.com/apk/res/android"
    android:fromXScale="0.0"
    android:toXScale="1.4"
    android:fromYScale="0.0"
    android:toYScale="1.4"
    android:pivotX="50"
    android:pivotY="50"
    android:duration="700" />
```

这个控件的宽度和高度都从 0 放大到 1.4 倍。在默认情况下，动画的起始点是控件左上角的坐标原点，而 pivotX、pivotY 用于指定动画的起始点与坐标原点的相对位置。这里指的是起始点在坐标原点的基础上在 X 轴正方向和 Y 轴正方向上都加上 50px。效果如下图所示。

如果把效果图与 2.1.1 节中的效果图进行对比，则会明显地发现，虽然这里相比 2.1.1 节只添加了 pivotX=50,pivotY=50 属性，但动画结束时的状态是一样的，只是动画起始时的点不一样。在 2.1.1 节中没有添加 pivot 属性，动画的起始位置就是控件的左上角。当我们添加了 pivotX=50,pivotY=50 属性以后，动画的起始位置就变成了以控件的左上角为原点、坐标为 (50,50) 的位置。

下图是一张动画结束时的效果图，白色框表示控件初始态，黑点位置是动画起始时的位置。可见，动画的结束位置是相同的，只是会根据起始位置的不同，动态调节 X 轴、Y 轴的缩放速度。

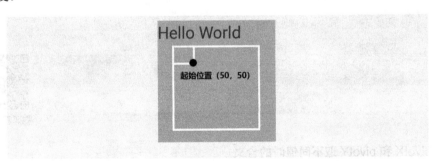

2）取值为百分数时（50%）

下面再来看看当 pivotX、pivotY 取百分数的时候，起始点又在哪里。

当 pivotX 的值取 50%时，表示在原点坐标的基础上加上自己宽度的 50%。代码如下：

```
<?xml version="1.0" encoding="utf-8"?>
<scale xmlns:android="http://schemas.android.com/apk/res/android"
    android:fromXScale="0.0"
    android:toXScale="1.4"
    android:fromYScale="0.0"
    android:toYScale="1.4"
    android:pivotX="50%"
    android:pivotY="50%"
    android:duration="700" />
```

缩放大小与上面的例子相同，依然从 0 放大到 1.4 倍，这里只改变了 pivotX 和 pivotY 的取值，效果如下图所示。

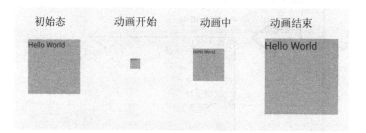

扫码看动态图

起始点位置如下图所示。

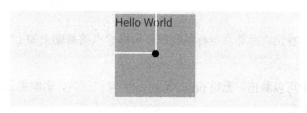

图中，黑色点就是动画起始点，它的位置是在坐标原点的基础上，增加自身宽度的 50% 和自身高度的 50%。由于这里 TextView 控件的宽度和高度是相等的，所以起始点在控件中心点的位置。

3）取值为百分数 p 时（50%p）

前面说过，当取值在百分数后面加上一个字母 p 时，表示取值的基数是父控件，即在原点的基础上增加的值是父控件的百分值。代码如下：

```xml
<?xml version="1.0" encoding="utf-8"?>
<scale xmlns:android="http://schemas.android.com/apk/res/android"
    android:fromXScale="0.0"
    android:toXScale="1.4"
    android:fromYScale="0.0"
    android:toYScale="1.4"
    android:pivotX="50%p"
    android:pivotY="50%p"
    android:duration="700" />
```

效果如下图所示。

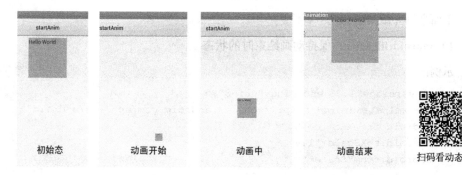

扫码看动态图

起始点位置如下图所示。

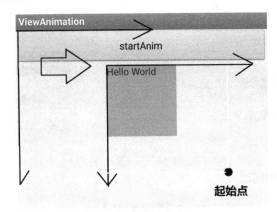

从效果图中可以看出,起始点坐标是在控件坐标原点的基础上加上父控件宽度的 50%和父控件高度的 50%。

从这些效果图中可以看出,无论 pivotX、pivotY 取任何值,影响的只是动画的起始位置,结束位置始终是不会变的。

3．Animation 继承属性

所有的动画都继承自 Animation 类,也就是说,Animation 类是所有动画（scale、alpha、translate、rotate）的基类,而 Animation 自己是没有对应的标签的,但在它的内部仍然实现了一些共用的动画属性,所有派生自 Animation 类的动画类也具有这些属性,这里就以 scale 标签为例来讲述 Animation 类所具有的属性及其含义。

- android:duration：用于设置完成一次动画的持续时间,以毫秒为单位。
- android:fillAfter：如果设置为 true,则控件动画结束时,将保持动画结束时的状态。
- android:fillBefore：如果设置为 true,则控件动画结束时,将还原到初始化状态。
- android:fillEnabled：与 android:fillBefore 效果相同,都是在控件动画结束时,将还原到初始化状态。
- android:repeatCount：用于指定动画的重复次数,当取值为 infinite 时,表示无限循环。
- android:repeatMode：用于设定重复的类型,有 reverse 和 restart 两个值。其中,reverse 表示倒序回放；restart 表示重放,并且必须与- repeatCount 一起使用才能看到效果。
- android:interpolator：用于设定插值器,其实就是指定的动画效果,比如弹跳效果等。

下面举例介绍其中的几个属性。

1）android:fillAfter：保持动画结束时的状态

示例：

```
<?xml version="1.0" encoding="utf-8"?>
<scale xmlns:android="http://schemas.android.com/apk/res/android"
    android:fromXScale="0.0"
    android:toXScale="1.4"
    android:fromYScale="0.0"
```

```
    android:toYScale="1.4"
    android:pivotX="50%"
    android:pivotY="50%"
    android:duration="700"
    android:fillAfter="true"
/>
```

扫码看动态图

从效果图中可以看出，在动画结束后，控件保持在 1.4 倍的状态，不会再变回到初始化状态，这就是 fillAfter 属性的作用：让控件保持在动画结束时的状态不再改变。

2）android:fillBefore：还原到初始化状态

示例：

```
<?xml version="1.0" encoding="utf-8"?>
<scale xmlns:android="http://schemas.android.com/apk/res/android"
    android:fromXScale="0.0"
    android:toXScale="1.4"
    android:fromYScale="0.0"
    android:toYScale="1.4"
    android:pivotX="50%"
    android:pivotY="50%"
    android:duration="700"
    android:fillBefore="true"
/>
```

扫码看动态图

在动画结束时，控件会还原到初始化状态，不保留动画的任何痕迹。

从效果图中也可以看出，如果不添加 android:fillBefore 属性，则默认也会还原到控件的初始化状态。也就是说，在默认情况下，android:fillBefore 属性的值为 true。

3）android:repeatMode="restart /reverse"：设定重复的类型

当动画重复播放时，可以通过 android:repeatMode 属性来设定重复的类型。

示例：

```
<?xml version="1.0" encoding="utf-8"?>
<scale xmlns:android="http://schemas.android.com/apk/res/android"
    android:fromXScale="0.0"
    android:toXScale="1.4"
    android:fromYScale="0.0"
    android:toYScale="1.4"
    android:pivotX="50%"
    android:pivotY="50%"
    android:duration="700"
    android:fillBefore="true"
    android:repeatCount="1"
    android:repeatMode="restart"
/>
```

当 android:RepeatMode 属性的值为 restart 时，效果如下图所示。

扫码看动态图

当 android:RepeatMode 属性的值为 reverse 时，效果如下图所示。

扫码看动态图

很明显，restart 表示重放，而 reverse 表示倒序回放。

2.1.3 alpha 标签

alpha 标签用于实现渐变透明度动画效果。除从 Animation 类继承而来的属性外，该标签自身所具有的属性如下。

- android:fromAlpha：动画开始时的透明度，取值范围为 0.0～1.0，0.0 表示全透明，1.0 表示完全不透明。
- android:toAlpha：动画结束时的透明度，取值范围为 0.0～1.0，0.0 表示全透明，1.0 表示完全不透明。

示例：

```xml
<?xml version="1.0" encoding="utf-8"?>
<alpha xmlns:android="http://schemas.android.com/apk/res/android"
    android:fromAlpha="1.0"
    android:toAlpha="0.1"
    android:duration="3000"
    android:fillBefore="true">
</alpha>
```

效果如下图所示。

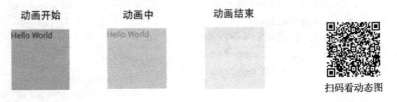

扫码看动态图

从效果图中可以看出，在动画开始后，控件透明度从不透明变成了完全透明。

2.1.4 rotate 标签

rotate 标签用于实现画面转移旋转动画效果。除从 Animation 类继承而来的属性外，该标签自身所具有的属性如下。

- android:fromDegrees：动画开始旋转时的角度位置，正值代表顺时针方向的度数，负值代表逆时针方向的度数。
- android:toDegrees：动画结束时旋转到的角度位置，正值代表顺时针方向的度数，负值代表逆时针方向的度数。
- android:pivotX：旋转中心点 X 轴坐标，默认旋转中心点是控件坐标原点。可以是数值、百分数、百分数 p 三种样式，比如 50、50%、50%p，具体含义已在 scale 标签中讲述，这里就不再赘述了。
- android:pivotY：旋转中心点 Y 轴坐标，可以是数值、百分数、百分数 p 三种样式，比如 50、50%、50%p。

1. android:fromDegrees 与 android:toDegrees 属性

示例：

```
<?xml version="1.0" encoding="utf-8"?>
<rotate xmlns:android="http://schemas.android.com/apk/res/android"
    android:fromDegrees="0"
    android:toDegrees="-650"
    android:duration="3000"
    android:fillAfter="true">
</rotate>
```

由于我们没有指定 android:pivotX 与 android:pivotY 属性，所以旋转中心点是默认的控件坐标原点，即控件左上角位置。效果是围绕旋转中心点沿逆时针方向从 0°旋转到 650°。

扫码看动态图

2. android:pivotX 与 android:pivotY 属性

这两个属性的取值依然有三种：数值、百分数、百分数 p，比如 50、50%、50%p。与 scale 标签相同的是计算坐标点的位置，但是它们的含义却与 scale 标签中的不一样，它们在 scale 标签中用于指定动画的开始位置，而在 rotate 标签中却用于指定动画旋转中心点坐标。

示例：

```
<?xml version="1.0" encoding="utf-8"?>
<rotate xmlns:android="http://schemas.android.com/apk/res/android"
    android:fromDegrees="0"
    android:toDegrees="-650
```

```
    android:pivotX="100%"
    android:pivotY="100%"
    android:duration="3000"
    android:fillAfter="true">

</rotate>
```

如果我们以控件的右下角为动画旋转中心点，则效果如下图所示。

扫码看动态图

2.1.5　translate 标签

translate 标签用于实现画面变换位置移动动画效果。除从 Animation 类继承而来的属性外，该标签自带的属性如下。

- android:fromXDelta：起始点 X 轴坐标，可以是数值、百分数、百分数 p 三种样式，比如 50、50%、50%p，具体含义已在 scale 标签中讲述，这里就不再赘述了。
- android:fromYDelta：起始点 Y 轴坐标，可以是数值、百分数、百分数 p 三种样式。
- android:toXDelta：终点 X 轴坐标。
- android:toYDelta：终点 Y 轴坐标。

示例：

```
<?xml version="1.0" encoding="utf-8"?>
<translate xmlns:android="http://schemas.android.com/apk/res/android"
    android:fromXDelta="0"
    android:toXDelta="-80"
    android:fromYDelta="0"
    android:toYDelta="-80"
    android:duration="2000">
</translate>
```

这里指定控件从点(0,0)移动到点(-80,-80)。

扫码看动态图

2.1.6 set 标签

set 标签是一个容器类标签,用于定义动画集。前面的 4 个标签只能完成特定的功能,而 set 标签则可以把这些动画效果组合起来,共同完成一个动画。比如,想利用 TextView 控件完成一个动画——从小到大,旋转出场,而且透明度也要从 0 变成 1,该怎么办?这时就需要对指定的控件定义动画集,利用 set 标签就可以实现。

set 标签自身没有属性,它的属性都是从 Animation 类继承而来的。当这些属性用于 set 标签时,就会对 set 标签下的所有子控件产生作用。

示例:

```xml
<?xml version="1.0" encoding="utf-8"?>
<set xmlns:android="http://schemas.android.com/apk/res/android"
    android:duration="3000"
    android:fillAfter="true">

  <alpha
    android:fromAlpha="0.0"
    android:toAlpha="1.0"/>

  <scale
    android:fromXScale="0.0"
    android:toXScale="1.4"
    android:fromYScale="0.0"
    android:toYScale="1.4"
    android:pivotX="50%"
    android:pivotY="50%"/>

  <rotate
    android:fromDegrees="0"
    android:toDegrees="720"
    android:pivotX="50%"
    android:pivotY="50%"/>

</set>
```

上述代码就完成了将控件从小到大,旋转出场,而且透明度从 0 变成 1 的组合效果。

扫码看动态图

注意:在 set 标签中设置 repeatCount 属性是无效的,必须对每个动画单独设置才有作用。

2.2 视图动画的代码实现

2.2.1 概述

在 2.1 节中我们熟悉了如何利用 XML 来给控件添加动画。使用 XML 来添加动画可以很大限度地提高代码复用性，但有时我们只是临时使用一个动画，就没有必要单独写一个 XML 动画文件了，可以使用代码的方法生成一个动画操作。

标签与所对应的类如下表所示。

标　　签	类
scale	ScaleAnimation
alpha	AlphaAnimation
rotate	RotateAnimation
translate	TranslateAnimation
set	AnimationSet

前面提到，这些动画都派生自 Animation 类，Animation 类里的方法是这些动画所共用的。Animation 类里的标签属性与方法的对应关系如下表所示。

标签属性	方　　法
android:duration	setDuration(long)
android:fillAfter	setFillAfter(boolean)
android:fillBefore	setFillBefore(boolean)
android:fillEnabled	setFillEnabled(boolean)
android:repeatCount	setRepeatCount(int)
android:repeatMode	setRepeatMode(int)
android:interpolator	setInterpolator(Interpolator)

其中，setRepeatMode(int) 取值为 Animation.RESTART 或者 Animation.REVERSE；setRepeatCount(int)用于设置循环次数，当设置为 Animation.INFINITE 时，表示无限循环，与在 XML 中设置 android:repeateCount = "infinite"的作用是一样的。有关 setInterpolator(Interpolator) 设置插值器的问题，将在 2.3 节中讲述。

有关 Animation 类中的各种方法在 2.1 节中已经讲述，下面来具体看看各个动画类的用法。

2.2.2 ScaleAnimation

ScaleAnimation 类对应 scale 标签。

在 2.1.2 节中提到，scale 标签的自有属性有 android:fromXScale、android:toXScale、android:fromYScale、android:toYScale、android:pivotX 和 android:pivotY，这些属性是通过不同的构造函数传递进去的，而不是像 Animation 类一样，每个属性对应一个固定的方法。ScaleAnimation 类的构造函数有如下几个：

第 2 章　视图动画

```
ScaleAnimation(Context context, AttributeSet attrs)
ScaleAnimation(float fromX, float toX, float fromY, float toY)
ScaleAnimation(float fromX, float toX, float fromY, float toY, float pivotX, 
float pivotY)
ScaleAnimation(float fromX, float toX, float fromY, float toY, int pivotXType, 
float pivotXValue, int pivotYType, float pivotYValue)
```

第一个构造函数用于从本地 XML 文件中加载动画，基本上用不到，我们主要看下面三个构造函数。

在标签属性 android:pivotX 中有三种取值样式，分别是数值、百分数、百分数 p，体现在构造函数中，就是最后一个构造函数的 pivotXType 参数，它的取值有三个：Animation.ABSOLUTE、Animation.RELATIVE_TO_SELF 和 Animation.RELATIVE_TO_PARENT。如果传入的是具体数值，比如 50，则对应的 pivotXType 取值是 Animation.ABSOLUTE；如果传入的是百分数，比如 50%，即相对自身的比例，则对应的 pivotXType 取值是 Animation.RELATIVE_TO_SELF；如果传入的是百分数 p，比如 50%p，即相对父容器的比例，则对应的 pivotXType 取值是 Animation.RELATIVE_TO_PARENT。参数 pivotYType 与 pivotXType 的取值相同。

我们可以根据是否要传递某个值来决定采用哪个构造函数，下面举例说明。

在 2.1.2 节中讲解 scale 标签时，所使用的一个 XML 动画文件如下：

```xml
<?xml version="1.0" encoding="utf-8"?>
<scale xmlns:android="http://schemas.android.com/apk/res/android"
    android:fromXScale="0.0"
    android:toXScale="1.4"
    android:fromYScale="0.0"
    android:toYScale="1.4"
    android:pivotX="50%"
    android:pivotY="50%"
    android:duration="700" />
```

如果用代码构造同样的效果，则对应的代码如下：

```java
public class MyActivity extends Activity {
    @Override
    public void onCreate(Bundle savedInstanceState) {
        super.onCreate(savedInstanceState);
        setContentView(R.layout.main);

        findViewById(R.id.btn).setOnClickListener(new View.OnClickListener() {
            public void onClick(View v) {
                TextView tv = (TextView)findViewById(R.id.tv);

                ScaleAnimation scaleAnim = new ScaleAnimation(0.0f,1.4f,0.0f,
1.4f,Animation.RELATIVE_TO_SELF,0.5f,Animation.RELATIVE_TO_SELF,0.5f);
                scaleAnim.setDuration(700);

                tv.startAnimation(scaleAnim);
            }
```

```
        });
    }
}
```

2.2.3　AlphaAnimation

AlphaAnimation 类对应 alpha 标签。

在 2.1.3 节中提到，alpha 标签的自有属性有 android:fromAlpha 和 android:toAlpha。

同样，这些属性是以构造函数的方式提供的。AlphaAnimation 类的构造函数如下：

```
AlphaAnimation(Context context, AttributeSet attrs)
AlphaAnimation(float fromAlpha, float toAlpha)
```

同样，我们一般只会用到第二个构造函数，下面举例说明其用法。

在 2.1 节中，我们构造的 alpha 动画的 XML 代码如下：

```xml
<?xml version="1.0" encoding="utf-8"?>
<alpha xmlns:android="http://schemas.android.com/apk/res/android"
    android:fromAlpha="1.0"
    android:toAlpha="0.1"
    android:duration="3000"
    android:fillBefore="true">
</alpha>
```

如果用代码构造同样的效果，则对应的代码如下：

```
TextView tv = (TextView)findViewById(R.id.tv);

AlphaAnimation alphaAnim = new AlphaAnimation(1.0f,0.1f);
alphaAnim.setDuration(3000);
alphaAnim.setFillBefore(true);

tv.startAnimation(alphaAnim);
```

2.2.4　RotateAnimation

RotateAnimation 类对应 rotate 标签。

在 2.1.4 节中提到，rotate 标签的自有属性有 android:fromDegrees、android:toDegrees、android:pivotX 和 android:pivotY。

同样，它的各个属性依然通过构造函数的方式提供。RotateAnimation 类的构造函数如下：

```
RotateAnimation(Context context, AttributeSet attrs)
RotateAnimation(float fromDegrees, float toDegrees)
RotateAnimation(float fromDegrees, float toDegrees, float pivotX, float pivotY)
RotateAnimation(float fromDegrees, float toDegrees, int pivotXType, float pivotXValue, int pivotYType, float pivotYValue)
```

RotateAnimation 类与 ScaleAnimation 类相似，关键问题同样是 pivotXType 和 pivotYType

的选择，同样有三个取值：Animation.ABSOLUTE、Animation.RELATIVE_TO_SELF 和 Animation.RELATIVE_TO_PARENT。

在 2.1 节中，我们构造的 rotate 动画的 XML 代码如下：

```xml
<?xml version="1.0" encoding="utf-8"?>
<rotate xmlns:android="http://schemas.android.com/apk/res/android"
    android:fromDegrees="0"
    android:toDegrees="-650"
    android:pivotX="50%"
    android:pivotY="50%"
    android:duration="3000"
    android:fillAfter="true">

</rotate>
```

如果用代码构造同样的效果，则对应的代码如下：

```
TextView tv = (TextView)findViewById(R.id.tv);

RotateAnimation rotateAnim = new RotateAnimation(0, -650, Animation.RELATIVE_TO_SELF, 0.5f, Animation.RELATIVE_TO_SELF, 0.5f);
rotateAnim.setDuration(3000);
rotateAnim.setFillAfter(true);

tv.startAnimation(rotateAnim);
```

2.2.5 TranslateAnimation

TranslateAnimation 类对应 translate 标签。

在 2.1.5 节中提到，translate 标签的自有属性有 android:fromXDelta、android:fromYDelta、android: toXDelta 和 android:toYDelta。

同样，这些属性是以构造函数的方式提供的。TranslateAnimation 类的构造函数如下：

```
TranslateAnimation(Context context, AttributeSet attrs)
TranslateAnimation(float fromXDelta, float toXDelta, float fromYDelta, float toYDelta)
TranslateAnimation(int fromXType, float fromXValue, int toXType, float toXValue, int fromYType, float fromYValue, int toYType, float toYValue)
```

第二个构造函数使用的是绝对数值对应的 Type，全部是 Animation.ABSOLUTE；当我们需要指定类似 50%、50%p 的效果时，就需要使用第三个构造函数。在第三个构造函数中，可以针对每个值指定对应的 Type 与具体的值。所以在构造函数中，最理想的就是第三个构造函数。

在 2.1 节中，我们构造的 translate 动画的 XML 代码如下：

```xml
<?xml version="1.0" encoding="utf-8"?>
<translate xmlns:android="http://schemas.android.com/apk/res/android"
    android:fromXDelta="0"
```

```xml
    android:toXDelta="-80"
    android:fromYDelta="0"
    android:toYDelta="-80"
    android:duration="2000"
    android:fillBefore="true">
</translate>
```

如果用代码构造同样的效果，则对应的代码如下：

```java
TextView tv = (TextView)findViewById(R.id.tv);

TranslateAnimation translateAnim = new TranslateAnimation(Animation.ABSOLUTE, 0, Animation.ABSOLUTE, -80, Animation.ABSOLUTE, 0, Animation.ABSOLUTE, -80);
translateAnim.setDuration(2000);
translateAnim.setFillBefore(true);

tv.startAnimation(translateAnim);
```

2.2.6 AnimationSet

AnimationSet 类对应 set 标签。

AnimationSet 类的构造函数如下：

```java
AnimationSet(Context context, AttributeSet attrs)
AnimationSet(boolean shareInterpolator)
```

shareInterpolator 参数的取值有两个：true 和 false。当取值为 true 时，用于在 AnimationSet 类中定义一个插值器（Interpolator），其下面的所有动画共用该插值器；当取值为 false，则表示其下面的动画定义各自的插值器。

增加动画的函数为：

```java
public void addAnimation(Animation a)
```

在 2.1 节中，我们构造的 set 动画的 XML 代码如下：

```xml
<?xml version="1.0" encoding="utf-8"?>
<set xmlns:android="http://schemas.android.com/apk/res/android"
    android:duration="3000"
    android:fillAfter="true">

  <alpha
    android:fromAlpha="0.0"
    android:toAlpha="1.0"/>

  <scale
    android:fromXScale="0.0"
    android:toXScale="1.4"
    android:fromYScale="0.0"
    android:toYScale="1.4"
    android:pivotX="50%"
    android:pivotY="50%"/>
```

```xml
<rotate
  android:fromDegrees="0"
  android:toDegrees="720"
  android:pivotX="50%"
  android:pivotY="50%"/>
</set>
```

如果用代码构造同样的效果,则对应的代码如下:

```java
TextView tv = (TextView)findViewById(R.id.tv);

Animation alpha_Anim = new AlphaAnimation(0.1f,1.0f);
Animation scale_Anim = new ScaleAnimation(0.0f,1.4f,0.0f,1.4f,Animation.RELATIVE_TO_SELF,0.5f,Animation.RELATIVE_TO_SELF,0.5f);
Animation rotate_Anim = new RotateAnimation(0, 720, Animation.RELATIVE_TO_SELF, 0.5f, Animation.RELATIVE_TO_SELF, 0.5f);

AnimationSet setAnim=new AnimationSet(true);
setAnim.addAnimation(alpha_Anim);
setAnim.addAnimation(scale_Anim);
setAnim.addAnimation(rotate_Anim);

setAnim.setDuration(3000);
setAnim.setFillAfter(true);

tv.startAnimation(setAnim);
```

代码很简单,就是先创建各种动画,然后利用 AnimationSet.addAnimation(anim)函数添加进去。

2.2.7 Animation

1. 概述

其实 Animation 类除具有一些属性以外,还有一些函数可供我们使用。

```
void cancel()
```

取消动画。

```
void reset()
```

将控件重置到动画开始前状态。

```
void setAnimationListener(Animation.AnimationListener listener)
```

设置动画监听,其中,Animation.AnimationListener 中的回调函数如下:

```java
abstract void onAnimationEnd(Animation animation)
abstract void onAnimationRepeat(Animation animation)
abstract void onAnimationStart(Animation animation)
```

- onAnimationEnd():当动画结束时,会调用此函数通知。

- onAnimationRepeat()：当动画重复时，会调用此函数通知。
- onAnimationStart()：当动画开始时，会调用此函数通知。

2. setAnimationListener()函数示例

下面利用 setAnimationListener()函数完成一个效果：让控件先实现缩放动画，再实现旋转动画。代码如下：

```java
    final RotateAnimation rotateAnim = new RotateAnimation(0, -650, Animation.
RELATIVE_TO_SELF, 0.5f, Animation.RELATIVE_TO_SELF, 0.5f);
    rotateAnim.setDuration(3000);
    rotateAnim.setFillAfter(true);


    ScaleAnimation scaleAnim = new ScaleAnimation(0.0f, 1.4f, 0.0f, 1.4f, Animation.
RELATIVE_TO_SELF, 0.5f, Animation.RELATIVE_TO_SELF, 0.5f);
    scaleAnim.setDuration(700);
    scaleAnim.setAnimationListener(new Animation.AnimationListener() {
        public void onAnimationStart(Animation animation) {

        }

        public void onAnimationEnd(Animation animation) {
            tv.startAnimation(rotateAnim);

        }

        public void onAnimationRepeat(Animation animation) {

        }
    });

    tv.startAnimation(scaleAnim);
```

扫码看动画效果图

2.3 插值器初探

前面我们学习了如何定义一个动画，但有一个疑问：动画的变化速率是匀速的吗？像我们骑自行车，有时快、有时慢，那么动画的变化速率是怎么指定的呢？如果想让它先加速再减速该怎么办？

有关动画的变化速率的问题是由 Interpolator 类来决定的。Interpolator 叫插值器，也叫加速器，是用来指定动画如何变化的变量。

其实 Interpolator 只是一个接口，通过实现这个接口就可以自定义动画的变化速率。系统提供了如下几个已经实现了插值器的类。

第 2 章 视图动画

Interpolator class	Resource ID
AccelerateDecelerateInterpolator	@android:anim/accelerate_decelerate_interpolator
AccelerateInterpolator	@android:anim/accelerate_interpolator
AnticipateInterpolator	@android:anim/anticipate_interpolator
AnticipateOvershootInterpolator	@android:anim/anticipate_overshoot_interpolator
BounceInterpolator	@android:anim/bounce_interpolator
CycleInterpolator	@android:anim/cycle_interpolator
DecelerateInterpolator	@android:anim/decelerate_interpolator
LinearInterpolator	@android:anim/linear_interpolator
OvershootInterpolator	@android:anim/overshoot_interpolator

左侧对应的是插值器的类名，右侧对应该插值器在 XML 文件中的引用方法。

关于插值器，有两种使用方法。

方法一：在 XML 文件中引用插值器

示例：

```xml
<?xml version="1.0" encoding="utf-8"?>
<alpha xmlns:android="http://schemas.android.com/apk/res/android"
    android:fromAlpha="1.0"
    android:toAlpha="0.1"
    android:duration="3000"
    android:fillBefore="true"
    android:interpolator="@android:anim/linear_interpolator">
</alpha>
```

在 XML 文件中直接使用 android:interpolator 属性引用系统插值器。

方法二：通过 setInterpolator()函数设置插值器

示例：

```
TextView tv = (TextView) findViewById(R.id.tv);

AlphaAnimation alphaAnim = new AlphaAnimation(1.0f, 0.1f);
alphaAnim.setDuration(3000);
alphaAnim.setFillBefore(true);
alphaAnim.setInterpolator(new LinearInterpolator());

tv.startAnimation(alphaAnim);
```

也可以通过在代码中使用 setInterpolator()函数来动态设置 Animation 的插值器。

有关自定义插值器的方法将会在第 3 章中讲述，这里着重讲解系统自带插值器的使用方法。

2.3.1 AccelerateDecelerateInterpolator

AccelerateDecelerateInterpolator 是加速减速插值器，表示在开始与结束的地方速率改变比较慢，在中间的时候加速。利用数学绘图工具将它的整个变化过程绘制出来，如下图所示。

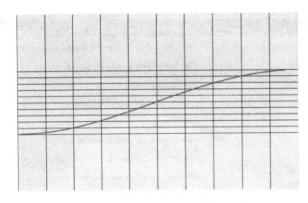

下图能更好地解释上面这幅图像的含义。

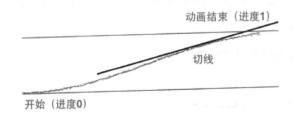

整幅图像表示的是动画进度，最左侧表示动画进度为 0，即动画刚开始；最右侧表示动画完成，进度为 1；中间表示在某个时间点的动画进度。所以某个点的切线就表示当前动画的速率。从图像中也可以看出，切线与 X 轴的夹角初始是逐渐增大的，随着时间的推移，夹角逐渐减小，所以表示在速率上就是初始逐渐增大，随着时间的推移，速率逐渐减小。也就是说，这个插值器的效果是先加速后减速。

下面以平移动画为例来看效果。

定义的平移动画如下：

```xml
<?xml version="1.0" encoding="utf-8"?>
<translate xmlns:android="http://schemas.android.com/apk/res/android"
        android:fromXDelta="0"
        android:toXDelta="0"
        android:fromYDelta="0"
        android:toYDelta="200"
        android:fillAfter="true"
        android:duration="2000">
</translate>
```

上述代码表示从上向下平移 200px，并将控件固定在动画结束的位置，以防返回初始状态，影响视觉效果。

在单击按钮的时候，对 TextView 应用动画，并给它加上 AccelerateDecelerateInterpolator 插值器。

```
findViewById(R.id.btn).setOnClickListener(new View.OnClickListener() {
    public void onClick(View v) {
        TextView tv = (TextView)findViewById(R.id.tv);
```

```
        Animation translateAnim = AnimationUtils.loadAnimation(MyActivity.this,
R.anim.translateanim);
        translateAnim.setInterpolator(new AccelerateDecelerate
Interpolator());
        tv.startAnimation(translateAnim);

    }
});
```

从效果图中也可以看出,在移动控件时,刚开始时速率加快,在快结束时速率变慢。

同样,对于旋转动画而言,如果使用 AccelerateDecelerateInterpolator 插值器,则表示旋转速度初始加快,后期变慢。而如果对透明度动画应用这个插值器,则透明度变化速度初始加快,后期变慢。缩放动画也是同样的道理。

下面再以旋转动画为例来看一下效果。

```
<?xml version="1.0" encoding="utf-8"?>
<rotate xmlns:android="http://schemas.android.com/apk/res/android"
        android:fromDegrees="0"
        android:toDegrees="950"
        android:pivotX="100%"
        android:pivotY="100%"
        android:duration="3000"
        android:fillAfter="true">

</rotate>
```

在单击按钮后,开始动画。

```
findViewById(R.id.btn).setOnClickListener(new View.OnClickListener() {
    public void onClick(View v) {
        TextView tv = (TextView)findViewById(R.id.tv);

        Animation rotateAnim =
AnimationUtils.loadAnimation(MyActivity.this,R.anim.rotateanim);
        rotateAnim.setInterpolator(new AccelerateDecelerate
Interpolator());
        tv.startAnimation(rotateAnim);
    }
});
```

很明显,开始时动画速率加快,后期变慢。

2.3.2 AccelerateInterpolator

AccelerateInterpolator 是加速插值器,表示在动画开始的地方速率改变比较慢,然后开始加速,图像表示如下图所示。

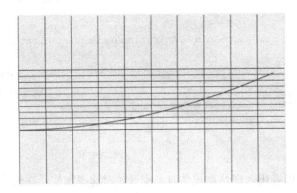

同样，整幅图像表示的是动画进度，左侧表示动画开始，进度是 0；右侧表示动画结束，进度为 1；切线表示动画速率。从图中也可以看出，切线与 X 轴的夹角是逐渐增大的，也就是说动画一直是加速的。

同样，以旋转动画为例来讲解效果。

```
TextView tv = (TextView)findViewById(R.id.tv);

Animation rotateAnim = AnimationUtils.loadAnimation(MyActivity.this,R.anim.rotateanim);
rotateAnim.setInterpolator(new AccelerateInterpolator());

tv.startAnimation(rotateAnim);
```

扫码看效果图

从效果图中可以看出，动画一直加速，在停止时是突然停止的，而不像 AccelerateDecelerateInterpolator 先减速再停止。

对于其他动画效果也是一样的，这里就不再一一讲述了。

2.3.3　DecelerateInterpolator

DecelerateInterpolator 是减速插值器，表示在动画开始的一瞬间加速到最大值，然后逐渐变慢，图像表示如下图所示。

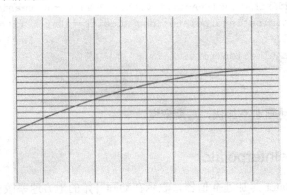

使用旋转动画更容易看出效果。

```
TextView tv = (TextView)findViewById(R.id.tv);

Animation rotateAnim = AnimationUtils.loadAnimation(MyActivity.
this,R.anim. rotateanim);
    rotateAnim.setInterpolator(new DecelerateInterpolator());

tv.startAnimation(rotateAnim);
```

扫码看效果图

从效果图中也可以看出，动画的速率在初始时直接增加到最大值，然后逐渐减速。

2.3.4 LinearInterpolator

LinearInterpolator 是线性插值器，也称匀速加速器，很显然，它的速率是保持恒定的，图像表示如下图所示。

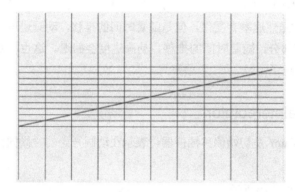

同样使用旋转动画来看一下效果。

```
TextView tv = (TextView)findViewById(R.id.tv);

Animation rotateAnim = AnimationUtils.loadAnimation(MyActivity.
this,R.anim. rotateanim);
    rotateAnim.setInterpolator(new LinearInterpolator());

tv.startAnimation(rotateAnim);
```

扫码看效果图

从效果图中可以看出，动画的速率始终保持恒定。

2.3.5 BounceInterpolator

BounceInterpolator 是弹跳插值器，模拟了控件自由落地后回弹的效果。

先来看一下效果图。

```
TextView tv = (TextView)findViewById(R.id.tv);

Animation rotateAnim = AnimationUtils.loadAnimation(MyActivity.
this,R.anim.rotateanim);
    rotateAnim.setInterpolator(new BounceInterpolator());

tv.startAnimation(rotateAnim);
```

扫码看效果图

从效果图中可以看出,在动画结束的时候,控件被回弹,类似小球落地后被弹起的效果。下面再来看一下该效果所对应的数学图像,如下图所示。

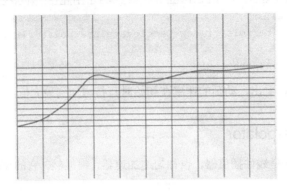

同样,X 轴表示时间,Y 轴表示动画进度,从这里可以看出这幅图像与上面 4 幅图像的区别。上面的 4 幅图像虽然速率有变化,但是随着时间的推移,动画进度一直是增长的;而在这幅图像中,在结束部分,随着时间的推移,动画进度会回退。这也就是出现回弹效果的原因,它把动画进度回退了。

2.3.6　AnticipateInterpolator

AnticipateInterpolator 是初始偏移插值器,表示在动画开始的时候向前偏移一段距离,然后应用动画。

对应的数学图像如下图所示。

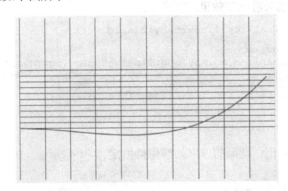

可以看到,在动画开始的时候,随着时间的推移,动画进度返回取的是负值。这表示在动画开始后,会先往动画反方向移动一段距离,再应用动画。

示例:

```
TextView tv = (TextView)findViewById(R.id.tv);

Animation translateAnim = AnimationUtils.loadAnimation(MyActivity.
this,R.anim.translateanim);
   translateAnim.setInterpolator(new AnticipateInterpolator());

tv.startAnimation(translateAnim);
```

扫码看效果图

从效果图中可以看出，在动画开始时，会向反方向移动一段距离。同样，对于旋转动画而言，在应用这个插值器以后，会向反方向旋转一段距离后再应用动画。对于缩放动画也一样，如果要实现放大动画，则初始会先缩小一部分。对于透明度渐变也一样，如果要实现逐渐变透明的动画，则在动画开始时，会先增大不透明度，然后应用透明动画。这里就不再一一列举效果了。

其实，AnticipateInterpolator 还有一个构造函数。

```
public AnticipateInterpolator(float tension)
```

参数 float tension 对应的 XML 属性为 android:tension，表示张力值，默认值为 2，值越大，初始的偏移量越大，而且速度越快；当直接使用 new AnticipateInterpolator()构造时，使用的是 tension 的默认值 2。

下图展示了当 tension（图中的 T）分别取 0.5、2、4 时的数学图像。

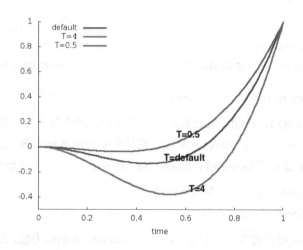

图中，中间那条线是当 tension 取默认值 2 时的数学图像，而最上面那条线则是当 tension 取 0.5 时所对应的数学图像，最下面那条线是当 tension 取 4 时所对应的数学图像。下面使用这个构造函数来示范一下效果。

```
TextView tv = (TextView)findViewById(R.id.tv);

Animation translateAnim = AnimationUtils.loadAnimation(MyActivity.this,R.anim.translateanim);
translateAnim.setInterpolator(new AnticipateInterpolator(4));

tv.startAnimation(translateAnim);
```

扫码看效果图

很明显，初始向上的偏移距离要比默认值大。

2.3.7　OvershootInterpolator

OvershootInterpolator 是结束偏移插值器，表示在动画结束时，沿动画方向继续运动一段距离后再结束动画。对应的数学图像如下图所示。

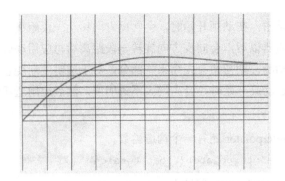

从图中可以看出，在动画快要结束时，随着时间的推移，动画进度会超过结束位置，即超出动画结束位置一部分后再返回。

示例：

```
TextView tv = (TextView)findViewById(R.id.tv);

Animation translateAnim = AnimationUtils.loadAnimation(MyActivity.this,R.anim.translateanim);
translateAnim.setInterpolator(new OvershootInterpolator());

tv.startAnimation(translateAnim);
```

扫码看效果图

从效果图中可以看出，在动画快结束时，动画进度会超出原终点，然后再返回到结束位置。其他的效果与 AnticipateInterpolator 类似，都是向动画区域外的部分延伸一段距离，只是 AnticipateInterpolator 是在动画开始时，而 OvershootInterpolator 则是在动画结束时。

OvershootInterpolator 也有另一个构造函数。

```
public OvershootInterpolator(float tension)
```

参数 float tension 对应的 XML 属性为 android:tension，表示张力值，默认值为 2，值越大，结束时的偏移量越大，而且速度越快。

下图展示了当 tension（图中的 T）分别取 4、2、0.5 时的数学图像。

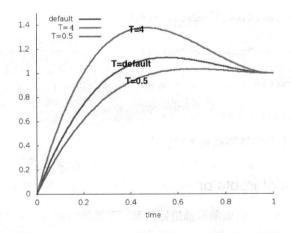

从数学图像中也可以看出，tension 的值越大，动画超出终点的偏移量越大。

2.3.8 AnticipateOvershootInterpolator

AnticipateOvershootInterpolator 是 AnticipateInterpolator 与 OvershootInterpolator 的合体，即在动画开始时向前偏移一段距离，在动画结束时向后偏移一段距离。对应的数学图像如下图所示。

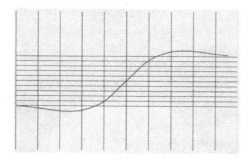

示例：

```
TextView tv = (TextView)findViewById(R.id.tv);

Animation translateAnim = AnimationUtils.loadAnimation
(MyActivity.this,R. anim.translateanim);
    translateAnim.setInterpolator(new AnticipateOvershoot
Interpolator());

tv.startAnimation(translateAnim);
```

扫码看效果图

同样，AnticipateOvershootInterpolator 也有其他的构造函数。

```
public AnticipateOvershootInterpolator(float tension)
public AnticipateOvershootInterpolator(float tension, float extraTension)
```

- 参数 float tension 对应的 XML 属性为 android:tension，表示张力值，默认值为 2，值越大，起始和结束时的偏移量越大，而且速度越快。
- 参数 float extraTension 对应的 XML 属性为 android:extraTension，表示额外张力值，默认值为 1.5。

下图展示了当 T（tension×extraTension）分别取 4、2、0.5 时的数学图像。

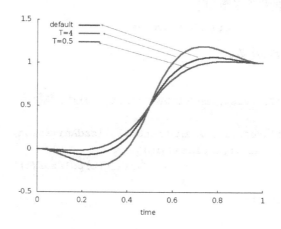

2.3.9 CycleInterpolator

CycleInterpolator 是循环插值器，表示动画循环播放特定的次数，速率沿正弦曲线改变。下面的数学图像表示的是循环两次的数学曲线。

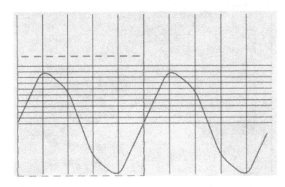

图中用虚线框起来的部分是一次循环，我们把这次循环单独拿出来进行分析，如下图所示。

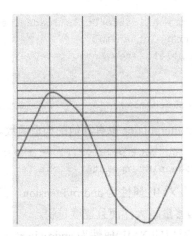

可以看到，在这次循环中，动画进度最终会回到起始位置，中间的动画进度会依正弦曲线变化。

CycleInterpolator 的构造函数如下：

```
public CycleInterpolator(float cycles)
```

参数 cycles 表示循环次数。

示例：

```
TextView tv = (TextView)findViewById(R.id.tv);

Animation translateAnim = AnimationUtils.loadAnimation
(MyActivity.this,R. anim.translateanim);
translateAnim.setInterpolator(new CycleInterpolator(1));

tv.startAnimation(translateAnim);
```

扫码看效果图

从效果图中可以看出循环一次的效果，起始位置和结束位置都在动画的起始点，中间的动画进度随着时间的推移，进度曲线依正弦曲线。

我们再来看一下 R.anim.translateanim 的动画代码。

```xml
<?xml version="1.0" encoding="utf-8"?>
<translate xmlns:android="http://schemas.android.com/apk/res/android"
        android:fromXDelta="0"
        android:toXDelta="0"
        android:fromYDelta="0"
        android:toYDelta="200"
        android:fillAfter="true"
        android:duration="4000">
</translate>
```

可以看到，虽然设置了 android:fillAfter="true"属性，但对于 CycleInterpolator 而言并没有什么影响。

2.4 动画示例

2.4.1 镜头由远及近效果

有时我们在制作 Splash 页面时，会以整张图片来显示本应用的某些功能。但单纯地展示图片太过单调，所以有时会加上放大动画，使效果更加生动，如下图所示。

扫码看动态图

页面布局很简单，由一个单纯的 ImageView 控件覆盖整个页面（camera_stretch_activity.xml）。

```xml
<?xml version="1.0" encoding="utf-8"?>
<LinearLayout xmlns:android="http://schemas.android.com/apk/res/android"
        android:orientation="vertical"
        android:layout_width="match_parent"
        android:layout_height="match_parent">

    <ImageView
        android:id="@+id/img"
        android:layout_width="fill_parent"
        android:layout_height="fill_parent"
        android:src="@drawable/scenery"
        android:scaleType="fitXY"/>
```

```
</LinearLayout>
```

在创建页面的时候,对 ImageView 制作缩放动画。

```
public class CameraStretchDemo extends Activity {
    @Override
    protected void onCreate(Bundle savedInstanceState) {
        super.onCreate(savedInstanceState);
        setContentView(R.layout.camera_stretch_activity);

        ImageView imageView = (ImageView)findViewById(R.id.img);

        ScaleAnimation scaleAnim = new ScaleAnimation(1.0f,1.2f,1.0f,1.2f,
Animation.RELATIVE_TO_SELF,0.5f, Animation.RELATIVE_TO_SELF,0.5f);
        scaleAnim.setFillAfter(true);
        scaleAnim.setInterpolator(new BounceInterpolator());
        scaleAnim.setDuration(6000);
        imageView.startAnimation(scaleAnim);
    }
}
```

这里需要注意的是,首先需要让动画从控件中心开始缩放,所以 pivotX 和 pivotY 都是相对自身长度的 50%;其次需要在动画结束后,将控件固定在放大后的状态,所以将 fillAfter 设置为 true;最后,对于插值器,这里设置的是回弹插值器,读者可以根据自己的需要自行选择。

2.4.2 加载框效果

在应用程序中都需要添加圆形加载框,而系统的加载框不够炫酷,所以一般需要自定义加载框效果,比如下面的加载框。

扫码看动态图

这里的加载框很普通,读者完全可以将它变成彩色的或者加一些箭头,看起来会更炫酷。其实原理很简单,就是将下面这张图片不停地旋转。

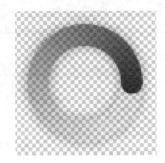

可以看到，这张图片是具有透明度的，这也就是在效果图中会有一部分跟背景融合的原因。

布局代码如下：

```xml
<?xml version="1.0" encoding="utf-8"?>
<LinearLayout xmlns:android="http://schemas.android.com/apk/res/android"
        android:orientation="vertical"
        android:layout_width="match_parent"
        android:layout_height="match_parent">

    <ImageView
        android:id="@+id/loading"
        android:layout_gravity="center_horizontal"
        android:layout_width="wrap_content"
        android:layout_height="wrap_content"
        android:src="@drawable/loading"/>

</LinearLayout>
```

布局很简单，就是先给 ImageView 控件设置 loading 图像，然后在代码中将它不停地旋转。

```java
public class LoadingDemo extends Activity {
    @Override
    protected void onCreate(Bundle savedInstanceState) {
        super.onCreate(savedInstanceState);
        setContentView(R.layout.loading_demo_activity);

        ImageView imageView = (ImageView)findViewById(R.id.loading);

        RotateAnimation rotateAnim = new RotateAnimation(0,360, Animation.RELATIVE_TO_SELF,0.5f,Animation.RELATIVE_TO_SELF,0.5f);
        rotateAnim.setRepeatCount(Animation.INFINITE);
        rotateAnim.setDuration(2000);
        rotateAnim.setInterpolator(new LinearInterpolator());
        imageView.startAnimation(rotateAnim);
    }
}
```

同样需要让它围绕自己的中心点旋转，所以将 pivotX 和 pivotY 设置为自身长度的 50%；由于需要图像匀速旋转，所以将插值器设置为 LinearInterpolator。

2.4.3 扫描动画

在一些应用程序中，大家可以看到如下图所示的扫描效果。

Android 自定义控件开发入门与实战

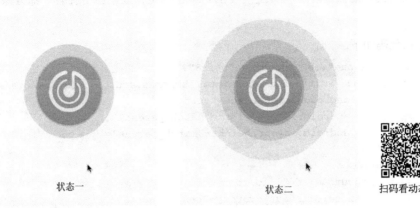

状态一　　　　　　　　　状态二　　　　扫码看动态图

效果看起来很复杂，其实通过本章介绍的视图动画完全可以实现。

首先，有 4 个黄色的 ImageView 控件是隐藏在按钮后面的，当单击按钮时，将对这 4 个 ImageView 控件间隔着做动画效果。我们先来看一下布局代码（scanner.xml）。

```xml
<FrameLayout xmlns:android="http://schemas.android.com/apk/res/android"
    android:layout_width="match_parent"
    android:layout_height="match_parent"
    android:background="#f8f8f8"
    android:orientation="vertical">

    <ImageView
        android:id="@+id/circle1"
        android:layout_width="140dp"
        android:layout_height="140dp"
        android:layout_gravity="center"
        android:layout_marginTop="30dp"
        android:src="@drawable/scan_cirle"/>

    <ImageView
        android:id="@+id/circle2"
        android:layout_width="140dp"
        android:layout_height="140dp"
        android:layout_gravity="center"
        android:layout_marginTop="30dp"
        android:clickable="true"
        android:src="@drawable/scan_cirle"/>

    <ImageView
        android:id="@+id/circle3"
        android:layout_width="140dp"
        android:layout_height="140dp"
        android:layout_gravity="center"
        android:layout_marginTop="30dp"
        android:clickable="true"
        android:src="@drawable/scan_cirle"/>
```

```xml
<ImageView
    android:id="@+id/circle4"
    android:layout_width="140dp"
    android:layout_height="140dp"
    android:layout_gravity="center"
    android:layout_marginTop="30dp"
    android:clickable="true"
    android:src="@drawable/scan_cirle"/>

<TextView
    android:id="@+id/start_can"
    android:layout_width="155dp"
    android:layout_height="155dp"
    android:layout_gravity="center"
    android:layout_marginTop="30dp"
    android:background="@drawable/scan_cover"/>

</FrameLayout>
```

从布局中可以看出，4 个 ImageView 控件是隐藏在按钮后面的，它们的背景是利用 shape 标签构造的圆形，填充为橙色（scan_circle.xml）。

```xml
<?xml version="1.0" encoding="utf-8"?>
<shape xmlns:android="http://schemas.android.com/apk/res/android"
    android:shape="oval">
    <solid android:color="#FF6C2F" />
</shape>
```

再来看动画内容（scale_alpha_anim.xml）。

```xml
<?xml version="1.0" encoding="utf-8"?>
<set xmlns:android="http://schemas.android.com/apk/res/android"
    android:duration="3000">
    <scale
        android:repeatCount="infinite"
        android:fromXScale="1.0"
        android:fromYScale="1.0"
        android:pivotX="50%"
        android:pivotY="50%"
        android:toXScale="3"
        android:toYScale="3"/>
    <alpha
        android:repeatCount="infinite"
        android:fromAlpha="0.4"
        android:toAlpha="0"/>
</set>
```

动画效果是边放大边降低透明度。

在单击按钮的时候，对各个 ImageView 控件间隔着做动画效果。

```java
public class ScannerDemo extends Activity {
    @Override
    protected void onCreate(Bundle savedInstanceState) {
        super.onCreate(savedInstanceState);
        setContentView(R.layout.scanner);
        final Animation animation1 = AnimationUtils.loadAnimation(ScannerDemo.this,R.anim.scale_alpha_anim);
        final Animation animation2 = AnimationUtils.loadAnimation(ScannerDemo.this,R.anim.scale_alpha_anim);
        final Animation animation3 = AnimationUtils.loadAnimation(ScannerDemo.this,R.anim.scale_alpha_anim);
        final Animation animation4 = AnimationUtils.loadAnimation(ScannerDemo.this,R.anim.scale_alpha_anim);

        final ImageView circle1 = (ImageView)findViewById(R.id.circle1);
        final ImageView circle2 = (ImageView)findViewById(R.id.circle2);
        final ImageView circle3 = (ImageView)findViewById(R.id.circle3);
        final ImageView circle4 = (ImageView)findViewById(R.id.circle4);

        findViewById(R.id.start_can).setOnClickListener(new View.OnClickListener() {
            public void onClick(View v) {

                circle1.startAnimation(animation1);

                animation2.setStartOffset(600);
                circle2.startAnimation(animation2);

                animation3.setStartOffset(1200);
                circle3.startAnimation(animation3);

                animation4.setStartOffset(1800);
                circle4.startAnimation(animation4);
            }
        });
    }
}
```

从效果图中也可以看出各个圆形是间隔着做动画效果，所以使用 Animation.setStartOffset(int time);来延迟各个动画的开始时间，使各个动画可以相互间隔。

2.5 逐帧动画

所谓逐帧动画（Frame Animation），从字面上理解，就是一帧挨着一帧地播放图片，就像放电影一样。逐帧动画既可以通过 XML 实现，也可以通过 Java 代码实现。

2.5.1 XML 实现

1．概述

在使用 XML 定义逐帧动画时，一般有下面几个步骤。

1）定义 XML 动画文件

在 2.1 节中已经提到，如果动画被定义在 XML 文件中，则可以将其放置在/res 下的 anim 或 drawable 目录中，分别使用 R.anim.fielname（放在 res/anim 文件夹下）或者 R.drawable.filename（放在 res/drawable 文件夹下）来调用。

首先通过 XML 定义逐帧动画，语法如下：

```xml
<?xml version="1.0" encoding="utf-8"?>
<animation-list xmlns:android="http://schemas.android.com/apk/res/android"
    android:oneshot=["true" | "false"] >
    <item
        android:drawable="@[package:]drawable/drawable_resource_name"
        android:duration="integer" />
</animation-list>
```

需要注意的是，

- 元素是必需的，并且必须作为根元素，可以包含一个或多个元素；android:oneshot 如果定义为 true，那么此动画只会执行一次；如果定义为 false，则一直循环。
- 元素代表一帧动画，android:drawable 指定此帧动画所对应的图片资源，android:duration 代表此帧动画持续的时间，是一个整数，单位为毫秒。

2）设置 ImageView

然后给 ImageView 设置动画资源。有两种方法，既可以通过 android:src 实现，也可以通过 android:background 实现。

通过设置为图片资源：

```xml
<ImageView
    android:layout_width="wrap_content"
    android:layout_height="wrap_content"
    android:src="@drawable/playing_ani"/>
```

通过设置为图片背景：

```xml
<ImageView
    android:id="@+id/frame_image"
    android:layout_width="wrap_content"
    android:layout_height="wrap_content"
    android:background="@drawable/playing_ani"/>
```

3）AnimationDrawable 开始动画

最后在代码中开始动画。

```java
ImageView image = (ImageView) findViewById(R.id.frame_image);
AnimationDrawable anim = (AnimationDrawable) image.getDrawable();
anim.start();
```

在上述代码中，我们先拿到 ImageView 中所设置的动画资源，然后利用 AnimationDrawable 的 start() 函数开始逐帧动画。但这里需要格外注意的是从 ImageView 中拿到动画资源的方法。由于我们有两种方式给 ImageView 设置资源，所以，当我们通过 android:src="@drawable/playing_ani" 设置动画资源时，对应的取出方式是 image.getDrawable()；如果我们通过 android:background="@drawable/playing_ani" 设置动画资源，那么对应的取出方式就是 image.getBackground()。

2．示例

下面结合一个常见的音乐播放动画效果来看一下具体的使用方法，先来看一下效果图。

扫码看动画效果

要完成这个动画，首先需要准备这个动画中涉及的所有帧，如下图所示。

然后定义逐帧动画的 XML 文件（playing_ani.xml），并将其放在 res/drawable 文件夹下。

```xml
<?xml version="1.0" encoding="UTF-8"?>
<animation-list xmlns:android="http://schemas.android.com/apk/res/android"
    android:oneshot="false">
    <item android:drawable="@drawable/list_icon_gif_playing1" android:duration="60"/>
    <item android:drawable="@drawable/list_icon_gif_playing2" android:duration="60"/>
```

```xml
        <item android:drawable="@drawable/list_icon_gif_playing3" android:
duration="60"/>
        <item android:drawable="@drawable/list_icon_gif_playing4" android:
duration="60"/>
        <item android:drawable="@drawable/list_icon_gif_playing5" android:
duration="60"/>
        <item android:drawable="@drawable/list_icon_gif_playing6" android:
duration="60"/>
        <item android:drawable="@drawable/list_icon_gif_playing7" android:
duration="60"/>
        <item android:drawable="@drawable/list_icon_gif_playing8" android:
duration="60"/>
        <item android:drawable="@drawable/list_icon_gif_playing9" android:
duration="60"/>
        <item android:drawable="@drawable/list_icon_gif_playing10" android:
duration="60"/>
        <item android:drawable="@drawable/list_icon_gif_playing11" android:
duration="60"/>
        <item android:drawable="@drawable/list_icon_gif_playing12" android:
duration="60"/>
        <item android:drawable="@drawable/list_icon_gif_playing13" android:
duration="60"/>
        <item android:drawable="@drawable/list_icon_gif_playing14" android:
duration="60"/>
    </animation-list>
```

在上述代码中，先利用 android:oneshot="false"将动画设置成无限循环，然后针对每一帧设置一个 item 标签，每一帧的时长是 60ms。

接着在布局中将 XML 动画文件设置给 ImageView。

```xml
<?xml version="1.0" encoding="utf-8"?>
<LinearLayout xmlns:android="http://schemas.android.com/apk/res/android"
        android:orientation="vertical"
        android:layout_width="fill_parent"
        android:layout_height="fill_parent"
        android:gravity="center_horizontal">

    <ImageView
        android:id="@+id/frame_image"
        android:layout_marginTop="20dp"
        android:layout_width="wrap_content"
        android:layout_height="wrap_content"
        android:background="@drawable/playing_ani"/>
</LinearLayout>
```

这里需要注意的是，我们将动画资源设置给 ImageView 的方式是通过 android:background 设置背景，所以对应的取出方式也必然是 image.getBackground()。

最后在代码中开始动画。

```java
public class FrameAnimXMLActivity extends Activity {
    @Override
    protected void onCreate(Bundle savedInstanceState) {
        super.onCreate(savedInstanceState);
        setContentView(R.layout.frame_anim_xml_activity);

        ImageView image = (ImageView) findViewById(R.id.frame_image);
        AnimationDrawable anim = (AnimationDrawable) image.getBackground();
        anim.start();
    }
}
```

在了解了使用 XML 创建动画的整体过程以后，我们再来看一下这里所涉及的 AnimationDrawable 类。

3. AnimationDrawable 类

在 Android 中，逐帧动画需要得到 AnimationDrawable 类的支持，它位于 android.graphics.drawable.AnimationDrawable 包下，是 Drawable 的间接子类。它主要用来创建一个逐帧动画，并且可以对帧进行拉伸，把它设置为 View 的背景，即可使用 AnimationDrawable.start()方法播放。

AnimationDrawable 有下面几个常用函数。

- void start()：开始播放逐帧动画。
- void stop()：停止播放逐帧动画。
- int getDuration(int index)：得到指定 index 的帧的持续时间。
- Drawable getFrame(int index)：得到指定 index 的帧所对应的 Drawable 对象。
- int getNumberOfFrames()：得到当前 AnimationDrawable 的所有帧数量。
- boolean isRunning()：判断当前 AnimationDrawable 是否正在播放。
- void setOneShot(boolean oneShot)：设置 AnimationDrawable 是否执行一次，返回 true 表示执行一次，返回 false 表示循环播放。
- boolean isOneShot()：判断当前 AnimationDrawable 是否执行一次，设置 true 表示执行一次，设置 false 表示循环播放。
- void addFrame(Drawable frame,int duration)：为 AnimationDrawable 添加 1 帧，并设置持续时间。

这些函数都不难理解，最后一个函数 addFrame(Drawable frame,int duration)会在 2.5.2 节中讲述。这里简单使用一下 start()和 stop()函数来开始和暂停逐帧动画。

将上面的动画布局修改如下：

```xml
<?xml version="1.0" encoding="utf-8"?>
<LinearLayout xmlns:android="http://schemas.android.com/apk/res/android"
        android:orientation="vertical"
        android:layout_width="fill_parent"
        android:layout_height="fill_parent"
        android:gravity="center_horizontal">
```

```xml
<Button
    android:id="@+id/start_btn"
    android:layout_width="match_parent"
    android:layout_height="wrap_content"
    android:text="start"/>

<Button
    android:id="@+id/stop_btn"
    android:layout_width="match_parent"
    android:layout_height="wrap_content"
    android:text="stop"/>

<ImageView
    android:id="@+id/frame_image"
    android:layout_marginTop="20dp"
    android:layout_width="wrap_content"
    android:layout_height="wrap_content"
    android:background="@drawable/playing_ani"/>
</LinearLayout>
```

即添加两个按钮，一个按钮用于开始动画，另一个按钮用于结束动画。

在代码中，单击开始按钮开始动画，单击结束按钮结束动画。

```java
public class FrameAnimXMLActivity extends Activity {
    @Override
    protected void onCreate(Bundle savedInstanceState) {
        super.onCreate(savedInstanceState);
        setContentView(R.layout.frame_anim_xml_activity);

        ImageView image = (ImageView) findViewById(R.id.frame_image);
        final AnimationDrawable anim = (AnimationDrawable) image.getBackground();

        findViewById(R.id.start_btn).setOnClickListener(new View.OnClickListener() {
            public void onClick(View v) {
                anim.start();
            }
        });

        findViewById(R.id.stop_btn).setOnClickListener(new View.OnClickListener() {
            public void onClick(View v) {
                anim.stop();
            }
        });
    }
}
```

2.5.2 代码实现

前面介绍了通过 XML 的方式来添加动画帧，细心的读者会发现 AnimationDrawable 中有这样一个函数：

```
void addFrame(Drawable frame,int duration)
```

它允许我们为 AnimationDrawable 添加 1 帧，并设置持续时间，所以，可以使用这个函数来动态构造动画帧。

下面使用这个函数来实现上面的动画效果。首先，布局代码如下：

```xml
<?xml version="1.0" encoding="utf-8"?>
<LinearLayout xmlns:android="http://schemas.android.com/apk/res/android"
        android:orientation="vertical"
        android:layout_width="fill_parent"
        android:layout_height="fill_parent"
        android:gravity="center_horizontal">

    <ImageView
        android:id="@+id/frame_image"
        android:layout_marginTop="20dp"
        android:layout_width="wrap_content"
        android:layout_height="wrap_content"/>
</LinearLayout>
```

可以看到，这里只是一个单纯的 ImageView 控件，并没有设置它的 android:src 和 android:background。

然后在代码中利用 anim.addFrame()函数添加每一帧，并设置为无限循环。

```java
ImageView image = (ImageView) findViewById(R.id.frame_image);
final AnimationDrawable anim = new AnimationDrawable();
for (int i = 1; i <= 14; i++) {
    int id = getResources().getIdentifier("list_icon_gif_playing" + i, "drawable", getPackageName());
    Drawable drawable = getResources().getDrawable(id);
    anim.addFrame(drawable, 60);
}
anim.setOneShot(false);
image.setBackgroundDrawable(anim);

anim.start();
```

扫码看效果图

这段代码理解起来并没有难度，可能稍有难度的是如何通过文件名拿到对应的资源 ID。

```java
int id = getResources().getIdentifier("list_icon_gif_playing" + i, "drawable", getPackageName());
```

getIdentifier()函数的完整声明如下：

```java
int getIdentifier(String name, String defType, String defPackage)
```

- String name：所要查找资源 ID 的资源名称。

- String defType：资源所在的文件类型。
- String defPackage：应用包名。

由于我们的图片资源在 drawable 系列文件夹中，所以 defType 就是"drawable"。

如果想获得 string，则可以这样写：

```
getResources().getIdentifier("name", "string", packdgeName);
```

如果想获得 array 中的数组，则可以这样写：

```
getResources().getIdentifier("name", "array", packdgeName);
```

至此，本章内容就全部结束了，着重讲解了视图动画的相关知识，下一章我们将继续介绍属性动画。

第 3 章

属性动画

学会相信信念的力量，只要每天进步，总有一天会与众不同。

3.1 ValueAnimator 的基本使用

3.1.1 概述

在第 2 章中提到，在 Android 中，动画分为两类：视图动画（View Animation）和属性动画（Property Animation）。其中，View Animation 包括 Tween Animation（补间动画）和 Frame Animation（逐帧动画）；Property Animation 包括 ValueAnimator 和 ObjectAnimator。

1．视图动画与属性动画的区别

从直观上来看，视图动画与属性动画有如下三点不同。

（1）引入时间不同：View Animation 是在 API Level 1 时引入的；而 Property Animation 是在 API Level 11 时引入的，即从 Android 3.0 才开始有与 Property Animation 相关的 API。

（2）所在包名不同：View Animation API 在 android.view.animation 包中，而 Property Animation API 在 android.animation 包中。

（3）动画类的命名不同：View Animation 中的动画类命名都是 XXXXAnimation，而 Property Animation 中的动画类命名都是 XXXXAnimator。

2．为什么要引入属性动画

大家都知道，逐帧动画主要是用来实现动画的，而补间动画才能实现控件的渐入渐出、移动、旋转和缩放效果；属性动画是在 Android 3.0 时才引入的，之前是没有的。既然补间动画和逐帧动画已经很全了，为什么还要引入属性动画呢？

笔者提出一个假设：如何利用补间动画来将一个控件的背景色在 1 分钟内从绿色变为红色？这个效果是没办法仅仅通过改变控件的渐入渐出、移动、旋转和缩放来实现的，但却可以通过属性动画完美地实现。

这就是要引入属性动画的第一个原因：属性动画是为了弥补视图动画的不足而设计的，能够实现补间动画无法实现的功能。

我们知道，补间动画和逐帧动画统称为视图动画，从字面意思中可以看出，这两个动画只能对派生自 View 类的控件实例起作用；而属性动画则不同，从名字中可以看出它应该是作用于控件属性的。正因为属性动画能够只针对控件的某一个属性来做动画，所以造就了它能单独改变控件某一个属性的值，比如颜色。这就是属性动画能实现补间动画无法实现的功能的最重要的原因。

所以，视图动画仅能对指定的控件做动画，而属性动画是通过改变控件的某一属性值来做动画的。

3．补间动画的单击区域问题

下面利用 TranslateAnimation 来实现一个移动动画的例子，来看它的单击区域是否会改变。

扫码看效果图

在效果图中，首先给 TextView 控件添加了单击响应事件，当单击该控件时，会弹出 Toast 提示。

然后，在单击按钮的时候，TextView 控件开始向右下角移动。

从结果中可以看出，在移动前，单击 TextView 控件是可以弹出 Toast 提示的；而在移动后，单击 TextView 控件则没有响应，相反，单击 TextView 控件原来所在的区域会弹出 Toast 提示。

这就说明补间动画虽然能对控件做动画，但是并没有改变控件内部的属性值。

下面简单看一下这个动画的实现代码。

1）布局（main.xml）

从效果图中可以看出，布局很简单，一个 Button，一个 TextView，垂直排列。布局代码如下：

```
<?xml version="1.0" encoding="utf-8"?>
<LinearLayout xmlns:android="http://schemas.android.com/apk/res/android"
        android:orientation="vertical"
        android:layout_width="fill_parent"
        android:layout_height="fill_parent">

    <Button
        android:id="@+id/btn"
```

```
            android:layout_width="wrap_content"
            android:layout_height="wrap_content"
            android:padding="10dp"
            android:text="start anim"
            />
    <TextView
            android:id="@+id/tv"
            android:layout_width="wrap_content"
            android:layout_height="wrap_content"
            android:padding="10dp"
            android:background="#ffff00"
            android:text="Hello qijian"/>
</LinearLayout>
```

2) Java 代码

接下来是操作代码,也就是分别给 Button 和 TextView 添加单击响应事件。当单击 TextView 时,弹出 Toast 提示;当单击 Button 时,TextView 开始移动。

代码如下:

```
public class MyActivity extends Activity {
    @Override
    public void onCreate(Bundle savedInstanceState) {
        super.onCreate(savedInstanceState);
        setContentView(R.layout.main);

        final TextView tv = (TextView) findViewById(R.id.tv);
        Button btn = (Button)findViewById(R.id.btn);

        btn.setOnClickListener(new View.OnClickListener() {
            @Override
            public void onClick(View v) {
                final TranslateAnimation animation = new TranslateAnimation
(Animation.ABSOLUTE, 0, Animation.ABSOLUTE, 400,
                        Animation.ABSOLUTE, 0, Animation.ABSOLUTE, 100);
                animation.setFillAfter(true);
                animation.setDuration(1000);
                tv.startAnimation(animation);
            }
        });


        tv.setOnClickListener(new View.OnClickListener() {
            @Override
            public void onClick(View v) {
                Toast.makeText(MyActivity.this,"clicked me",Toast.LENGTH_
SHORT).show();
            }
        });
```

```
        }
}
```

代码很容易理解，就不再详细讲述了。

3.1.2 ValueAnimator 的简单使用

ValueAnimator，从名字就可以看出，这个动画是针对值的。ValueAnimator 不会对控件执行任何操作，我们可以给它设定从哪个值运动到哪个值，通过监听这些值的渐变过程来自己操作控件。

有的读者可能接触过 Scroller 类，Scroller 类也是不会对控件执行任何操作的，而是通过设定滚动值和时长来自己计算滚动过程的，我们需要通过监听它的动画过程来自己操作控件。ValueAnimator 的原理与 Scroller 类相似。

1. 初步使用 ValueAnimator

要使用 ValueAnimator，有两步操作。

第一步，创建 ValueAnimator 实例。

```
ValueAnimator animator = ValueAnimator.ofInt(0,400);
animator.setDuration(1000);
animator.start();
```

在这里，我们利用 ValueAnimator.ofInt()函数创建了一个值从 0 到 400 的动画，动画时长是 1s，然后让动画开始。从这段代码可以看出，ValueAnimator 没有跟任何的控件相关联，这也正好说明 ValueAnimator 只对值进行动画运算，而不是针对控件的，所以我们需要监听 ValueAnimator 的动画过程来自己对控件进行操作。

第二步，添加监听事件。

通过上面的三行代码已经实现了动画，下面添加监听事件。

```
ValueAnimator animator = ValueAnimator.ofInt(0,400);
animator.setDuration(1000);

animator.addUpdateListener(new ValueAnimator.AnimatorUpdateListener() {
    @Override
    public void onAnimationUpdate(ValueAnimator animation) {
        int curValue = (Integer)animation.getAnimatedValue();
        Log.d("qijian","curValue:"+curValue);
    }
});
animator.start();
```

在这里，我们通过 addUpdateListener()函数添加了一个监听事件，在监听传回的结果中，animation 表示当前的 ValueAnimator 实例,通过 animation.getAnimatedValue()函数得到当前值，然后通过日志打印出来，结果如下图所示。

```
01-09 02:04:10.572  29225-29225/com.harvic.blog_val_anim_1 D/qijian: curValue:0
01-09 02:04:10.580  29225-29225/com.harvic.blog_val_anim_1 D/qijian: curValue:0
01-09 02:04:10.596  29225-29225/com.harvic.blog_val_anim_1 D/qijian: curValue:0
01-09 02:04:10.612  29225-29225/com.harvic.blog_val_anim_1 D/qijian: curValue:1
01-09 02:04:10.628  29225-29225/com.harvic.blog_val_anim_1 D/qijian: curValue:2
01-09 02:04:10.644  29225-29225/com.harvic.blog_val_anim_1 D/qijian: curValue:4
01-09 02:04:10.664  29225-29225/com.harvic.blog_val_anim_1 D/qijian: curValue:6
01-09 02:04:10.680  29225-29225/com.harvic.blog_val_anim_1 D/qijian: curValue:9
01-09 02:04:10.696  29225-29225/com.harvic.blog_val_anim_1 D/qijian: curValue:13
01-09 02:04:10.712  29225-29225/com.harvic.blog_val_anim_1 D/qijian: curValue:17
01-09 02:04:10.728  29225-29225/com.harvic.blog_val_anim_1 D/qijian: curValue:21
01-09 02:04:10.744  29225-29225/com.harvic.blog_val_anim_1 D/qijian: curValue:26
01-09 02:04:10.764  29225-29225/com.harvic.blog_val_anim_1 D/qijian: curValue:32

01-09 02:04:11.480  29225-29225/com.harvic.blog_val_anim_1 D/qijian: curValue:390
01-09 02:04:11.496  29225-29225/com.harvic.blog_val_anim_1 D/qijian: curValue:393
01-09 02:04:11.512  29225-29225/com.harvic.blog_val_anim_1 D/qijian: curValue:395
01-09 02:04:11.528  29225-29225/com.harvic.blog_val_anim_1 D/qijian: curValue:397
01-09 02:04:11.544  29225-29225/com.harvic.blog_val_anim_1 D/qijian: curValue:398
01-09 02:04:11.564  29225-29225/com.harvic.blog_val_anim_1 D/qijian: curValue:399
01-09 02:04:11.580  29225-29225/com.harvic.blog_val_anim_1 D/qijian: curValue:400
```

这就是 ValueAnimator 的功能：对指定值区间进行动画运算，我们通过对运算过程进行监听来自己操作控件。总而言之就是两点：

- ValueAnimator 只负责对指定值区间进行动画运算。
- 我们需要对运算过程进行监听，然后自己对控件执行动画操作。

2．ValueAnimator 使用实例

下面使用 ValueAnimator 来实现"补间动画的单击区域问题"中的例子，看是否仍然存在单击区域问题。

1）布局（main.xml）

布局代码与上一个例子相同：垂直布局 Button 和 TextView。

```xml
<?xml version="1.0" encoding="utf-8"?>
<LinearLayout xmlns:android="http://schemas.android.com/apk/res/android"
        android:orientation="vertical"
        android:layout_width="fill_parent"
        android:layout_height="fill_parent">

    <Button
            android:id="@+id/btn"
            android:layout_width="wrap_content"
            android:layout_height="wrap_content"
            android:padding="10dp"
            android:text="start anim"
            />
    <TextView
            android:id="@+id/tv"
            android:layout_width="wrap_content"
            android:layout_height="wrap_content"
            android:padding="10dp"
            android:background="#ffff00"
            android:text="Hello qijian"/>
</LinearLayout>
```

2）Java 代码

分别给 Button 和 TextView 添加单击响应事件。当单击 TextView 时，弹出 Toast 提示；当单击 Button 时，TextView 开始移动。

```java
public class MyActivity extends Activity {
    private TextView tv;
    private Button btn;

    @Override
    public void onCreate(Bundle savedInstanceState) {
        super.onCreate(savedInstanceState);
        setContentView(R.layout.main);
        tv = (TextView) findViewById(R.id.tv);

        btn = (Button) findViewById(R.id.btn);
        btn.setOnClickListener(new View.OnClickListener() {
            @Override
            public void onClick(View v) {
                doAnimation();
            }
        });

        tv.setOnClickListener(new View.OnClickListener() {
            @Override
            public void onClick(View v) {
                Toast.makeText(MyActivity.this, "clicked me", Toast.LENGTH_SHORT).show();
            }
        });
    }
    ...
}
```

这段代码很简单，在单击 Button 的时候调用 doAnimation() 函数来执行动画操作，在单击 TextView 的时候弹出 Toast 提示。

下面来看看 doAnimation() 函数的具体实现。

```java
private void doAnimation(){
    ValueAnimator animator = ValueAnimator.ofInt(0,400);
    animator.setDuration(1000);

    animator.addUpdateListener(new ValueAnimator.AnimatorUpdateListener() {
        @Override
        public void onAnimationUpdate(ValueAnimator animation) {
            int curValue = (Integer)animation.getAnimatedValue();
            tv.layout(curValue,curValue,curValue+tv.getWidth(),curValue+tv.getHeight());
        }
    });
```

```
    animator.start();
}
```

首先构造一个 ValueAnimator 实例，让其计算的值从 0 到 400。

然后对计算过程进行监听。在监听过程中，通过 layout()函数来改变 TextView 的位置。这里需要注意的是，我们是通过 layout()函数来改变 TextView 的位置的，而 layout()函数在改变控件位置时是永久性的，即通过更改控件 left、top、right、bottom 这 4 个点的坐标来更改坐标位置，而不仅仅是从视觉上画在哪个位置的，所以通过 layout()函数更改控件位置后，控件在新位置上是可以响应单击事件的。

layout()函数中上、下、左、右点的坐标是以屏幕坐标为标准的，所以从下面的效果图中也可以看出，TextView 的运动轨迹是从屏幕的左上角(0,0)点运行到(400,400)点。

扫码看动态效果图

在单击按钮后，TextView 开始动画。与"补间动画的单击区域问题"中的例子不同的是，在 TextView 动画结束后，控件仍然可以响应单击事件。

3.1.3 常用函数

通过上面的例子，我们大概知道了 ValueAnimator 的用法，下面来看看它还有哪些常用函数。

1. ofInt()与 ofFloat()函数

在上面的例子中，我们使用了 ofInt()函数，与它功能相同的还有一个函数 ofFloat()。下面先看看它们的具体声明。

```
public static ValueAnimator ofInt(int... values)
public static ValueAnimator ofFloat(float... values)
```

它们的参数类型都是可变长参数，所以我们可以传入任何数量的值；传进去的值列表就表示动画时的变化范围，比如 ofInt(2,90,45)就表示从数字 2 变化到数字 90 再变化到数字 45，所以我们传进去的数字越多，动画变化就越复杂。从参数类型中也可以看出 ofInt()与 ofFloat()的唯一区别就是传入的数值类型不一样，ofInt()函数需要传入 Integer 类型的参数，而 ofFloat()函数则需要传入 Float 类型的参数。

在上面例子的基础上，我们使用 ofFloat()函数来举一个例子。代码如下：

```
ValueAnimator animator = ValueAnimator.ofFloat(0f,400f,50f,300f);
animator.setDuration(3000);

animator.addUpdateListener(new ValueAnimator.AnimatorUpdateListener() {
```

```
        @Override
        public void onAnimationUpdate(ValueAnimator animation) {
            Float curValueFloat = (Float)animation.getAnimatedValue();
            int curValue = curValueFloat.intValue();
            tv.layout(curValue,curValue,curValue+tv.getWidth(),curValue+tv.getHeight());
        }
    });
    animator.start();
```

在这个例子中,我们使用 ValueAnimator.ofFloat(0f,400f,50f,300f)构造了一个比较复杂的动画渐变,值从 0 变到 400,再回到 50,最后变成 300。

所以,在单击按钮之后,TextView 会从(0,0)点运动到(400,400)点,再运动到(50,50)点,最后运动到(300,300)点。

扫码看动态图

与 3.1.2 节中的例子唯一不同的是,在监听时,得到的是当前运动点的值。

```
Float curValueFloat = (Float)animation.getAnimatedValue();
```

通过 getAnimatedValue()函数来获取当前运动点的值。大家可能会有疑问,为什么要转换成 Float 类型?我们先来看看 getAnimatedValue()函数的声明。

```
Object getAnimatedValue();
```

它返回的是 Object 原始类型,那我们怎么知道要将它转换成什么类型呢?注意,我们在设定动画初始值时使用的是 ofFloat()函数,所以每个值的类型必定是 Float 类型,我们获取到的类型也必然是 Float 类型。同样,如果我们使用 ofInt()函数设定动画初始值,那么通过 getAnimatedValue()函数获取到的值就应该转换为 Integer 类型。

在得到当前运动点的值以后,通过 layout()函数将 TextView 移动到指定位置即可。

2. 常用函数汇总

先来做一个汇总,这部分将讲述的函数如下:

```
/**
 * 设置动画时长,单位是毫秒
 */
ValueAnimator setDuration(long duration)
/**
 * 获取 ValueAnimator 在运动时当前运动点的值
 */
Object getAnimatedValue();
/**
```

```
 * 开始动画
 */
void start()
/**
 * 设置循环次数,设置为INFINITE表示无限循环
 */
void setRepeatCount(int value)
/**
 * 设置循环模式
 * value 的取值有 RESTART 和 REVERSE
 */
void setRepeatMode(int value)
/**
 * 取消动画
 */
void cancel()
```

1)setDuration()、getAnimatedValue()和 start()函数

这三个函数在上面的实例中已经使用过,这里就不再举例了。

2)setRepeatCount()、setRepeatMode()和 cancel()函数

setRepeatCount(int value)函数用于设置动画循环次数,设置为 0 表示不循环,设置为 ValueAnimation.INFINITE 表示无限循环。

cancel()函数用于取消动画。

setRepeatMode(int value)函数用于设置循环模式,当取值为 ValueAnimation.RESTART 时,表示正序重新开始;当取值为 ValueAnimation.REVERSE 时,表示倒序重新开始。

下面使用这三个函数来举一个例子,先看一下动画效果。

扫码看动画效果

在这里,有两个按钮,当单击 start anim 按钮时,TextView 垂直向下运动,我们定义的运动初始值为 ofInt(0,400);从效果图中也可以看出,我们定义它为无限循环,而且每次循环时都使用 ValueAnimation.REVERSE 让其倒序重新开始动画。当单击 cancel anim 按钮时,取消动画。

下面来看看代码。

首先是布局代码,我们采用 RelativeLayout 布局,将两个按钮放在两边,将 TextView 放在中间。代码如下:

```
<?xml version="1.0" encoding="utf-8"?>
<RelativeLayout xmlns:android="http://schemas.android.com/apk/res/android"
```

```xml
            android:orientation="vertical"
            android:layout_width="fill_parent"
            android:layout_height="fill_parent">

    <Button
        android:id="@+id/btn"
        android:layout_width="wrap_content"
        android:layout_height="wrap_content"
        android:layout_alignParentLeft="true"
        android:padding="10dp"
        android:text="start anim"
        />

    <Button
          android:id="@+id/btn_cancel"
          android:layout_width="wrap_content"
          android:layout_height="wrap_content"
          android:layout_alignParentRight="true"
          android:padding="10dp"
          android:text="cancel anim"
          />
    <TextView
          android:id="@+id/tv"
          android:layout_width="wrap_content"
          android:layout_height="wrap_content"
          android:layout_centerHorizontal="true"
          android:padding="10dp"
          android:background="#ffff00"
          android:text="Hello qijian"/>
</RelativeLayout>
```

这段布局代码很简单，就不详细讲解了。下面来看看两个按钮的操作代码。

```java
private TextView tv;
private Button btnStart,btnCancel;
private ValueAnimator repeatAnimator;

@Override
public void onCreate(Bundle savedInstanceState) {
    super.onCreate(savedInstanceState);
    setContentView(R.layout.main);
    tv = (TextView) findViewById(R.id.tv);

    btnStart = (Button) findViewById(R.id.btn);
    btnCancel = (Button) findViewById(R.id.btn_cancel);

    btnStart.setOnClickListener(new View.OnClickListener() {
        @Override
        public void onClick(View v) {
            repeatAnimator = doRepeatAnim();
```

```
        }
    });

    btnCancel.setOnClickListener(new View.OnClickListener() {
        @Override
        public void onClick(View v) {

            repeatAnimator.cancel();
        }
    });
}
```

这段代码也没什么难度，当单击 btnStart 时，调用 doRepeatAnim()函数，返回它构造的 ValueAnimator 对象，并将其赋给 repeatAnimator 变量。当单击 btnCancel 时，调用 repeatAnimator.cancel()函数取消当前动画。

下面来看看 doRepeatAnim()函数都做了哪些工作。

```
private ValueAnimator doRepeatAnim(){
    ValueAnimator animator = ValueAnimator.ofInt(0,400);
    animator.addUpdateListener(new ValueAnimator.AnimatorUpdateListener() {
        @Override
        public void onAnimationUpdate(ValueAnimator animation) {
            int curValue = (Integer)animation.getAnimatedValue();
            tv.layout(tv.getLeft(),curValue,tv.getRight(),curValue+tv.getHeight());
        }
    });
    animator.setRepeatMode(ValueAnimator.REVERSE);
    animator.setRepeatCount(ValueAnimator.INFINITE);
    animator.setDuration(1000);
    animator.start();
    return animator;
}
```

在这里，我们构造了一个 ValueAnimator，动画范围是 0～400，设置重复次数为无限循环，循环模式为倒序。animator.setDuration(1000)表示动画执行一次的时长为 1000ms。由于在取消动画时还需要我们构造的这个 ValueAnimator 实例，所以将 animator 返回。

注意：重复次数为 INFINITE(无限循环)的动画，当 Activity 结束的时候，必须调用 cancel()函数取消动画，否则动画将无限循环，从而导致 View 无法释放，进一步导致整个 Activity 无法释放，最终引起内存泄漏。

3. 添加与移除监听器

1）添加监听器

前面已经添加了一个监听器 animator.addUpdateListener，以监听动画过程中值的实时变化。其实，在 ValueAnimator 中共有两个监听器。

```
/**
 * 监听器一：监听动画过程中值的实时变化
```

```
 */
public static interface AnimatorUpdateListener {
    void onAnimationUpdate(ValueAnimator animation);
}
//添加方法为: public void addUpdateListener(AnimatorUpdateListener listener)
/**
 * 监听器二：监听动画变化时的4个状态
 */
public static interface AnimatorListener {
    void onAnimationStart(Animator animation);
    void onAnimationEnd(Animator animation);
    void onAnimationCancel(Animator animation);
    void onAnimationRepeat(Animator animation);
}
//添加方法为: public void addListener(AnimatorListener listener)
```

AnimatorUpdateListener 用于监听动画过程中值的实时变化，onAnimationUpdate(ValueAnimator animation)函数中的 animation 表示当前状态动画的实例。这里就不再细讲这个监听器了，主要讲讲监听器 AnimatorListener。

在 AnimatorListener 中，主要监听 Animation 的 4 个状态：start、end、cancel 和 repeat。当动画开始时，会调用 onAnimationStart(Animator animation)函数通知动画使用者；当动画结束时，会调用 onAnimationEnd(Animator animation)函数通知动画使用者；当动画取消时，会调用 onAnimationCancel(Animator animation)函数通知动画使用者；当动画重复时，会调用 onAnimationRepeat(Animator animation)函数通知动画使用者。

添加 AnimatorListener 的方法是使用 addListener(AnimatorListener listener)函数。

下面举一个例子，看一下 AnimatorListener 的使用方法。

在 doRepeatAnim()函数的基础上添加 AnimatorListener，代码如下：

```
private ValueAnimator doAnimatorListener(){
    ValueAnimator animator = ValueAnimator.ofInt(0,400);

    animator.addUpdateListener(new ValueAnimator.AnimatorUpdateListener() {
        @Override
        public void onAnimationUpdate(ValueAnimator animation) {
            int curValue = (int)animation.getAnimatedValue();
            tv.layout(tv.getLeft(),curValue,tv.getRight(),curValue+tv.getHeight());
        }
    });
    animator.addListener(new Animator.AnimatorListener() {
        @Override
        public void onAnimationStart(Animator animation) {
            Log.d("qijian","animation start");
        }

        @Override
        public void onAnimationEnd(Animator animation) {
```

```
            Log.d("qijian","animation end");
        }

        @Override
        public void onAnimationCancel(Animator animation) {
            Log.d("qijian","animation cancel");
        }

        @Override
        public void onAnimationRepeat(Animator animation) {
            Log.d("qijian","animation repeat");
        }
    });
    animator.setRepeatMode(ValueAnimator.REVERSE);
    animator.setRepeatCount(ValueAnimator.INFINITE);
    animator.setDuration(1000);
    animator.start();
    return animator;
}
```

从下图所示的状态日志中可以看出，当动画开始时，会通过 onAnimationStart()函数返回，然后在每一次重复时，都会调用一次 onAnimationRepeat()函数；在调用 cancel()函数取消动画时，会通过 onAnimationCancel()函数返回；在动画终止时，会调用 onAnimationEnd()函数通知用户。

```
12-05 06:07:24.899  1827-1827/com.harvic.ValueAnimator D/qijian: animation start
12-05 06:07:25.911  1827-1827/com.harvic.ValueAnimator D/qijian: animation repeat
12-05 06:07:26.911  1827-1827/com.harvic.ValueAnimator D/qijian: animation repeat
12-05 06:07:27.907  1827-1827/com.harvic.ValueAnimator D/qijian: animation repeat
12-05 06:07:28.911  1827-1827/com.harvic.ValueAnimator D/qijian: animation repeat
12-05 06:07:29.911  1827-1827/com.harvic.ValueAnimator D/qijian: animation repeat
12-05 06:07:30.911  1827-1827/com.harvic.ValueAnimator D/qijian: animation repeat
12-05 06:07:31.671  1827-1827/com.harvic.ValueAnimator D/qijian: animation cancel
12-05 06:07:31.671  1827-1827/com.harvic.ValueAnimator D/qijian: animation end
```

2）移除监听器

下面来看看如何移除监听器，代码如下：

```
/**
 * 移除 AnimatorUpdateListener
 */
void removeUpdateListener(AnimatorUpdateListener listener);
void removeAllUpdateListeners();
/**
 * 移除 AnimatorListener
 */
void removeListener(AnimatorListener listener);
void removeAllListeners();
```

针对每个监听器，都有两种方法来移除：removeListener(AnimatorListener listener)函数用于在 Animator 中移除指定的监听器；而 removeAllListeners()函数用于移除 Animator 中所有的监听器。

下面以移除 AnimatorListener 监听器为例来简单讲解用法。在上面添加监听器的例子的基础上，不改变 doAnimatorListener() 函数的代码，仍然在 TextView 做动画时添加对 AnimatorListener 的状态监听；然后在单击 cancel anim 按钮时，移除 AnimatorListener 监听器。

AnimatorListener 的代码：

```java
public void onCreate(Bundle savedInstanceState) {
    super.onCreate(savedInstanceState);
    setContentView(R.layout.main);

    ...
    btnStart.setOnClickListener(new View.OnClickListener() {
        @Override
        public void onClick(View v) {
            repeatAnimator = doAnimatorListener();
        }
    });

    btnCancel.setOnClickListener(new View.OnClickListener() {
        @Override
        public void onClick(View v) {
            repeatAnimator.removeAllListeners();
        }
    });
}
```

在上述代码中，当单击 btnCancel 时，将移除 Animator 中所有的 AnimatorListener。需要注意的是，我们在移除 AnimatorListener 后，并没有取消动画效果，所以动画会不停地运动下去。但在移除 AnimatorListener 之后，就不会再打印日志了，如下图所示。

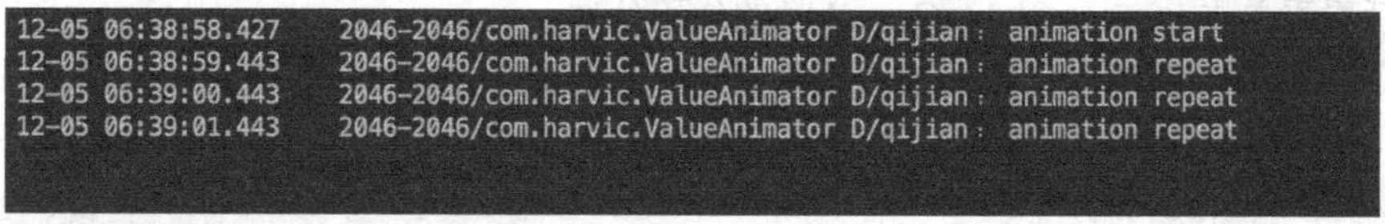

```
12-05 06:38:58.427    2046-2046/com.harvic.ValueAnimator D/qijian: animation start
12-05 06:38:59.443    2046-2046/com.harvic.ValueAnimator D/qijian: animation repeat
12-05 06:39:00.443    2046-2046/com.harvic.ValueAnimator D/qijian: animation repeat
12-05 06:39:01.443    2046-2046/com.harvic.ValueAnimator D/qijian: animation repeat
```

4．其他不常用函数

前面讲述了 ValueAnimator 中的一些常用函数，还有一些函数虽然不常用，但也应该有所了解，如下：

```java
/**
 * 延时多久开始，单位是毫秒
 */
public void setStartDelay(long startDelay)
/**
 * 完全克隆一个 ValueAnimator 实例，包括它所有的设置以及所有对监听器代码的处理
 */
public ValueAnimator clone()
```

setStartDelay(long startDelay)函数非常容易理解，就是设置延时多久后动画开始。

但是 clone()函数理解起来就有点难度了。什么叫克隆？就是完全一样！也就是复制出来一个完全一样的新的 ValueAnimator 实例，对原来的 ValueAnimator 是怎么处理的，在这个新的实例中也采用相同的处理方式。

在上述例子的基础上，改造一下开始动画的代码。

首先定义一个函数 doRepeatAnim()。

```
private ValueAnimator doRepeatAnim(){
    ValueAnimator animator = ValueAnimator.ofInt(0,400);

    animator.addUpdateListener(new ValueAnimator.AnimatorUpdateListener() {
        @Override
        public void onAnimationUpdate(ValueAnimator animation) {
            int curValue = (int)animation.getAnimatedValue();
            tv.layout(tv.getLeft(),curValue,tv.getRight(),curValue+tv.getHeight());
        }
    });
    animator.setDuration(1000);
    animator.setRepeatMode(ValueAnimator.REVERSE);
    animator.setRepeatCount(ValueAnimator.INFINITE);
    return animator;
}
```

这个函数其实与介绍循环函数时的 doRepeatAnim()函数是一样的。在这个函数中，先定义一个 ValueAnimator，设置为无限循环，然后添加 AnimatorUpdateListener 监听器；在动画开始后，向下移动 TextView。需要格外注意的是，我们只定义了一个 ValueAnimator 对象，并没有调用 start()函数让动画开始。

然后看看单击 btnStart 和 btnCancel 时的代码处理。

```
public void onCreate(Bundle savedInstanceState) {
    super.onCreate(savedInstanceState);
    setContentView(R.layout.main);

    ...
    btnStart.setOnClickListener(new View.OnClickListener() {
        @Override
        public void onClick(View v) {
            repeatAnimator = doRepeatAnim();
            //克隆一个新的 ValueAnimator,然后开始动画
            ValueAnimator newAnimator = repeatAnimator.clone();
            newAnimator.setStartDelay(1000);
            newAnimator.start();
        }
    });

    btnCancel.setOnClickListener(new View.OnClickListener() {
        @Override
```

```
        public void onClick(View v) {
            repeatAnimator.removeAllUpdateListeners();

            repeatAnimator.cancel();
        }
    });
}
```

在上面的代码中，在单击 btnStart 时，我们利用 clone()函数克隆了一个调用 doRepeatAnim()函数生成的对象；然后调用 setStartDelay(1000)函数设定为 1000ms 后开始动画；最后调用 start()函数开始动画。

需要格外注意的是，我们除对 newAnimator 设置了动画开始延时 1000ms 以外，没有对它进行任何设置，更没有在它的监听器中对 TextView 进行任何处理。那么 TextView 会移动吗？答案是肯定的。因为克隆就是完全一样，在原来的 ValueAnimator 中是如何处理的，对克隆过来的 ValueAnimator 也是完全相同的处理方式。

在单击 btnCancel 时，我们既移除了 repeatAnimator 的监听器，又取消了动画。但有用吗？当然是没用的，因为我们通过 start()函数开始执行的动画对象是从 repeatAnimator 克隆来的 newAnimator。这就好比克隆羊，原来的羊和克隆羊是一样的，你把原来的羊杀了，克隆羊会死吗？当然不会！所以，如果要取消当前的动画，则必须调用 newAnimator.cancel()函数。

扫码看动态图

从效果图中也可以看出，在单击 btnStart 以后，TextView 开始移动；但单击 btnCancel 并没有取消动画。

3.1.4 示例：弹跳加载中效果

在一些 App 中，当处于加载中状态时，会有图片上下跳动，并且每跳一次换一张图片。本节就来实现一个类似的效果。

扫码看动态效果图

1．原理解析

首先需要准备几张图片，如下图所示。

pic_1.png   pic_2.png   pic_3.png

然后考虑一下如何实现这个效果。

第一，这个控件应该派生自 ImageView 类，这样才能方便地更改它的源文件内容。

第二，要想实现上下移动的效果，可以先利用 ValueAnimator 实时产生一个 0~100 的数值，然后让当前图片的位置实时向上移动 ValueAnimator 的动态值的高度即可。要让图片的位置实时向上移动，就需要先拿到初始状态下图片的位置。庆幸的是，每次布局控件时都会调用 onLayout(boolean changed, int left, int top, int right, int bottom)函数，其中的参数 left、top、right、bottom 就是当前控件的位置。所以，通过重写 onLayout()函数，我们可以拿到控件的初始高度 mTop，之后在每次 ValueAnimator 的动态值到来时，计算出当前控件的 top 位置，并将控件移动到这个位置就可以了。

2．自定义控件实现

首先自定义一个控件 LoadingImageView，派生自 ImageView，然后重写 onLayout()函数，拿到控件的初始 top 值。代码如下：

```java
public class LoadingImageView extends ImageView {
    private int mTop;

    public LoadingImageView(Context context, AttributeSet attrs) {
        super(context, attrs);

        init();
    }

    @Override
    protected void onLayout(boolean changed, int left, int top, int right, int bottom) {
        super.onLayout(changed, left, top, right, bottom);

        mTop = top;
    }
    ...
}
```

由于我们需要在刚展示图片时就开始动画，所以将动画的操作全部写在 init()函数中。

在 init()函数中，先创建 ValueAnimator 实例，并对它进行初始化。代码如下：

```java
private void init(){
    ValueAnimator valueAnimator = ValueAnimator.ofInt(0,100,0);
    valueAnimator.setRepeatMode(ValueAnimator.RESTART);
    valueAnimator.setRepeatCount(ValueAnimator.INFINITE);
    valueAnimator.setDuration(2000);
    valueAnimator.setInterpolator(new AccelerateDecelerateInterpolator());

    valueAnimator.addUpdateListener(new ValueAnimator.AnimatorUpdateListener() {
        public void onAnimationUpdate(ValueAnimator animation) {
            Integer dx = (Integer)animation.getAnimatedValue();
            setTop(mTop - dx);
        }
    });
    ...
}
```

这里的难点在于监听 ValueAnimator 的实时值并设置当前控件的位置。第一步，通过(mTop - dx)得到当前控件相对初始坐标上移 dx 距离后的最新坐标点；第二步，通过 setTop(int top)函数将控件移动到当前位置。这里需要说明的是，getTop()和 setTop(int top)函数所得到的和设置的坐标都是相对父控件的坐标位置。

然后监听动画的开始和重复。当动画开始时，图片应该设置为 pic_1.png；在重复时，每重复一次应该更换一张图片。代码如下：

```java
//当前动画图片索引
private int mCurImgIndex = 0;
//动画图片总张数
private static int mImgCount = 3;

private void init(){
    ...

    valueAnimator.addListener(new Animator.AnimatorListener() {
        public void onAnimationStart(Animator animation) {
            setImageDrawable(getResources().getDrawable(R.drawable.pic_1));
        }

        public void onAnimationRepeat(Animator animation) {
            mCurImgIndex++;
            switch (mCurImgIndex % mImgCount){
                case 0:
                    setImageDrawable(getResources().getDrawable(R.drawable.pic_1));
                    break;
                case 1:
                    setImageDrawable(getResources().getDrawable(R.drawable.pic_2));
                    break;
                case 2:
                    setImageDrawable(getResources().getDrawable(R.drawable.pic_3));
                    break;
```

```
            }
        }
        public void onAnimationEnd(Animator animation) {

        }
        public void onAnimationCancel(Animator animation) {

        }
    });

    valueAnimator.start();
}
```

在更改图片时,我们使用 mCurImgIndex 来累加当前重复的次数,通过与图片总张数(mImgCount)取余数,来决定这次重复使用的是哪张图片。

3. 使用控件

在定义好 LoadingImageView 控件之后,直接在布局中使用控件。代码如下:

```xml
<?xml version="1.0" encoding="utf-8"?>

<LinearLayout xmlns:android="http://schemas.android.com/apk/res/android"
        android:orientation="vertical"
        android:layout_width="match_parent"
        android:layout_height="match_parent"
        android:gravity="center_horizontal">

    <com.harvic.ValueAnimator.LoadingImageView
        android:layout_width="50dp"
        android:layout_height="50dp"
        android:layout_marginTop="100dp"
        android:src="@drawable/pic_1"/>

    <TextView
        android:layout_width="wrap_content"
        android:layout_height="wrap_content"
        android:layout_marginTop="10dp"
        android:text="加载中……"/>

</LinearLayout>
```

至此,LoadingImageView 控件就介绍完了,可见,这个看似复杂的功能其实是很容易实现的。

3.2 自定义插值器与 Evaluator

在 View Animation(视图动画)中,仅允许我们通过 setInterpolator()函数来设置插值器;

但是对于 Animator 而言，不仅可以设置插值器，还可以设置 Evaluator。下面分别讲解插值器与 Evaluator 的用法及联系。

3.2.1 自定义插值器

我们通过 ofInt(0,400) 定义了动画的区间值是 0～400，然后通过添加 AnimatorUpdateListener 来监听动画的实时变化。那么问题来了：0～400 的值是怎么变化的呢？像我们骑自行车，还有的快、有的慢呢，这个值是匀速变化的吗？如果是，那么如果想让它先加速再减速该怎么办？这就是插值器的作用！

插值器就是用来控制动画的区间值如何被计算出来的。比如 LinearInterpolator 插值器表示匀速返回区间内的值；而 DecelerateInterpolator 插值器则表示开始变化快，后期变化慢；其他插值器与此类似。

在 ValueAnimator 中使用插值器非常简单，直接调用 ValueAnimator.setInterpolator(TimeInterpolator value) 函数即可。在 3.1.4 节的示例中已经使用这个函数来设置插值器了，这里就不再赘述，本小节主要讲述如何自定义插值器。

1. 概述

在自定义插值器之前，先来看看系统自带的插值器是如何实现的，比如 LinearInterpolator。代码如下：

```
public class LinearInterpolator implements Interpolator {

    public LinearInterpolator() {
    }

    public LinearInterpolator(Context context, AttributeSet attrs) {
    }

    public float getInterpolation(float input) {
        return input;
    }
}
public interface Interpolator extends TimeInterpolator {
}
```

LinearInterpolator 实现了 Interpolator 接口，而 Interpolator 接口则直接继承自 TimeInterpolator，而且并没有添加任何其他的方法。那我们来看看 TimeInterpolator 接口都有哪些函数。

```
public interface TimeInterpolator {
    float getInterpolation(float input);
}
```

上面是 TimeInterpolator 的代码，它里面只有一个函数 float getInterpolation(float input)。该函数的含义如下：

- 参数 input：input 参数是 Float 类型的，它的取值范围是 0~1，表示当前动画的进度，取 0 时表示动画刚开始，取 1 时表示动画结束，取 0.5 时表示动画中间的位置，其他以此类推。
- 返回值：表示当前实际想要显示的进度。取值可以超过 1，也可以小于 0。超过 1 表示已经超过目标值，小于 0 表示小于开始位置。

input 参数表示当前动画的进度是匀速增加的。动画进度就是动画在时间上的进度，与任何设置无关，随着时间的推移，动画的进度自然会从 0 到 1 逐渐增加。input 参数相当于时间的概念，我们通过 setDuration()函数指定了动画的时长，在这个时间范围内，动画进度肯定是一点点增加的，就相当于我们播放一首歌，这首歌的进度是从 0 到 1。

而返回值则表示动画的数值进度，它对应的数值范围是我们通过 ofInt()、ofFloat()函数来指定的。

比如下面这段代码：

```
ValueAnimator anim = ValueAnimator.ofInt(100, 400);
anim.setDuration(1000);
anim.addUpdateListener(new ValueAnimator.AnimatorUpdateListener() {
    @Override
    public void onAnimationUpdate(ValueAnimator animation) {
        float currentValue = (float) animation.getAnimatedValue();
        Log.d("TAG", "cuurent value is " + currentValue);
    }
});
anim.start();
```

我们知道，在添加了 AnimatorUpdateListener 的监听事件以后，通过在监听函数中调用 animation.getAnimatedValue()函数就可以得到当前的值。

那当前的值是怎么来的呢？看下面的计算公式（目前可以先这么理解，后续会讲解真实情况）：

```
当前的值 = 100 + (400 - 100)× 显示进度
```

其中，100 和 400 就是我们设置的 ofInt(100,400)中的值。这个公式应该比较容易理解，就相当于我们做一道应用题：

小明从 100 的位置出发向 400 的位置跑去，在跑到全程距离 20%的位置时，请问小明在哪个数字点上？

```
当前的值 = 100 + (400 - 100) × 0.2
```

从这里可以看到，显示进度表示的是当前值的位置。但由于我们可以通过指定 getInterpolation()函数的返回值来指定当前显示值的进度，所以，随着时间的推移，我们可以让值处在任意的位置。

再重复一次：input 参数与任何我们设定的值没有关系，只与时间有关，随着时间的推移，动画的进度也自然地增加，input 参数就代表了当前动画的进度，而返回值则表示动画的当前数值进度。

通过上面的讲解，我们应该知道了 input 参数与 getInterpolation()函数返回值的关系，下面来看看 LinearInterpolator 是如何重写 TimeInterpolator 的。

```
public class LinearInterpolator implements Interpolator {

    ...

    public float getInterpolation(float input) {
        return input;
    }
}
```

从上述代码中可以看到，LinearInterpolator 在 getInterpolation()函数中直接把 input 值返回，即以当前动画进度作为动画的数值进度，这也就表示当前动画的数值进度与动画的时间进度一致。比如，如果当前动画进度为 0，那么动画的数值进度也是 0；如果当前动画进度为 0.5，那么动画的数值进度也是 0.5；当动画结束时，动画进度就变成 1，而动画的数值进度也是 1。由于动画进度是随时间匀速前进的，所以 LinearInterpolator 的数值进度也是匀速增加的。

2．示例

从上面的讲解中也可以看到，我们自定义插值器，只需实现 TimeInterpolator 接口就可以了。

```
public class MyInterpolator implements TimeInterpolator {
    @Override
    public float getInterpolation(float input) {
        return 1-input;
    }
}
```

在这个自定义插值器的 getInterpolation()函数中，我们将进度反转过来，当传入 0 的时候，让它的数值进度在完成的位置；当完成的时候，让它的数值进度在开始的位置。

在单击开始动画的按钮以后，让 TextView 根据返回值调整当前位置。核心代码如下：

```
ValueAnimator animator = ValueAnimator.ofInt(0,300);

animator.addUpdateListener(new ValueAnimator.AnimatorUpdateListener() {
    @Override
    public void onAnimationUpdate(ValueAnimator animation) {
        int curValue = (Integer)animation.getAnimatedValue();
        tv.layout(tv.getLeft(),curValue,tv.getRight(),curValue+tv.getHeight());
    }
});
animator.setDuration(1000);
animator.setInterpolator(new MyInterpolator());
animator.start();
```

这里使用自定义插值器的方法与使用普通插值器的方法是完全一样的，下面来看看效果。

扫码看动态效果图

从效果图中可见，TextView 的位置是从 300 逐渐变到 0 的。这是因为我们在自定义的插值器中将数值进度倒序返回，即随着动画进度的推进，动画的数值进度从结束位置移动到起始位置。

至此，想必大家已经理解了 getInterpolation(float input) 函数中 input 参数与返回值的关系。在重写插值器时，需要强有力的数学知识作为基础。一般而言，都是通过数学公式来计算插值器的变化趋势的。大家可以再分析一下其他几个插值器的写法，把它们总结成公式，放到公式画图软件里，看看对应的数学图像在(0,1)区间上的走向，这个走向就是插值器数值变化时的样子。

3.2.2 Evaluator

1. 概述

我们先不讲什么是 Evaluator，先看下图。

上图讲述了从定义动画的数值区间到在 AnimatorUpdateListener 中得到当前动画所对应数值的整个过程。

这 4 个步骤的具体含义如下。

（1）ofInt(0,400)：表示指定动画的数值区间，从 0 运动到 400。

（2）插值器：在动画开始后，通过插值器会返回当前动画进度所对应的数值进度，但这个数值进度是以小数表示的，如 0.2。

（3）Evaluator：我们通过监听器拿到的是当前动画所对应的具体数值，而不是用小数表示的数值。那么必须有一个地方会根据当前的数值进度将其转换为对应的数值，这个地方就是 Evaluator。Evaluator 用于将从插值器返回的数值进度转换成对应的数值。

（4）监听器返回：我们通过在 AnimatorUpdateListener 监听器中使用 animation.getAnimatedValue() 函数拿到 Evaluator 中返回的数值。

讲了这么多，Evaluator 其实就是一个转换器，它能把小数进度转换成对应的数值位置。

2. 各种 Evaluator

插值器返回的小数值表示的是当前动画的数值进度，这对于无论是使用 ofFloat()函数还是使用 ofInt()函数定义的动画都是适用的。因为无论是什么动画，它的进度必然在 0~1 之间。0 表示还没开始，1 表示动画结束，这对于任何动画都是适用的。

而 Evaluator 则不一样，它把插值器返回的小数进度转换成当前数值进度所对应的值。那么问题就来了，如果使用 ofInt()函数来定义动画，那么动画中的值应该都是 Integer 类型的；如果使用 ofFloat()函数来定义动画，那么动画中的值都是 Float 类型的。所以，如果使用 ofInt()函数来定义动画，那么所对应的 Evaluator 在返回值时，必然返回 Integer 类型的值；同样，如果使用 ofFloat()函数来定义动画，那么 Evaluator 在返回值时，必然返回 Float 类型的值。

所以，每种定义方式所对应的 Evaluator 必然是它专用的。Evaluator 专用的原因在于动画数值类型不一样，在通过 Evaluator 返回时会报强转错误，所以只有在动画数值类型一样时，所对应的 Evaluator 才能通用。ofInt()函数对应的 Evaluator 类名为 IntEvaluator，而 ofFloat()函数对应的 Evaluator 类名为 FloatEvaluator。

在设置 Evaluator 时，是通过 animator.setEvaluator()函数来实现的，比如：

```
ValueAnimator animator = ValueAnimator.ofInt(0,600);

animator.addUpdateListener(new ValueAnimator.AnimatorUpdateListener() {
    @Override
    public void onAnimationUpdate(ValueAnimator animation) {
        int curValue = (int)animation.getAnimatedValue();
        tv.layout(tv.getLeft(),curValue,tv.getRight(),curValue+tv.getHeight());
    }
});
animator.setDuration(1000);
animator.setEvaluator(new IntEvaluator());
animator.setInterpolator(new BounceInterpolator());
animator.start();
```

在这里，我们在使用 ValueAnimator.ofInt()函数构造 ValueAnimator 时，显式设置了它所对应的 IntEvaluator，用来计算数值进度所对应的数值。但在此之前，我们在使用 ofInt()函数时，从来没有给它定义过使用 IntEvaluator 来转换值，那为什么也能正常运行呢？这是因为 ofInt()和 ofFloat()都是系统直接提供的函数，所以会有默认的插值器和 Evaluator 可供使用。对于 Evaluator 而言，ofInt()函数的默认 Evaluator 是 IntEvaluator，而 ofFloat()函数的默认 Evaluator 则是 FloatEvaluator。

下面继续看一下 IntEvaluator 内部是怎么实现的。

```
public class IntEvaluator implements TypeEvaluator<Integer> {
    public Integer evaluate(float fraction, Integer startValue, Integer endValue) {
        int startInt = startValue;
        return (int)(startInt + fraction * (endValue - startInt));
    }
}
```

可以看到，在 IntEvaluator 中只有一个函数 evaluate(float fraction, Integer startValue, Integer endValue)。

- fraction 参数就是插值器中的返回值，表示当前动画的数值进度，以百分制的小数表示。
- startValue 和 endValue 分别对应 ofInt(int start,int end)函数中 start 和 end 的数值。假设当我们定义的动画 ofInt(100,400)进行到数值进度 20%的时候，那么此时在 evaluate()函数中，fraction 的值就是 0.2，startValue 的值是 100，endValue 的值是 400。
- 返回值就是当前数值进度所对应的具体数值，这个数值就是我们在 AnimatorUpdateListener 监听器中通过 animation.getAnimatedValue()函数得到的数值。

下面来看看 evaluate(float fraction, Integer startValue, Integer endValue)函数是如何根据进度数值来计算出具体数值的。

```
return (int)(startInt + fraction * (endValue - startInt));
```

大家对这个公式是否似曾相识？我们在前面提到了如下公式：

```
当前的值 = 100 + (400 - 100)× 显示进度
```

这两个公式的计算方式是完全一样的。

3．简单实现 Evaluator

下面仿照 IntEvaluator 的实现方法，自定义一个 MyEvaluator。

首先实现 TypeEvaluator 接口。

```
public class MyEvaluator implements TypeEvaluator<Integer> {
    @Override
    public Integer evaluate(float fraction, Integer startValue, Integer endValue) {
        return null;
    }
}
```

这里涉及泛型的概念，不理解的读者可以参考作者博客中《夯实 Java 基础》系列文章，地址为 http://blog.csdn.net/harvic880925/article/details/49872903。

在实现 TypeEvaluator 时，我们指定它的返回值是 Integer 类型的，这样我们就可以在 ofInt()函数中使用这个 Evaluator 了。再强调一遍：只有定义动画时的数值类型与 Evaluator 的返回值类型一样，才能使用这个 Evaluator。很显然，ofInt()函数定义的数值类型是 Integer，而我们定义的 MyEvaluator 的返回值类型也是 Integer，所以我们定义的 MyEvaluator 适用于 ofInt()函数。同理，如果我们把实现的 TypeEvaluator 设置为 Float 类型，那么这个 Evaluator 也就只能适用于 ofFloat()函数了。

然后简单实现其中的 evaluate()函数，代码如下：

```
public class MyEvaluator implements TypeEvaluator<Integer> {
    @Override
    public Integer evaluate(float fraction, Integer startValue, Integer endValue) {
        int startInt = startValue;
```

```
            return (int)(200+startInt + fraction * (endValue - startInt));
    }
}
```

我们在 IntEvaluator 的基础上修改了一下，让它返回值时增加了 200。所以，当我们定义的区间是 ofInt(0,400)时，它的实际返回值区间应该是(200,600)。

再来看看 MyEvaluator 的使用。

```
ValueAnimator animator = ValueAnimator.ofInt(0,400);

animator.addUpdateListener(new ValueAnimator.AnimatorUpdateListener() {
    @Override
    public void onAnimationUpdate(ValueAnimator animation) {
        int curValue = (int)animation.getAnimatedValue();
        tv.layout(tv.getLeft(),curValue,tv.getRight(),curValue+tv.getHeight());
    }
});
animator.setDuration(1000);
animator.setEvaluator(new MyEvaluator());
animator.start();
```

设置 MyEvaluator 前的动画效果如下图所示。

扫码看动态效果图

设置 MyEvaluator 后的动画效果如下图所示。

扫码看动态效果图

很明显，TextView 的动画位置都向下移动了 200px。

现在回过头来看看下面这幅流程图：

(1) ofInt(0,400) → (2) 插值器 → (3) Evaluator → (4) 监听器返回
(定义动画数值区间) (返回当前数值进度，如0.2) (根据数值进度计算当前值) (在AnimatorUpdateListener中返回)

在插值器中，可以通过自定义插值器返回的数值进度来改变返回数值的位置；在 Evaluator 中，又可以通过改变数值进度所对应的具体数值来改变数值的位置。所以，结论来了：既可

以通过重写插值器改变数值进度来改变数值位置，也可以通过改变 Evaluator 中数值进度所对应的具体数值来改变数值位置。

4．自定义 Evaluator 实现倒序输出

首先自定义一个 ReverseEvaluator。

```java
public class ReverseEvaluator implements TypeEvaluator<Integer> {
    @Override
    public Integer evaluate(float fraction, Integer startValue, Integer endValue) {
        int startInt = startValue;
        return (int) (endValue - fraction * (endValue - startInt));
    }
}
```

其中，fraction * (endValue - startInt)表示动画实际运动的距离。我们用 endValue 减去实际运动的距离就表示随着运动距离的增加，离终点越来越远，这也就实现了从终点出发，最终运动到起点的效果。

ReverseEvaluator 的使用方法如下：

```java
ValueAnimator animator = ValueAnimator.ofInt(0,300);

animator.addUpdateListener(new ValueAnimator.AnimatorUpdateListener() {
    @Override
    public void onAnimationUpdate(ValueAnimator animation) {
        int curValue = (Integer)animation.getAnimatedValue();
        tv.layout(tv.getLeft(),curValue,tv.getRight(),curValue+tv.getHeight());
    }
});
animator.setDuration(1000);
animator.setEvaluator(new ReverseEvaluator());
animator.start();
```

这与自定义插值器时通过重写插值器所实现的倒序输出效果一致，这里就不再展示效果图了。

5．关于 ArgbEvaluator

1）使用 ArgbEvaluator

除 IntEvaluator 和 FloatEvaluator 外，在 android.animation 包下还有另一个 Evaluator，名为 ArgbEvaluator，它是用来实现颜色值过渡转换的。

ArgbEvaluator 的使用方法如下：

```java
ValueAnimator animator = ValueAnimator.ofInt(0xffffff00,0xff0000ff);
animator.setEvaluator(new ArgbEvaluator());
animator.setDuration(3000);

animator.addUpdateListener(new ValueAnimator.AnimatorUpdateListener() {
    @Override
```

```
    public void onAnimationUpdate(ValueAnimator animation) {
        int curValue = (Integer)animation.getAnimatedValue();
        tv.setBackgroundColor(curValue);

    }
});

animator.start();
```

在这段代码中,我们将动画的数值范围定义为(0xffffff00,0xff0000ff),即从黄色变为蓝色。在监听事件中,我们根据当前传回的颜色值,将其设置为 TextView 的背景色。

扫码看动态效果图

这里需要注意的是,必须使用 ValueAnimator.ofInt()函数来定义颜色的取值范围,并且颜色必须包括 A、R、G、B 4 个值。

2) ArgbEvaluator 的实现原理

我们来简单地看一下 ArgbEvaluator 的源码。

```
public class ArgbEvaluator implements TypeEvaluator {
    public Object evaluate(float fraction, Object startValue, Object endValue) {
        int startInt = (Integer) startValue;
        int startA = (startInt >> 24);
        int startR = (startInt >> 16) & 0xff;
        int startG = (startInt >> 8) & 0xff;
        int startB = startInt & 0xff;

        int endInt = (Integer) endValue;
        int endA = (endInt >> 24);
        int endR = (endInt >> 16) & 0xff;
        int endG = (endInt >> 8) & 0xff;
        int endB = endInt & 0xff;

        return (int)((startA + (int)(fraction * (endA - startA))) << 24) |
               (int)((startR + (int)(fraction * (endR - startR))) << 16) |
               (int)((startG + (int)(fraction * (endG - startG))) << 8) |
               (int)((startB + (int)(fraction * (endB - startB))));
    }
}
```

这段代码分为三部分:第一部分根据 startValue 求出 A、R、G、B 中各个色彩的初始值;第二部分根据 endValue 求出 A、R、G、B 中各个色彩的结束值;第三部分根据当前动画的百分比进度求出对应的数值。

我们先来看第一部分：根据 startValue 求出 A、R、G、B 中各个色彩的初始值。

```
int startInt = (Integer) startValue;
int startA = (startInt >> 24);
int startR = (startInt >> 16) & 0xff;
int startG = (startInt >> 8) & 0xff;
int startB = startInt & 0xff;
```

这段代码用来根据位移和与运算求出颜色值中 A、R、G、B 各个部分对应的值。颜色值与 A、R、G、B 值的对应关系如下图所示。

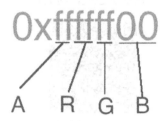

我们的初始值是 0xffffff00，那么求出来的 startA = 0xff,startR = oxff,startG = 0xff,startB = 0x00。如果大家对位移和与运算如何得到指定位的值的问题不太理解，则可以查找有关位移运算符的相关文章进行深入了解，这里就不再赘述了。

再来看第二部分，同样的原理，根据 endValue 求出 A、R、G、B 中各个色彩的结束值。

最后来看第三部分：根据当前动画的百分比进度求出对应的数值。我们先看看有关 Alpha 值的计算。

```
startA + (int)(fraction * (endA - startA)))
```

对于这个公式大家应该很容易理解，与 IntEvaluator 中的计算公式一样，就是根据透明度 A 的初始值、结束值求得当前进度下透明度 A 对应的数值。

同理：

- startR + (int)(fraction * (endR - startR))表示当前进度下的红色值。
- startG + (int)(fraction * (endG - startG))表示当前进度下的绿色值。
- startB + (int)(fraction * (endB - startB))表示当前进度下的蓝色值。

然后通过位移和或运算将当前进度下的 A、R、G、B 组合起来就是当前的颜色值了。

3.3 ValueAnimator 进阶——ofObject

3.3.1 概述

前面我们讲了通过 ofInt()和 ofFloat()函数来定义动画，但 ofInt()函数只能传入 Integer 类型的值，而 ofFloat()函数则只能传入 Float 类型的值。如果我们需要操作其他类型的变量该怎么办呢？其实 ValueAnimator 还有一个函数 ofObject()，可以传入任何类型的变量。该函数的定义如下：

```
public static ValueAnimator ofObject(TypeEvaluator evaluator, Object...
values)
```

它有两个参数：第一个参数是自定义的 Evaluator；第二个参数是可变长参数，属于 Object 类型。

大家可能会有疑问，为什么要强制传入自定义的 Evaluator？大家都知道，Evaluator 的作用是根据当前动画的数值进度计算出当前进度所对应的值。既然 Object 对象是我们自定义的，那必然从进度到值的转换过程也必须由我们来做，否则系统也不可能知道我们要将数值进度转换出来的具体值是什么。

下面我们尝试使用 ofObject()函数实现下面的效果，将 TextView 中的字母从 A 变化到 Z。

扫码看动态效果图

从效果图中可以看到，按钮上的字母从 A 变化到 Z，刚开始变化得慢，后来逐渐加速。

代码如下：

```
ValueAnimator animator = ValueAnimator.ofObject(new CharEvaluator(),new
Character('A'),new Character('Z'));
animator.addUpdateListener(new ValueAnimator.AnimatorUpdateListener() {
    @Override
    public void onAnimationUpdate(ValueAnimator animation) {
        char text = (Character)animation.getAnimatedValue();
        tv.setText(String.valueOf(text));
    }
});
animator.setDuration(10000);
animator.setInterpolator(new AccelerateInterpolator());
animator.start();
```

这里要注意三点。

第一，构造时。

```
ValueAnimator animator = ValueAnimator.ofObject(new CharEvaluator(),new
Character('A'),new Character('Z'));
```

我们自定义了一个 CharEvaluator；在初始化动画时，传入的是 Character 对象，一个是字母 A，另一个是字母 Z。

我们在这里要实现的效果是：对 Character 对象应用动画，利用动画自动从字母 A 变化到字母 Z。至于具体怎么实现就是 CharEvaluator 的事了，这里我们只需要知道，在构造

ValueAnimator 时传入的是两个 Character 对象即可。

第二，看监听。

```
char text = (Character)animation.getAnimatedValue();
tv.setText(String.valueOf(text));
```

先通过 animation.getAnimatedValue() 函数得到当前动画的字符，然后把字符设置给 TextView。构造时传入的值类型是 Character 对象，所以在动画过程中通过 Evaluator 返回的值类型必然跟构造时的类型是一致的，也是 Character 对象。

第三，插值器。

```
animator.setInterpolator(new AccelerateInterpolator());
```

我们使用的是加速插值器，加速插值器的特点就是随着动画的进行，速度会越来越快，这一点跟上面的效果图是一致的。

抛开 CharEvaluator 的具体实现，我们先来了解一下 ASCII 码表中数字与字符的转换方法。

我们知道，在 ASCII 码表中，每个字符都有数字与它一一对应，字母 A~Z 之间的所有字母对应的数字区间为 65~90；而且在程序中，我们能将数字强制转换成对应的字符。

数字转字符：

```
char temp = (char)65;//得到的 temp 的值就是大写字母 A
```

字符转数字：

```
char temp = 'A';
int num = (int)temp;
```

在这里得到的 num 值就是对应的 ASCII 码值 65。

在理解了 ASCII 码表中数字与对应字符的转换原理之后，再来看看 CharEvaluator 的实现。

```
public class CharEvaluator implements TypeEvaluator<Character> {
    @Override
    public Character evaluate(float fraction, Character startValue, Character endValue) {
        int startInt = (int)startValue;
        int endInt = (int)endValue;
        int curInt = (int)(startInt + fraction *(endInt - startInt));
        char result = (char)curInt;
        return result;
    }
}
```

在这里，我们利用 A~Z 字符在 ASCII 码表中对应数字是连续且递增的原理，先求出对应字符的数字，然后转换成对应的字符。

3.3.2 示例：抛物动画

前面讲述了有关插值器和 Evaluator 的区别，插值器只能改变动画进展的快慢，而 Evaluator

第 3 章 属性动画

则可以改变返回的值。而 Evaluator 与 ofObject 结合，使得 ValueAnimator 更加强大，使参数可以在 Evaluator 中处理，并返回给一个自定义的对象。

下面就实现一个抛物动画，当单击按钮时，圆球开始向下做抛物运动，在滚动一段距离后结束，动画效果如下图所示。

扫码看动态效果图

1．框架实现

首先利用 shape 标签实现一个圆形 Drawable（drawable/circle.xml）。

```xml
<?xml version="1.0" encoding="utf-8"?>

<shape xmlns:android="http://schemas.android.com/apk/res/android"
       android:shape="oval">
    <solid android:color="#ff0000"/>
</shape>
```

然后实现 Activity 的布局文件。

```xml
<?xml version="1.0" encoding="utf-8"?>

<LinearLayout xmlns:android="http://schemas.android.com/apk/res/android"
              android:orientation="horizontal"
              android:layout_width="fill_parent"
              android:layout_height="fill_parent">


    <ImageView
            android:id="@+id/ball_img"
            android:layout_width="50dp"
            android:layout_height="50dp"
            android:src="@drawable/cicle"/>

    <Button
            android:id="@+id/start_anim"
            android:layout_width="wrap_content"
            android:layout_height="wrap_content"
            android:text="开始动画"/>


</LinearLayout>
```

在这里，将上面的圆形 shape 作为 ImageView 的源文件显示出来。

2. 动画实现

在单击按钮的时候，开始动画。动画核心代码如下：

```
ValueAnimator animator = ValueAnimator.ofObject(new
FallingBallEvaluator(),new Point(0,0),new Point(500,500));
    animator.addUpdateListener(new ValueAnimator.AnimatorUpdateListener() {
        public void onAnimationUpdate(ValueAnimator animation) {
            mCurPoint = (Point)animation.getAnimatedValue();
            ballImg.layout(mCurPoint.x,mCurPoint.y,mCurPoint.x+ballImg.getWidth(),
mCurPoint.y+ballImg.getHeight());
        }
    });
    animator.setDuration(2000);
    animator.start();
```

需要注意的是，在构造动画时：

```
ValueAnimator animator = ValueAnimator.ofObject(new FallingBallEvaluator(),
new Point(0,0),new Point(500,500));
```

由于我们需要定义这个球的位置，需要实时计算出当前球所在的 *X,Y* 坐标，所以 ValueAnimator 要返回含有 *X,Y* 坐标的对象才能将球移动到指定位置。我们使用 Point 对象来返回球在每一时刻的位置。

同样，在 AnimatorUpdateListener 监听中，使用 layout() 函数将球移动到指定位置。

很显然，FallingBallEvaluator 是这段代码中最重要的部分，由它返回每一时刻球的实际位置。

```
public class FallingBallEvaluator implements TypeEvaluator<Point> {
    private Point point = new Point();
    public Point evaluate(float fraction, Point startValue, Point endValue) {
        point.x = (int)(startValue.x + fraction *(endValue.x - startValue.x));

        if (fraction*2<=1){
          point.y = (int)(startValue.y + fraction*2*(endValue.y - startValue.y));
        }else {
            point.y = endValue.y;
        }
        return point;
    }
}
```

在抛物运动中，物体在 *X* 轴方向的速度是不变的，所以在 *X* 轴方向它的实时位置是：

```
point.x = (int)(startValue.x + fraction *(endValue.x - startValue.x));
```

而在 *Y* 轴方向则是 $s = V0 * t + g * t * t$。其中，V0 表示初始速度；g 是重力加速度，取值是 9.8；t 表示当前的时间。而在这里我们是没有时间概念的，只有 fraction 表示的进度，所以要想完美匹配这个自由落体公式，需要复杂的计算，会增加本例的难度。这里取一个折中公式：将实时进度乘以 2 作为当前进度。很显然，*Y* 轴的进度会首先完成（变成1），这时 *X* 轴还是会继续前进的，所以在视觉上会产生落地后继续滚动的效果。

3.4 ObjectAnimator

3.4.1 概述

1. 引入

前几节着重讲解了 ValueAnimator 的使用,但 ValueAnimator 有一个缺点,就是只能对动画中的数值进行计算。如果想对哪个控件执行操作,就需要监听 ValueAnimator 的动画过程,相比于补间动画要烦琐得多。

为了能让动画直接与对应控件相关联,以使我们从监听动画过程中解放出来,Google 的开发人员在 ValueAnimator 的基础上派生了一个类 ObjectAnimator。由于 ObjectAnimator 是派生自 ValueAnimator 的,所以 ValueAnimator 中所能使用的函数在 ObjectAnimator 中都可以正常使用。

但 ObjectAnimator 也重写了几个函数,比如 ofInt()、ofFloat()等。我们先来看看利用 ObjectAnimator 重写的 ofFloat()函数如何实现一个动画(改变透明度),代码如下:

```
ObjectAnimator animator = ObjectAnimator.ofFloat(tv,"alpha",1,0,1);
animator.setDuration(2000);
animator.start();
```

效果如下图所示。

扫码看动态效果图

我们在这里直接使用上一节中的框架代码,当单击按钮时执行动画。从效果图中可以看出,这里同样实现了将 TextView 的透明度从 1 变到 0 再变到 1 的过程。

从上面的代码中可以看到,构造 ObjectAnimator 的方法非常简单。

```
public static ObjectAnimator ofFloat(Object target, String propertyName,
float... values)
```

- 第一个参数用于指定这个动画要操作的是哪个控件。
- 第二个参数用于指定这个动画要操作这个控件的哪个属性。
- 第三个参数是可变长参数,是指这个属性值如何变化。在上面的代码中,就是将 TextView 的 alpha 属性从 0 变到 1 再变到 0。

我们再来看一下如何实现旋转效果。

```
ObjectAnimator animator = ObjectAnimator.ofFloat(tv,"rotation",0,180,0);
animator.setDuration(2000);
animator.start();
```

效果如下图所示。

扫码看动态效果图

从效果图中可以看到，TextView 从 0°旋转到 180°，然后又旋转到 0°。

从代码中可以看到，我们只需要改变 ofFloat()函数第二个参数的值，就可以实现对应的动画。

那么问题来了：我们怎么知道第二个参数的值是什么呢？

2. set 函数

我们再回过头来看看构造改变 rotation 值的 ObjectAnimator 的方法。

```
ObjectAnimator animator = ObjectAnimator.ofFloat(tv,"rotation",0,180,0);
```

TextView 控件有 rotation 这个属性吗？没有，不光 TextView 没有，连它的父类 View 中也没有这个属性。那它是怎么改变这个值的呢？其实，ObjectAnimator 做动画，并不是根据控件 XML 中的属性来改变的，而是通过指定属性所对应的 set 函数来改变的。比如上面指定的改变 rotation 属性值，ObjectAnimator 在做动画时就会到指定控件（TextView）中去找对应的 setRotation()函数来改变控件中对应的值。同样的道理，当我们在最开始的示例代码中指定改变 alpha 属性值的时候，ObjectAnimator 也会到 TextView 中去找对应的 setAlpha()函数。那 TextView 中都有这些函数吗？有的，这些函数都是从 View 中继承过来的。在 View 中，有关动画共有下面几组 set 函数。

```
//1. 透明度：alpha
public void setAlpha(float alpha)

//2. 旋转度数：rotation、rotationX、rotationY
public void setRotation(float rotation)
public void setRotationX(float rotationX)
public void setRotationY(float rotationY)

//3. 平移：translationX、translationY
public void setTranslationX(float translationX)
public void setTranslationY(float translationY)

//4. 缩放：scaleX、scaleY
public void setScaleX(float scaleX)
public void setScaleY(float scaleY)
```

可以看到，在 View 中已经实现了与 alpha、rotaion、translate、scale 相关的 set 函数，所以我们在构造 ObjectAnimator 时可以直接使用。

在开始逐个看这些函数的使用方法之前,我们先做一个总结:

(1)要使用 ObjectAnimator 来构造动画,在要操作的控件中必须存在对应属性的 set 函数,而且参数类型必须与构造所使用的 ofFloat()或者 ofInt()函数一致。

(2)set 函数的命名必须采用骆驼拼写法,即 set 后每个单词首字母大写,其余字母小写,类似于 setPropertyName 所对应的属性为 propertyName。

下面我们就来看一下上述函数的使用方法与效果。

有关 alpha 的用法,上面已经讲过,就不再赘述了。

1)setRotationX()、setRotationY()与 setRotation()函数

- setRotationX(float rotationX):表示围绕 X 轴旋转,rotationX 表示旋转度数。
- setRotationY(float rotationY):表示围绕 Y 轴旋转,rotationY 表示旋转度数。
- setRotation(float rotation):表示围绕 Z 轴旋转,rotation 表示旋转度数。

先来看看 setRotationX()函数的使用方法与效果。

```
ObjectAnimator animator = ObjectAnimator.ofFloat(tv,"rotationX",0,270,0);
animator.setDuration(2000);
animator.start();
```

扫码看动态效果图

从效果图中可以明显看出,TextView 是围绕 X 轴旋转的,我们设定为从 0°旋转到 270°,再返回 0°。

再来看看 setRotationY()函数的使用方法与效果。

```
ObjectAnimator animator = ObjectAnimator.ofFloat(tv,"rotationY",0,180,0);
```

扫码看动态效果图

从效果图中可以明显看出,TextView 是围绕 Y 轴旋转的。

最后来看看 setRotation()函数的使用方法与效果。

```
ObjectAnimator animator = ObjectAnimator.ofFloat(tv,"rotation",0,270,0);
```

扫码看动态效果图

可能有些同学不理解什么是Z轴，我们来看一张图，如下图所示。

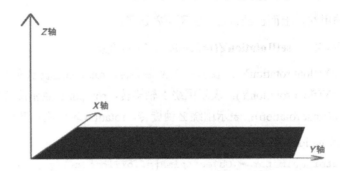

在这张图中，灰色填充框部分表示手机屏幕，可以很明显地看出，Z轴就是从屏幕左上角原点向外伸出的一条轴。这样，围绕Z轴旋转就很好理解了。

2）setTranslationX()与setTranslationY()函数

- setTranslationX(float translationX)：表示在X轴上的平移距离，以当前控件为原点，向右为正方向，参数translationX表示移动的距离。
- setTranslationY(float translationY)：表示在Y轴上的平移距离，以当前控件为原点，向下为正方向，参数translationY表示移动的距离。

先来看看setTranslationX()函数的使用方法与效果。

```
ObjectAnimator animator = ObjectAnimator.ofFloat(tv, "translationX", 0, 200, -200,0);
animator.setDuration(2000);
animator.start();
```

扫码看动态效果图

我们在构造动画时，指定的移动距离是(0, 200, -200,0)，所以控件会先从自身所在位置向右移动200px，然后移动到距离原点-200px的位置，最后回到原点。

再来看看setTranslateY()函数的使用方法与效果。

```
ObjectAnimator animator = ObjectAnimator.ofFloat(tv, "translationY", 0, 200, -100,0);
```

在本例中，为了方便看到效果，为 TextView 添加属性 layout_marginTop:"100dp"。

扫码看动态效果图

可以看出，每次移动距离的计算都是以原点为中心的。比如，在上述代码中，初始动画为 ObjectAnimator.ofFloat(tv, "translationY", 0, 200, -100,0)，表示首先从 0 移动到正方向 200px 的位置，然后再移动到负方向 100px 的位置，最后移动到原点。

3）setScaleX()与 setScaleY()函数

- setScaleX(float scaleX)：在 X 轴上进行缩放，scaleX 表示缩放倍数。
- setScaleY(float scaleY)：在 Y 轴上进行缩放，scaleY 表示缩放倍数。

先来看看 setScaleX()函数的使用方法与效果。

```
ObjectAnimator animator = ObjectAnimator.ofFloat(tv, "scaleX", 0, 3, 1);
```

扫码看动态效果图

在效果图中，将 TextView 在 X 轴上进行缩放，从初始宽度的 0 倍放大到 3 倍，然后再缩小到 1 倍。

再来看看 setScaleY()函数的使用方法与效果。

```
ObjectAnimator animator = ObjectAnimator.ofFloat(tv, "scaleY", 0, 3, 1);
```

为了更好地看到效果，为 TextView 添加属性 layout_marginTop:"50dp"。

扫码看动态效果图

效果很简单，就是将 TextView 在 Y 轴上进行缩放，从原来高度的 0 倍放大到 3 倍，然后再缩小到 1 倍。

3.4.2 ObjectAnimator 动画原理

我们先来看下面这张图。

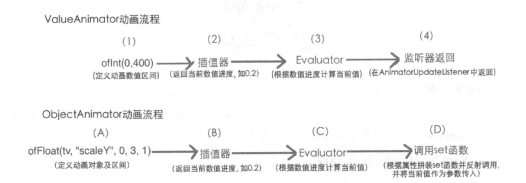

在这张图中，将 ValueAnimator 的动画流程与 ObjectAnimator 的动画流程进行了对比。

可以看到，在 ObjectAnimator 的动画流程中，先通过插值器产生当前进度的百分比，然后再经过 Evaluator 生成对应百分比所对应的数字值。这两步与 ValueAnimator 的动画流程是完全一样的，唯一不同的是最后一步，在 ValueAnimator 中，需要通过添加监听器来监听当前的数值；而在 ObjectAnimator 中，则先根据属性值拼装成对应的 set 函数的名字（比如这里的 scaleY 的拼装方法就是将属性的第一个字母强制大写后，与 set 拼接，得到 setScaleY），然后通过反射找到对应控件的 setScaleY(float scaleY)函数，并将当前的数值作为 setScaleY(float scaleY)函数的参数传入。

在找到控件的 set 函数以后，是通过反射来调用这个函数的。有关反射的使用，大家可以参考《夯实 Java 基本系列》，地址为 http://blog.csdn.net/harvic880925/article/details/50072739。

根据上面的流程，总结出以下几点注意事项。

第一，拼接 set 函数的方法。首先强制将属性的第一个字母大写，然后与 set 拼接，就得到对应的 set 函数的名字。注意，只是强制将属性的第一个字母大写，后面的部分是保持不变的。反过来，如果我们的函数名为 setScalePointX()，那么在写属性时可以写成 scalePointX 或者 ScalePointX，即第一个字母大小写随意，但是后面的部分必须与 set 函数后面部分的大小写保持一致。

第二，如何确定函数的参数类型？我们知道了如何找到对应的函数名，那么对应方法中的参数类型如何确定呢？我们在介绍 ValueAnimator 的时候说过，动画过程中产生的数值与构造时传入的值类型是一样的。由于 ObjectAnimator 与 ValueAnimator 在插值器和 Evaluator 这两步是完全一样的，而当前的动画数值是在 Evaluator 这一步产生的，所以 ObjectAnimator 的动画中产生的数值类型与构造时传入的值类型也是一样的。

那么问题来了，比如我们的构造方法 ObjectAnimator animator = ObjectAnimator.ofFloat(tv, "scaleY", 0, 3, 1);，由于构造时使用的是 ofFloat()函数，所以中间值的类型应该是 Float 类型，最后一步拼装出来的 set 函数应该是 setScaleY(float xxx)的样式；这时，系统就会利用反射来找到 setScaleY(float xxx)函数，并把当前的动画数值作为参数传入。

如果没有类似 setScaleY(float xxx)的函数，只实现了一个 setScaleY(int xxx)函数怎么办？在这里，虽然函数名一样，但参数类型是不一样的，系统就会报错，如下图所示，意思就是没有找到对应函数的指定参数类型。

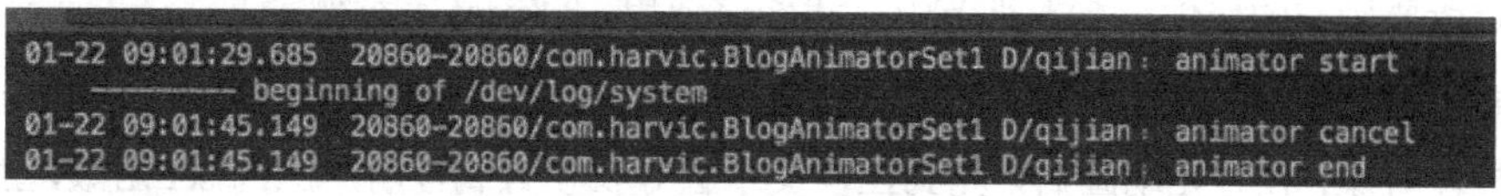

```
01-22 09:01:29.685  20860-20860/com.harvic.BlogAnimatorSet1 D/qijian: animator start
               ———— beginning of /dev/log/system
01-22 09:01:45.149  20860-20860/com.harvic.BlogAnimatorSet1 D/qijian: animator cancel
01-22 09:01:45.149  20860-20860/com.harvic.BlogAnimatorSet1 D/qijian: animator end
```

第三，调用 set 函数以后怎么办？从 ObjectAnimator 的动画流程中可以看到，ObjectAnimator 只负责把动画过程中的数值传到对应属性的 set 函数中就结束了。注意，传给 set 函数以后就结束了！set 函数就相当于我们在 ValueAnimator 中添加的监听器，set 函数中对控件的操作还是需要由我们自己来写的。

那我们来看看 View 中的 setScaleY()函数是怎么实现的。

```
public void setScaleY(float scaleY) {
    ensureTransformationInfo();
    final TransformationInfo info = mTransformationInfo;
    if (info.mScaleY != scaleY) {
        invalidateParentCaches();
        // Double-invalidation is necessary to capture view's old and new areas
        invalidate(false);
        info.mScaleY = scaleY;
        info.mMatrixDirty = true;
        mPrivateFlags |= DRAWN; // force another invalidation with the new orientation
        invalidate(false);
    }
}
```

大家不必仔细理解这段代码的含义，因为这些代码是需要读懂 View 的整体流程以后才能看得懂的。这段代码分为两部分：（1）重新设置当前控件的参数；（2）调用 invalidate()函数强制重绘。

所以，在重绘时，控件就会根据最新的控件参数来绘制了，我们就会看到当前控件被缩放了。

第四，set 函数的调用频率是多少？由于动画在进行时每隔十几毫秒会刷新一次，所以 set 函数也会每隔十几毫秒被调用一次。

3.4.3 自定义 ObjectAnimator 属性

ObjectAnimator 中有三个构造函数。

```
public static ObjectAnimator ofFloat(Object target, String propertyName, float... values)
```

```
    public static ObjectAnimator ofInt(Object target, String propertyName, int...
values)
    public static ObjectAnimator ofObject(Object target, String propertyName,
TypeEvaluator evaluator, Object... values)
```

相比于 ValueAnimator，ObjectAnimator 的每个构造函数中多了一个 propertyName 属性，用于指定所要操作的属性。在本小节中，我们将使用 ofObject 来举例。

在开始举例之前，再来捋一下 ObjectAnimator 的动画设置流程：ObjectAnimator 需要指定操作的控件对象，在开始动画后，先到控件类中去寻找设置属性所对应的 set 函数，然后把动画中间值作为参数传给这个 set 函数并执行它。

所以，控件类中必须存在所要设置属性所对应的 set 函数。为了自由控制控件的实现，我们在这里自定义了一个控件，在这个自定义控件中，肯定存在一个 set 函数与我们自定义的属性相对应。

本例使用 ObjectAnimator 实现 ValueAnimtor 中的抛物动画的例子，当单击按钮时，圆球开始向下做抛物运动，在滚动一段距离后结束。

扫码看动态效果图

如果使用 ObjectAnimator，则需要操作控件中的某个属性，所以我们必须从 ImageView 中派生一个类来表示圆球，在其中指定一个 set 函数以供 ObjectAnimator 调用。

```java
public class FallingBallImageView extends ImageView {
    public FallingBallImageView(Context context, AttributeSet attrs) {
        super(context, attrs);
    }

    public void setFallingPos(Point pos){
        layout(pos.x, pos.y, pos.x + getWidth(), pos.y + getHeight());
    }
}
```

在这段代码中，只有一个 set 函数。这里有两点需要注意：

- 这个 set 函数所对应的属性应该是 fallingPos 或者 FallingPos。
- 在 setFallingPos()函数中，参数类型是 Point 对象，所以我们在构造 ObjectAnimator 时必须使用 ofObject()函数。

在使用 ObjectAnimator 时，布局代码如下：

```xml
<?xml version="1.0" encoding="utf-8"?>
<LinearLayout xmlns:android="http://schemas.android.com/apk/res/android"
```

```
            android:orientation="horizontal"
            android:layout_width="fill_parent"
            android:layout_height="fill_parent">


    <com.harvic.ObjectAnimator.FallingBallImageView
        android:id="@+id/ball_img"
        android:layout_width="50dp"
        android:layout_height="50dp"
        android:src="@drawable/circle"/>

    <Button
        android:id="@+id/start_anim"
        android:layout_width="wrap_content"
        android:layout_height="wrap_content"
        android:text="开始动画"/>

</LinearLayout>
```

其中，drawable/circle.xml 与 3.2 节相同，是一个圆形 shape。

```
<?xml version="1.0" encoding="utf-8"?>

<shape xmlns:android="http://schemas.android.com/apk/res/android"
        android:shape="oval">
    <solid android:color="#ff0000"/>
</shape>
```

在代码中，在单击按钮时开始动画。

```
protected void onCreate(Bundle savedInstanceState) {
    super.onCreate(savedInstanceState);
    setContentView(R.layout.falling_ball_activity);

    ball_img = (FallingBallImageView) findViewById(R.id.ball_img);

    findViewById(R.id.start_anim).setOnClickListener(new View.OnClickListener() {
        public void onClick(View v) {
            ObjectAnimator animator = ObjectAnimator.ofObject(ball_img,
"fallingPos", new FallingBallEvaluator(), new Point(0, 0), new Point(500, 500));
            animator.setDuration(2000);
            animator.start();
        }
    });
}
```

着重看一下 ObjectAnimator 的构造方法，它要操作的控件对象是 ball_img，对应的属性是 fallingPos，值从点(0, 0)运动到点(500, 500)。其中 FallingBallEvaluator 的实现如下：

```
public class FallingBallEvaluator implements TypeEvaluator<Point> {
    private Point point = new Point();
    public Point evaluate(float fraction, Point startValue, Point endValue) {
```

```
        point.x = (int)(startValue.x + fraction *(endValue.x - startValue.x));

        if (fraction*2<=1){
            point.y = (int)(startValue.y + fraction*2*(endValue.y - startValue.y));
        }else {
            point.y = endValue.y;
        }
        return point;
    }
}
```

整体代码到这里就结束了,整体过程是:当单击按钮时开始动画,ObjectAnimator.ofObject() 函数会根据 FallingBallEvaluator 实时得到当前的 Point 值;然后到 ball_img 控件中去找 setFallingPos(Point pos)函数,它的参数就是 FallingBallEvaluator 返回的 Point 对象;在找到 setFallingPos(Point pos)函数后,通过反射调用它。到这里,ObjectAnimator 的任务就结束了; 而在 setFallingPos(Point pos)函数中,我们会根据参数值实时改变圆形的位置。

3.4.4 何时需要实现对应属性的 get 函数

ObjectAnimator 有三个构造函数:ofInt()、ofFloat()和 ofObject(),它们的最后一个参数都是可变长参数,用于指定动画值的变化区间。

那么问题来了:前面我们定义的都是多个值,即至少两个值之间的变化,如果我们只定义一个值呢?

先从 TextView 中派生出一个子类,新建一个在原来的 TextView 中不存在的 set 函数。很明显,这是为了自定义一个属性值。

```
public class CustomTextView extends TextView {
    public CustomTextView(Context context, AttributeSet attrs) {
        super(context, attrs);
    }

    public void setScaleSize(float num){
        setScaleX(num);
    }
}
```

虽然内部实现仍然使用的是 setScaleX()函数,但我们在这里是为了创建一个在原来的 TextView 中不存在的属性。有些同学会问了:直接使用 setScaleX(float scale)函数多好,为什么还要再包一层?这么做自有道理,后面会讲述。

具体使用如下:

```
final CustomTextView tv = (CustomTextView)findViewById(R.id.customtv);
findViewById(R.id.demobtn).setOnClickListener(new View.OnClickListener() {
    public void onClick(View v) {
        ObjectAnimator animator = ObjectAnimator.ofFloat(tv, "ScaleSize", 6);
        animator.setDuration(2000);
```

```
            animator.start();
        }
    });
```

我们在这里只传递了一个变化值 6。那它是从哪里开始变化的呢？我们来看一下效果。

扫码看动态效果图

从效果图中可以看出它是从 0 开始变化的，但在日志中已经发出了警告。

```
Method getScleSize() with type float not found on target class com.harvic.
ObjectAnimator.CustomTextView
```

意思就是没找到 scaleSize 属性所对应的 getScaleSize()函数。

当且仅当我们只给动画设置一个值时，程序才会调用属性对应的 get 函数来得到动画初始值。如果动画没有初始值，就会使用系统默认值。比如 ofInt()函数中使用的参数类型是 int 类型，而 int 类型的默认值是 0，动画就会从 0 倍缩放到 6 倍大小；也就是系统虽然在找不到属性对应的 get 函数时会给出警告，但同时会使用系统的默认值作为动画初始值。

如果给自定义控件 MyPointView 设置 get 函数，那么将会以 get 函数的返回值作为初始值。

```
public class CustomTextView extends TextView {
    ...

    public float getScaleSize(){
        return 0.5f;
    }
}
```

我们在 get 函数中返回 0.5f，所以，当指定一个动画值时，动画就会通过 get 函数来获取初始值。这里的动画缩放应该是从 0.5 倍开始的。

扫码看动态效果图

从效果图中可以明显看出，动画的确是从 0.5 倍宽度开始缩放的。前面之所以不能直接使用 setScaleX(float scaleX)函数来演示初始值，是因为在 View 类中是存在 getScaleX()函数的，我们必须找到一个不存在 get 函数的属性来讲解才行。

对于 ofInt()、ofFloat()函数而言，Int、Float 类型都有默认值（默认值为 0）；而对于 ofObject()函数而言，由于允许我们指定动画参数类型，所以不一定存在初始值，比如 3.4.3 节中的自定义属性，如果我们不传入起始位置，只传入结束位置，它就会报错。

```
ObjectAnimator animator = ObjectAnimator.ofObject(ball_img, "fallingPos", new
FallingBallEvaluator(),  new Point(500, 500));
```

当我们只传入一个值，但并没有对应的 get 函数时，则会直接崩溃，如下图所示。这是因为我们没有 get 函数，而 ofObject 也找不到 Point 类的默认值。

```
12-11 12:28:11.222    1335-1335/com.harvic.ObjectAnimator E/AndroidRuntime： FATAL EXCEPTION: main
        java.lang.NullPointerException
            at com.harvic.ObjectAnimator.FallingBallEvaluator.evaluate(FallingBallEvaluator.java:12)
            at com.harvic.ObjectAnimator.FallingBallEvaluator.evaluate(FallingBallEvaluator.java:9)
            at android.animation.KeyframeSet.getValue(KeyframeSet.java:170)
            at android.animation.PropertyValuesHolder.calculateValue(PropertyValuesHolder.java:660)
            at android.animation.ValueAnimator.animateValue(ValueAnimator.java:1161)
            at android.animation.ObjectAnimator.animateValue(ObjectAnimator.java:473)
            at android.animation.ValueAnimator.animationFrame(ValueAnimator.java:1102)
            at android.animation.ValueAnimator.doAnimationFrame(ValueAnimator.java:1131)
            at android.animation.ValueAnimator.setCurrentPlayTime(ValueAnimator.java:509)
            at android.animation.ValueAnimator.start(ValueAnimator.java:913)
            at android.animation.ValueAnimator.start(ValueAnimator.java:923)
            at android.animation.ObjectAnimator.start(ObjectAnimator.java:370)
```

总结：当且仅当动画只有一个过渡值时，系统才会调用对应属性的 get 函数来得到动画的初始值。当不存在 get 函数时，则会取动画参数类型的默认值作为初始值；当无法取得动画参数类型的默认值时，则会直接崩溃。

3.4.5 常用函数

关于常用函数，其实没有太多讲的必要，因为 ObjectAnimator 的函数都是从 ValueAnimator 中继承而来的，所以用法和效果与 ValueAnimator 的函数是完全一样的。下面仅将这些函数列出，有关具体使用就不再详细讲解了。

1．通用的常用函数

```
/**
 * 设置动画时长，单位是毫秒
 */
ValueAnimator setDuration(long duration)
/**
 * 获取 ValueAnimator 在运动时，当前运动点的值
 */
Object getAnimatedValue();
/**
 * 开始动画
 */
void start()
/**
 * 设置循环次数，设置为 INFINITE 表示无限循环
 */
void setRepeatCount(int value)
/**
 * 设置循环模式
 * value 取值有 RESTART 和 REVERSE
 */
```

```
void setRepeatMode(int value)
/**
 * 取消动画
 */
void cancel()
```

2. 与监听器相关的函数

```
/**
 * 监听器一：监听动画变化时的实时值
 */
public static interface AnimatorUpdateListener {
    void onAnimationUpdate(ValueAnimator animation);
}
//添加方法为: public void addUpdateListener(AnimatorUpdateListener listener)
/**
 * 监听器二：监听动画变化时的 4 种状态
 */
public static interface AnimatorListener {
    void onAnimationStart(Animator animation);
    void onAnimationEnd(Animator animation);
    void onAnimationCancel(Animator animation);
    void onAnimationRepeat(Animator animation);
}
//添加方法为: public void addListener(AnimatorListener listener)
```

3. 与插值器和 Evaluator 相关的函数

```
/**
 * 设置插值器
 */
public void setInterpolator(TimeInterpolator value)
/**
 * 设置 Evaluator
 */
public void setEvaluator(TypeEvaluator value)
```

3.5 组合动画——AnimatorSet

前几节着重讲解了 ValueAnimator 和 ObjectAnimator，但 ValueAnimator 和 ObjectAnimator 都只能单独实现一个动画，如果我们想要使用一个组合动画，就需要用到 AnimatorSet。

3.5.1 playSequentially()与 playTogether()函数

AnimatorSet 针对 ValueAnimator 和 ObjectAnimator 都是适用的，但一般而言，我们不会用到 ValueAnimator 的组合动画，所以这里仅讲解 ObjectAnimator 的组合动画实现。

在 AnimatorSet 中提供了两个函数：playSequentially()和 playTogether()，前者表示所有动

画依次播放，后者表示所有动画一起开始。

1. playSequentially()函数

playSequentially()函数的声明如下：

```
public void playSequentially(Animator... items);
public void playSequentially(List<Animator> items);
```

第一个构造函数是我们最常用的，它的参数是可变长参数，也就是说我们可以传入任意多个 Animator 对象，这些对象的动画会依次播放。第二个构造函数表示传入一个 List<Animator>的列表。原理一样，也是依次去取 List 中的动画对象，然后依次播放，但使用起来要麻烦一些。

下面举例说明 playSequentially()函数的使用方法。先构造如下图所示的框架。

当单击按钮的时候，会调用下面的动画代码。

```
ObjectAnimator tv1BgAnimator = ObjectAnimator.ofInt(mTv1, "BackgroundColor",
0xffff00ff, 0xffffff00, 0xffff00ff);
ObjectAnimator tv1TranslateY = ObjectAnimator.ofFloat(mTv1, "translationY",
0, 300, 0);
ObjectAnimator tv2TranslateY = ObjectAnimator.ofFloat(mTv2, "translationY",
0, 400, 0);

AnimatorSet animatorSet = new AnimatorSet();
animatorSet.playSequentially(tv1BgAnimator,tv1TranslateY,tv2TranslateY);
animatorSet.setDuration(1000);
animatorSet.start();
```

在上述代码中，首先构造了三个动画，针对 TextView-1 的是 tv1BgAnimator 和 tv1TranslateY，分别用于改变当前动画背景和改变控件 Y 坐标位置；针对 TextView-2 则只通过 translationY 来改变控件 Y 坐标位置。

然后利用 AnimatorSet 的 playSequentially()函数将这三个动画组装起来，依次播放。

扫码看效果图

从效果图中可以看出，首先是 TextView-1 做颜色改变动画，之后做位移动画，最后是 TextView-2 做位移动画。

2. playTogether()函数

playTogether()函数的声明如下：

```
public void playTogether(Animator... items);
public void playTogether(Collection<Animator> items);
```

第一个构造函数依然传入可变长参数列表，第二个构造函数则需要传入一个组装好的 Collection 对象。这两个构造函数的含义是一样的，都是将参数中的动画一起播放。

同样是上面的例子，如果使用 playTogether()函数来播放动画，效果将会是怎样的呢？

```
ObjectAnimator tv1BgAnimator = ObjectAnimator.ofInt(mTv1, "BackgroundColor",
0xffff00ff, 0xffffff00, 0xffff00ff);
ObjectAnimator tv1TranslateY = ObjectAnimator.ofFloat(mTv1, "translationY",
0, 400, 0);
ObjectAnimator tv2TranslateY = ObjectAnimator.ofFloat(mTv2, "translationY",
0, 400, 0);

AnimatorSet animatorSet = new AnimatorSet();
animatorSet.playTogether(tv1BgAnimator,tv1TranslateY,tv2TranslateY);
animatorSet.setDuration(1000);
animatorSet.start();
```

扫码看动态效果图

从效果图中可以看到，三个动画是同时播放的。

3. playSequentially()和 playTogether()函数的真正含义

想必大家都看过赛马，在赛马开始前，每匹马会被放在起点的小门后面，时间一到，门打开，所有的马开始一起往前跑。假如我们把每匹马看作一个动画，那么 playTogether()函数就相当于赛马场每个赛道上的门（当比赛开始时，每个赛道上的门会打开，马就可以开始比赛了）。也就是说，playTogether()函数只是在一个时间点上的一起开始，至于开始后各个动画怎么操作就是它们自己的事了，各个动画结不结束也是它们自己的事。所以，最恰当的描述就是，门只负责打开，打开之后马怎么跑，门管不着，最后马回不回来跟门也没什么关系。门的责任只是到时间就打开而已。放到动画上，就是在激活动画之后，动画开始后的操作只由动画自己来负责，至于动画结不结束，也只有动画自己知道。

而 playSequentially()函数的含义就是，当一匹马回来以后，再放另一匹马。如果上一匹马永远没回来，那么下一匹马也永远不会被放出来。放到动画上，就是在激活一个动画之后，动画之后的操作就由动画自己来负责了，这个动画结束之后，再激活下一个动画。如果上一个动画没有结束，那么下一个动画就永远不会被激活。

我们先看一个关于 playTogether() 函数的例子。

```
    ObjectAnimator tv1BgAnimator = ObjectAnimator.ofInt(mTv1, "BackgroundColor",
0xffff00ff, 0xffffff00, 0xffff00ff);

    ObjectAnimator tv1TranslateY = ObjectAnimator.ofFloat(mTv1, "translationY",
0, 400, 0);
    tv1TranslateY.setStartDelay(2000);
    tv1TranslateY.setRepeatCount(ValueAnimator.INFINITE);

    ObjectAnimator tv2TranslateY = ObjectAnimator.ofFloat(mTv2, "translationY",
0, 400, 0);
    tv2TranslateY.setStartDelay(2000);

    AnimatorSet animatorSet = new AnimatorSet();
    animatorSet.playTogether(tv1BgAnimator,tv1TranslateY,tv2TranslateY);
    animatorSet.setDuration(2000);
    animatorSet.start();
```

在这个例子中，我们将 tv1TranslateY 设为延迟 2000ms 开始，并且无限循环；将 tv2TranslateY 设为延迟 2000ms 开始；而对 tv1BgAnimator 没有进行任何设置，所以默认直接开始。

扫码看动态效果图

在效果图中可以看到，在单击按钮以后，先进行的是 tv1 的颜色变化，在颜色变化完以后，tv2 的延时也刚好结束，此时两个 TextView 开始做位移变换。最后，TextView-1 的位移变换是无限循环的。

从这个例子中也可以看到，playTogether() 函数只负责在同一时间点把门打开，门打开以后，马跑不跑，那是它自己的事；马回不回来，门也管不着。

再来看一个关于 playSequentially() 函数的例子。

```
    ObjectAnimator tv1BgAnimator = ObjectAnimator.ofInt(mTv1, "BackgroundColor",
0xffff00ff, 0xffffff00, 0xffff00ff);
    tv1BgAnimator.setStartDelay(2000);

    ObjectAnimator tv1TranslateY = ObjectAnimator.ofFloat(mTv1, "translationY",
0, 300, 0);
    tv1TranslateY.setRepeatCount(ValueAnimator.INFINITE);

    ObjectAnimator tv2TranslateY = ObjectAnimator.ofFloat(mTv2, "translationY",
0, 400, 0);

    AnimatorSet animatorSet = new AnimatorSet();
```

```
animatorSet.playSequentially(tv1BgAnimator,tv1TranslateY,tv2TranslateY);
animatorSet.setDuration(2000);
animatorSet.start();
```

同样是三个动画，tv1BgAnimator 设置了延时开始，tv1TranslateY 设置为无限循环。使用 playSequentially()函数来依次播放这三个动画，首先是 tv1BgAnimator，在开始之后，这个动画会延时 2000ms 再开始；结束之后，激活 tv1TranslateY，这个动画会无限循环。无限循环也就是说它永远不会结束，那么第三个动画 tv2TranslateY 也永远不会开始。

扫码看动态效果图

从效果图中也可以看出，TextView-1 先等了一段时间再开始颜色变化，然后开始无限循环地上下运动；而 TextView-2 永远不会开始动画。

总结：

playTogether()和 playSequentially()函数在开始动画时，只是把每个控件的动画激活，至于每个控件自身的动画是否延时、是否无限循环，只与控件自身的动画设定有关，与 playTogether()和 playSequentially()函数无关，它们只负责到时间后激活动画。

playSequentially()函数只有在上一个控件做完动画以后，才会激活下一个控件的动画。如果上一个控件的动画是无限循环的，那么下一个控件就别再指望能做动画了。

4．如何实现无限循环的组合动画

很多读者会一直纠结如何实现无限循环的组合动画，因为 AnimatorSet 中没有设置循环次数的函数。通过上面的讲解，我们也能知道是否无限循环主要看动画本身，而与 playTogether()和 playSequentially()函数无关。

下面我们就实现三个动画同时开始并无限循环的组合动画。代码如下：

```
ObjectAnimator tv1BgAnimator = ObjectAnimator.ofInt(mTv1, "BackgroundColor",
0xffff00ff, 0xffffff00, 0xffff00ff);
tv1BgAnimator.setRepeatCount(ValueAnimator.INFINITE);
ObjectAnimator tv1TranslateY = ObjectAnimator.ofFloat(mTv1, "translationY",
0, 400, 0);
tv1TranslateY.setRepeatCount(ValueAnimator.INFINITE);
ObjectAnimator tv2TranslateY = ObjectAnimator.ofFloat(mTv2, "translationY",
0, 400, 0);
tv2TranslateY.setRepeatCount(ValueAnimator.INFINITE);

AnimatorSet animatorSet = new AnimatorSet();
animatorSet.playTogether(tv1BgAnimator,tv1TranslateY,tv2TranslateY);
animatorSet.setDuration(2000);
animatorSet.start();
```

上述代码很容易理解,我们为每个动画设置了无限循环,所以在 playTogether()函数指定开始动画之后,每个动画都是无限循环的。

扫码看动态效果图

3.5.2 AnimatorSet.Builder

1. 概述

虽然 playTogether()和 playSequentially()函数分别能实现一起开始动画和依次开始动画,但是并不能非常自由地组合动画。比如我们有三个动画 A、B、C,想先播放 C,然后同时播放 A 和 B,利用 playTogether()和 playSequentially()函数是没办法实现的。为了更方便地组合动画,Google 的开发人员提供了另一个类 AnimatorSet.Builder。

下面就使用 AnimatorSet.Builder 类实现两个控件一起开始动画的效果。

扫码看动态效果图

关键部分在最后几句:

```
AnimatorSet.Builder builder = animatorSet.play(tv1TranslateY);
builder.with(tv2TranslateY);
```

首先构造一个 AnimatorSet 对象,然后调用 animatorSet.play(tv1BgAnimator)函数生成一个 AnimatorSet.Builder 对象,最后直接调用 builder.with()函数就能实现两个控件同时开始动画了。多么神奇!下面我们来看看这个 AnimatorSet.Builder 类的定义。

2. AnimatorSet.Builder 的函数

从上面的代码中可以看到,AnimatorSet.Builder 是通过 animatorSet.play(tv1BgAnimator) 函数生成的,这是生成 AnimatorSet.Builder 对象的唯一途径。

在上面的例子中,我们已经接触了 AnimatorSet.Builder 的 with(Animator anim)函数。其实,除 with()函数以外,AnimatorSet.Builder 还有一些函数,声明如下:

```
//表示要播放哪个动画
public Builder play(Animator anim)
//和前面的动画一起执行
public Builder with(Animator anim)
```

```
//先执行这个动画，再执行前面的动画
public Builder before(Animator anim)
//在执行前面的动画后才执行该动画
public Builder after(Animator anim)
//延迟n毫秒之后执行动画
public Builder after(long delay)
```

play(Animator anim)表示当前在播放哪个动画，而 with(Animator anim)、before(Animator anim)、after(Animator anim)都是以 play()中当前所播放的动画为基准的。

比如，当 play(playAnim)与 before(beforeAnim)共用时，则表示在播放 beforeAnim 动画之前，先播放 playAnim 动画；同样，当 play(playAnim)与 after(afterAnim)共用时，则表示在播放 afterAnim 动画之后，再播放 playAnim 动画。

这里要格外注意一点：每个函数的返回值都是 Builder 对象。也就是说，我们有两种方式使用它们。

方式一：使用 Builder 对象逐个添加动画。

```
AnimatorSet.Builder builder = animatorSet.play(tv1TranslateY);
builder.with(tv2TranslateY);
builder.after(tv1BgAnimator);
```

方式二：串行方式。

由于每个函数的返回值都是 Builder 对象，所以我们依然可以直接调用 Builder 的所有函数。可以使用串行的方式把它们串联起来，因而上面的代码也可以写成下面的简化方式：

```
animatorSet.play(tv1TranslateY).with(tv2TranslateY).after(tv1BgAnimator);
```

这里实现的效果是：在 TextView-1 颜色变化后，两个控件一起开始位移动画。

扫码看动态效果图

3.5.3 AnimatorSet 监听器

在 AnimatorSet 中也可以添加监听器，对应的监听器如下：

```
public static interface AnimatorListener {
    /**
     * 当AnimatorSet开始时调用
     */
    void onAnimationStart(Animator animation);

    /**
     * 当AnimatorSet结束时调用
```

```
    */
   void onAnimationEnd(Animator animation);

   /**
    * 当AnimatorSet被取消时调用
    */
   void onAnimationCancel(Animator animation);

   /**
    * 当AnimatorSet重复时调用。由于AnimatorSet没有设置重复的函数，所以这个函数永远
不会被调用
    */
   void onAnimationRepeat(Animator animation);
}
```

添加方法为：

```
public void addListener(AnimatorListener listener);
```

这个监听器与ValueAnimator的监听器一模一样，因为它们都是从Animator类继承而来的。

下面再举一个例子，来说明AnimatorListener与AnimatorSet的关系。

在上面无限循环的例子中，添加一个取消按钮，在单击开始按钮时，开始动画；在单击取消按钮时，取消动画。程序界面如下图所示。

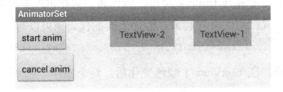

代码如下：

```
mBtnStart.setOnClickListener(new View.OnClickListener() {
    @Override
    public void onClick(View v) {
        mAnimatorSet = doListenerAnimation();
    }
});

mBtnCancel.setOnClickListener(new View.OnClickListener() {
    @Override
    public void onClick(View v) {
        if (null != mAnimatorSet) {
            mAnimatorSet.cancel();
        }
    }
});
```

在单击开始按钮时，执行doListenerAnimation()函数，这个函数会把构造的AnimatorSet对象返回。在单击取消按钮时，取消AnimatorSet。

doListenerAnimation()函数中的代码如下：

```java
private AnimatorSet doListenerAnimation() {
    ObjectAnimator tv1TranslateY = ObjectAnimator.ofFloat(mTv1, "translationY",
0, 400, 0);
    ObjectAnimator tv2TranslateY = ObjectAnimator.ofFloat(mTv2, "translationY",
0, 400, 0);
    tv2TranslateY.setRepeatCount(ValueAnimator.INFINITE);

    AnimatorSet animatorSet = new AnimatorSet();
    animatorSet.play(tv1TranslateY).with(tv2TranslateY);
    animatorSet.addListener(new Animator.AnimatorListener() {
        public void onAnimationStart(Animator animation) {
            Log.d(tag, "animator start");
        }
        public void onAnimationEnd(Animator animation) {
            Log.d(tag, "animator end");
        }
        public void onAnimationCancel(Animator animation) {
            Log.d(tag, "animator cancel");
        }
        public void onAnimationRepeat(Animator animation) {
            Log.d(tag, "animator repeat");
        }
    });
    animatorSet.setDuration(2000);
    animatorSet.start();
    return animatorSet;
}
```

在这段代码中，首先，将动画 tv2TranslateY 设置为无限循环；其次，在 AnimatorSet 添加的 Animator.AnimatorListener()函数中为每一部分添加日志。

扫码看动态效果图

日志输出如下图所示。

```
12-13 00:44:38.089    1360-1360/com.harvic.AnimatorSet D/qijian: animator start
12-13 00:44:55.321    1360-1360/com.harvic.AnimatorSet D/qijian: animator cancel
12-13 00:44:55.321    1360-1360/com.harvic.AnimatorSet D/qijian: animator end
```

从效果图和对应的日志中可以看出，虽然 TextView-2 在无限循环，但日志中没有打印出对应的重复日志；从日志中也可以看出，AnimatorSet 的监听函数只是用来监听 AnimatorSet 的状态的，与其中的动画无关。

总结一下 AnimatorSet 的监听器：

（1）AnimatorSet 的监听函数只是用来监听 AnimatorSet 的状态的，与其中的动画无关。

（2）AnimatorSet 中并没有设置循环的函数，所以动画执行一次就结束了，永远无法执行到 onAnimationRepeat()函数中。

3.5.4 常用函数

1. 概述

在 AnimatorSet 中还有如下几个函数。

```
//设置单次动画时长
public AnimatorSet setDuration(long duration);
//设置插值器
public void setInterpolator(TimeInterpolator interpolator)
//设置 ObjectAnimator 动画目标控件
public void setTarget(Object target)
```

这几个函数好像比较诡异，因为在 ObjectAnimator 中也有这几个函数。那么在 AnimatorSet 中设置与在单个 ObjectAnimator 中设置有什么区别呢？

区别就是：在 AnimatorSet 中设置以后，会覆盖单个 ObjectAnimator 中的设置。也就是说，如果在 AnimatorSet 中没有设置，那么以 ObjectAnimator 中的设置为准；在 AnimatorSet 中设置以后，ObjectAnimator 中的设置就会无效。

来看下面的例子：

```
ObjectAnimator tv1TranslateY = ObjectAnimator.ofFloat(mTv1, "translationY", 0, 400, 0);
tv1TranslateY.setDuration(500000000);
tv1TranslateY.setInterpolator(new BounceInterpolator());

ObjectAnimator tv2TranslateY = ObjectAnimator.ofFloat(mTv2, "translationY", 0, 400, 0);
tv2TranslateY.setInterpolator(new AccelerateDecelerateInterpolator());

AnimatorSet animatorSet = new AnimatorSet();
animatorSet.play(tv2TranslateY).with(tv1TranslateY);
animatorSet.setDuration(2000);
animatorSet.start();
```

在这个例子中，我们通过 animatorSet.setDuration(2000)设置为所有动画的单次动画时长为 2000ms。虽然给 tv1TranslateY 设置了单次动画时长为 500000000ms，但由于 AnimatorSet 设置了 setDuration(2000)，单个动画的时长设置将无效，所以每个动画的单次动画时长为 2000ms。

我们还分别给 tv1 和 tv2 设置了插值器，但并没有给 AnimatorSet 设置插值器，那么 tv1 和 tv2 将按各自插值器的表现形式做动画。同样，如果我们给 AnimatorSet 设置了插值器，那么单个动画中所设置的插值器都将无效，以 AnimatorSet 中的插值器为准。

扫码看动态效果图

从效果图中也可以看到,这两个控件同时开始、同时结束,这说明它们的单次动画时长是一样的,也就是以 animatorSet.setDuration(2000)为准的 2000ms。

其实,这两个动画在运动过程中的表现形式是完全不一样的,这说明它们的插值器是不一样的。也就是说,在 AnimatorSet 没有统一设置的情况下,各自按各自的执行。

2. setTarget(Object target)函数

```
//设置 ObjectAnimator 动画目标控件
public void setTarget(Object target)
```

这里我们着重讲一下 AnimatorSet 的 setTarget()函数,这个函数是用来设置目标控件的,也就是说,只要通过 AnimatorSet 的 setTarget()函数设置了目标控件,那么单个动画中的目标控件都以 AnimatorSet 设置的为准。

举个例子:

```
    ObjectAnimator tv1BgAnimator = ObjectAnimator.ofInt(mTv1, "BackgroundColor",
0xffff00ff, 0xffffff00, 0xffff00ff);
    ObjectAnimator tv2TranslateY = ObjectAnimator.ofFloat(mTv2, "translationY",
0, 400, 0);

    AnimatorSet animatorSet = new AnimatorSet();
    animatorSet.playTogether(tv1BgAnimator,tv2TranslateY);
    animatorSet.setDuration(2000);
    animatorSet.setTarget(mTv2);
    animatorSet.start();
```

在这段代码中,我们给 tv1 设置了改变背景色,给 tv2 设置了上下移动。但由于我们通过 animatorSet.setTarget(mTv2);将各个动画的目标控件设置为 mTv2,所以 tv1 将不会有任何动画,所有的动画都会发生在 tv2 上。

扫码看动态效果图

所以,animatorSet.setTarget()函数的作用就是将动画的目标控件统一设置为当前控件,AnimatorSet 中的所有动画都将作用在所设置的目标控件上。

3. setStartDelay(long startDelay)函数

```
//设置延时开始动画时长
public void setStartDelay(long startDelay)
```

上面提到，当 AnimatorSet 所拥有的函数与单个动画所拥有的函数冲突时，就以 AnimatorSet 设置的为准。但唯一的例外就是 setStartDelay()函数。

setStartDelay()函数不会覆盖单个动画的延时，而且仅针对性地延长 AnimatorSet 的激活时间，单个动画所设置的 setStartDelay()函数仍对单个动画起作用。

示例一：

```
    ObjectAnimator tv1TranslateY = ObjectAnimator.ofFloat(mTv1, "translationY",
0, 400, 0);
    ObjectAnimator tv2TranslateY = ObjectAnimator.ofFloat(mTv2, "translationY",
0, 400, 0);
    tv2TranslateY.setStartDelay(2000);

    AnimatorSet animatorSet = new AnimatorSet();
    animatorSet.play(tv1TranslateY).with(tv2TranslateY);
    animatorSet.setStartDelay(2000);
    animatorSet.setDuration(2000);
    animatorSet.start();
```

在这个动画中，我们首先给 AnimatorSet 设置了延时，所以 AnimatorSet 会在 2000ms 以后再执行 start()函数。其次，我们给 tv2 设置了延时 2000ms，所以在动画开始后，tv1 会直接运动，但 tv2 要等 2000ms 以后才开始运动。

这里要特别提醒大家注意一行代码：

```
animatorSet.play(tv1TranslateY).with(tv2TranslateY);
```

在这行代码中，我们播放的是 tv1，而且 tv1 是没有设置延时的。

扫码看动态效果图

从效果图中可以看到，在单击 start anim 按钮以后，动画并没有立即开始，这是因为我们给 AnimatorSet 设置了延时；另外，在 AnimatorSet 延时过后，可以看到 tv1 立刻开始动画，但此时 tv2 并没有任何动静，这是因为我们又单独给 tv2 设置了延时。

所以，我们可以得出一个结论：AnimatorSet 的延时仅针对性地延长 AnimatorSet 的激活时间，对单个动画的延时设置没有影响。

示例二：

如果将动画顺序颠倒一下，则会是什么结果呢？

```
animatorSet.play(tv2TranslateY).with(tv1TranslateY);
```

扫码看动态效果图

这个动画效果非常奇怪,这里的代码仅仅调换了播放的顺序,却与示例一的效果完全不同。

按说这里的效果应该是在 AnimatorSet 被激活以后,tv1 立即运行,等 2000ms 后 tv2 才开始运行。但实际效果却是在过了一段时间以后,tv1 和 tv2 一起运行。

这是因为:

AnimatorSet 真正激活延时 = AnimatorSet.startDelay+第一个动画.startDelay

也就是说,AnimatorSet 被激活的真正延时等于它本身设置的 setStartDelay(2000) 延时再加上第一个动画的延时。

在真正的延时过了之后,动画被激活,这时相当于赛马场每个赛道上的门打开了,每个动画就按照自己的动画处理来操作了,如果有延时就延时动画。但由于第一个动画的延时已经被 AnimatorSet 用掉了,所以第一个动画就直接运行了。

在这个例子中,由于只有 tv2 有延时,而在 AnimatorSet 被激活后,tv2 的延时被 AnimatorSet 用掉了,所以 tv2 直接运行;而在 AnimatorSet 被激活后,由于 tv1 没有设置延时,所以 tv1 直接运行。

如果给 tv1 加上延时会怎样?

```
ObjectAnimator tv1TranslateY = ObjectAnimator.ofFloat(mTv1, "translationY",
0, 400, 0);
tv1TranslateY.setStartDelay(2000);
ObjectAnimator tv2TranslateY = ObjectAnimator.ofFloat(mTv2, "translationY",
0, 400, 0);
tv2TranslateY.setStartDelay(2000);

AnimatorSet animatorSet = new AnimatorSet();
animatorSet.play(tv2TranslateY).with(tv1TranslateY);
animatorSet.setStartDelay(2000);
animatorSet.setDuration(2000);
animatorSet.start();
```

代码与上面的一样,只是不仅给 tv2 添加了延时,而且也给 tv1 添加了延时。

扫码看动态效果图

从效果图中也可以看到，由于 AnimatorSet 真正激活延时 = AnimatorSet.startDelay+第一个动画.startDelay，所以在 4000ms 后，动画被激活，tv2 由于已经被用掉了延时，所以在激活后直接开始动画；而 tv1 则按照自己的设定，在动画被激活后，延时 2000ms 才开始动画。

结论：

- AnimatorSet 的延时仅针对性地延长 AnimatorSet 的激活时间，对单个动画的延时设置没有影响。
- AnimatorSet 真正激活延时 = AnimatorSet.startDelay+第一个动画.startDelay。
- 在 AnimatorSet 被激活之后，第一个动画绝对会开始运行，后面的动画则根据自己是否延时自行处理。

注意：

在 Android 6 及以上版本的平台中，AnimatorSet 的真正激活延时等于 AnimatorSet.startDelay；AnimatorSet 的激活延时不再跟第一个动画的延时有关，该问题已经修复了。

3.5.5 示例：路径动画

本小节将利用 AnimatorSet 实现下图所示的动画。

扫码看动态效果图

这里要实现的效果是：在用户单击按钮时，把菜单弹出来，动画从小变大，透明度从 0 变到 1；在单击菜单的时候，菜单响应单击事件，并将菜单缩回去，缩回去时，动画从大变小，透明度从 1 变到 0。

1．原理

先来看看如何根据圆半径来定位每张图片的位置，如下图所示。

$$X = radius * sin(a)$$
$$Y = radius * cos(a)$$

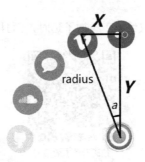

在图中可以清晰地看到，假如当前菜单与 Y 轴的夹角是 a 度，那么这个菜单所移动的 X 轴距离为 radius * sin(a)，Y 轴的移动距离为 radius * cos(a)。

第一个问题：这个夹角 a 是多少度呢？

很显然，这里所有菜单的夹角之和是 90°，共有 5 个菜单项，把 90°夹角分为 4 等份，所以夹角 a 的度数为 90°/4 = 22°。在这 5 个菜单中，第一个菜单的夹角是 0°，第二个菜单的夹角是 22°，第三个菜单的夹角是(22*2)°（22 乘以 2），第四个菜单的夹角是(22*3)°，第五个菜单的夹角是(22*4)°。

假设 index 表示当前菜单的位置索引，从 0 开始，即第一个菜单的索引是 0，第二个菜单的索引是 1，第三个菜单的索引是 2……而当前菜单与 Y 轴的夹角恰好占了 22°的 index 份，所以当前菜单与 Y 轴的夹角为(22 * index)°。这个公式非常重要，在下面的代码中会用到。

第二个问题：如何求对应角度的正弦、余弦值？

大家知道，在 Java 中有一个 Math 类，该类中有 3 个函数。

```
/**
 * 求对应弧度的正弦值
 */
double sin(double d)
/**
 * 求对应弧度的余弦值
 */
double cos(double d)
/**
 * 求对应弧度的正切值
 */
double tan(double d)
```

这里要非常注意的是，这三个函数的输入参数不是度数，而是度数对应的弧度值，如下图所示。

在 Math 类中有两种方法可以得到弧度值。

第一种方法：在 Math 类中，Math.PI 不仅代表圆周率 π，也代表 180°角所对应的弧度值。所以 Math.sin(Math.PI)就表示 180°的正弦值，Math.sin(Math.PI/2)就表示 90°的正弦值。

第二种方法：根据度数获得弧度值。在 Math 类中也提供了一个函数。

```
/**
 * 在 Math 类中根据度数得到弧度值的函数
 */
double toRadians(double angdeg)
```

其中，参数 angdeg 表示度数，返回值是对应的弧度值。比如，22°对应的弧度值就是 Math.toRadians(22)，对应的正弦值就是 Math.sin(Math.toRadians(22))。

2. 布局

布局代码很简单，就是利用 FrameLayout 将所有菜单都覆盖在按钮的下面，只显示顶层的按钮。效果如下图所示。

对应的布局代码如下：

```xml
<?xml version="1.0" encoding="utf-8"?>
<FrameLayout xmlns:android="http://schemas.android.com/apk/res/android"
        android:layout_width="match_parent"
        android:layout_height="match_parent"
        android:layout_marginBottom="10dp"
        android:layout_marginRight="10dp">

    <Button
        android:id="@+id/menu"
        style="@style/MenuStyle"
        android:background="@drawable/menu"/>

    <Button
        android:id="@+id/item1"
        style="@style/MenuItemStyle"
        android:background="@drawable/circle1"
        android:visibility="gone"/>

    <!--其他btn代码与item1相同，只是背景图片不一样，不再列出-->

</FrameLayout>
```

其中的 style 代码如下：

```xml
<resources>
    <style name="MenuStyle">
        <item name="android:layout_width">50dp</item>
        <item name="android:layout_height">50dp</item>
        <item name="android:layout_gravity">right|bottom</item>
    </style>

    <style name="MenuItemStyle">
        <item name="android:layout_width">45dp</item>
```

```xml
            <item name="android:layout_height">45dp</item>
            <item name="android:layout_gravity">right|bottom</item>
    </style>
</resources>
```

3．代码处理

1）单击响应

为每个按钮添加单击响应事件。在单击时，用 **mIsMenuOpen** 变量来标识当前菜单是展开状态还是关闭状态，如果是关闭状态就展开，如果是展开状态就关闭。代码如下：

```java
private boolean mIsMenuOpen = false;

public void onClick(View v) {
    if (!mIsMenuOpen) {
        mIsMenuOpen = true;
        openMenu();
    } else {
        Toast.makeText(this, "你单击了" + v, Toast.LENGTH_SHORT).show();
        mIsMenuOpen = false;
        closeMenu();
    }
}
```

2）弹出菜单

代码如下：

```java
private void openMenu() {
    doAnimateOpen(mItemButton1, 0, 5, 300);
    doAnimateOpen(mItemButton2, 1, 5, 300);
    doAnimateOpen(mItemButton3, 2, 5, 300);
    doAnimateOpen(mItemButton4, 3, 5, 300);
    doAnimateOpen(mItemButton5, 4, 5, 300);
}
```

关键部分在 doAnimateOpen()函数中，该函数用于实现将每个按钮从初始位置移动到对应的结束位置。该函数中的代码如下：

```java
private void doAnimateOpen(View view, int index, int total, int radius) {
    if (view.getVisibility() != View.VISIBLE) {
        view.setVisibility(View.VISIBLE);
    }
    double degree = Math.toRadians(90) / (total - 1) * index;
    int translationX = -(int) (radius * Math.sin(degree));
    int translationY = -(int) (radius * Math.cos(degree));
    AnimatorSet set = new AnimatorSet();
    //包含平移、缩放和透明度动画
    set.playTogether(
            ObjectAnimator.ofFloat(view, "translationX", 0, translationX),
            ObjectAnimator.ofFloat(view, "translationY", 0, translationY),
            ObjectAnimator.ofFloat(view, "scaleX", 0f, 1f),
```

```
            ObjectAnimator.ofFloat(view, "scaleY", 0f, 1f),
            ObjectAnimator.ofFloat(view, "alpha", 0f, 1));
    //动画周期为500ms
    set.setDuration(500).start();
}
```

倒过来看，先看动画部分。

```
set.playTogether(
        ObjectAnimator.ofFloat(view, "translationX", 0, translationX),
        ObjectAnimator.ofFloat(view, "translationY", 0, translationY),
        ObjectAnimator.ofFloat(view, "scaleX", 0f, 1f),
        ObjectAnimator.ofFloat(view, "scaleY", 0f, 1f),
        ObjectAnimator.ofFloat(view, "alpha", 0f, 1));
```

这里构造的动画是利用 translationX 和 translationY 将控件移动到指定位置。同时，scaleX、scaleY、alpha 都从 0 变到 1。最关键的部分是如何得到 translationX 和 translationY 的值。

在原理部分已经提到：

```
translationX = radius * sin(a)
translationY = radius * cos(a)
```

在代码中是这样获取的：

```
double degree = Math.toRadians(90)/(total - 1) * index;
int translationX = -(int) (radius * Math.sin(degree));
int translationY = -(int) (radius * Math.cos(degree));
```

首先，求得两个菜单的夹角，即公式里的 a 值。Math.toRadians(90)/(total - 1)表示 90°被分成了 total-1 份，其中每一份的弧度值。假设每一份的弧度值是 22°，那么当前菜单与 Y 轴的夹角就是(22 * index)°。类似地，当前菜单与 Y 轴的夹角就是[Math.toRadians(90)/(total - 1) * index]°。

其次，在求得夹角以后，直接利用 translationX = radius * sin(a)就可以得到 X 轴的移动距离。但又因为菜单向左移动了 translationX 距离，所以根据坐标系向下为正、向右为正的原则，这里的移动距离 translationX 应该是负值。translationY 同理，因为是向上移动，所以也是负值。

在理解了弹出菜单的代码之后，关闭菜单的代码就很好理解了。

3）关闭菜单

代码如下：

```
private void closeMenu() {
    doAnimateClose(mItemButton1, 0, 5, 300);
    doAnimateClose(mItemButton2, 1, 5, 300);
    doAnimateClose(mItemButton3, 2, 5, 300);
    doAnimateClose(mItemButton4, 3, 5, 300);
    doAnimateClose(mItemButton5, 4, 5, 300);
}
```

关键部分在 doAnimateClose()函数中。

```
private void doAnimateClose(final View view, int index, int total,
                    int radius) {
    if (view.getVisibility() != View.VISIBLE) {
       view.setVisibility(View.VISIBLE);
    }
    double degree = Math.PI * index / ((total - 1) * 2);
    int translationX = -(int) (radius * Math.sin(degree));
    int translationY = -(int) (radius * Math.cos(degree));
    AnimatorSet set = new AnimatorSet();
    //包含平移、缩放和透明度动画
    set.playTogether(
            ObjectAnimator.ofFloat(view, "translationX", translationX, 0),
            ObjectAnimator.ofFloat(view, "translationY", translationY, 0),
            ObjectAnimator.ofFloat(view, "scaleX", 1f, 0f),
            ObjectAnimator.ofFloat(view, "scaleY", 1f, 0f),
            ObjectAnimator.ofFloat(view, "alpha", 1f, 0f));
    set.setDuration(500).start();
}
```

这段代码很容易理解，但在求 degree 的时候，换了一种方法。

```
double degree = Math.PI * index / ((total - 1) * 2);
```

其实，这行代码与上面的 double degree = Math.toRadians(90)/(total - 1) * index 的含义是相同的。

在讲原理的时候已经提到，Math.PI 不仅表示圆周率，也表示 180°所对应的弧度值。所以，Math.toRadians(90)就等于 Math.PI/2。这样，这两个公式就是完全一样的了。

4．存在的问题

至此，这个路径动画就讲解完了，但如果多使用几次就会发现，这里的动画存在问题：当菜单关闭以后，再单击菜单展开时所处的位置，仍然会响应单击事件，把菜单再次打开。

扫码看动态效果图

问题在于在将菜单关闭时的代码有问题：

```
set.playTogether(
        ...
        ObjectAnimator.ofFloat(view, "scaleX", 1f, 0f),
        ObjectAnimator.ofFloat(view, "scaleY", 1f, 0f));
```

在系统通过 setScaleX()和 setScaleY()函数做动画时，我们将控件缩小到 0，但在控件被缩小到 0 以后，对它所做的属性动画并不会实际改变控件的位置。就像视图动画一样，虽然动画把控件移走了,但是响应单击事件的位置仍是原来的位置。这是 Android 系统的一个缺陷。针对这个问题,有两种解决方案。

第一种方案比较简单,既然在将控件缩小到 0 以后存在缺陷,那么我们只需要不把控件缩小到 0 就可以了。

```
set.playTogether(
    ObjectAnimator.ofFloat(view, "translationX", translationX, 0),
    ObjectAnimator.ofFloat(view, "translationY", translationY, 0),
    ObjectAnimator.ofFloat(view, "scaleX", 1f, 0.1f),
    ObjectAnimator.ofFloat(view, "scaleY", 1f, 0.1f),
    ObjectAnimator.ofFloat(view, "alpha", 1f, 0f));
```

这里缩小到 0.1 倍大小,在视觉上看不出来,也正好规避了缩小到 0 以后不会实际改变控件位置的问题。

第二种方案是监听动画状态,在动画结束时,将控件放大即可。

```
set.addListener(new Animator.AnimatorListener() {
    @Override
    public void onAnimationEnd(Animator animation) {
        view.setScaleX(1.0f);
        view.setScaleY(1.0f);
    }
    //其他监听函数只重写,不实现,代码省略
    ...
});
```

注意:这里所讲的问题已经在 Android 6 及以上版本的 API 中进行了修正,对于 Android 6 以上的版本,可以直接使用缩小到 0 的代码。

3.6 Animator 动画的 XML 实现

前面几节讲述了有关 ValueAnimator、ObjectAnimator、AnimatorSet 的代码实现,本节着重看一下如何利用 XML 来实现 ValueAnimator、ObjectAnimator 和 AnimatorSet。

在 XML 中与 Animator 对应的有三个标签。

- <animator />:对应 ValueAnimator。
- <objectAnimator />:对应 ObjectAnimator。
- <set />:对应 AnimatorSet。

下面我们逐个来看各个标签的用法。

3.6.1 animator 标签

1. 概述

下面是完整的 animator 标签的所有字段及取值范围。

```
<animator
    android:duration="int"
    android:valueFrom="float | int | color"
    android:valueTo="float | int | color"
    android:startOffset="int"
    android:repeatCount="int"
    android:repeatMode=["repeat" | "reverse"]
    android:valueType=["intType" | "floatType"]
    android:interpolator=["@android:interpolator/XXX"]/>
```

各字段的含义如下。

- android:duration：每次动画播放的时长。
- android:valueFrom：初始动画值，取值范围为 float、int 和 color 这三种类型的值。如果取值为 float，则对应的值样式应该为 89.0；如果取值为 int，则对应的值样式为 89；如果取值为 clolor，则对应的值样式为 #333333。
- android:valueTo：动画结束值，取值范围同样是 float、int 和 color 这三种类型的值。
- android:startOffset：动画激活延时，对应代码中的 startDelay(long delay)函数。
- android:repeatCount：动画重复次数。
- android:repeatMode：动画重复模式，取值为 repeat 和 reverse。其中，repeat 表示正序重播，reverse 表示倒序重播。
- android:valueType：表示参数值类型，取值为 intType 和 floatType，与 android:valueFrom 和 android:valueTo 相对应。如果取值为 intType，那么 android:valueFrom 和 android:valueTo 的值也要对应设置为 Int 类型；如果取值为 floatType，那么 android:valueFrom 和 android:valueTo 的值也要对应设置为 Float 类型。需要注意的是，如果 android:valueFrom 和 android:valueTo 的值设置为 color 类型，则不需要设置这个参数。
- android:interpolator：设置插值器。

在定义好 Animator 动画的 XML 文件后，将文件加入程序中的方法如下：

```
ValueAnimator valueAnimator = (ValueAnimator)
AnimatorInflater.loadAnimator(MyActivity.this,R.animator.animator);
    valueAnimator.start();
```

即通过 loadAnimator()函数将 Animator 动画的 XML 文件加载进来，根据类型进行强制转换。

2．示例

示例框架如下图所示。当单击按钮的时候，TextView 开始动画。

首先在 res/animator 文件夹下生成一个动画的 XML 文件。

```xml
<?xml version="1.0" encoding="utf-8"?>
<animator xmlns:android="http://schemas.android.com/apk/res/android"
        android:valueFrom="0"
        android:valueTo="300"
        android:duration="1000"
        android:valueType="intType"
        android:interpolator="@android:anim/bounce_interpolator"/>
```

在这里，我们将 valueType 设置为 intType，所以对应的 Android:valueFrom 和 android:valueTo 都必须是 Int 类型的值；插值器使用回弹插值器。

然后将 XML 文件加载到程序中。

```
ValueAnimator valueAnimator = (ValueAnimator)
AnimatorInflater.loadAnimator(MyActivity.this,
    R.animator.animator);
valueAnimator.addUpdateListener(new ValueAnimator.AnimatorUpdateListener()
{
    @Override
    public void onAnimationUpdate(ValueAnimator animation) {
        int offset = (Integer)animation.getAnimatedValue();
        mTv1.layout( offset,offset,mTv1.getWidth()+offset,mTv1.getHeight() + offset);
    }
});
valueAnimator.start();
```

由于 XML 文件中根标签所对应的是 ValueAnimator，所以在加载后，将其强转为 ValueAnimator；然后对其添加控件监听。在监听时，动态改变当前 TextView 的位置。

扫码看动态效果图

3.6.2 objectAnimator 标签

1. 概述

下面是完整的 objectAnimator 标签的所有字段及取值范围。

```
<objectAnimator
    android:propertyName="string"
    android:duration="int"
    android:valueFrom="float | int | color"
    android:valueTo="float | int | color"
    android:startOffset="int"
```

```
            android:repeatCount="int"
            android:repeatMode=["repeat" | "reverse"]
            android:valueType=["intType" | "floatType"]
            android:interpolator=["@android:interpolator/XXX"]/>
```

其中，android:propertyName 字段对应属性名，即 ObjectAnimator 所需要操作的属性名。其他字段的含义与 animator 标签的相应字段是一样的。

使用方法如下：

```
ObjectAnimator animator = (ObjectAnimator) AnimatorInflater.loadAnimator
(MyActivity.this, R.animator.object_animator);
    animator.setTarget(mTv1);
    animator.start();
```

同样使用 loadAnimator() 函数加载对应的 XML 动画文件，然后使用 animator.setTarget(mTv1);语句绑定动画目标。因为在 XML 文件中没有设置目标的控件参数，所以我们必须通过代码将目标控件与动画绑定。

2．使用示例

先在 res/animator 文件夹下生成一个动画的 XML 文件。

```
<?xml version="1.0" encoding="utf-8"?>
<objectAnimator xmlns:android="http://schemas.android.com/apk/res/android"
            android:propertyName="TranslationY"
            android:duration="2000"
            android:valueFrom="0.0"
            android:valueTo="400.0"
            android:interpolator="@android:anim/accelerate_interpolator"
            android:valueType="floatType"
            android:repeatCount="1"
            android:repeatMode="reverse"
            android:startOffset="2000"/>
```

在这个 XML 文件中，我们所更改的属性为 TranslationY，即改变纵坐标；时长为 2000ms；TranslationY 的值从 0 变到 400；使用的插值器是加速插值器；对应的值类型为 Float 类型。之所以使用 Float 类型，是因为 setTranslationY()函数的参数是 Float 类型的。该函数的声明如下：

```
public void setTranslationY(float translationY)
```

同时，设置重复次数为 1 次，重复模式为倒序；将动画激活延时设置为 2000ms。

然后加载动画。

```
ObjectAnimator animator = (ObjectAnimator)
AnimatorInflater.loadAnimator(MyActivity.this,
        R.animator.object_animator);
    animator.setTarget(mTv1);
    animator.start();
```

扫码看动态效果图

从效果图中可以看到，在单击按钮后，延时 2000ms 开始动画，然后倒序重复运行 1 次。

第 4 章

属性动画进阶

唯有脚踏实地，才能厚积薄发。未来只属于为梦想而奋斗的人们，今天的你决定未来的自己！

4.1 PropertyValuesHolder 与 Keyframe

第 3 章讲解了有关 ValueAnimator 和 ObjectAnimator 的知识，提到了 ofInt()、ofFloat()、ofObject() 函数的用法。细心的读者可能会注意到，ValueAnimator 和 ObjectAnimator 除这些创建 Animator 实例的函数以外，还都有一个函数。

```
/**
 * ValueAnimator 的
 */
public static ValueAnimator ofPropertyValuesHolder(PropertyValuesHolder...
values)
/**
 * ObjectAnimator 的
 */
public static ObjectAnimator ofPropertyValuesHolder(Object target,
PropertyValuesHolder... values)
```

也就是说，ValueAnimator 和 ObjectAnimator 除可以通过 ofInt()、ofFloat()、ofObject() 函数创建实例外，还都有一个 ofPropertyValuesHolder() 函数来创建实例，本节就带领大家来看看如何通过 ofPropertyValuesHolder() 函数来创建实例。

由于 ValueAnimator 和 ObjectAnimator 都拥有 ofPropertyValuesHolder() 函数，使用方法也差不多，但相比而言，ValueAnimator 的使用机会不多，所以，在这里我们只讲 ObjectAnimator 中 ofPropertyValuesHolder() 函数的用法。

4.1.1 PropertyValuesHolder

1. 概述

PropertyValuesHolder 类的含义就是，它其中保存了动画过程中所需要操作的属性和对应的值。我们通过 ofFloat(Object target, String propertyName, float... values)构造的动画，ofFloat()函数的内部实现其实就是将传入的参数封装成 PropertyValuesHolder 实例来保存动画状态的。在封装成 PropertyValuesHolder 实例以后，后期的各种操作也是以 PropertyValuesHolder 为主的。

所以，ObjectAnimator 通过暴露 PropertyValuesHolder 的方法，向我们提供了一个口子，让我们可以通过 PropertyValuesHolder 来构造动画。

PropertyValuesHolder 中有很多函数，有些函数的 API 等级是 11，有些函数的 API 等级是 14 和 21。高 API 等级的函数这里就不涉及了，只讲述 API 等级为 11 的相关函数。

创建 PropertyValuesHolder 实例的函数有以下几个：

```
public static PropertyValuesHolder ofFloat(String propertyName, float... values)
public static PropertyValuesHolder ofInt(String propertyName, int... values)
public static PropertyValuesHolder ofObject(String propertyName, TypeEvaluator evaluator,Object... values)
public static PropertyValuesHolder ofKeyframe(String propertyName, Keyframe... values)
```

2. PropertyValuesHolder 之 ofFloat()、ofInt()

1）ofFloat()、ofInt()

先来看看它们的构造函数。

```
public static PropertyValuesHolder ofFloat(String propertyName, float... values)
public static PropertyValuesHolder ofInt(String propertyName, int... values)
```

- propertyName：表示 ObjectAnimator 需要操作的属性名。即 ObjectAnimator 需要通过反射查找对应属性的 setProperty()函数。
- values：属性所对应的参数，同样是可变长参数，可以指定多个。如果只指定了一个，那么 ObjectAnimator 会通过查找对应属性的 getProperty()函数来获得初始值。

很明显，ObjectAnimator 中的 ofFloat()函数只比 PropertyValuesHolder 中的 ofFloat()函数多了一个 target 参数，其他参数是完全一样的。

```
public static ObjectAnimator ofFloat(Object target, String propertyName, float... values);
```

在这里，通过 ofInt()、ofFloat()函数创建的是 PropertyValuesHolder 对象，下一步就是如何将构造的 PropertyValuesHolder 实例设置到 ObjectAnimator 中。

2）ObjectAnimator.ofPropertyValuesHolder()

前面提到，ObjectAnimator 给我们提供了一个设置 PropertyValuesHolder 实例的入口。

```
public static ObjectAnimator ofPropertyValuesHolder(Object target,
PropertyValuesHolder... values)
```

参数：

- target：需要执行动画的控件。
- values：可变长参数，可以传入多个 PropertyValuesHolder 实例。由于每个 PropertyValuesHolder 实例都会针对一个属性执行动画操作，所以，如果传入多个 PropertyValuesHolder 实例，则会对控件的多个属性同时执行动画操作。

3）示例

下面举例讲解如何通过 PropertyValuesHolder 的 ofFloat() 和 ofInt() 函数来执行动画操作。

状态一　　　　　　　　　状态二

扫码看动态效果图

这里实现的效果是：当单击按钮的时候，给 TextView 做动画，同时做旋转动画和透明度动画。

框架代码很简单，就不再赘述了，这里主要来看看操作 TextView 动画的代码。

```
    PropertyValuesHolder rotationHolder =
PropertyValuesHolder.ofFloat("Rotation", 60f, -60f, 40f, -40f, -20f, 20f, 10f,
-10f, 0f);
    PropertyValuesHolder alphaHolder = PropertyValuesHolder.ofFloat("alpha",
0.1f, 1f, 0.1f, 1f);
    ObjectAnimator animator = ObjectAnimator.ofPropertyValuesHolder(mTextView,
rotationHolder, alphaHolder);
    animator.setDuration(3000);
    animator.start();
```

在这里，我们创建了两个 PropertyValuesHolder 实例：第一个是 rotationHolder，使用 ofFloat() 函数创建，属性值是 Rotation，对应的是 View 类中的 SetRotation(float rotation) 函数，后面传入很多值，让其左右摆动；第二个是改变 Alpha 值的 alphaHolder。

最后通过 ObjectAnimator.ofPropertyValuesHolder() 函数将 rotationHolder 和 alphaHolder 设置给 mTextView，构造出 ObjectAnimator 对象，就可以开始动画了。

3. PropertyValuesHolder 之 ofObject()

1）概述

先来看一下 ofObject 的构造函数。

```
    public static PropertyValuesHolder ofObject(String propertyName,
TypeEvaluator evaluator,Object... values)
```

参数：

- propertyName：ObjectAnimator 动画操作的属性名。
- evaluator：Evaluator 实例。Evaluator 是根据当前动画进度计算出当前值的类。可以使用系统自带的 IntEvaluator、FloatEvaluator，也可以自定义。
- values：可变长参数，表示操作动画属性的值。

它的各个参数与 ObjectAnimator.ofObject()函数的参数类似，只是少了 target 参数而已。

```
public static ObjectAnimator ofObject(Object target, String propertyName,
TypeEvaluator evaluator, Object... values)
```

2）示例

下面来讲讲 PropertyValuesHolder.ofObject()函数的用法。

下面这个效果在讲解 ValueAnimator 时就已经讲到，就是通过自定义的 CharEvaluator 来自动实现字母的改变与计算，将 TextView 中的字母从 A 变化到 Z。

状态一

状态二

扫码看动态效果图

我们先来自定义一个 CharEvaluator，通过进度值来自动计算出当前的字母。

```
public class CharEvaluator implements TypeEvaluator<Character> {
    @Override
    public Character evaluate(float fraction, Character startValue, Character endValue) {
        int startInt = (int)startValue;
        int endInt   = (int)endValue;
        int curInt   = (int)(startInt + fraction *(endInt - startInt));
        char result = (char)curInt;
        return result;
    }
}
```

从上述代码中可以看出，从 CharEvaluator 中产出的动画中间值类型为 Character。TextView 中虽然有 setText(CharSequence text) 函数，但这个函数的参数类型是 CharSequence，而不是 Character。所以，我们要自定义一个派生自 TextView 的类，来改变 TextView 的字符。代码如下：

```
public class MyTextView extends TextView {
    public MyTextView(Context context, AttributeSet attrs) {
        super(context, attrs);
    }
    public void setCharText(Character character){
        setText(String.valueOf(character));
```

        }
    }

在这里，我们定义了一个函数 setCharText(Character character)，参数类型是 Character，对应的属性是 CharText；动画中的 TextView 其实就是我们自定义的 MyTextView。

在单击按钮的时候开始动画，核心代码如下：

```
PropertyValuesHolder charHolder = PropertyValuesHolder.ofObject("CharText",
new CharEvaluator(),new Character('A'),new Character('Z'));
    ObjectAnimator animator = ObjectAnimator.ofPropertyValuesHolder(mMyTv,
charHolder);
    animator.setDuration(3000);
    animator.setInterpolator(new AccelerateInterpolator());
    animator.start();
```

在上述代码中，首先调用 PropertyValuesHolder.ofObject() 函数生成一个 PropertyValuesHolder 实例，它的属性就是 CharText，所对应的 set 函数就是 setCharText()。由于 CharEvaluator 的中间值是 Character 类型，所以 CharText 属性所对应的完整的函数声明为 setCharText(Character character)。我们之所以要自定义 MyTextView，是因为 TextView 中没有 setText(Character character)这样的函数。然后使用 ObjectAnimator.ofPropertyValuesHolder()函数生成 ObjectAnimator 实例并开始动画。

4.1.2 Keyframe

1. 概述

前面提到，要想控制动画速率的变化，可以通过自定义插值器，也可以通过自定义 Evaluator 来实现。但如果真的让我们为了速率变化效果而自定义插值器或者 Evaluator，因为大部分要涉及数学知识，恐怕也并不简单。

为了解决方便地控制动画速率的问题，Google 为了我们定义了一个 Keyframe 类，直译过来就是关键帧。

关键帧这个概念是从动画里学来的，对于视频而言，一般 1 秒要播放 24 帧图片，对于制作 Flash 动画的人来讲，是不是每一帧都要画出来呢？当然不是，如果每一帧都画出来，那估计制作一部动画片都得需要一年时间。比如，我们要让一只球在 30 秒内从(0,0)点运动到(300,200)点。在 Flash 中，我们只需要定义两个关键帧，在动画开始时定义一个关键帧，把球的位置设定在(0,0)点；在 30 秒后再定义一个关键帧，把球的位置设定在(300,200)点。在动画开始时，球位于(0,0)点，在 30 秒内 Adobe Flash 就会自动填充，把球平滑移动到第二个关键帧的位置，即(300,200)点。

通过分析 Flash 动画的制作原理，可以知道，一个关键帧必须包含两个元素：时间点和位置。即这个关键帧表示的是某个物体在哪个时间点应该在哪个位置上。

所以 Google 的 Keyframe 也不例外，其生成方式为：

```
public static Keyframe ofFloat(float fraction, float value)
```

参数：

- fraction：表示当前的显示进度，即在插值器中 getInterpolation()函数的返回值。
- value：表示动画当前所在的数值位置。

比如，Keyframe.ofFloat(0, 0)表示动画进度为 0 时，动画所在的数值位置为 0；Keyframe.ofFloat(0.25f, -20f)表示动画进度为 25%时，动画所在的数值位置为-20；Keyframe.ofFloat(1f,0)表示动画结束时，动画所在的数值位置为0。

在理解了 Keyframe.ofFloat()函数的参数以后，我们来看看 PropertyValuesHolder 是如何使用 Keyframe 对象的。

```
public static PropertyValuesHolder ofKeyframe(String propertyName, Keyframe...values)
```

参数：

- propertyName：动画所要操作的属性名。
- values：Keyframe 的列表。PropertyValuesHolder 会根据每个 Keyframe 的设定，定时将指定的值输出给动画。

所以，Keyframe 的完整使用代码如下：

```
Keyframe frame0 = Keyframe.ofFloat(0f, 0);
Keyframe frame1 = Keyframe.ofFloat(0.1f, -20f);
Keyframe frame2 = Keyframe.ofFloat(1, 0);
PropertyValuesHolder frameHolder = PropertyValuesHolder.ofKeyframe("rotation",frame0,frame1,frame2);
Animator animator = ObjectAnimator.ofPropertyValuesHolder(mImage,frameHolder);
animator.setDuration(1000);
animator.start();
```

第一步，生成 Keyframe 对象。

第二步，利用 PropertyValuesHolder.ofKeyframe()函数生成 PropertyValuesHolder 对象。

第三步，利用 ObjectAnimator.ofPropertyValuesHolder()函数生成对应的 Animator。

2．示例

下面通过模拟动画响铃的例子来讲解 Keyframe 的使用方法，效果如下图所示。

状态一

状态二

这里利用 Keyframe 来将电话图片强烈、频繁地旋转，看起来就像电话响铃效果。

扫码看动态效果图

框架很好理解,当单击按钮时,图片开始动画。下面仅列出动画的部分代码。

```
Keyframe frame0 = Keyframe.ofFloat(0f, 0);
Keyframe frame1 = Keyframe.ofFloat(0.1f, -20f);
Keyframe frame2 = Keyframe.ofFloat(0.2f, 20f);
Keyframe frame3 = Keyframe.ofFloat(0.3f, -20f);
Keyframe frame4 = Keyframe.ofFloat(0.4f, 20f);
Keyframe frame5 = Keyframe.ofFloat(0.5f, -20f);
Keyframe frame6 = Keyframe.ofFloat(0.6f, 20f);
Keyframe frame7 = Keyframe.ofFloat(0.7f, -20f);
Keyframe frame8 = Keyframe.ofFloat(0.8f, 20f);
Keyframe frame9 = Keyframe.ofFloat(0.9f, -20f);
Keyframe frame10 = Keyframe.ofFloat(1, 0);
PropertyValuesHolder frameHolder = PropertyValuesHolder.ofKeyframe("rotation",
frame0,frame1,frame2,frame3,frame4,frame5,frame6,frame7,frame8,frame9,frame10);

Animator animator = ObjectAnimator.ofPropertyValuesHolder(mImg, frameHolder);
animator.setDuration(1000);
animator.start();
```

首先,定义 11 个 Keyframe。在这些 Keyframe 中,指定在开始和结束时旋转角度为 0,即恢复原样。

```
Keyframe frame0 = Keyframe.ofFloat(0f, 0);
Keyframe frame10 = Keyframe.ofFloat(1, 0);
```

在动画过程中,让它左右旋转。比如,在进度为 0.2 时,旋转到左边 20°位置。

```
Keyframe frame1 = Keyframe.ofFloat(0.1f, -20f);
```

在进度为 0.3 时,旋转到右边 20°位置。

```
Keyframe frame3 = Keyframe.ofFloat(0.3f, -20f);
```

其他类似。正是因为来回地左右旋转,所以我们看起来就表现为震动。

其次,根据这些 Keyframe 生成 PropertyValuesHolder 对象,指定操作的属性为 rotation。

```
PropertyValuesHolder frameHolder = PropertyValuesHolder.ofKeyframe("rotation",
frame0,frame1,frame2,frame3,frame4,frame5,frame6,frame7,frame8,frame9,frame10);
```

最后,利用 ObjectAnimator.ofPropertyValuesHolder(mImage,frameHolder) 函数生成 ObjectAnimator 对象,并开始动画。

3. ofFloat 与 ofInt

上面我们看到了 Keyframe.ofFloat()函数的用法,其实,除 ofFloat()函数以外,Keyframe

还有 ofInt()、ofObject()这些用于创建 Keyframe 实例的函数。这里我们着重看看 ofFloat 与 ofInt 的构造函数与使用方法。

```
/**
 * ofFloat
 */
public static Keyframe ofFloat(float fraction)
public static Keyframe ofFloat(float fraction, float value)
/**
 * ofInt
 */
public static Keyframe ofInt(float fraction)
public static Keyframe ofInt(float fraction, int value)
```

从上面的 ofFloat 和 ofInt 的构造函数对比可以发现，ofFloat 和 ofInt 的构造函数所需要传递的参数是完全一样的。先来看其中一个构造函数：

```
public static Keyframe ofFloat(float fraction, float value)
```

- float fraction：表示当前关键帧所在的动画进度位置。
- float value：表示当前位置所对应的值。

再来看另一个构造函数：

```
public static Keyframe ofFloat(float fraction)
```

这个构造函数比较特殊，只有一个参数 fraction，表示当前关键帧所在的动画进度位置。那么，在这个进度时所对应的值要怎么设置呢？

其实，除了上面的构造函数，Keyframe 还有一些常用函数用来设置 fraction、value 和 interpolator，定义如下：

```
/**
 * 设置 fraction 参数，即 Keyframe 所对应的进度
 */
public void setFraction(float fraction)
/**
 * 设置当前 Keyframe 所对应的值
 */
public void setValue(Object value)
```

在这里，通过 setValue()函数就可以设置这个 Keyframe 在当前动画进度位置所对应的具体数值。

4．插值器

Keyframe 也允许我们在 Keyframe 动作期间设置插值器，方法如下：

```
public void setInterpolator(TimeInterpolator interpolator)
```

如果给这个 Keyframe 设置插值器，那么，在从上一个 Keyframe 到当前 Keyframe 的中间值计算过程中，使用的就是这个插值器。比如：

```
Keyframe frame0 = Keyframe.ofFloat(0f, 0);
Keyframe frame1 = Keyframe.ofFloat(0.1f, -20f);
```

```
frame1.setInterpolator(new BounceInterpolator());
Keyframe frame2 = Keyframe.ofFloat(1f, 20f);
frame2.setInterpolator(new LinearInterpolator());
```

在这里,我们给 frame1 设置了回弹插值器(BounceInterpolator),那么在从 frame0 到 frame1 的中间值计算过程中,使用的就是回弹插值器(对应进度从 0 到 0.1)。

同样,我们给 frame2 设置了线性插值器(LinearInterpolator),那么在从 frame1 到 frame2 的中间值计算过程中,使用的就是线性插值器(对应进度从 0.1 到 1)。

很显然,给 frame0 设置插值器是无效的,因为它是第一帧。

1)示例 1——没有插值器

下面举一个例子,来看一下如何使用上面的各个函数。同样基于上面的电话响铃的例子,如果我们只保存 3 帧,则代码如下:

```
Keyframe frame0 = Keyframe.ofFloat(0f, 0);
Keyframe frame1 = Keyframe.ofFloat(0.5f, 100f);
Keyframe frame2 = Keyframe.ofFloat(1);
frame2.setValue(0f);
PropertyValuesHolder frameHolder = PropertyValuesHolder.ofKeyframe("rotation",
frame0,frame1,frame2);

Animator animator = ObjectAnimator.ofPropertyValuesHolder(mImage,frameHolder);
animator.setDuration(3000);
animator.start();
```

在这段代码中,只有 3 个关键帧,最后一个 Keyframe 的生成方法如下:

```
Keyframe frame2 = Keyframe.ofFloat(1);
frame2.setValue(0f);
```

对于 Keyframe 而言,fraction 和 value 这两个参数是必须有的。所以,无论使用哪种方式实例化 Keyframe,都必须保证这两个值被初始化。

这里没有设置插值器,使用的是默认的线性插值器(LinearInterpolator)。

扫码看动态效果图

2)示例 2——使用插值器

给上面的代码添加插值器,着重看一下插值器在哪一部分起作用。

```
Keyframe frame0 = Keyframe.ofFloat(0f, 0);
Keyframe frame1 = Keyframe.ofFloat(0.5f, 100f);
Keyframe frame2 = Keyframe.ofFloat(1);
frame2.setValue(0f);
frame2.setInterpolator(new BounceInterpolator());
```

```
PropertyValuesHolder frameHolder = PropertyValuesHolder.ofKeyframe("rotation",
frame0,frame1,frame2);

Animator animator = ObjectAnimator.ofPropertyValuesHolder(mImage,frameHolder);
animator.setDuration(3000);
animator.start();
```

这里给最后一帧 frame2 添加了回弹插值器（BounceInterpolator）。

扫码看动态效果图

从效果图中可以看出，在从 frame1 到 frame2 的中间值计算过程中使用了回弹插值器。

所以，在这里也可以验证上面的论述：如果给当前帧添加插值器，那么，在从上一帧到当前帧的中间值计算过程中会使用这个插值器。

5. Keyframe 之 ofObject

与 ofInt、ofFloat 一样，ofObject 也有两个构造函数。

```
public static Keyframe ofObject(float fraction)
public static Keyframe ofObject(float fraction, Object value)
```

同样，如果使用 ofObject(float fraction)函数来构造，则也必须使用 setValue(Object value)函数来设置这个关键帧所对应的值。

我们仍以 TextView 更改字母的例子来使用 Keyframe.ofObject()函数。

扫码看动态效果图

从效果图中可以明显看出，L 之前的 12 个字母变化得特别快，后面的 14 个字母变化得比较慢。

这里使用的 MyTextView、CharEvaluator 都与上面的一样，只是动画部分不同，这里只列出动画部分的代码。

```
Keyframe frame0 = Keyframe.ofObject(0f, new Character('A'));
Keyframe frame1 = Keyframe.ofObject(0.1f, new Character('L'));
Keyframe frame2 = Keyframe.ofObject(1,new Character('Z'));

PropertyValuesHolder frameHolder = PropertyValuesHolder.ofKeyframe("CharText",
frame0,frame1,frame2);
```

```
frameHolder.setEvaluator(new CharEvaluator());
ObjectAnimator animator = ObjectAnimator.ofPropertyValuesHolder(mMyTv,
frameHolder);
animator.setDuration(3000);
animator.start();
```

在这个动画中,我们定义了 3 帧: frame0 表示在进度为 0 的时候,动画的字符是 A; frame1 表示在进度为 0.1 的时候,动画的字符是 L; frame2 表示在结束的时候,动画的字符是 Z。

在利用关键帧创建 PropertyValuesHolder 后,一定要记得设置自定义的 Evaluator:frameHolder.setEvaluator(new CharEvaluator())函数。再次强调:在使用 ofObject()函数来制作动画的时候,必须调用 frameHolder.setEvaluator()函数显式设置 Evaluator,因为系统根本无法知道动画的中间值 Object 真正是什么类型的。

6. 疑问:如果没有进度为 0 或 1 时的关键帧,则会怎样

我们以下面这个动画为例。

```
Keyframe frame0 = Keyframe.ofFloat(0f, 0);
Keyframe frame1 = Keyframe.ofFloat(0.5f, 100f);
Keyframe frame2 = Keyframe.ofFloat(1,0);
PropertyValuesHolder frameHolder = PropertyValuesHolder.ofKeyframe("rotation",
frame0,frame1,frame2);

Animator animator = ObjectAnimator.ofPropertyValuesHolder(mImage, frameHolder);
animator.setDuration(3000);
animator.start();
```

这里有 3 帧,在进度为 0.5 时,电话向右旋转 100°,然后再转回来。

尝试一:去掉第 0 帧,以第 1 帧为起始位置。

如果我们把第 0 帧去掉,只保留中间帧和结束帧,则结果会怎样?

```
Keyframe frame1 = Keyframe.ofFloat(0.5f, 100f);
Keyframe frame2 = Keyframe.ofFloat(1,0);
PropertyValuesHolder frameHolder = PropertyValuesHolder.ofKeyframe("rotation",
frame1,frame2);
```

扫码看动态效果图

可以看到,动画是直接从中间帧 frame1 开始的。即当没有第 0 帧时,动画从最近的一帧开始。

尝试二:去掉结束帧,以最后一帧为结束帧。

如果我们把结束帧去掉,保留第 0 帧和中间帧,则结果会怎样?

```
Keyframe frame0 = Keyframe.ofFloat(0f, 0);
Keyframe frame1 = Keyframe.ofFloat(0.5f, 100f);
PropertyValuesHolder frameHolder = PropertyValuesHolder.ofKeyframe("rotation",
frame0,frame1);
```

扫码看动态效果图

很明显,如果去掉结束帧,则将以最后一个关键帧为结束位置。

尝试三:只保留一个中间帧。

如果我们把第 0 帧和结束帧去掉,则结果会怎样?

```
Keyframe frame1 = Keyframe.ofFloat(0.5f, 100f);
PropertyValuesHolder frameHolder = PropertyValuesHolder.ofKeyframe("rotation",
frame1);
```

在单击按钮开始动画时,就直接崩溃了,报错信息如下图所示。

报错问题是数组越界,也就是说,至少要有 2 帧才行。

尝试四:保留两个中间帧。

再尝试一下,如果我们把第 0 帧和结束帧去掉,保留两个中间帧,则结果会怎样?

```
Keyframe frame1 = Keyframe.ofFloat(0.5f, 100f);
Keyframe frame2 = Keyframe.ofFloat(0.7f,50f);
PropertyValuesHolder frameHolder = PropertyValuesHolder.ofKeyframe("rotation",
frame1,frame2);
```

扫码看动态效果图

可以看到,在保留两个中间帧的情况下,动画是可以运行的。而且,由于去掉了第 0 帧,所以将 frame1 作为起始帧；又由于去掉了结束帧，所以将 frame2 作为结束帧。

结论：

- 如果去掉第 0 帧，则将以第一个关键帧为起始位置。
- 如果去掉结束帧，则将以最后一个关键帧为结束位置。
- 使用 Keyframe 来构建动画，至少要有 2 帧。

4.1.3 PropertyValuesHolder 之其他函数

PropertyValuesHolder 除了拥有上面讲到的 ofInt()、ofFloat()、ofObject()、ofKeyframe()函数，还有如下几个函数。

```
/**
 * 设置动画的 Evaluator
 */
public void setEvaluator(TypeEvaluator evaluator)
/**
 * 用于设置 ofFloat()所对应的动画值列表
 */
public void setFloatValues(float... values)
/**
 * 用于设置 ofInt()所对应的动画值列表
 */
public void setIntValues(int... values)
/**
 * 用于设置 ofKeyframe()所对应的动画值列表
 */
public void setKeyframes(Keyframe... values)
/**
 * 用于设置 ofObject()所对应的动画值列表
 */
public void setObjectValues(Object... values)
/**
 * 设置动画属性名
 */
public void setPropertyName(String propertyName)
```

这些函数都比较好理解，setFloatValues(float... values)函数对应 PropertyValuesHolder.ofFloat()函数，用于动态设置动画中的数值；setIntValues()、setKeyframes()、setObjectValues()函数同理。

setPropertyName()函数用于设置 PropertyValuesHolder 所需操作的动画属性名。

4.1.4 示例：电话响铃效果

完整的电话响铃效果为：在开始动画时，电话图片边左右震动边放大。

初始状态　　　　动画状态一　　　动画状态二

扫码看动态效果图

在讲解 Keyframe 的时候，我们已经完成了电话图片左右震动的效果。

```
Keyframe frame0 = Keyframe.ofFloat(0f, 0);
Keyframe frame1 = Keyframe.ofFloat(0.1f, -20f);
Keyframe frame2 = Keyframe.ofFloat(0.2f, 20f);
//省略
PropertyValuesHolder frameHolder1 = PropertyValuesHolder.ofKeyframe("rotation",
frame0, frame1, frame2, frame3, frame4, frame5, frame6, frame7, frame8, frame9,
frame10);
```

左右震动的代码与 4.1.2 节中的代码一致，就不再赘述了。

然后是放大效果。在放大时，需要将 X 轴、Y 轴同时放大，这样才能保持图片原比例。因为我们需要在图片开始震动时放大 1.1 倍，在结束时还原到初始状态，所以放大部分的 Keyframe 代码如下：

```
Keyframe scaleXframe0 = Keyframe.ofFloat(0f, 1);
Keyframe scaleXframe1 = Keyframe.ofFloat(0.1f, 1.1f);
Keyframe scaleXframe9 = Keyframe.ofFloat(0.9f, 1.1f);
Keyframe scaleXframe10 = Keyframe.ofFloat(1, 1);
PropertyValuesHolder frameHolder2 = PropertyValuesHolder.ofKeyframe("ScaleX",
scaleXframe0, scaleXframe1, scaleXframe9, scaleXframe10);

Keyframe scaleYframe0 = Keyframe.ofFloat(0f, 1);
Keyframe scaleYframe1 = Keyframe.ofFloat(0.1f, 1.1f);
Keyframe scaleYframe9 = Keyframe.ofFloat(0.9f, 1.1f);
Keyframe scaleYframe10 = Keyframe.ofFloat(1, 1);
PropertyValuesHolder frameHolder3 = PropertyValuesHolder.ofKeyframe("ScaleY",
scaleYframe0, scaleYframe1, scaleYframe9, scaleYframe10);
```

这里以 X 轴放大为例，定义了 4 个关键帧，在从进度 0 到进度 0.1 时，会从初始大小放大到 1.1 倍；然后一直保持到进度 0.9；在从进度 0.9 到进度 1 时，会从 1.1 倍缩小至原大小。

最后开始动画，代码如下：

```
Animator animator = ObjectAnimator.ofPropertyValuesHolder(mImage, frameHolder1,
frameHolder2,frameHolder3);
animator.setDuration(1000);
animator.start();
```

这个示例到这里就结束了，从中可以看到，借助 Keyframe，不需要使用 AnimatorSet，也能实现多个动画同时播放。这也是 ObjectAnimator 中唯一一个能实现多动画同时播放的方法，其他的 ObjectAnimator.ofInt()、ObjectAnimator.ofFloat()、ObjectAnimator.ofObject()函数都只能实现针对一个属性动画的操作。

4.2 ViewPropertyAnimator

4.2.1 概述

在 Android 3.0 中引入了属性动画，并新增了针对属性的 set/get 函数，比如 setAlpha()、setTranslateX()、setScaleX()等。很显然，ObjectAnimator 不仅能设置这些属性，还能设置自定义的属性，但是在使用中，为这些默认的属性设置动画却是非常常见的。Android 开发团队也意识到了这一点，没有为 View 的动画操作提供一种更加便捷的用法确实有点太不人性化，于是在 Android 3.1 中补充了 ViewPropertyAnimator 这个机制。

我们先来回顾一下之前的用法。比如，我们想要让一个 TextView 从常规状态变成透明状态，就可以这样写：

```
ObjectAnimator animator = ObjectAnimator.ofFloat(textview, "alpha", 0f);
animator.start();
```

看上去也不怎么复杂，但确实也不太容易理解。

ViewPropertyAnimator 提供了更加易懂、更加面向对象的 API，如下所示：

```
textview.animate().alpha(0f);
```

果然非常简单！除此之外，还可以非常容易地将多个动画结合起来。比如，将控件移动到点(50, 100)。

```
myView.animate().x(50).y(100);
```

在这行代码中，有以下几个需要注意的地方。

- animate()：整个系统从调用 View 的这个叫作 animate() 的新函数开始。这个函数会返回一个 ViewPropertyAnimator 对象，可以通过调用这个对象的函数来设置需要实现动画的属性。
- 自动开始：我们没有显式调用过 start() 函数。在新的 API 中，启动动画是隐式的，在声明完成后，动画就开始了。这里有一个细节，就是这些动画实际上会在下一次界面刷新的时候启动，ViewPropertyAnimator 正是通过这个机制来将所有动画结合在一起的。如果你继续声明动画，它就会继续将这些动画添加到将在下一帧开始的动画列表中。而当你声明完毕并结束对 UI 线程的控制之后，事件队列机制开始起作用，动画也就开始了。
- 流畅（Fluent）：ViewPropertyAnimator 拥有一个流畅的接口（Fluent Interface），它允许将多个函数调用很自然地串在一起，并把一个多属性的动画写成一行代码。所有的调用（比如 x()、y()）都会返回一个 ViewPropertyAnimator 实例。

4.2.2 常用函数

1. 属性设置

这里小结一下 ViewPropertyAnimator 常用的用于设置属性的函数，如下表所示。

函 数	含 义
alpha(float value)	设置透明度
scaleY(float value)	设置 Y 轴方向的缩放大小
scaleX(float value)	设置 X 轴方向的缩放大小
translationY(float value)	设置 Y 轴方向的移动值
translationX(float value)	设置 X 轴方向的移动值
rotation(float value)	设置绕 Z 轴旋转度数
rotationX (float value)	设置绕 X 轴旋转度数
rotationY(float value)	设置绕 Y 轴旋转度数
x(float value)	相对于父容器的左上角坐标在 X 轴方向的最终位置
y(float value)	相对于父容器的左上角坐标在 Y 轴方向的最终位置
alphaBy(float value)	设置透明度增量
rotationBy(float value)	设置绕 Z 轴旋转增量
rotationXBy(float value)	设置绕 X 轴旋转增量
rotationYBy(float value)	设置绕 Y 轴旋转增量
translationXBy(float value)	设置 X 轴方向的移动值增量
translationYBy(float value)	设置 Y 轴方向的移动值增量
scaleXBy(float value)	设置 X 轴方向的缩放大小增量
scaleYBy(float value)	设置 Y 轴方向的缩放大小增量
xBy(float value)	相对于父容器的左上角坐标在 X 轴方向的位置增量
yBy(float value)	相对于父容器的左上角坐标在 Y 轴方向的位置增量
setInterpolator(TimeInterpolator interpolator)	设置插值器
setStartDelay(long startDelay)	设置开始延时
setDuration(long duration)	设置动画时长

关于 alpha、scale、rotation 属性，在讲解 ObjectAnimator 时已经提到，这里就不再赘述。而 x(float value)和 y(float value)对应的是在 Android 3.0 中新增的 setX(float value)、setY(float value)函数，用于将控件移动到指定的位置，而这个位置坐标是以控件的父窗口左上角坐标为原点的。与 translationX(float value)不同的是，translation 是偏移距离，是相对于当前控件坐标的。

上面的属性设置函数都对应着一个以 By 结尾的函数，比如 scaleY(float value) 与 scaleYBy(float value)。它们的区别与 View 类中的 scrollTo()和 scrollBy()函数的区别一样，scrollTo()表示滚动到某个点，而 scrollBy()表示在当前位置再滚动一段距离；而这里的 scaleY(float value)表示将视图放大到一定值，而 scaleYBy(float value)表示在当前点再增加 value。

下面举例说明 scaleY()与 scaleYBy()函数的区别。在下面的框架中，有两个 TextView，当单击按钮时，两个 TextView 分别调用 scaleY()和 scaleYBy()函数，来看具体变化。

框架视图如下图所示。

在单击按钮时的代码如下：

```
findViewById(R.id.btn).setOnClickListener(new View.OnClickListener() {
    public void onClick(View v) {
        tv1.animate().scaleY(2);
        tv2.animate().scaleYBy(2);
    }
});
```

在代码中，将 tv1 在 Y 轴方向始终放大到当前控件的 2 倍大小；而对于 tv2 则每单击一次增量放大 2 倍。

效果如下图所示。

从效果图中明显可以看出这两个函数的区别。

2. 设置监听器

虽然 ViewPropertyAnimator 并非派生自 Animator，但它仍允许我们设置 Animator.AnimatorListener 监听器。

用法如下：

```
tv.animate().scaleX(2).scaleY(2).setListener(new Animator.AnimatorListener() {
    public void onAnimationStart(Animator animation) {
    
    }
    
    public void onAnimationEnd(Animator animation) {
    
    }
    
    public void onAnimationCancel(Animator animation) {
```

```
    }

    public void onAnimationRepeat(Animator animation) {

    }
});
```

4.2.3 性能考量

ViewPropertyAnimator 并没有像 ObjectAnimator 一样使用反射或者 JNI 技术；而 ViewPropertyAnimator 会根据预设的每一个动画帧计算出对应的所有属性值，并设置给控件，然后调用一次 invalidate()函数进行重绘，从而解决了在使用 ObjectAnimator 时每个属性单独计算、单独重绘的问题。所以 ViewPropertyAnimator 相对于 ObjectAnimator 和组合动画，性能有所提升。

另外，以往要实现一个组合动画，要么采用 AnimatorSet 实现，比如：

```
ObjectAnimator animX = ObjectAnimator.ofFloat(myView, "x", 50f);
ObjectAnimator animY = ObjectAnimator.ofFloat(myView, "y", 100f);
AnimatorSet animSetXY = new AnimatorSet();
animSetXY.playTogether(animX, animY);
animSetXY.start();
```

要么使用 PropertyValuesHolder，比如：

```
PropertyValuesHolder pvhX = PropertyValuesHolder.ofFloat("x", 50f);
PropertyValuesHolder pvhY = PropertyValuesHolder.ofFloat("y", 100f);
ObjectAnimator.ofPropertyValuesHolder(myView, pvhX, pvyY).start();
```

而使用 ViewPropertyAnimator 就可以直接避开这些烦琐的组合动画构造过程。

讲了这么多，并不意味着 ViewPropertyAnimator 可以取代 Android 3.0 中与 Animation 相关的 API。事实上，Android 3.0 中的相关 API 为 ViewPropertyAnimator 甚至整个系统的动画功能提供了重要的支持。ObjectAnimator 可以灵活、方便地为任何对象和属性做动画。但当需要同时为 View 的多个属性（SDK 提供的、非自定义扩展的）做动画时，ViewPropertyAnimator 会更方便。

还要注意的是，使用 ObjectAnimator 时并不需要太过担心性能，使用反射和 JNI 等技术所带来的开销相对于整个程序来讲都是微不足道的。使用 ViewPropertyAnimator 最大的优势也不在于性能的提升，而是它提供的简明易读的代码书写方式。

4.3 为 ViewGroup 内的组件添加动画

前面一直讲述的 ViewAnimator、ObjectAnimator、AnimatorSet 都只能针对一个控件做动画。如果我们想对 ViewGroup 内部控件做统一入场动画、出场动画等，比如，对 listview 中的每个 item 在入场时添加动画、在出场时添加动画、在数据变更时添加动画，那么使用

ViewAnimator、ObjectAnimator、AnimatorSet 是无法实现的。

为 ViewGroup 内的组件添加动画，Android 共提供了 4 种方法。

1. layoutAnimation 标签与 LayoutAnimationController

layoutAnimation 标签在 API 1 时就已经引入了，它是专门针对 listview 添加入场动画所使用的。LayoutAnimationController 是它的代码实现，它可以实现在 listview 创建时对其中的每个 item 添加入场动画，而且动画可以自定义。然而，在 listview 创建完成后，如果再添加数据，则新添加的数据是不会有入场动画的。

2. gridLayoutAnimation 标签与 GridLayoutAnimationController

gridLayoutAnimation 标签也是在 API 1 时引入的，它是专门针对 gridview 添加入场动画所使用的。GridLayoutAnimationController 是它的代码实现，它可以实现在 gridview 创建时对其中的每个 item 添加入场动画，而且动画可以自定义。与 layoutAnimation 标签相同的是，动画只会在 gridview 初次创建时出现；在 gridview 创建完成后，如果再添加数据，则新添加的数据是不会有入场动画的。

3. android:animateLayoutChanges 属性

在 API 11 之后，Android 为了支持 ViewGroup 类控件，在添加或移除其中的控件时自动添加动画，提供了一个非常简单的属性 android:animateLayoutChanges="true/false"，所有派生自 ViewGroup 类的控件都具有此属性。而且只要在 XML 中添加这个属性，就能实现在添加/删除其中的控件时带有默认动画。遗憾的是，动画不能自定义。

4. LayoutTransition

LayoutTransition 在 API 11 后才引入，可以实现在 ViewGroup 动态添加或删除其中的控件时指定动画。动画可以自定义。

对比以上 4 种方法，LayoutTransition 是最强大的，这也是本节的重点；而有关 layoutAnimation 和 gridLayoutAnimation 标签，由于自身存在缺陷（新增数据无法添加动画），这里就不再讲解，有兴趣的读者可以参考作者的博客文章《layoutAnimation 与 gridLayoutAnimation》，地址为 http://blog.csdn.net/harvic880925/article/details/50785786。

4.3.1 animateLayoutChanges 属性

下面来看一个例子，框架如下图所示。

在这个例子中，只有两个按钮和一个 LinearLayout 容器。当单击"添加控件"按钮时，向 LinearLayout 中添加控件；当单击"移除控件"按钮时，移除容器中的控件。

在没有利用 animateLayoutChanges 属性添加动画效果时,效果如下图所示。

扫码看动态效果图

在利用 animateLayoutChanges 属性添加动画效果后,效果如下图所示。

扫码看动态效果图

从两张效果图的对比中可以看出,在利用 animateLayoutChanges 属性添加动画效果后,在添加一个控件时,新添加的控件的透明度从 0 到 1 逐渐显现,已添加的控件会逐渐下移;在删除控件时则相反,被删除的控件的透明度从 1 到 0,其他控件则逐渐上移。

下面来看一下这个例子的实现方法。

1. 布局代码

在布局中应该有两个按钮和一个容器,所以布局代码如下:

```xml
<?xml version="1.0" encoding="utf-8"?>
<LinearLayout xmlns:android="http://schemas.android.com/apk/res/android"
        android:layout_width="match_parent"
        android:layout_height="match_parent"
        android:orientation="vertical">

    <LinearLayout
            android:layout_width="match_parent"
            android:layout_height="wrap_content"
            android:orientation="horizontal">

        <Button
                android:id="@+id/add_btn"
                android:layout_width="wrap_content"
                android:layout_height="wrap_content"
                android:text="添加控件"/>

        <Button
                android:id="@+id/remove_btn"
                android:layout_width="wrap_content"
                android:layout_height="wrap_content"
```

```
            android:text="移除控件"/>
    </LinearLayout>


    <LinearLayout
        android:id="@+id/linearlayoutcontainer"
        android:layout_width="match_parent"
        android:layout_height="wrap_content"
        android:animateLayoutChanges="true"
        android:orientation="vertical"/>

</LinearLayout>
```

布局代码很简单，有两个按钮，而位于代码底部的是一个 LinearLayout 标签，作为动态添加 btn 的容器。需要注意的是，这里给它添加了 android:animateLayoutChanges= "true"属性，也就是说，它内部的控件在添加和删除时会带有默认动画。

2. 代码处理

在单击"添加控件"按钮时，向其中动态添加一个 btn；在单击"移除控件"按钮时，将 LinearLayout 容器中的第一个元素删除。下面仅列出核心代码。

添加控件：

```
private void addButtonView() {
    i++;
    Button button = new Button(this);
    button.setText("button" + i);
    LinearLayout.LayoutParams params = new LinearLayout.LayoutParams(ViewGroup.LayoutParams.WRAP_CONTENT,ViewGroup.LayoutParams.WRAP_CONTENT);
    button.setLayoutParams(params);
    linearLayoutContainer.addView(button, 0);
}
```

其中 linearLayoutContainer 变量对应的就是 LinearLayout 容器；这里动态创建了一个 Button 实例，并将其添加为 LinearLayout 容器的第一个元素。有关动态添加控件的方法，在第 1 章中已经讲解过了，这里就不再赘述了。

删除控件：

```
private void removeButtonView() {
    if (i > 0) {
        linearLayoutContainer.removeViewAt(0);
        i--;
    }
}
```

删除控件很好理解，因为在添加控件时，总是将按钮添加为第一个元素，所以，在删除控件时，也只需将第一个元素删除即可。

通过对实例的讲解，可以发现：只需在 ViewGroup 的 XML 中添加一行代码

android:animateLayoutChanges="true"即可实现内部控件在添加/删除时都带有默认动画效果。但是，通过 animateLayoutChanges 属性添加的动画效果不可以自定义。

4.3.2　LayoutTransition

虽然在 ViewGroup 的 XML 中仅添加一行代码 android:animateLayoutChanges="true"即可实现内部控件在添加/删除时都带有动画效果，但是只能使用默认动画效果，而无法自定义动画。

为了能让我们自定义动画，Google 在 API 11 时引入了一个类 LayoutTransition。

要使用 LayoutTransition 是非常容易的，只需要三步。

第一步，创建实例。

```
LayoutTransition transitioner = new LayoutTransition();
```

第二步，创建动画并进行设置。

```
ObjectAnimator animOut = ObjectAnimator.ofFloat(null, "rotation", 0f, 90f, 0f);
transitioner.setAnimator(LayoutTransition.DISAPPEARING, animOut);
```

第三步，将 LayoutTransition 设置到 ViewGroup 中。

```
linearLayout.setLayoutTransition(mTransitioner);
```

在第三步中，在 API 11 之后，所有派生自 ViewGroup 的类，比如 LinearLayout、FrameLayout、RelativeLayout 等，都拥有一个专门用来设置 LayoutTransition 的函数，其声明如下：

```
public void setLayoutTransition(LayoutTransition transition)
```

在第二步中，transitioner.setAnimator 设置动画的函数声明如下：

```
public void setAnimator(int transitionType, Animator animator)
```

其中，int transitionType 表示当前应用动画的对象范围，取值如下。

- APPEARING：元素在容器中出现时所定义的动画。
- DISAPPEARING：元素在容器中消失时所定义的动画。
- CHANGE_APPEARING：由于容器中要显现一个新的元素，其他需要变化的元素所应用的动画。
- CHANGE_DISAPPEARING：当容器中某个元素消失时，其他需要变化的元素所应用的动画。

Animator animator 表示当前所选范围的控件所使用的动画。

1．LayoutTransition.APPEARING 与 LayoutTransition.DISAPPEARING

LayoutTransition.APPEARING 用于指定控件被添加时的动画，而 LayoutTransition.DISAPPEARING 则用于指定控件被删除时的动画。下面举例说明其用法与效果。

依然使用 4.3.1 节中的程序框架，在单击"添加控件"按钮时添加控件，在单击"移除控件"按钮时移除控件。效果如下图所示。

扫码看动态效果图

框架部分的代码不再列举，核心代码如下：

```java
public void onCreate(Bundle savedInstanceState) {
    super.onCreate(savedInstanceState);
    setContentView(R.layout.animate_layout_changes_activity);
    linearLayoutContainer = (LinearLayout) findViewById(R.id.linearlayout_container);

    LayoutTransition transition = new LayoutTransition();
    //入场动画：view在这个容器中消失时触发的动画
    ObjectAnimator animIn = ObjectAnimator.ofFloat(null, "rotationY", 0f, 360f,0f);
    transition.setAnimator(LayoutTransition.APPEARING, animIn);

    //出场动画：view显示时的动画
    ObjectAnimator animOut = ObjectAnimator.ofFloat(null, "rotation", 0f, 90f, 0f);
    transition.setAnimator(LayoutTransition.DISAPPEARING, animOut);

    linearLayoutContainer.setLayoutTransition(transition);

    findViewById(R.id.add_btn).setOnClickListener(new View.OnClickListener() {
        public void onClick(View v) {
            addButtonView();
        }
    });
    findViewById(R.id.remove_btn).setOnClickListener(new View.OnClickListener() {
        public void onClick(View v) {
            removeButtonView();
        }
    });
}
```

其中，addButtonView()和removeButtonView()函数的代码不变。可见，为ViewGroup添加控件，只需将创建好的 LayoutTransition 变量设置为 ViewGroup 容器即可。这里设置LayoutTransition 的过程就是本小节提到的三个步骤。

第一步，创建 LayoutTransition 实例。

```java
LayoutTransition transitioner = new LayoutTransition();
```

第二步，创建动画并进行设置。

```java
ObjectAnimator animIn = ObjectAnimator.ofFloat(null, "rotationY", 0f, 360f,0f);
transition.setAnimator(LayoutTransition.APPEARING, animIn);
```

```
ObjectAnimator animOut = ObjectAnimator.ofFloat(null, "rotation", 0f, 90f, 0f);
transition.setAnimator(LayoutTransition.DISAPPEARING, animOut);
```

上述代码的含义是：当一个控件被插入时，这个被插入的控件所使用的动画，即绕 Y 轴旋转 360°再转回来；当一个控件被移除时，这个被移除的控件所使用的动画，即绕 Z 轴旋转 90°再转回来。

第三步，将 LayoutTransition 设置到 ViewGroup 中。

```
linearLayoutContainer.setLayoutTransition(transition);
```

2. LayoutTransition.CHANGE_APPEARING

LayoutTransition.CHANGE_APPEARING 用于指定在容器中添加控件时，其他已有控件需要移动时的动画；LayoutTransition.CHANGE_DISAPPEARING 用于指定在容器中删除控件时，其他已有控件需要移动时的动画。LayoutTransition.CHANGE_APPEARING 与 LayoutTransition.CHANGE_DISAPPEARING 在实际工程中并不常用，不仅是因为一般不需要添加这两个属性，也是因为这两个属性所做的动画存在各种问题。

本例的效果图如下图所示。

扫码看动态效果图

核心代码如下：

```
LayoutTransition transition = new LayoutTransition();

PropertyValuesHolder pvhLeft = PropertyValuesHolder.ofInt("left", 0, 0);
PropertyValuesHolder pvhTop = PropertyValuesHolder.ofInt("top", 0, 0);
PropertyValuesHolder pvhScaleX = PropertyValuesHolder.ofFloat("scaleX", 1f, 0f, 1f);
Animator changeAppearAnimator = ObjectAnimator.ofPropertyValuesHolder(linearLayoutContainer, pvhLeft, pvhTop, pvhScaleX);
transition.setAnimator(LayoutTransition.CHANGE_APPEARING, changeAppearAnimator);

linearLayoutContainer.setLayoutTransition(transition);
```

在这个示例中，只添加了 LayoutTransition.CHANGE_APPEARING 效果

但在这里有几个注意事项：

（1）LayoutTransition.CHANGE_APPEARING 和 LayoutTransition.CHANGE_DISAPPEARING 必须使用 PropertyValuesHolder 所构造的动画才会有效果。也就是说，使用 ObjectAnimator 构造的动画，在这里是不会有效果的。

（2）在构造 PropertyValuesHolder 动画时，"left""top"属性的变动是必写的。如果不需要变动，则直接写为：

```
PropertyValuesHolder pvhLeft = PropertyValuesHolder.ofInt("left",0,0);
PropertyValuesHolder pvhTop = PropertyValuesHolder.ofInt("top",0,0);
```

（3）在构造 PropertyValuesHolder 动画时，所使用的 ofInt()、ofFloat()函数中的参数值，第一个值和最后一个值必须相同；否则此属性所对应的动画将被放弃，在此属性值上将不会有效果。

```
PropertyValuesHolder pvhScaleX = PropertyValuesHolder.ofFloat("scaleX", 1f,
0f, 1f);
```

比如，ofFloat("scaleX", 1f, 0f, 1f)的第一个值和最后一个值都是 1，所以这里会有效果。如果改为 ofFloat("scaleX", 0f, 1f)，那么，由于首尾值不一致，将被视为无效参数，将不会有效果。

（4）在构造 PropertyValuesHolder 动画时，所使用的 ofInt()、ofFloat()函数中，如果所有参数值都相同，则将不会有动画效果。比如：

```
PropertyValuesHolder pvhScaleX = PropertyValuesHolder.ofFloat("scaleX", 100f,
100f);
```

在这条语句中，虽然首尾值一致，但由于全部参数值相同，所以 scaleX 属性上的这个动画会被放弃，在 scaleX 属性上也不会应用任何动画。

可以看到，问题确实很多，至于具体原因，这里就不再引用源码讲述。下面来看问题同样很多的 LayoutTransition.CHANGE_DISAPPEARING。

3．LayoutTransition.CHANGE_DISAPPEARING

本例的效果图如下图所示。

扫码看动态效果图

核心代码如下：

```
LayoutTransition transition = new LayoutTransition();
PropertyValuesHolder outLeft = PropertyValuesHolder.ofInt("left",0,0);
PropertyValuesHolder outTop = PropertyValuesHolder.ofInt("top",0,0);

Keyframe frame0 = Keyframe.ofFloat(0f, 0);
Keyframe frame1 = Keyframe.ofFloat(0.1f, -20f);
Keyframe frame2 = Keyframe.ofFloat(0.2f, 20f);
Keyframe frame3 = Keyframe.ofFloat(0.3f, -20f);
Keyframe frame4 = Keyframe.ofFloat(0.4f, 20f);
Keyframe frame5 = Keyframe.ofFloat(0.5f, -20f);
```

```
    Keyframe frame6 = Keyframe.ofFloat(0.6f, 20f);
    Keyframe frame7 = Keyframe.ofFloat(0.7f, -20f);
    Keyframe frame8 = Keyframe.ofFloat(0.8f, 20f);
    Keyframe frame9 = Keyframe.ofFloat(0.9f, -20f);
    Keyframe frame10 = Keyframe.ofFloat(1, 0);
    PropertyValuesHolder mPropertyValuesHolder = PropertyValuesHolder.ofKeyframe
("rotation",frame0,frame1,frame2,frame3,frame4,frame5,frame6,frame7,frame8,frame9,
frame10);

    ObjectAnimator mObjectAnimatorChangeDisAppearing = ObjectAnimator.ofProperty
ValuesHolder(this, outLeft,outTop,mPropertyValuesHolder);
    transition.setAnimator(LayoutTransition.CHANGE_DISAPPEARING, mObjectAnimator
ChangeDisAppearing);

    linearLayoutContainer.setLayoutTransition(transition);
```

第一步，由于 left、top 属性是必需的，但我们在做响铃效果时是不需要 left、top 属性变动的，所以将它们设置为无效值。

第二步，用 Keyframe 构造 PropertyValuesHolder 动画。

PropertyValuesHolder 动画的构造方法有 4 个：ofInt()、ofFloat()、ofObject() 和 ofKeyframe()，这里使用的是 ofKeyframe()。有关构造 PropertyValuesHolder 动画的方法在上一节中已经讲述，这里就不再讲解了。

第三步，设置 LayoutTransition.CHANGE_DISAPPEARING 动画。

4.3.3 其他函数

1．基本设置

前面使用过 LayoutTransition 的 setAnimator() 函数，在 LayoutTransition 中还有一些其他函数。

```
    /**
     * 设置所有动画完成所需要的时长
     */
    public void setDuration(long duration)
    /**
     * 针对单个 Type 设置动画时长；
     * transitionType 取值为 APPEARING、DISAPPEARING、CHANGE_APPEARING、CHANGE_
DISAPPEARING
     */
    public void setDuration(int transitionType, long duration)
    /**
     * 针对单个 Type 设置插值器
     * transitionType 取值为 APPEARING、DISAPPEARING、CHANGE_APPEARING、CHANGE_
DISAPPEARING
     */
```

```
    public void setInterpolator(int transitionType, TimeInterpolator interpolator)
/**
 * 针对单个Type设置动画延时
 * transitionType取值为APPEARING、DISAPPEARING、CHANGE_APPEARING、CHANGE_
DISAPPEARING
 */
    public void setStartDelay(int transitionType, long delay)
/**
 * 针对单个Type设置每个子item动画的时间间隔
 */
    public void setStagger(int transitionType, long duration)
```

其中，setStagger()函数的两个参数的含义如下。

- int transitionType：用于设置指定Type类型的动画。
- long duration：各个item间做动画的间隔。

其他函数都比较容易理解，就不再举例了。

2. 设置监听

LayoutTransition还提供了一个监听函数。

```
    public void addTransitionListener(TransitionListener listener)
//其中：
public interface TransitionListener {
    public void startTransition(LayoutTransition transition, ViewGroup container,
View view, int transitionType);
    public void endTransition(LayoutTransition transition, ViewGroup container,
View view, int transitionType);
}
```

在任何类型的 LayoutTransition 开始和结束时，都会调用 TransitionListener 的 startTransition()和endTransition()函数。在TransitionListener中有4个参数。

- LayoutTransition transition：当前的LayoutTransition实例。
- ViewGroup container：当前应用LayoutTransition的容器。
- View view：当前在做动画的View对象。
- int transitionType：当前的LayoutTransition类型，取值有APPEARING、DISAPPEARING、CHANGE_APPEARING和CHANGE_DISAPPEARING。

有关 LayoutTransition 的监听函数并不常用，我们给上述示例中的 mTransitioner 添加addTransitionListener监听，然后在监听中打上log日志，代码如下：

```
transition.addTransitionListener(new LayoutTransition.TransitionListener() {
    @Override
    public void startTransition(LayoutTransition transition, ViewGroup
container, View view, int transitionType) {

        Log.d("qijian","start:"+"transitionType:"+transitionType +"count:"+
container.getChildCount() + "view:"+view.getClass().getName());
```

```
        }
        @Override
        public void endTransition(LayoutTransition transition, ViewGroup
container, View view, int transitionType) {
            Log.d("qijian","end:"+"transitionType:"+transitionType +"count:"+
container.getChildCount() + "view:"+view.getClass().getName());
        }
    });
```

下图是添加一个控件和删除一个控件的日志输出。

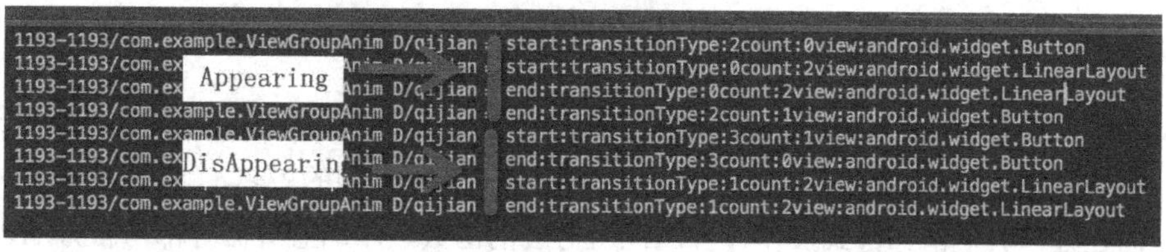

```
1193-1193/com.example.ViewGroupAnim D/qijian  start:transitionType:2count:0view:android.widget.Button
1193-1193/com.ex                     D/qijian  start:transitionType:0count:2view:android.widget.LinearLayout
1193-1193/com.ex  Appearing          D/qijian  end:transitionType:0count:2view:android.widget.LinearLayout
1193-1193/com.example.ViewGroupAnim D/qijian   start:transitionType:2count:1view:android.widget.Button
1193-1193/com.example.ViewGroupAnim D/qijian   start:transitionType:3count:1view:android.widget.Button
1193-1193/com.ex  DisAppearing       D/qijian  end:transitionType:3count:0view:android.widget.Button
1193-1193/com.ex                     D/qijian  start:transitionType:1count:2view:android.widget.LinearLayout
1193-1193/com.example.ViewGroupAnim D/qijian   end:transitionType:1count:2view:android.widget.LinearLayout
```

各 transitionType 的取值对应为 APPEARING = 2、CHANGE_APPEARING = 0、DISAPPEARING = 3、CHANGE_DISAPPEARING = 1。

从日志中可以看出，在添加控件时，先出现 startTransition() 函数回调，再出现 endTransition() 函数回调；APPEARING 事件所对应的 View 是控件，而 CHANGE_APPEARING 事件所对应的 View 是容器。在删除控件时，原理相同。

这是因为，在添加控件时，APPEARING 事件只针对当前被添加的控件做动画，所以返回的 View 是当前被添加的控件；而 CHANGE_APPEARING 事件针对容器中所有已经存在的控件做动画，所以返回的 View 是容器。

4.4 开源动画库 NineOldAndroids

Android 3.0 推出了全新的 Animation API，使用起来很方便，但是不能在 3.0 以下版本中使用。NineOldAndroids 是一个可以在任意 Android 版本上使用的 Animation API，和 Android 3.0 中的 API 类似。NineOldAndroids 动画库的官网地址为 http://nineoldandroids.com/。

常用类有 ObjectAnimator、ValueAnimator、AnimatorSet、PropertyValuesHolder、Keyframe、ViewPropertyAnimator 和 ViewHelper。

其中，ObjectAnimator、ValueAnimator、AnimatorSet、PropertyValuesHolder 与 Keyframe 的类名与官方的 API 是对应的，依然可以使用 XML 引入动画或者动态创建动画，只是包名为 com.nineoldandroids.animation。ViewPropertyAnimator 也只是与官方版本稍有出入。唯一没有从官方 Android 3.0 中引入的动画类是 LayoutTransition，也就是说，在 NineOldAndroids 动画库中是没有 LayoutTransition 类的。

除 Android 3.0 动画 API 以外，NineOldAndroids 还提供了一个动画类 ViewHelper。

4.4.1 NineOldAndroids 中的 ViewPropertyAnimator

在 4.2 节中详细讲解了 ViewPropertyAnimator，在 NineOldAndroids 中也引入了 ViewPropertyAnimator，唯一不同的是 animate() 函数。NineOldAndroids 中提供了 ViewPropertyAnimator.animate(mView) 函数与其对应。

```
// 官方API（3.1以上）
mView.animate().setDuration(5000).rotationY(720).x(100).y(100).start();

// NineOldAndroids
ViewPropertyAnimator.animate(mView).setDuration(5000).rotationY(720).x(100).y(100).start();
```

从对比中可以看出，NineOldAndroids 动画库中的 ViewPropertyAnimator 是以静态方式使用的，在 ViewPropertyAnimator.animate(mView) 中塞入要做动画的 View。这是与官方 API 唯一的不同之处，其他诸如链式操作、各属性所对应的函数、添加监听器等都与官方 API 完全相同。

4.4.2 NineOldAndroids 中的 ViewHelper

1. 概述

ViewHelper 提供了一系列静态 set/get 函数去操作 View 的各种属性，比如透明度、偏移量、旋转角度等，大大方便了我们的使用，而且无须考虑低版本的兼容性问题。

ViewHelper 的成员函数有：

```
public static float getAlpha(View view)
public static void setAlpha(View view, float alpha)

public static void setPivotX(View view, float pivotX)
public static float getPivotX(View view)

public static void setPivotY(View view, float pivotY)
public static float getPivotY(View view)

public static void setRotation(View view, float rotation)
public static float getRotation(View view)

public static void setRotationX(View view, float rotationX)
public static float getRotationX(View view)

public static void setRotationY(View view, float rotationY)
public static float getRotationY(View view)

public static void setScaleX(View view, float scaleX)
public static float getScaleX(View view)

public static void setScaleY(View view, float scaleY)
```

```
public static float getScaleY(View view)

public static void setScrollX(View view, int scrollX)
public static float getScrollX(View view)

public static void setScrollY(View view, int scrollY)
public static float getScrollY(View view)

public static void setTranslationX(View view, float translationX)
public static float getTranslationX(View view)

public static void setTranslationY(View view, float translationY)
public static float getTranslationY(View view)

public static void setX(View view, float x)
public static float getX(View view)

public static void setY(View view, float y)
public static float getY(View view)
```

那么，ViewHelper 是如何做到完美兼容各个 Android 版本的呢？下面我们简单地剖析一下原理。

打开 ViewHelper 类的源码，比如 setAlpha()函数。

```
public static void setAlpha(View view, float alpha) {
    if (NEEDS_PROXY) {
        wrap(view).setAlpha(alpha);
    } else {
        Honeycomb.setAlpha(view, alpha);
    }
}
```

NEEDS_PROXY 是一个静态常量，在程序初始化的时候被赋值，当当前手机 API 等级小于 11 时被赋值为 true，否则被赋值为 false。赋值语句如下：

```
public static final boolean NEEDS_PROXY = Integer.valueOf(Build.VERSION.SDK).intValue() < Build.VERSION_CODES.HONEYCOMB;
```

这条语句用于判断当前 SDK 版本是否在 API 11 以下。如果当前 API 版本小于 11，则 NEEDS_PROXY 为 true；否则为 false。如果当前 API 版本大于 11，则会进入 else 分支，这里的 Honeycomb.setAlpha(view, alpha)意思就是调用 view.setAlpha(alpha)函数来设置透明度。而当 API 小于 11 时，会进入 if 语句，由于 view.setAlpha(alpha)函数是在 API 11 以后引入的，所以需要先调用 AnimatorProxy 类中的 wrap()函数对 View 进行包装，然后再设置透明度。

需要注意的是，ViewHelper 与属性动画一样，也是通过改变控件的自有属性来改变控件的各项值的。所以，如果控件移动，那么控件也是会在新位置响应单击事件的。

2．示例

本例效果如下图所示。当单击按钮的时候，TextView 开始位移动画；在动画结束后，单击 TextView，弹出 Toast 提示。

动画初始态：

动画结束态：

扫码看动态效果图

从动态效果图中可以看出，在动画结束后，单击 TextView，会弹出 Toast 提示。这说明 ViewHelper 类的函数是通过属性来改变动画属性的。

下面来看核心代码，如下：

```
final TextView tv = (TextView)findViewById(R.id.tv);

findViewById(R.id.btn).setOnClickListener(new View.OnClickListener() {
    public void onClick(View v) {
        ValueAnimator animator = ValueAnimator.ofFloat(0,200);
        animator.addUpdateListener(new ValueAnimator.AnimatorUpdateListener() {
            public void onAnimationUpdate(ValueAnimator valueAnimator) {
                Float cur = (Float)valueAnimator.getAnimatedValue();
                ViewHelper.setTranslationX(tv,cur);
                ViewHelper.setTranslationY(tv,cur);
            }
        });
        animator.setDuration(2000);
        animator.start();
    }
});
tv.setOnClickListener(new View.OnClickListener() {
    public void onClick(View v) {
```

```
        Toast.makeText(ViewHelperActivity.this,"单击了 tv",Toast.LENGTH_SHORT).
show();
        }
    });
```

本例代码比较简单，在单击按钮后，先创建一个属性动画，然后再对动画过程进行监听，在动画过程中通过调用 ViewHelper.setTranslationX(tv,cur)和 ViewHelper.set TranslationY(tv,cur) 函数来移动 TextView 的位置。

第 5 章
动画进阶

只要现在就能开始,梦想就不曾遥远。

前面几章详细讲述了有关控件动画和 ViewGroup 动画的知识,但仅通过这些改变控件属性的方式实现一些复杂的动画效果是比较有难度的,比如 Nexus 的开机动画就根本实现不了。本章将展示如何利用 PathMeasure 和 SVG 动画来实现复杂的动画效果。

5.1 利用 PathMeasure 实现路径动画

在第 1 章中初步讲述了关于路径的知识,但就目前来看还没有什么用处。然而,Android SDK 提供了一个非常有用的 API 来帮助开发者实现这样一个 Path 路径点的坐标追踪,这个 API 就是 PathMeasure,通过它就可以实现复杂的动画效果,比如支付宝支付成功动画。

5.1.1 初始化

PathMeasure 类似一个计算器,可以计算出指定路径的一些信息,比如路径总长、指定长度所对应的坐标点等。

初始化方法一:

对它进行初始化只需要创建一个 PathMeasure 对象即可。

```
PathMeasure pathMeasure = new PathMeasure();
```

初始化 pathMeasure 后,可以通过调用 PathMeasure.setPath()函数来将 Path 和 PathMeasure 进行绑定。

```
setPath(Path path, boolean forceClosed)
```

这样就已经初始化完成了,就可以调用 pathMeasure 来返回路径的相关信息了。

初始化方法二:

也可以通过 PathMeasure 的另一个构造函数直接完成初始化。

```
PathMeasure(Path path, boolean forceClosed);
```

在 setPath()函数和 PathMeasure 的第二个构造函数中都有一个参数 boolean forceClosed，表示 Path 最终是否需要闭合，如果为 true，则不管关联的 Path 是否是闭合的，都会被闭合。但是 forceClosed 参数对绑定的 Path 不会产生任何影响，例如一个折线段的 Path，本身是没有闭合的，当 forceClosed 设置为 true 的时候，PathMeasure 计算的 Path 是闭合的，但 Path 本身绘制出来是不会闭合的。forceClosed 参数只对 PathMeasure 的测量结果有影响，例如一个折线段的 Path，本身没有闭合，当 forceClosed 设置为 true 时，PathMeasure 的计算就会包含最后一段闭合的路径，与原来的 Path 不同。

5.1.2 简单函数使用

1．getLength()函数

该函数的声明如下：

```
public float getLength()
```

PathMeasure.getLength()函数的使用非常广泛，其作用就是获取计算的路径长度。

下面举一个例子来看一下用法，顺便看一下在初始化时，forceClosed 参数分别为 true 或 false 时计算出来的路径长度。

我们自定义一个控件，重写它的 onDraw()函数。

```
protected void onDraw(Canvas canvas) {
    super.onDraw(canvas);

    canvas.translate(50, 50);

    Path path = new Path();

    path.moveTo(0,0);
    path.lineTo(0, 100);
    path.lineTo(100, 100);
    path.lineTo(100, 0);

    PathMeasure measure1 = new PathMeasure(path, false);
    PathMeasure measure2 = new PathMeasure(path, true);

    Log.e("qijian", "forceClosed=false---->" + measure1.getLength());
    Log.e("qijian", "forceClosed=true----->" + measure2.getLength());

    canvas.drawPath(path, paint);
}
```

其中，paint 被初始化为黑色描边效果。

```
Paint paint = new Paint();
paint.setColor(Color.BLACK);
```

```
paint.setStrokeWidth(8);
paint.setStyle(Paint.Style.STROKE);
```

注意,在 onDraw() 函数中创建变量是非常不明智的行为,因为 onDraw() 函数会被频繁调用,这样很容易造成内存不断回收,影响性能。而笔者在这里只是为了提高可读性,别无他意。

在这段代码中,首先通过 canvas.translate(50, 50) 将画布的坐标中心点向 X 轴、Y 轴正方向各移动 50px,然后画出下图。

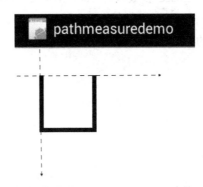

从图中可以看到,我们创建的只是正方形的三条边,而日志打印如下图所示。

```
1597-1597/com.example.pathmeasuredemo D/qijian:   forceClosed=false----->300.0
1597-1597/com.example.pathmeasuredemo D/qijian:   forceClosed=true------>400.0
```

很明显,如果 forceClosed 为 false,则测量的是当前 Path 状态的长度;如果 forceClosed 为 true,则不论 Path 是否闭合,测量的都是 Path 的闭合长度。

2. isClosed() 函数

该函数的声明如下:

```
public boolean isClosed()
```

该函数用于判断测量 Path 时是否计算闭合。所以,如果在关联 Path 的时候设置 forceClosed 为 true,则这个函数的返回值一定为 true。

3. nextContour() 函数

我们知道,Path 可以由多条曲线构成,但不论是 getLength()、getSegment() 还是其他函数,都只会针对其中第一条线段进行计算。而 nextContour() 就是用于跳转到下一条曲线的函数。如果跳转成功,则返回 true;如果跳转失败,则返回 false。

我们创建了一个 Path 并使其中包含了三条闭合的曲线,如下图所示,现在使用 PathMeasure 逐个测量这三条曲线的长度。

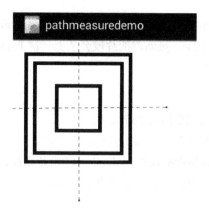

代码如下：

```
canvas.translate(150, 150);
Path path = new Path();

path.addRect(-50, -50, 50, 50, Path.Direction.CW);
path.addRect(-100, -100, 100, 100, Path.Direction.CW);
path.addRect(-120, -120, 120, 120, Path.Direction.CW);

canvas.drawPath(path,paint);

PathMeasure measure = new PathMeasure(path, false);

do{
    float len = measure.getLength();
    Log.i("qijian","len="+len);
}while (measure.nextContour());
```

在这里，我们通过 do...while 循环和 measure.nextContour()函数结合，逐个枚举出 Path 中的所有曲线。

- 通过这个例子可以得出以下结论：
- 通过 PathMeasure.nextContour()函数得到的曲线的顺序与 Path 中添加的顺序相同。

getLength()等函数针对的都是当前的曲线，而不是整个 Path。所以 getLength()函数获取到的是当前曲线的长度，而不是整个 Path 的长度。其他函数大家可以自行验证。

5.1.3 getSegment()函数

1. 基本用法

```
boolean getSegment(float startD, float stopD, Path dst, boolean startWith MoveTo)
```

这个 API 用于截取整个 Path 中的某个片段，通过参数 startD 和 stopD 来控制截取的长度，并将截取后的 Path 保存到参数 dst 中。最后一个参数 startWithMoveTo 表示起始点是否使用 moveTo 将路径的新起始点移到结果 Path 的起始点，通常设置为 true，以保证每次截取的 Path

都是正常的、完整的，通常和 dst 一起使用，因为 dst 中保存的 Path 是被不断添加的，而不是每次被覆盖的；如果设置为 false，则新增的片段会从上一次 Path 终点开始计算，这样可以保证截取的 Path 片段是连续的。

参数：

- float startD：开始截取位置距离 Path 起始点的长度。
- float stopD：结束截取位置距离 Path 起始点的长度。
- Path dst：截取的 Path 将会被添加到 dst 中。注意是添加，而不是替换。
- boolean startWithMoveTo：起始点是否使用 moveTo。

注意：

- 如果 startD、stopD 的数值不在取值范围[0, getLength]内，或者 startD == stopD，则返回值为 false，而且不会改变 dst 中的内容。
- 开启硬件加速功能后，绘图会出现问题，因此，在使用 getSegment()函数时需要禁用硬件加速功能。关于硬件加速功能，我们将在第 6 章中讲述，目前可以在自定义 View 的构造函数中调用 setLayerType(LAYER_TYPE_SOFTWARE, null)函数来禁用硬件加速功能。

示例一：用法举例。

```
canvas.translate(100, 100);

Path path = new Path();
path.addRect(-50, -50, 50, 50, Path.Direction.CW);
Path dst = new Path();
PathMeasure measure = new PathMeasure(path, false);
measure.getSegment(0, 150, dst, true);
canvas.drawPath(dst, paint);
```

在这段代码中，我们首先把 Canvas 的坐标系向左下角移动(100,100)像素，然后构造了一条矩形路径，如下图所示。

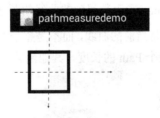

接着通过 measure.getSegment(0, 150, dst, true);截取长度为 0～150 的这段路径。截取成功以后，会把新的路径线段添加到 dst 路径中，最后将 dst 路径画出来，效果如下图所示。

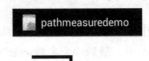

结论一：路径截取是以路径的左上角为起始点开始的。

这里有一个疑问：为什么是顺时针截取路径，而不是逆时针截取路径呢？

这是因为我们生成路径的方式指定的是 Path.Direction.CW（顺时针方向）。如果改成逆时针生成，那么截取时也是逆时针截取的。

比如，在上面代码的基础上，将路径的生成方式改为：

```
path.addRect(-50, -50, 50, 50, Path.Direction.CCW);
```

效果如下图所示。

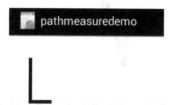

结论二：路径的截取方向与路径的生成方向相同。

示例二：如果 **dst** 路径不为空。

```
Path path = new Path();
path.addRect(-50, -50, 50, 50, Path.Direction.CW);
Path dst = new Path();
dst.lineTo(10, 100);
PathMeasure measure = new PathMeasure(path, false);
measure.getSegment(0, 150, dst, true);
canvas.drawPath(dst, paint);
```

在这个示例中，作为盛装 PathMeasure 结果的 dst 路径初始并不是空的，而是有一段从点(0,0)到点(10,100)的线段。将 PathMeasure 截取的路径添加到 dst 中，结果如下图所示。

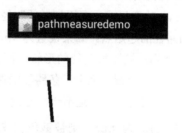

从效果图中可以看出，dst 路径中的原有线段被保留了下来。

结论三：会将截取的 Path 片段添加到路径 dst 中，而不是替换 dst 中的内容。

示例三：如果 **startWithMoveTo** 参数为 **false**。

在前面几个例子中，startWithMoveTo 参数均为 true，如果设置为 false 会怎样呢？

```
Path path = new Path();
path.addRect(-50, -50, 50, 50, Path.Direction.CW);
Path dst = new Path();
```

```
dst.lineTo(10, 100);
PathMeasure measure = new PathMeasure(path, false);
measure.getSegment(0, 150, dst, false);
canvas.drawPath(dst, paint);
```

效果如下图所示。

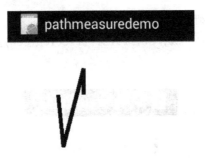

乍一眼应该看不懂，我们来对比一下当 startWithMoveTo 设置为 true 时的效果图，如下图所示。

由于 dst 路径原始是存在路径值的，而路径默认是连续的，即新添加的路径会跟上一条路径连在一起。而 startWithMoveTo 的意思就是在添加新的路径前，是否调用 Path.MoveTo()函数将路径的起始点改为新添加路径的起始点。如果设置为 true，就会将路径起始点移动到新添加路径的起始点，就可以保持当前被添加路径的形状；而如果设置为 false，则不会调用 Path.MoveTo()函数，会将路径起始点位置改为上一条路径的终点，从而保证连续性。新添加的路径除起始点位置被更改以外，其他路径点是不会被更改的。

结论四：如果 startWithMoveTo 为 true，则被截取出来的 Path 片段保持原状；如果 startWithMoveTo 为 false，则会将截取出来的 Path 片段的起始点移动到 dst 的最后一个点，以保证 dst 路径的连续性。

2. 示例：路径加载动画

路径绘制是 PathMeasure 最常用的功能，本例效果如下图所示。

第 5 章 动画进阶

动画状态一　　　动画状态二

扫码看动态效果图

这里实现的效果是一条圆形路径从长度为 0 慢慢增加到整个圆，如此往复。

我们知道，通过 getSegment() 函数可以根据路径的长度截取对应的路径线段。所以，只需不断地给 getSegment() 函数设置逐渐增长的路径长度，就会相应得到逐渐增长的路径线段，把这个路径线段实时地画出来就可以了。

我们先自定义一个 View 控件 GetSegmentView。代码如下：

```java
public GetSegmentView(Context context, AttributeSet attrs) {
    super(context, attrs);
    setLayerType(LAYER_TYPE_SOFTWARE, null);

    mPaint = new Paint(Paint.ANTI_ALIAS_FLAG);
    mPaint.setStyle(Paint.Style.STROKE);
    mPaint.setStrokeWidth(4);
    mPaint.setColor(Color.BLACK);

    mDstPath = new Path();
    mCirclePath = new Path();
    mCirclePath.addCircle(100,100,50, Path.Direction.CW);

    mPathMeasure = new PathMeasure(mCirclePath,true);

    ValueAnimator animator = ValueAnimator.ofFloat(0, 1);
    animator.setRepeatCount(ValueAnimator.INFINITE);
    animator.addUpdateListener(new ValueAnimator.AnimatorUpdateListener() {
        public void onAnimationUpdate(ValueAnimator animation) {
            mCurAnimValue = (Float) animation.getAnimatedValue();
            invalidate();
        }
    });
    animator.setDuration(2000);
    animator.start();
}
```

在这个自定义控件中，首先禁用硬件加速功能；然后构造 mPaint、mDstPath、mCirclePath 和 mPathMeasure 对象；接着通过 ValueAnimator 让其循环往复地返回 0~1 之间的进度值；最后在监听的 onAnimationUpdate() 函数中将当前动画值赋给 mCurAnimValue，并调用 invalidate() 函数重绘控件。

下面来看一下重绘的代码。

```java
protected void onDraw(Canvas canvas) {
```

```
    super.onDraw(canvas);
     canvas.drawColor(Color.WHITE);

    float stop = mPathMeasure.getLength() * mCurAnimValue;

    mDstPath.reset();
    mPathMeasure.getSegment(0,stop,mDstPath,true);
    canvas.drawPath(mDstPath,mPaint);
}
```

为了不影响展示效果，先通过 canvas.drawColor(Color.WHITE);将整个控件刷成白色，然后根据动画进度计算出当前路径的长度，赋值给 stop 变量。由于每次调用 getSegment()函数得到的路径都被添加到 mDstPath 中，所以要先调用 mDstPath.reset()函数清空之前生成的路径。最后将本次生成的路径画出来即可。

到这里，这个例子就讲完了。在生成动画路径时，始终是从 0 位置开始的。如果我们稍微改变一下生成路径的起始点位置，就可以完成一个比较有意思的加载图动画，效果如下图所示。

扫码看动态效果图

从动画中可以看出，当进度为 0~0.5 时，路径的起始点都是 0；而进度为 0.5~1 时，路径的起始点逐渐靠近终点；当进度为 1 时，两点重合。

修改代码如下：

```
protected void onDraw(Canvas canvas) {
    super.onDraw(canvas);
    float length = mPathMeasure.getLength();
    float stop = length * mCurAnimValue;
    float start = (float) (stop - ((0.5 - Math.abs(mCurAnimValue - 0.5)) * length));
    mDstPath.reset();
    canvas.drawColor(Color.WHITE);
    mPathMeasure.getSegment(start, stop, mDstPath, true);
    canvas.drawPath(mDstPath, mPaint);
}
```

在这里，只是改变了起始点的计算方法，如下：

```
float start = (float) (stop - ((0.5 - Math.abs(mCurAnimValue - 0.5)) * length));
```

其实，这是两个公式的合体。根据效果描述，在进度小于 0.5 时，start = 0；而在进度大于 0.5 时，start = 2 * mCurAnimValue − 1。把这两个公式合并，就是上面的公式了。如果大家不知道如何合并公式，那么使用 if...else...语句来计算 stop 也是可以的，比如：

```
float start = 0;
```

```
if(start >= 0.5){
    start = 2 * mCurAnimValue - 1;
}
...
mPathMeasure.getSegment(start, stop, mDstPath, true);
```

但在代码中出现类似 0.5 这种纯数字，则不易阅读和维护。

5.1.4 getPosTan()函数

1. 概述

getPosTan()函数用于得到路径上某一长度的位置以及该位置的正切值。该函数的声明如下：

```
boolean getPosTan(float distance, float[] pos, float[] tan)
```

参数：

- float distance：距离 Path 起始点的长度，取值范围为 0≤distance≤getLength。
- float[] pos：该点的坐标值。当前点在画布上的位置有两个数值，分别为 x、y 坐标。pos[0] 表示 x 坐标，pos[1]表示 y 坐标。
- float[] tan：该点的正切值。该参数不容易理解，下面着重讲解。

下图展示了坐标系中某点正切值的计算方法。

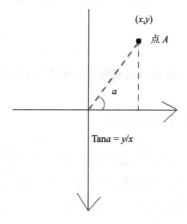

比如，在上图中，我们要求点 A 的正切值，就是先将点 A 与坐标原点连接起来，所形成的角度 a 的正切值就是点 A 的正切值。

而 getPosTan()函数中获取的正切值也是一个二维数组，它代表了一个坐标(x,y)，而通过 y/x，就可以得到对应点的正切值。而这个二维数组所代表的坐标对应的就是半径为 1 的圆的对应点。

半径为 1 的各点的坐标值如下图所示。

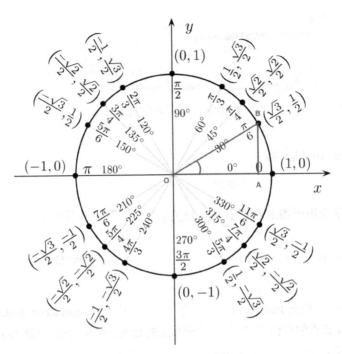

比如，通过 getPosTan() 函数所得到的正切值是 $\frac{\sqrt{3}}{3}$，在上面这张图中，只有 B 点坐标的正切值为 $\frac{\sqrt{3}}{3}$，所以 tan 数组返回的值是 $(\sqrt{3}/2, 1/2)$。整个计算过程为：$\tan a = y/x = \frac{1}{2} \div \frac{\sqrt{3}}{2} = \frac{\sqrt{3}}{3}$。

那么问题来了：getPosTan() 函数所返回的值是半径为 1 的圆中对应点的 x,y 坐标，那怎么求得夹角 a 的值呢？

在 Math 类中，有两个求反正切值的函数。

```
double atan(double d)
double atan2(double y, double x)
```

这两个函数都可以根据一个正切值求得对应的夹角度数（反正切）。函数 atan(double d) 的参数是一个弧度值，即正切的结果值；而函数 atan2(double y, double x) 的参数 x,y 就是正切的点的坐标值。

很显然，我们通过 atan2() 函数就可以得到夹角度数。

而这个夹角的用处其实是非常大的。比如，下图中有一个沿圆形旋转的箭头，而当箭头围绕圆形旋转时，应该实时地旋转箭头的转向，以使它的头与圆形边线吻合。比如，从 X 轴开始移动，移动了 a 角度后的情形如下图所示。

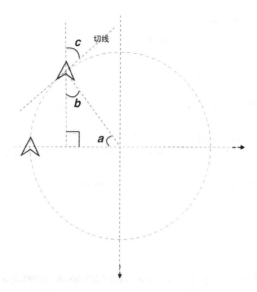

在移动 a 角度后，三角形应该旋转多少度才能跟圆形边线吻合呢？只有箭头一直沿着切线的方向，才能与圆形边线吻合，所以∠c 就是我们所求的旋转角度。由于∠a + ∠b = 90°，∠b + ∠c = 90°，所以∠a = ∠c，正切夹角是多少度就需要旋转多少度。而∠b + ∠c = 90°是因为切点与圆心的连线与切线所呈的夹角是 90°。

结论：如果想让移动点旋转至与切线重合，则旋转角度要与正切角度相同。

2．箭头加载动画

这里将利用 getPosTan()函数实现下面的箭头加载动画。

从效果图中可以看出，在"路径加载动画"示例的基础上，在路径的最前端加了一个三角箭头，并且三角箭头会随着路径的动画方向动态旋转。下面在讲解时有关路径加载动画的代码就不再重复罗列了，只列出添加的部分。

首先准备一张箭头图片（arraw.jpg），如下图所示。

然后在初始化的时候加载图片。

```
public class GetPosTanView extends View {
    private Path mCirclePath, mDstPath;
```

```java
    private Paint mPaint;
    private PathMeasure mPathMeasure;
    private Float mCurAnimValue;
    private Bitmap mArrawBmp;

    public GetPosTanView(Context context, AttributeSet attrs) {
        super(context, attrs);
        setLayerType(LAYER_TYPE_SOFTWARE, null);
        mArrawBmp = BitmapFactory.decodeResource(getResources(),R.drawable.arraw);
        //画笔、路径、动画初始化代码与"路径加载动画"示例相同，在此省略
        ...
    }
    ...
}
```

加载 res 下的资源图片主要使用 BitmapFactory.decodeResource() 函数。有关 BitmapFactory 的具体讲解请参照第 7 章。

在将图片加载到内存中之后，在每次重绘时，先将图片旋转，然后再绘制到画布上。

```java
private float[] pos = new float[2];
private float[] tan = new float[2];

protected void onDraw(Canvas canvas) {
    super.onDraw(canvas);

    //绘制路径加载动画，与"路径加载动画"示例相同，在此省略
    ...

    //旋转箭头图片，并绘制
    mPathMeasure.getPosTan(stop, pos, tan);
    float degrees = (float) (Math.atan2(tan[1], tan[0]) * 180.0 / Math.PI);
    Matrix matrix = new Matrix();
    matrix.postRotate(degrees, mArrawBmp.getWidth() / 2, mArrawBmp.getHeight() / 2);
    matrix.postTranslate(pos[0],pos[1]);
    canvas.drawBitmap(mArrawBmp, matrix, mPaint);
}
```

需要注意的是：

（1）pos、tan 数组在使用时必须先使用 new 关键词分配存储空间，而 PathMeasure.getPosTan() 函数只会向数组中的元素赋值。如果事先没有分配空间，则 getPosTan() 函数将不会获取成功。

（2）通过 Math.atan2(tan[1], tan[0]) 函数得到的是弧度值，而不是角度值。弧度值的区间是 (-Math.PI, Math.PI)。所以，要通过 (Math.atan2(tan[1], tan[0]) * 180.0 / Math.PI) 将弧度值转换为角度值。

先利用 matrix.postRotate() 函数将图片围绕中心点旋转指定角度，以便和切线重合。

然后利用 matrix.postTranslate() 函数将图片从默认的 (0,0) 点移动到当前路径的最前端。

最后将图片绘制到画布上。

但效果却如下图所示。

动画状态一　　　　　动画状态二

扫码看动态效果图

从效果图中可以看出，虽然箭头随着路径轨迹移动，但有点偏差。图片移动情况如下图所示。

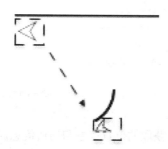

在移动图片时，是以图片的左上角为起始点开始移动的，所以原来的(0,0)点移动(pos[0],pos[1])距离后，图片的左上角在(pos[0],pos[1])位置上。这说明我们移过头了，少移动半个图片大小就可以了。

将移动图片的代码加以改造，少移动半个图片大小。

```
Matrix matrix = new Matrix();
matrix.postRotate(degrees, mArrawBmp.getWidth() / 2, mArrawBmp.getHeight() / 2);
matrix.postTranslate(pos[0] - mArrawBmp.getWidth() / 2, pos[1] - mArrawBmp.getHeight() / 2);
canvas.drawBitmap(mArrawBmp, matrix, mPaint);
```

这样得到的效果就与本节起始的效果一致了。

5.1.5　getMatrix()函数

这个函数用于得到路径上某一长度的位置以及该位置的正切值的矩阵。

```
boolean getMatrix(float distance, Matrix matrix, int flags)
```

- distance：距离 Path 起始点的长度。
- matrix：根据 falgs 封装好的 matrix 会根据 flags 的设置而存入不同的内容。
- flags：用于指定哪些内容会存入 matrix 中。flags 的值有两个：PathMeasure.POSITION_MATRIX_FLAG 表示获取位置信息；pathMeasure.TANGENT_MATRIX_FLAG 表示获取切边信息，使得图片按 Path 旋转。可以只指定一个，也可以使用"|"（或运算符）同时指定。

很明显，getMatrix()函数只是 PathMeasure.getPosTan()函数的另一种实现而已。getPosTan()函数把获取到的位置信息和切边信息分别保存在 pos 和 tan 数组中；而 getMatrix()函数则直接将其保存到 matrix 数组中。

下面我们尝试使用 getMatrix()函数来代替 getPosTan()函数实现箭头加载动画。

```
protected void onDraw(Canvas canvas) {
    super.onDraw(canvas);

    //绘制路径加载动画，与"路径加载动画"示例相同，在此省略
    ...

    //计算方位角
    Matrix matrix = new Matrix();
    mPathMeasure.getMatrix(stop,matrix,PathMeasure.POSITION_MATRIX_FLAG|PathMeasure.TANGENT_MATRIX_FLAG);
    matrix.preTranslate(-mArrawBmp.getWidth() / 2,-mArrawBmp.getHeight() / 2);

    canvas.drawBitmap(mArrawBmp, matrix, mPaint);
}
```

这里通过 getMatrix()函数将获取的位置信息和切边信息保存到 matrix 中。由于 matrix 中已经保存了当前的位置信息，所以我们只需要再将图片移动半个图片大小就可以了，所以使用 matrix.preTranslate(-mArrawBmp.getWidth() / 2,-mArrawBmp.getHeight() / 2)移动半个图片大小。至于为什么这里使用 preTranslate()函数移动，而在 5.1.4 节中使用 postTranslate()函数移动，不是几句话能讲述清楚的，这里就先不提了，有关 Matrix 运算的具体知识，会在后面的章节中讲述。

到这里，有关 PathMeasure 的所有知识就讲完了，下面我们以支付宝支付成功动画为例，结束本节内容。

5.1.6 示例：支付宝支付成功动画

本示例效果如下图所示。

扫码看效果图

从效果图中可以看出，这个例子是由"路径加载动画"示例改进而来的，除了外圈圆形的逐渐加载，还有最后画对钩的部分。很显然，圆形和对钩是两条完全不相连的路径，所以在画完圆形以后，需要利用 PathMeasure.nextContour()函数将 Path 转到对钩路径继续。

首先需要改造初始化函数，在 Path 变量中添加一条对钩路径。在讲解代码之前，先来看一下对钩路径的构造方法，如下图所示。

第 5 章 动画进阶

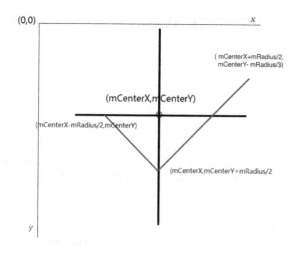

从这张图中可以看出在圆心(mCenterX,mCenterY)的基础上，如何根据圆形半径 mRadius 计算出对钩各个点的过程。

对应的构造代码如下：

```java
public AliPayView(Context context, AttributeSet attrs) {
    super(context, attrs);
    setLayerType(LAYER_TYPE_SOFTWARE, null);

    //mPaint 初始化与"路径加载动画"示例相同，在此省略
    ...

    mDstPath = new Path();
    mCirclePath = new Path();

    mCirclePath.addCircle(mCentX, mCentY, mRadius, Path.Direction.CW);

    mCirclePath.moveTo(mCentX - mRadius / 2, mCentY);
    mCirclePath.lineTo(mCentX, mCentY + mRadius / 2);
    mCirclePath.lineTo(mCentX + mRadius / 2, mCentY - mRadius / 3);

    mPathMeasure = new PathMeasure(mCirclePath, false);

    ValueAnimator animator = ValueAnimator.ofFloat(0, 2);
    animator.addUpdateListener(new ValueAnimator.AnimatorUpdateListener() {
        public void onAnimationUpdate(ValueAnimator animation) {
            mCurAnimValue = (Float) animation.getAnimatedValue();
            invalidate();
        }
    });
    animator.setDuration(4000);
    animator.start();
}
```

相比"路径加载动画"示例，这里主要有两点改动：第一，在构造 mCirclePath 时，除添加圆形路径以外，还添加了一条对钩路径；第二，在构造 ValueAnimator 动画时，构造的是

ofFloat(0, 2)之间的动画,这是因为我们有两条路径,在 0~1 之间时画第一条路径,在 1~2 之间时画第二条路径。

```java
boolean mNext = false;
@Override
protected void onDraw(Canvas canvas) {
    super.onDraw(canvas);
    canvas.drawColor(Color.WHITE);
    if (mCurAnimValue < 1) {
        float stop = mPathMeasure.getLength() * mCurAnimValue;
        mPathMeasure.getSegment(0, stop, mDstPath, true);
    } else {
        if (!mNext) {
            mNext = true;
            mPathMeasure.getSegment(0, mPathMeasure.getLength(), mDstPath, true);
            mPathMeasure.nextContour();
        }
        float stop = mPathMeasure.getLength() * (mCurAnimValue - 1);
        mPathMeasure.getSegment(0, stop, mDstPath, true);
    }
    canvas.drawPath(mDstPath, mPaint);
}
```

在绘图时,当 mCurAnimValue < 1 时,画外圈的圆形;当 mCurAnimValue >= 1 时,说明圆已经画完,此时,先利用 mPathMeasure.getSegment() 函数将圆画完,然后调用 mPathMeasure.nextContour()函数将路径转到对钩路径上。需要注意的是,此时 mCurAnimValue 的值在 1~2 之间,所以在求终点时,需要减去 1。另外,在复用 ValueAnimator 获取中间值时,并不一定会得到某一个特定的数值,比如,如果我们复用 mCurAnimValue==1 来判断圆是否已经画完是不合适的,因为根据设置的 Interpolater 的不同,中间值每次的间隔是不确定的,中间值并不一定会输出 1,所以一般都是采用范围来确定当前的中间值和对应的操作的。

到这里,这个例子就结束了。出于便于理解的考虑,本节的例子中使用了很多纯数字,这是不可取的。因为固定的数字是无法适应多变的需求的,这里我们只有两条路径,如果要在对钩上面再加一条心形路径该怎么办呢?这里的代码就得重写,而不是只添加心形路径就可以解决的。而这里的关键在于如何得知有几条路径,在得知有几条路径后,就可以逐个对其枚举作画。所以,我们可以提供一个接口,在外部设置 Path 实例,并且指定当前 Path 实例中的路径条数;或者,我们可以克隆一个 Path 实例,使用 PathMeasure.nextContour()函数进行遍历,当该函数返回 false 时,则表明遍历结束。解决方法有很多,大家可以多加思考。

5.2 SVG 动画

5.2.1 概述

SVG 的全称是 Scalable Vector Graphics(可缩放矢量图形),由此可知 SVG 是矢量图,而且是专门用于网络的矢量图形标准。与矢量图相对应的是位图，Bitmap 就是位图，它由一个个像素点组成，当图片放大到一定大小时，就会出现马赛克现象，Photoshop 就是常用的位图处理软件。而矢量图则由一个个点组成，经过数学计算利用直线和曲线绘制而成，无论如何放大，都不会出现马赛克现象，Illustrator 就是常用的矢量图绘图软件。

SVG 与 Bitmap 相比有哪些好处呢？

- SVG 使用 XML 格式定义图形，可被非常多的工具读取和修改（比如记事本）。
- SVG 由点来存储，由计算机根据点信息绘图，不会失真，无须根据分辨率适配多套图标。
- SVG 的占用空间明显比 Bitmap 小。比如一张 500px×500px 的图像，转成 SVG 后占用的空间大小是 20KB，而 PNG 图片则需要 732KB 的空间。
- SVG 可以转换为 Path 路径，与 Path 动画相结合，可以形成更丰富的动画。

Google 在 Android 5.0 中增加了对 SVG 图形的支持。对于 5.0 以下的机型，可以通过引入 com.android.support:appcompat-v7:23.4.0 及以上版本进行支持（在 appcompat-v7:23.2.0 中就引入了对 SVG 的兼容，但存在一些问题，在 23.4.0 中进行了修复）。

本节将以 com.android.support:appcompat-v7:23.4.0 为基础讲解 SVG 图形加载与动画的使用，对于 appcompat 包中不支持的类型及定义将不再讲解。在引入 appcompat 包以后，vector 标签可以适用于 Android 2.1 以上的所有系统以显示 SVG 图像；而与 SVG 动画相关的部分，由于要用到 Animator，所以只支持 API 11 及以后的 Android 系统。

SVG 这种图像格式在 HTML 中早已被广泛使用，比如下面这段 SVG 代码：

```
<svg xmlns="http://www.w3.org/2000/svg" version="1.1">
  <rect x="25" y="25" width="200" height="200" fill="lime" stroke-width="4" stroke="pink" />
  <circle cx="125" cy="125" r="75" fill="orange" />
  <polyline points="50,150 50,200 200,200 200,100" stroke="red" stroke-width="4" fill="none" />
  <line x1="50" y1="50" x2="200" y2="200" stroke="blue" stroke-width="4" />
</svg>
```

它所形成的图形如下图所示。

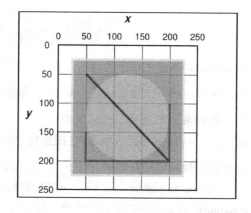

扫码看效果图

标准的 SVG 语法中支持很多标签，比如 rect 标签（绘制矩形）、circle 标签（绘制圆形）、line 标签（绘制线段）、polyline 标签（绘制折线）、ellipse 标签（绘制椭圆）、polygon 标签（绘制多边形）、path 标签（绘制路径）等。

然而 Android 并没有对原生的 SVG 图像语法进行支持，而是以一种简化的方式对 SVG 进行兼容，也就是通过使用它的 path 标签，几乎可以实现 SVG 中的其他所有标签。虽然可能会复杂一些，但这些东西都是可以通过工具来完成的，所以不用担心写起来会很复杂。

5.2.2 vector 标签与图像显示

在 Android 中，SVG 矢量图是使用标签定义的，并存放在 res/drawable/ 目录下。

一段简单的 SVG 图像代码定义如下：

```xml
<?xml version="1.0" encoding="utf-8"?>
<vector xmlns:android="http://schemas.android.com/apk/res/android"
    android:width="200dp"
    android:height="100dp"
    android:viewportWidth="100"
    android:viewportHeight="50">
    <path
        android:name="bar"
        android:pathData="M50,23 L100,25"
        android:strokeWidth="2"
        android:strokeColor="@android:color/darker_gray"/>
</vector>
```

它定义的图像如下图所示。

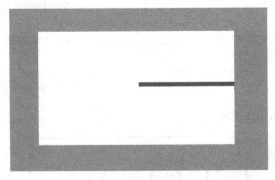

白色部分代表的是一块画布，而其中的黑色线段则是 path 标签所对应的图像。

在这段代码中，首先使用 vector 标签来指定这是一幅 SVG 图像，而它有下面几个属性。

- width 与 height 属性：表示该 SVG 图形的具体大小。
- viewportWidth 与 viewportHeight 属性：表示 SVG 图形划分的比例。

viewportWidth 与 viewportHeight 属性不好理解，首先可以理解的是，我们定义了一张 SVG 图片，它的宽度和高度分别是 200dp 和 100dp。在这里，width 和 height 类似于指定画布的大小，而 viewportWidth 与 viewportHeight 则是指将画布的宽、高分为多少个点，而 Path 中的点坐标都是以 viewportWidth 与 viewportHeight 的点数为坐标的，而不是 dp 值。比如，我们将宽度 200dp 分为 100 个点，在高度上共划分 50 个点，而 path 中字母 M 表示 moveTo，字母 L 表示 lineTo，所以，这里代表从点(50,25)到点(100,23)画了一条线段。这里的坐标就是以 viewportWidth 和 viewportHeight 所指定的点为单位的，即一个点有 2dp。在高度上点 25 是中间点，在宽度上点 50 是中间点，而点 100 则表示在宽度的结束位置。

很明显，vector 标签指定的是画布大小，而 path 标签则指定的是路径内容。

1．path 标签

1）常用属性

path 标签具有以下几个常用属性。

- android:name：声明一个标记，类似于 ID，便于对其做动画的时候顺利地找到该节点。
- android:pathData：对 SVG 矢量图的描述。
- android:strokeWidth：画笔的宽度。
- android:fillColor：填充颜色。
- android:fillAlpha：填充颜色的透明度。
- android:strokeColor：描边颜色。
- android:strokeWidth：描边宽度。
- android:strokeAlpha：描边透明度。
- android:strokeLineJoin：用于指定折线拐角形状，取值有 miter（结合处为锐角）、round（结合处为圆弧）、bevel（结合处为直线）。
- android:strokeLineCap：画出线条的终点的形状（线帽），取值有 butt（无线帽）、round（圆形线帽）、square（方形线帽）。
- android:strokeMiterLimit：设置斜角的上限。注意：当 strokeLineJoin 设置为"miter"，即绘制的两条线段以锐角相交的时候，所得的斜面可能相当长。当斜面太长时，就会变得不协调。strokeMiterLimit 属性为斜面的长度设置了一个上限。这个属性表示斜面长度和线条长度的比值，默认值是 10，意味着一个斜面的长度不应该超过线条宽度的 10 倍。如果斜面达到这个长度，它就变成斜角了。当 strokeLineJoin 为"round"或"bevel"的时候，这个属性无效。

其中，android:strokeLineJoin 的效果对应于 setStrokeJoin(Paint.Join join) 函数，android:strokeLineCap 的效果对应于 Paint.setStrokeCap(Paint.Cap cap) 函数，各个取值的效果在后面讲解 Paint 类时会具体讲述。

上面几个属性都比较容易理解，就不再一一讲述了。

2）android:trimPathStart 属性

该属性用于指定路径从哪里开始，取值为 0～1，表示路径开始位置的百分比。当取值为 0 时，表示从头部开始；当取值为 1 时，整条路径不可见。

下图展示了当 trimPathStart 取 0.27 时的路径显示情况，黑色部分是显示出来的路径图像，而灰色部分是被 trimPathStart 截去的 27%部分。

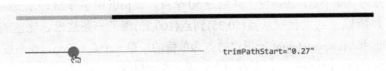

下图展示了 trimPathStart 取值从 0 到 1 的过程中路径的显示情况。

扫码看动态效果图

灰色部分代表的是被删除的路径部分，而黑色部分是显示出来的路径。在实际代码中，灰色部分是被删除的路径，是不会显示出来的，这里只是为了展示效果。

3）android:trimPathEnd 属性

该属性用于指定路径的结束位置，取值为 0～1，表示路径结束位置的百分比。当取值为 1 时，路径正常结束；当取值为 0 时，表示从开始位置就已经结束了，整条路径不可见。

下图展示了当 trimPathEnd 取值为 0.9 时的路径显示情况。很明显，路径的终点在 90%的位置。

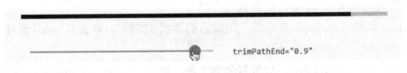

下图展示了 trimPathEnd 取值从 1 到 0 的过程中路径的显示情况。

扫码看动态效果图

很明显，当 trimPathEnd 取值为 1 时，整条路径正常结束；而当 trimPathEnd 逐渐减小时，路径的可见部分随之减少；当 trimPathEnd 取值为 0 时，整条路径不可见。

4）android:trimPathOffset 属性

该属性用于指定结果路径的位移距离，取值为 0～1。当取值为 0 时，不进行位移；当取值为 1 时，位移整条路径的长度。

扫码看动态效果图

从效果图中可以看出，在初始状态下，通过 trimPathStart=0,trimPathEnd=0.08 截取一小段路径显示；当逐渐增大 trimPathOffset 的值时，被截取的路径开始位移；当 trimPathOffset=1 时，位移整条路径的长度，被截取的路径又回到原来的位置。

5）android:pathData 属性

在 path 标签中，主要通过 pathData 属性来指定 SVG 图像的显示内容。而 pathData 属性除 M 和 L 指令以外，还有更多的指令。

- M = moveto(M X,Y)：将画笔移动到指定的坐标位置。
- L = lineto(L X,Y)：画直线到指定的坐标位置。
- H = horizontal lineto(H X)：画水平线到指定的 X 坐标位置。
- V = vertical lineto(V Y)：画垂直线到指定的 Y 坐标位置。
- C = curveto(C X1,Y1,X2,Y2,ENDX,ENDY)：三阶贝济埃曲线。
- S = smooth curveto(S X2,Y2,ENDX,ENDY)：三阶贝济埃曲线。很明显，这里的传值相比 C 指令少了 X1,Y1 坐标点，这是因为 S 指令会将上一条指令的终点作为这条指令的起始点。
- Q = quadratic Belzier curve(Q X,Y,ENDX,ENDY)：二阶贝济埃曲线。
- T = smooth quadratic Belzier curveto(T ENDX,ENDY)：映射前面路径后的终点。
- A = elliptical Arc(A RX,RY,XROTATION,FLAG1,FLAG2,X,Y)：弧线。
- Z = closepath()：关闭路径。

以 M 指令为例来介绍一下各参数的意义。在 M = moveto(M X,Y)指令中，moveto 表示 M 指令的具体含义，而括号中的 M X,Y 为指令的具体用法，X、Y 是 M 指令的参数。比如上面例子中的用法 android:pathData="M50,23 L100,25"，其他指令类似。

其中有关二阶和三阶贝济埃曲线的相关知识会在后面的章节中具体讲述。

A 指令用来绘制一条弧线，且允许弧线不闭合。A 指令各参数的含义如下。

- RX,RY 指所有椭圆的半轴大小。
- XROTATION 指椭圆的 X 轴和水平方向顺时针方向的夹角，可以想象成一个水平的椭圆绕中心点顺时针旋转 XROTATION 角度。
- FLAG1 只有两个值，1 表示大角度弧度，0 表示小角度弧度。
- FLAG2 只有两个值，确定从起始点到终点的方向，1 表示顺时针，0 表示逆时针。
- X,Y 为终点坐标。

有以下几点要注意：

- 坐标轴以(0,0)点为中心，X轴水平向右，Y轴水平向下。
- 所有指令大小写均可。大写表示绝对定位，参照全局坐标系；小写表示相对定位，参照父容器坐标系。
- 指令和数据间的空格可以省略。
- 同一指令出现多次可以只用一个。

这些指令虽然不多，但是使用起来却非常困难。然而，我们不必掌握这些指令的具体用法，后面我们会讲述如何在 Android 中引入现有的 SVG 图片和利用 PNG 图片制作 SVG 图片的方法。

2. group 标签

path 标签用于定义可绘图的路径，而 group 标签则用于定义一系列路径或者将 path 标签分组。在静态显示图像时，是单纯使用一个 path 标签实现还是使用一组 path 标签实现并没有什么实质性的区别，其主要应用在动画中。在动画中，我们可以指定每个 path 路径做特定的动画，通过 group 标签则可以将原本由一个 path 路径实现的内容分为多个 path 路径来实现，每个 path 路径可以指定特定的动画，这样一来，效果显示就丰富多彩了。

group 标签的使用非常随意，在 vector 标签下可以同时有一个或多个 group 标签和 path 标签，比如下图所示的用法是允许的。

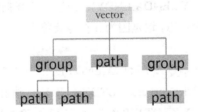

group 标签具有以下常用属性。

- android:name：组的名字，用于与动画相关联。
- android:rotation：指定该组图像的旋转度数。
- android:pivotX：定义缩放和旋转该组时的 X 参考点。该值是相对于 vector 的 viewport 值来指定的。
- android:pivotY：定义缩放和旋转该组时的 Y 参考点。该值是相对于 vector 的 viewport 值来指定的。
- android:scaleX：指定该组 X 轴缩放大小。
- android:scaleY：指定该组 Y 轴缩放大小。
- android:translateX：指定该组沿 X 轴平移的距离。
- android:translateY：指定该组沿 Y 轴平移的距离。

示例：

```
<?xml version="1.0" encoding="utf-8"?>
<vector xmlns:android="http://schemas.android.com/apk/res/android"
    android:width="200dp"
```

```
        android:height="100dp"
        android:viewportWidth="100"
        android:viewportHeight="50"
        >
    <group
            android:rotation="90"
            android:pivotX="50"
            android:pivotY="25">
        <path
            android:name="bar"
            android:pathData="M50,23 L100,23"
            android:strokeWidth="2"
            android:strokeColor="@android:color/darker_gray"
            />
    </group>
</vector>
```

在这个例子中，我们将 path 的水平路径围绕画布中心点旋转 90°，效果如下图所示。

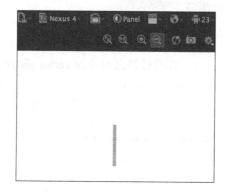

3. 制作 SVG 图像

方法一：设计软件

如果你有绘图基础，则可以直接使用 Illustrator 或在线 SVG 工具制作 SVG 图像（比如 http://editor.method.ac/），或者通过 SVG 源文件下载网站下载后进行编辑。

方法二：Iconfont

Iconfont 是一种比较成熟的 SVG 解决方案，它的原理是：把你想要的矢量图标打包成一个.ttf 文件，在 Android 中应用这个.ttf 文件来方便地加载和指定各种图标。由于是 SVG 图像，所以也不存在屏幕适配问题，可以减少各种图标的占用空间。有关 Iconfont 的使用不在本文的讨论范围内，但通过 Iconfont 公共网站可以下载到每个图标所对应的 SVG 文件。

有很多 Iconfont 开源网站，比如国内的阿里巴巴矢量图库，地址为 http://www.iconfont.cn/，主页如下图所示。

4. 在 Android 中引入 SVG 图像

我们知道，在 Android 中是不支持 SVG 图像解析的，我们必须将 SVG 图像转换为 vector 标签描述，这里同样有两种方法。

方法一：在线转换

这是最简单的方法，当我们有一幅 SVG 图像时，直接将其拖入在线转换网站 http://inloop.github.io/svg2android/，即可转换出对应的 vector 标签代码，如下图所示。

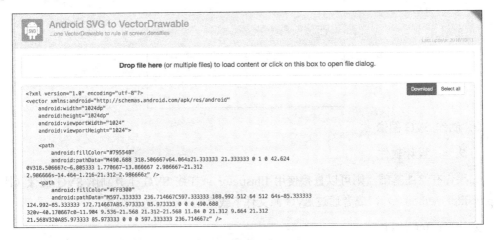

可以选择下载 XML 文件或者仅复制代码。

方法二：通过 Android Studio 引入

从 Android Studio 2.0 的截图中可以看出，在 Android Studio 2.0 及以上版本中支持创建 Vector 文件，如下图所示。

第 5 章 动画进阶

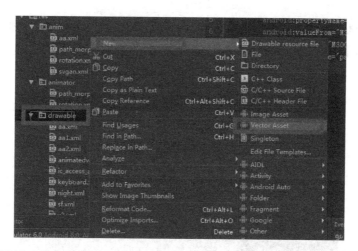

依照如上图所示的步骤，在单击 Vector Asset 之后，就可以生成 Vector 图像了，如下图所示。

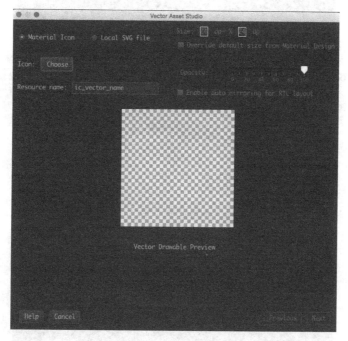

其中，各字段的含义如下。

- Local SVG file：选择本地的 SVG 文件。
- Material Icon：选择 IDE 自带的 SVG 文件。
- Resource name：当前 SVG 文件名称。
- Size：图片大小。
- Override defalut size from Material Design：勾选后替代默认的大小。
- Opactity：调节透明度。
- Enable atuo mirroring for RTL layout：中国的显示习惯是从左向右显示，当出现从右向左显示时，通过 RTL 可以水平翻转图标（镜像显示）。

如果选择 Material Icon 单选按钮，单击 Choose 按钮，则会弹出系统自带的 SVG 图标供我们选择，如下图所示。

如果选择 Local SVG file 单选按钮，则需要导入本地的 SVG 文件，如下图所示。

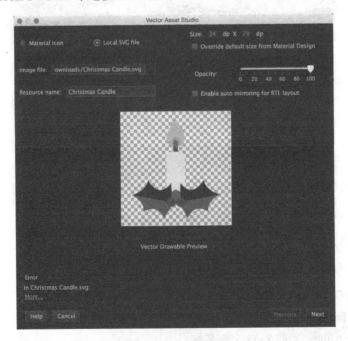

5．示例

下面举例说明如何在 Android 工程中使用 ImageView 显示 SVG 图像。

1）引入兼容包

首先添加对 appcompat 的支持。

```
compile 'com.android.support:appcompat-v7:23.4.0'
```

然后在项目的 build.gradle 脚本中添加对 Vector 兼容性的支持。

使用 Gradle Plugin 2.0 以上版本的代码如下所示：

```
android {
   defaultConfig {
      vectorDrawables.useSupportLibrary = true
   }
}
```

使用 Gradle Plugin 2.0 以下、Gradle Plugin 1.5 以上版本的代码如下所示：

```
android {
  defaultConfig {
   // Stops the Gradle plugin's automatic rasterization of vectors
   generatedDensities = []
  }
  // Flag to tell aapt to keep the attribute ids around
  aaptOptions {
    additionalParameters "--no-version-vectors"
  }
}
```

这种兼容方式实际上是先关闭 AAPT 对 pre-L 版本使用 Vector 的妥协，即在 L 版本以上使用 Vector，而在 pre-L 版本上使用 Gradle 生成相应的 PNG 图片，generatedDensities 数组实际上就是要生成 PNG 图片分辨率的数组。

2）生成 Vector 图像

我们依然使用上面例子中一条横线的 Vector 图像（svg_line.xml）。代码如下：

```
<?xml version="1.0" encoding="utf-8"?>
<vector xmlns:android="http://schemas.android.com/apk/res/android"
        android:width="200dp"
        android:height="100dp"
        android:viewportWidth="100"
        android:viewportHeight="50">
   <path
        android:name="bar"
        android:pathData="M50,23 L100,25"
        android:strokeWidth="2"
        android:strokeColor="@android:color/darker_gray"/>
</vector>
```

3）在 ImageView、ImageButton 中使用

对于 ImageView、ImageButton 这样的控件，要兼容 Vector 图像，只需将之前的 android:src 属性替换成 app:srcCompat 属性即可。

```
<ImageView
        android:id="@+id/iv"
        android:layout_width="wrap_content"
```

```xml
        android:layout_height="wrap_content"
        app:srcCompat="@drawable/svg_line"/>
```

如果需要在代码中设置，则可以这么操作：

```java
ImageView iv = (ImageView) findViewById(R.id.iv);
iv.setImageResource(R.drawable.svg_line);
```

效果如下图所示。

4）在 Button、RadioButton 中使用

Button 并不能直接通过 app:srcCompat 属性来使用 Vector 图像，而需要通过 selector 标签来使用（selector_svg_line.xml）。

```xml
<?xml version="1.0" encoding="utf-8"?>
<selector xmlns:android="http://schemas.android.com/apk/res/android">
    <item android:drawable="@drawable/svg_line" android:state_pressed=
"true"/>
    <item android:drawable="@drawable/svg_line"/>
</selector>
```

使用时也非常简单：

```xml
<Button
        android:id="@+id/btn"
        android:layout_width="70dp"
        android:layout_height="70dp"
        android:background="@drawable/selector_svg_line"/>
```

然而到这里并不能直接运行，因为兼容包还存在一个缺陷，我们需要把下面这段代码放在 Activity 的前面。

```java
public class MainActivity extends AppCompatActivity {
    static {
        AppCompatDelegate.setCompatVectorFromResourcesEnabled(true);
    }
    @Override
    protected void onCreate(Bundle savedInstanceState) {
        ...
    }
}
```

前面提到，23.2.0 版本的 appcompat 包是存在 Bug 的，在 23.4.0 版本中进行了修复。而在修复以后，为了区别旧版，添加了一个标签，这个标签是需要我们手动打开以解决 23.2.0 版本中的问题的。而这里的 static 部分代码就是用来打开这个标签的。

5.2.3 动态 Vector

前面讲述了显示 vector 标签所对应的 SVG 图像的方法，而动态 Vector 所实现的动态 SVG 效果才是 SVG 图像在 Android 应用中的精髓。

要实现 Vector 动画，首先需要 Vector 图像和它所对应的动画。

依然使用上面例子中一条横线的 Vector 图像（drawable/svg_line.xml）。

```
<?xml version="1.0" encoding="utf-8"?>
<vector xmlns:android="http://schemas.android.com/apk/res/android"
      android:width="200dp"
      android:height="100dp"
      android:viewportWidth="100"
      android:viewportHeight="50">
    <path
          android:name="bar"
          android:pathData="M50,23 L100,25"
          android:strokeWidth="2"
          android:strokeColor="@android:color/darker_gray"/>
</vector>
```

然后定义一个 Animator 文件，以表示对这幅 Vector 图像做动画（animator/anim_trim_start.xml）。

```
<?xml version="1.0" encoding="utf-8"?>
<objectAnimator xmlns:android="http://schemas.android.com/apk/res/android"
      android:propertyName="trimPathStart"
      android:valueFrom="0"
      android:valueTo="1"
      android:duration="2000"/>
```

需要注意的是，objectAnimator 所指定的动画是对应 Vector 中的 path 标签的，这里的动画效果是动态改变 path 标签的 trimPathStart 属性值，从 0 变到 1。

这里图像和动画都已经对应好了，下面就想办法把它们关联起来。Android 提供了另一个标签 animated-vector，专门用于将 Vector 图像与动画相关联（drawable/line_animated_vector.xml）。代码如下：

```
<?xml version="1.0" encoding="utf-8"?>
<animated-vector xmlns:android="http://schemas.android.com/apk/res/android"
      android:drawable="@drawable/svg_line">

    <target
          android:name="bar"
          android:animation="@animator/anim_trim_start"
          />
</animated-vector>
```

在上述代码中，首先通过 animated-vector 标签的 android:drawable 属性指定 Vector 图像；然后通过 target 标签将路径与动画相关联，target 标签的 android:name 属性就是指定的 path 标签的 name，它与 Vector 文件中的 path 标签相对应，两者必须相同，代表的就是对哪个 path 标签做动画；最后通过 android:animation 属性来指定这个 path 标签所对应的动画。在 animated-vector 标签中可以有很多个 target 标签，每个 target 标签可以将一个 Path 与 Animator 相关联。

最后在代码中使用：

```
ImageView imageView = (ImageView) findViewById(R.id.iv);
AnimatedVectorDrawableCompat animatedVectorDrawableCompat = AnimatedVectorDrawableCompat.create(
        MainActivity.this, R.drawable.line_animated_vector
);
imageView.setImageDrawable(animatedVectorDrawableCompat);
((Animatable) imageView.getDrawable()).start();
```

效果如下图所示。

扫码看动态效果图

从效果图中可以看出，在开始动画以后，路径从左至右逐渐减小。

5.2.4 示例：输入搜索动画

下面举一个复杂一些的例子来实际使用 SVG 动画。本小节的动画效果如下图所示。当单击输入框时，开始动画。

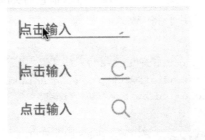

扫码看动态效果图

1. 准备 SVG 图像

首先我们需要准备一幅 SVG 图像，在这幅 SVG 图像中是完整的图像，如下图所示。

对应的 Vector 代码如下（drawable/vector_search_bar.xml）：

```xml
<?xml version="1.0" encoding="utf-8"?>
<vector xmlns:android="http://schemas.android.com/apk/res/android"
    android:width="150dp"
    android:height="24dp"
    android:viewportWidth="150"
    android:viewportHeight="24">

    <!--搜索图形-->
    <path
        android:name="search"
        android:pathData="M141,17 A9,9 0 1,1 142,16 L149,23"
        android:strokeWidth="2"
        android:strokeColor="@android:color/darker_gray"/>

    <!--底部横线-->
    <path
        android:name="bar"
        android:trimPathStart="1"
        android:pathData="M0,23 L149,23"
        android:strokeWidth="2"
        android:strokeColor="@android:color/darker_gray"/>
</vector>
```

它由两部分组成：一部分是最右侧的搜索图形；另一部分是底部横线。

2．准备动画

从效果图中可以看出，这里的动画分为两部分，对于底部横线而言，从左至右逐渐减小，所以是对起始点位置的操作（animator/anim_bar_trim_start.xml）。

```xml
<?xml version="1.0" encoding="utf-8"?>
<objectAnimator
    xmlns:android="http://schemas.android.com/apk/res/android"
    android:propertyName="trimPathStart"
    android:valueFrom="0"
    android:valueTo="1"
    android:valueType="floatType"
    android:duration="500" />
```

而对于搜索图形而言，则从无到有显示出来，所以是对终点位置的操作（animator/anim_search_trim_end.xml）。

```xml
<?xml version="1.0" encoding="utf-8"?>
<objectAnimator xmlns:android="http://schemas.android.com/apk/res/android"
```

```xml
android:duration="500"
android:propertyName="trimPathEnd"
android:valueFrom="0"
android:valueTo="1"
android:valueType="floatType" />
```

通过 animated-vector 标签将 SVG 图像与动画关联起来（drawable/animated_vecotr_search.xml）。

```xml
<?xml version="1.0" encoding="utf-8"?>
<animated-vector xmlns:android="http://schemas.android.com/apk/res/android"
    android:drawable="@drawable/vector_search_bar" >
    <target
        android:animation="@animator/anim_search_trim_end"
        android:name="search"/>
    <target
        android:animation="@animator/anim_bar_trim_start"
        android:name="bar"/>
</animated-vector>
```

3．布局与开始动画

首先来看 Activity 的布局。

```xml
<?xml version="1.0" encoding="utf-8"?>
<FrameLayout
    xmlns:android="http://schemas.android.com/apk/res/android"
    android:orientation="vertical"
    android:layout_width="match_parent"
    android:layout_height="match_parent"
    >
    <EditText
        android:id="@+id/edit"
        android:hint="点击输入"
        android:layout_width="150dp"
        android:layout_height="24dp"
        android:background="@null"/>
    <ImageView
        android:id="@+id/anim_img"
        android:layout_width="150dp"
        android:layout_height="24dp"
        />
</FrameLayout>
```

需要注意的是，这里有两个控件，一个是 EditText，另一个是 ImageView，使用 FrameLayout 标签将它们重叠在同一个位置；EditText 用于输入文字，ImageView 用于做 SVG 动画；当 EditText 获取焦点以后，ImageView 开始动画。

开始动画的代码如下：

```java
protected void onCreate(Bundle savedInstanceState) {
    super.onCreate(savedInstanceState);
```

```java
setContentView(R.layout.svg_edit_search_activity);
final ImageView imageView = (ImageView) findViewById(R.id.anim_img);

//将焦点放在 ImageView 上
imageView.setFocusable(true);
imageView.setFocusableInTouchMode(true);
imageView.requestFocus();
imageView.requestFocusFromTouch();
EditText  editText = (EditText)findViewById(R.id.edit);

//当 EditText 获得焦点时开始动画
editText.setOnFocusChangeListener(new View.OnFocusChangeListener() {
    @Override
    public void onFocusChange(View v, boolean hasFocus) {
        if (hasFocus){

            AnimatedVectorDrawableCompat animatedVectorDrawableCompat =
AnimatedVectorDrawableCompat.create(
                    SearchEditActivity.this, R.drawable.animated_vecotr_search
            );
            imageView.setImageDrawable(animatedVectorDrawableCompat);
            ((Animatable) imageView.getDrawable()).start();
        }
    }
});
}
```

由于 EditText 会默认获得焦点，所以我们首先需要将焦点放在 ImageView 上，然后当用户单击 EditText 的时候，EditText 获得焦点，此时开始动画。

到这里，有关 SVG 动画的知识就讲完了。本节我们着重讲解了如何通过兼容包来实现在 Android 2.1 以上的平台中显示 SVG 图像与使用 SVG 动画的问题。相比 5.0 以上的原生 SVG 支持，兼容包对以下内容是不支持的。

- Path Morphing：路径变换动画，在 Android pre-L 版本下是无法使用的。
- Path Interpolation：路径插值器，在 Android pre-L 版本下只能使用系统的插值器，不能自定义插值器。

绘图篇

前几章我们着重讲了动画的相关知识，除动画以外，绚丽的外表也是自定义控件迷人的特性之一。从这一篇开始，我们将进入绘图的世界。

在绘图篇中，除了最基本的绘图知识的使用，最难理解的便是 Canvas 画布与屏幕的关系、裁剪画布的入栈与出栈的相关知识。当然，有时候我们也会配合矩阵的知识来达到完美的效果。在本书第 11 章中详细讲解了数学中 Matrix 矩阵的相关知识，由于这部分内容太过枯燥，而且难度较大，所以把它完整地放在网上，供大家下载阅读。

从前几章的例子中也可以看出，绘图是自定义控件的基础。从后面的几章中大家将看到单纯通过运用绘图方面的知识就可以实现一些强大的控件效果。

第 6 章

Paint 基本使用

生活就像击剑，要么出击，要么出局，幸运女神总会眷顾拼尽全力的一方！

6.1 硬件加速

6.1.1 概述

GPU 的英文全称为 Graphic Processing Unit，中文翻译为"图形处理器"。与 CPU 不同，GPU 是专门为处理图形任务而产生的芯片。

在 GPU 出现之前，CPU 一直负责所有的运算工作。CPU 的架构是有利于 X86 指令集的串行架构，CPU 从设计思路上适合尽可能快地完成一项任务，但当面对类似多媒体、图形图像处理类型的任务时，就会显得力不从心。因为在多媒体计算中通常要求更高的运算密度、多并发线程和频繁的存储器访问。显然，当你打游戏时，屏幕上的动画是需要实时刷新的，这些都需要频繁的计算、存取动作。如果 CPU 不能及时响应，屏幕就会显得很卡。

为了专门处理多媒体的计算、存储任务，GPU 应运而生。GPU 中自带处理器和存储器，专门用来计算和存储多媒体任务。

对于 Andorid 来讲，在 API 11 之前是没有 GPU 的概念的；在 API 11 之后，在程序集中加入了对 GPU 加速的支持；在 API 14 之后，硬件加速功能是默认开启的。也就是说，在 API 11~13 中虽然支持硬件加速，但这一功能默认是关闭的。我们可以显式地强制在进行图像计算时使用 GPU 而不使用 CPU。

6.1.2 软件绘制与硬件加速的区别

在 CPU 绘制和 GPU 绘制时，在流程上是有区别的。

在基于软件的绘制模型下，CPU 主导绘图，视图按照两个步骤绘制：

- 让 View 层次结构失效。
- 绘制 View 层次结构。

在基于硬件加速的绘制模式下，GPU 主导绘图，视图按照三个步骤绘制：

- 让 View 层次结构失效。
- 记录、更新显示列表。
- 绘制显示列表。

可以看到，在 GPU 加速时，流程中多了一项"记录、更新显示列表"，表示在第一步 View 层次结构失效后，并不是直接开始逐层绘制的，而是首先把这些 View 的绘制函数作为绘制指令记录在一个显示列表中，然后再读取显示列表中的绘制指令，调用 OpenGL 的相关函数完成实际绘制。也就是说，在 GPU 加速时，实际上是使用 OpenGL 的相关函数来完成绘制的。

所以，使用 GPU 加速的优点显而易见：硬件加速提高了 Android 系统显示和刷新的速度。

它的缺点也显而易见：

（1）兼容性问题。由于是将绘制函数转换成 OpenGL 指令来绘制的，所以必然会存在 OpenGL 并不能完全支持原始绘制函数的问题，从而造成在打开 GPU 加速时效果会失效的问题。

（2）内存消耗问题。由于需要 OpenGL 的指令，所以需要把系统中与 OpenGL 相关的包加载到内存中来，而单纯的 OpenGL API 调用会占用 8MB 内存，实际上占用的内存会更大。

（3）电量消耗问题。多使用了一个部件，当然会更耗电。

下图显示了一些特殊函数硬件加速开始支持的平台等级（叉号表示任何平台都不支持，不在列表中的默认从 API 11 开始支持）。

Canvas	First supported API level
drawBitmapMesh() (colors array)	18
drawPicture()	23
drawPosText()	16
drawTextOnPath()	16
drawVertices()	X
setDrawFilter()	16
clipPath()	18
clipRegion()	18
clipRect(Region.Op.XOR)	18
clipRect(Region.Op.Difference)	18
clipRect(Region.Op.ReverseDifference)	18
clipRect() with rotation/perspective	18

Paint	
setAntiAlias() (for text)	18
setAntiAlias() (for lines)	16
setFilterBitmap()	17
setLinearText()	X
setMaskFilter()	X
setPathEffect() (for lines)	X
setRasterizer()	X
setShadowLayer() (other than text)	X
setStrokeCap() (for lines)	18
setStrokeCap() (for points)	19
setSubpixelText()	X
Xfermode	
PorterDuff.Mode.DARKEN (framebuffer)	X
PorterDuff.Mode.LIGHTEN (framebuffer)	X
PorterDuff.Mode.OVERLAY (framebuffer)	X
Shader	
ComposeShader inside ComposeShader	X
Same type shaders inside ComposeShader	X
Local matrix on ComposeShader	18

6.1.3 禁用 GPU 硬件加速的方法

如果你的应用程序运行在 API 14 以上版本上,而你恰好要用那些不支持硬件加速的函数,那该怎么办?

那就只好禁用硬件加速了。针对不同的类型,Android 提供了不同的禁用方法,分 Application、Activity、Window、View 4 个层级。

(1)在 AndroidManifest.xml 文件中为 application 标签添加如下属性,即可为整个应用程序开启/关闭硬件加速。

```
<application android:hardwareAccelerated="true" ...>
```

(2)在 activity 标签下使用 hardwareAccelerated 属性开启或关闭硬件加速。

```
<activity android:hardwareAccelerated="false" />
```

(3)在 Window 层级上使用如下代码开启硬件加速(在 Window 层级上不支持关闭硬件加速):

```
getWindow().setFlags(
WindowManager.LayoutParams.FLAG_HARDWARE_ACCELERATED,
WindowManager.LayoutParams.FLAG_HARDWARE_ACCELERATED);
```

(4)在 View 层级上使用如下代码关闭硬件加速(在 View 层级上不支持开启硬件加速):

```
setLayerType(View.LAYER_TYPE_SOFTWARE, null);
```

或者使用 android:layerType="software" 来关闭硬件加速。

```
<LinearLayout xmlns:android="http://schemas.android.com/apk/res/android"
```

第 6 章 Paint 基本使用

```
android:layout_width="fill_parent"
android:layout_height="fill_parent"
android:orientation="vertical"
android:paddingLeft="2dp"
android:layerType="software"
android:paddingRight="2dp" >
```

6.2 文字

在第 1 章中已经提到文字的常用绘制函数,但是文字的绘制仍有很多注意点,本节详细详解一下与文字相关的绘制方法。

6.2.1 概述

1. 四线格与基线

我们在刚开始学习写字母时,用的本子是四线格的,我们必须把字母按照规则写在四线格内,如下图所示。

在 Canvas 中,在利用 drawText()函数绘制文字时也是有规则的,这个规则就是基线。

先来看一下什么是基线,如下图所示。

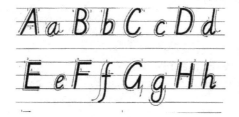

可见,基线就是四线格中的第三条线。也就是说,只要基线的位置确定了,那么文字的位置必然确定了!

2. canvas.drawText()函数

1)canvas.drawText()函数与基线

```
/**
* text:要绘制的文字
* x: 绘制原点 x 坐标
* y: 绘制原点 y 坐标
* paint:用来作画的画笔
*/
public void drawText(String text, float x, float y, Paint paint)
```

上面这个构造函数是最常用的 drawText() 函数，传入一个 String 对象就能画出对应的文字。但这里有两个参数需要非常注意，即表示原点坐标的 x 和 y。很多读者可能会认为，这里传入的原点参数(x,y)是所要绘制的文字所在矩形的左上角点，但实际上并非如此。比如，要绘制 "harvic's blog" 这几个字，这个原点坐标应当是下图中基线开始处所标记出来的小点的位置。

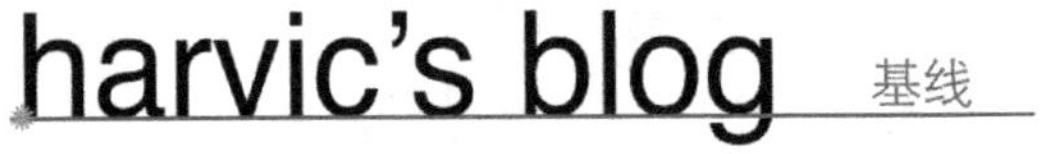

harvic's blog 基线

一般而言，(x,y)代表的位置是所绘图形对应矩形的左上角点。但在 drawText() 函数中例外，y 代表的是基线的位置。

2）示例

比如，我们先自定义一个 View，然后重写 onDraw() 函数，并在其中写一串文字。

```java
protected void onDraw(Canvas canvas) {
    super.onDraw(canvas);

    int baseLineX = 0 ;
    int baseLineY = 200;

    //画基线
    Paint paint = new Paint();
    paint.setColor(Color.RED);
    canvas.drawLine(baseLineX, baseLineY, 3000, baseLineY, paint);

    //写文字
    paint.setColor(Color.GREEN);
    paint.setTextSize(120);  //以 px 为单位
    canvas.drawText("harvic\'s blog", baseLineX, baseLineY, paint);
}
```

首先把点(0,200)所在的这条横线画出来，然后利用 canvas.drawText() 函数以点(0,200)为原点画出文字，最终效果如下图所示。

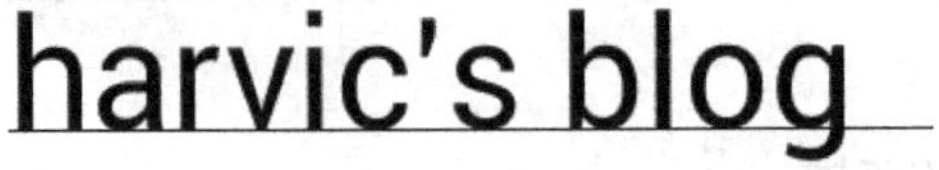

harvic's blog

结论：

- drawText() 函数中的参数 y 是基线的位置。
- 一定要清楚的是，只要 x 坐标、基线位置、文字大小确定，文字的位置也就确定了。

3. paint.setTextAlign() 函数

前面说过，drawText() 函数中的 y 参数表示所要绘制文字的基线所在位置。从上面的例子中可以看到，绘制是从 x 坐标的右边开始的，但这并不是必然的结果。

我们来看一张图，如下图所示。

在 drawText(text, x, y, paint)函数中传入的原点坐标是(x,y)。其中，y 表示基线的位置，那 x 代表什么呢？从上面例子的运行结果来看，应当是文字开始绘制的地方。

并不是！x 代表所要绘制的文字所在矩形的相对位置。相对位置就是指定点(x,y)在所要绘制矩形中的位置。我们知道所绘制矩形的纵坐标是由 y 值来确定的，而相对于 x 坐标，只有左、中、右三个位置。也就是说，所绘制的矩形可能在 x 坐标的左侧，也可能在 x 坐标的中间，还可能在 x 坐标的右侧。而定义 x 坐标在所绘制矩形相对位置的函数如下：

```
/**
* 其中 Align 的取值为 Paint.Align.LEFT、Paint.Align.CENTER、Paint.Align.RIGHT
*/
Paint::setTextAlign(Align align);
```

仍然使用上面的例子，当设置不同的 Align 取值时，效果如下图所示。

Paint.Align.LEFT：

可见，原点(x,y)在矩形的左侧，即矩形从(x,y)点开始绘制。

Paint.Align.CENTER：

可见，原点(x,y)就在所要绘制文字所在矩形区域的正中间。换句话说，系统会根据点(x,y)的位置和文字所在矩形大小计算出当前开始绘制的点，以使原点(x,y)正好在所要绘制矩形的正中间。

Paint.Align.RIGHT：

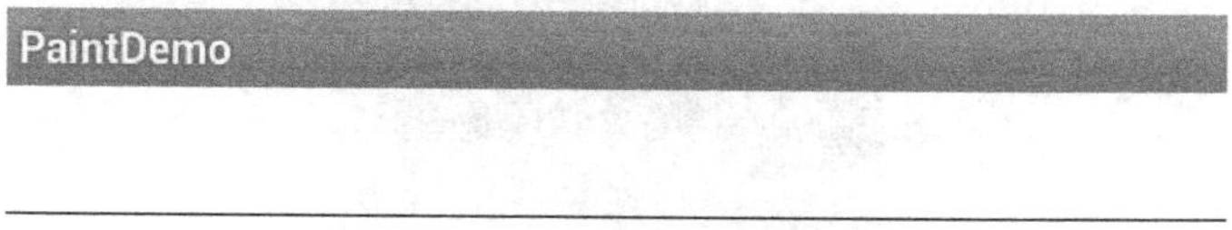

可见,原点(x,y)应当在所要绘制矩形的右侧。在上面的代码中,整个矩形都在点(0,200)的左侧,所以什么都看不到。

4. 注意

这里需要再次强调的是:相对位置是根据所要绘制文字所在矩形来计算的。

比如,只写一个大写字母 A,将其相对位置设置为 Paint.Align.CENTER。

```
paint.setTextAlign(Paint.Align.CENTER);
canvas.drawText("A", baseLineX, baseLineY, paint);
```

效果如下图所示。

6.2.2 绘图四线格与 FontMetrics

1. 文字的绘图四线格

除了基线以外,系统在绘制文字时还有 4 条线,分别是 ascent、descent、top 和 bottom,如下图所示。

扫码看彩色图

- ascent:系统推荐的,在绘制单个字符时,字符应当的最高高度所在线。
- descent:系统推荐的,在绘制单个字符时,字符应当的最低高度所在线。
- top:可绘制的最高高度所在线。
- bottom:可绘制的最低高度所在线。

单从这几个定义中可能还是搞不清这几个值到底是什么含义。我们来看一下电视的显示。用过视频处理工具的读者(比如 Premiere、AE、绘声绘影等)应该知道,在制作视频时,视频显示位置都会有一个安全区域框,如下图所示。

图中，灰色部分表示电视屏幕，白色虚线框表示安全区域框。

这个安全区域框就是系统推荐的显示区域。虽说电视屏幕的每个区域都是可以显示图像的，但由于制式的不同，每个国家的电视屏幕大小并不一定相同，当遇到不一致时就会裁剪。而系统推荐的显示区域无论在哪种制式下都是可以完整显示出来的，所以我们在制作视频时，应尽量把要显示的图像放在系统推荐的显示区域内。

同样，我们在绘制文字时，ascent 是系统推荐的绘制文字的最高高度所在，表示在绘制文字时，要尽量在这个最高高度所在线以下进行绘制；descent 是系统推荐的绘制文字的最低高度所在线，同样表示在绘制文字时，要尽量在这个最低高度所在线以上进行绘制；top 指该文字可以绘制的最高高度所在线；bottom 则表示该文字可以绘制的最低高度所在线。ascent、descent 是系统建议的绘制高度；而 top、bottom 则是物理上屏幕最高、最低可以绘制的高度值。它们的差别与我们上面所说的视频处理的安全区域框和电视屏幕的道理是一样的。

2．FontMetrics

1）FontMetrics 概述

我们知道，基线的位置是在构造 drawText() 函数时由参数 y 来决定的，那 ascent、descent、top、bottom 这些线的位置应该怎么计算出来呢？

Android 给我们提供了一个类：FontMetrics，它里面有 4 个成员变量。

```
FontMetrics::ascent;
FontMetrics::descent;
FontMetrics::top;
FontMetrics::bottom;
```

这 4 个成员变量的含义与值的计算方法分别如下。

- ascent = ascent 线的 y 坐标 − baseline 线的 y 坐标。
- descent = descent 线的 y 坐标 − baseline 线的 y 坐标。
- top = top 线的 y 坐标 − baseline 线的 y 坐标。
- bottom = bottom 线的 y 坐标 − baseline 线的 y 坐标。

我们再来看一张图，如下图所示。

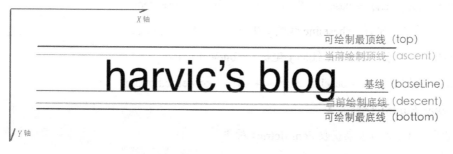

在这张图中，我们先说明两点，然后再回过头来看上面的公式。

- X 轴、Y 轴的正方向走向是 X 轴向右、Y 轴向下，所以越往下 y 坐标越大。
- 千万不要将 FontMetrics 中的 ascent、descent、top、bottom 与现实中的 ascent、descent、

top、bottom 所在线混淆！这几条线是真实存在的，而 FontMetrics 中 ascent、descent、top、bottom 这个变量的值就是用来计算这几条线的位置的。

比如，对于 ascent 变量而言：

ascent = ascent 线的 y 坐标 – baseline 线的 y 坐标

FontMetrics 中这几个变量的值都是以 baseline 为基准的。对于 ascent 来说，baseline 线在 ascent 线之下，所以 baseline 的 y 坐标必然要大于 ascent 线的 y 坐标，ascent 变量的值是负数。

同理，对于 descent 变量而言：

descent = descent 线的 y 坐标 – baseline 线的 y 坐标

descent 线在 baseline 线之下，所以 descent 线的 y 坐标必然要大于 baseline 线的 y 坐标，descent 变量的值必然是正数。

2）得到 Text 四线格的各线位置

下面，我们就来看一下如何通过这些变量来得到对应线所在位置。

先列出一个公式：

ascent 线的 y 坐标 = baseline 线的 y 坐标 + fontMetric.ascent

推算过程如下：

ascent 线的 y 坐标等于 baseline 线的 y 坐标减去从 baseline 线到 ascent 线的这段距离，也就是：

ascent 线的 y 坐标 = baseline 线的 y 坐标 – |fontMetric.ascent|

|fontMetric.ascent|表示取绝对值，因为 fontMetric.ascent 是负值，所以：

ascent 线的 y 坐标 = baseline 线的 y 坐标 – |fontMetric.ascent|

ascent 线的 y 坐标 = baseline 线的 y 坐标 – (–fontMetric.ascent)

ascent 线的 y 坐标 = baseline 线的 y 坐标 + fontMetric.ascent

同理可以得到：

ascent 线的 y 坐标 = baseline 线的 y 坐标 + fontMetric.ascent

descent 线的 y 坐标 = baseline 线的 y 坐标 + fontMetric.descent

top 线的 y 坐标 = baseline 线的 y 坐标 + fontMetric.top

bottom 线的 y 坐标 = baseline 线的 y 坐标 + fontMetric.bottom

3）获取 FontMetrics 对象

一般根据 Paint 对象来获取 FontMetrics 对象。

```
Paint paint = new Paint();
Paint.FontMetrics fm = paint.getFontMetrics();
Paint.FontMetricsInt fmInt = paint.getFontMetricsInt();
```

可以看到，通过 paint.getFontMetrics()函数可以得到对应的 FontMetrics 对象。这里还有一个与 FontMetrics 同样的类，叫作 FontMetricsInt，它的含义与 FontMetrics 完全相同，只是得到的值的类型不一样而已。FontMetricsInt 中 4 个成员变量的值都是 Int 类型的，而 FontMetrics 中 4 个成员变量的值则都是 Float 类型的。

4）示例

下面，我们就举一个例子来看一下如何计算 Text 绘图中各条线的位置。

效果如下图所示。

扫码看彩色图

与上面的例子一样，先把文字写出来。

```
int baseLineY = 200;
int baseLineX = 0 ;

Paint paint = new Paint();

//写文字
paint.setColor(Color.GREEN);
paint.setTextSize(120); //以 px 为单位
paint.setTextAlign(Paint.Align.LEFT);
canvas.drawText("harvic\'s blog", baseLineX, baseLineY, paint);
```

然后计算各线的 y 坐标。

```
Paint.FontMetrics fm = paint.getFontMetrics();
float ascent = baseLineY + fm.ascent;
float descent = baseLineY + fm.descent;
float top = baseLineY + fm.top;
float bottom = baseLineY + fm.bottom;
```

利用 paint.getFontMetrics()函数得到 FontMetrics 实例，然后利用上面的公式即可得到各条线的 y 坐标。

最后利用这些 y 坐标将这些线一条一条地画出来。

```
//画基线
paint.setColor(Color.RED);
canvas.drawLine(baseLineX, baseLineY, 3000, baseLineY, paint);
//画 top
paint.setColor(Color.BLUE);
canvas.drawLine(baseLineX, top, 3000, top, paint);
//画 ascent
paint.setColor(Color.GREEN);
canvas.drawLine(baseLineX, ascent, 3000, ascent, paint);
```

```
//画 descent
paint.setColor(Color.GREEN);
canvas.drawLine(baseLineX, descent, 3000, descent, paint);
//画 bottom
paint.setColor(Color.RED);
canvas.drawLine(baseLineX, bottom, 3000, bottom, paint);
```

6.2.3 常用函数

本小节我们将讲解如何获取所绘制字符串所占区域的高度、宽度和最小矩形。我们通过一张图来讲述一下它们的含义，如下图所示。

在这张图中，文字底部的灰色框就是所绘制字符串所占区域的大小；黑色框部分的宽和高紧紧包裹着字符串，所以黑色框就是我们要求的最小矩形。

1．字符串所占区域的高度和宽度

1）高度

字符串所占区域的高度很容易得到，直接用 bottom 线所在位置的 y 坐标减去 top 线所在位置的 y 坐标即可。

```
Paint.FontMetricsInt fm = paint.getFontMetricsInt();
int top = baseLineY + fm.top;
int bottom = baseLineY + fm.bottom;
//所占区域的高度
int height = bottom - top;
```

2）宽度

宽度也是非常容易得到的，直接利用下面的函数就可以得到。

```
int width = paint.measureText(String text);
```

使用示例如下：

```
Paint paint = new Paint();
paint.setTextSize(120); //以 px 为单位
//获取宽度
int width = (int)paint.measureText("harvic\'s blog");
```

2．最小矩形

1）概述

最小矩形也是通过系统函数来获取的。函数及其含义如下：

```
/**
 * 获取指定字符串所对应的最小矩形，以(0,0)点所在位置为基线
 * @param text    要测量最小矩形的字符串
 * @param start   要测量起始字符在字符串中的索引
 * @param end     所要测量的字符的长度
 * @param bounds  接收测量结果
 */
public void getTextBounds(String text, int start, int end, Rect bounds);
```

示例：

```
String text = "harvic\'s blog";
Paint paint = new Paint();
//设置paint
paint.setTextSize(120);  //以px为单位

Rect minRect = new Rect();
paint.getTextBounds(text,0,text.length(),minRect);
Log.e("qijian",minRect.toShortString());
```

在这段代码中，首先设置字体大小，然后利用 paint.getTextBounds()函数得到最小矩形，最后将其打印出来。

结果如下：

```
com.example.blogDrawText E/qijian : [8,-90] [643,26]
```

可以看到，这个矩形的左上角位置为(8,-90)，右下角位置为(634,26)。

大家可能会有疑问，为什么左上角点的 y 坐标是一个负数？从代码中可以看到，我们并没有给 getTextBounds()函数传递基线位置，那它就是以(0,0)点所在位置为基线来得到这个最小矩形的，所以这个最小矩形的位置就是以(0,0)点所在位置为基线的结果。

2）得到最小矩形的实际位置

我们先来看一张原理图，如下图所示。

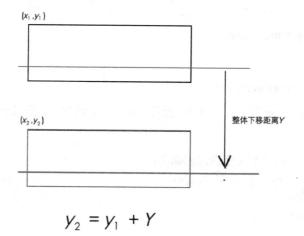

在上面这张图中，我们将黑色矩形平行下移距离 Y，那么平移后的左上角点的 y 坐标就是 $y_2 = y_1 + Y$。

同样的道理，由于 paint.getTextBounds()函数得到最小矩形的基线是 $y = 0$，那么我们直接将这个矩形移动 baseline 的距离，就可以得到这个矩形的实际位置了。

所以，矩形实际位置的坐标如下：

```
Rect minRect = new Rect();
paint.getTextBounds(text,0,text.length(),minRect);
//最小矩形，实际top线的位置
int minTop = bounds.top + baselineY;
//最小矩形，实际bottom线的位置
int minBottom = bounds.bottom + baselineY;
```

6.2.4 示例：定点写字

在实战中我们经常会遇到一个问题：只知道字符矩形的左上角点位置或者中线位置，如何正确地得到基线位置，进而画出字符串呢？这就要用到本节所讲知识点：根据某一位置计算出基线位置。

1. 给定左上角点绘图

假定给出所要绘制矩形的左上角点，然后画出这个文字。先来看一张图片，如下图所示。

在这张图中，我们给定左上角点的位置，即(left,top)。我们知道，要画文字，在 drawText()函数中传入的 y 坐标是基线的位置，所以我们必须根据 top 线的位置计算出 baseline 线的位置。

而我们已经有一个公式：

FontMetrics.top = top − baseline

所以：

baseline = top − FontMetrics.top

因为 FontMetrics.top 是可以得到的，而且 top 坐标是给定的，所以通过这个公式就能得到 baseline 线的位置。

根据矩形左上角点绘制文字的过程如下：

```
String text = "harvic\'s blog";
int top = 200;
int baseLineX = 0 ;

//设置paint
```

```
Paint paint = new Paint();
paint.setTextSize(120); //以px为单位
paint.setTextAlign(Paint.Align.LEFT);

//画top线
paint.setColor(Color.YELLOW);
canvas.drawLine(baseLineX, top, 3000, top, paint);

//计算出baseline线的位置
Paint.FontMetricsInt fm = paint.getFontMetricsInt();
int baseLineY = top - fm.top;

//画基线
paint.setColor(Color.RED);
canvas.drawLine(baseLineX, baseLineY, 3000, baseLineY, paint);

//写文字
paint.setColor(Color.GREEN);
canvas.drawText(text, baseLineX, baseLineY, paint);
```

这段代码比较简单，首先给定top坐标的位置int top = 200，然后根据top线所在位置计算出baseline线所在位置并画出来。

2. 给定中间线位置绘图

加上文字所在矩形的中间线，目前存在下面几条线，如下图所示。

扫码看彩色图

在这张图中，共有4条线：top线、bottom线、baseline线和center线。其中，center线是所占矩形的中线，也正好在top线和bottom线的正中间。

为了方便推导公式，另外标了三个距离 A、B、C。显然，距离 A 和距离 C 是相等的，都等于文字所在矩形高度的一半，即 $A = C = $ (bottom − top)/2。

又因为：

bottom = baseline + FontMetrics.bottom

top = baseline+FontMetrics.top

将这两个公式代入上面的公式，就可得到：

$A = C = $ (FontMetrics.bottom − FontMetrics.top)/2

而距离 B 则表示center线到baseline线的距离。很显然，距离 $B = C − $ (bottom − baseline)。

又因为：

FontMetrics.bottom = bottom−baseline

$C = A$

所以：

$B = A - $ FontMetrics.bottom

从而有：

baseline = center + B

= center + A − FontMetrics.bottom

= center + (FontMetrics.bottom − FontMetrics.top)/2 - FontMetrics.bottom

根据上面的推导过程，我们最终可知，当给定中间线位置以后，baseline 线的位置为：

baseline = center + (FontMetrics.bottom - FontMetrics.top)/2 − FontMetrics.bottom

本节主要讲解了文字绘制的相关知识，有关 6.2.4 节所讲述的定点写字的部分，大家不必刻意去记，在需要时，只需要根据 FontMetrics、最小矩形及各条线的含义，自行推导就可以了。

6.3 Paint 常用函数

6.3.1 基本设置函数

我们先来看一下 Paint 中的基本设置函数都有哪些。

```
reset()
```

重置画笔。

```
setColor(int color)
```

给画笔设置颜色值。

```
setARGB(int a, int r, int g, int b)
```

同样是设置颜色，但是利用 A、R、G、B 分开设置。

```
setAlpha(int a)
```

设置画笔透明度。

```
setStyle(Paint.Style style)
```

设置画笔样式，取值如下。

- Paint.Style.FILL：填充内部。
- Paint.Style.FILL_AND_STROKE：填充内部和描边。
- Paint.Style.STROKE：仅描边。

```
setStrokeWidth(float width)
```

设置画笔宽度。

```
setAntiAlias(boolean aa)
```

设置画笔是否抗锯齿。

```
setStrokeMiter(float miter)
```

设置笔画的倾斜度。90°拿画笔与 30°拿画笔，画出来的线条样式肯定是不一样的。事实证明，该函数并没有太大作用，基本上看不出区别。

```
setPathEffect(PathEffect effect)
```

设置路径样式。取值类型是所有派生自 PathEffect 的子类：ComposePathEffect、CornerPathEffect、DashPathEffect、DiscretePathEffect、PathDashPathEffect、SumPathEffect。能实现复杂的路径效果。各路径效果如下图所示。

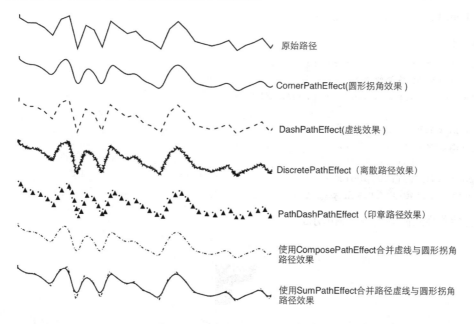

由于篇幅限制且用处不多，有关路径样式的具体用法就不再一一罗列了，有兴趣的读者请参考博客 http://blog.csdn.net/harvic880925/article/details/51010839，里面有详细讲解。

```
setStrokeCap(Paint.Cap cap)
```

设置线帽样式。取值有 Cap.ROUND（圆形线帽）、Cap.SQUARE（方形线帽）、Paint.Cap.BUTT（无线帽）。

使用方法如下：

```
Paint paint = new Paint();
...//Paint 各项初始化
paint.setStrokeCap(Paint.Cap.BUTT);
canvas.drawLine(100,200,400,200,paint);
```

各线帽样式的效果如下图所示。

这块多出来的区域就是线帽

`setStrokeJoin(Paint.Join join)`

设置路径的转角样式。取值有 Join.MITER（结合处为锐角）、Join.ROUND（结合处为圆弧）、Join.BEVEL（结合处为直线）。

使用方法如下：

```
Paint paint = new Paint();
...//Paint 各项初始化
paint.setStrokeJoin(Paint.Join.MITER);

Path path = new Path();
path.moveTo(100,100);
path.lineTo(450,100);
path.lineTo(100,300);
canvas.drawPath(path,paint);
```

各转角样式的效果如下图所示。

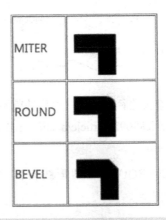

`setDither(boolean dither)`

设置在绘制图像时的抗抖动效果。首先需要理解什么叫作抖动效果。因为在 RGB 模式下只能显示 2^16=65 535 种色彩，因此很多丰富的色彩变化无法呈现。所以，图像颜色在渐变时，会有类似大块马赛克的效果出现，如下图所示。

扫码看彩色图

Android 为了让色彩过渡不那么生硬,于是将相邻像素之间的颜色值进行"中和"以呈现一种更细腻的过渡色,如下图所示。

扫码看彩色图

Android 为我们提供了一个设置抗抖动效果的函数 setDither(boolean dither)。

如果对抗抖动过的图像进行放大,则会发现,它其实在很多相邻像素之间插入了一个"中间值",如下图所示。

扫码看彩色图

6.3.2 字体相关函数

```
setTextSize(float textSize)
```

设置文字大小。

```
setFakeBoldText(boolean fakeBoldText)
```

设置是否为粗体文字。

```
setStrikeThruText(boolean strikeThruText)
```

设置带有删除线效果。

```
setUnderlineText(boolean underlineText)
```

设置下画线。

```
setTextAlign(Paint.Align align)
```

设置开始绘图点位置。

`setTextScaleX(float scaleX)`

设置水平拉伸。

`setTextSkewX(float skewX)`

设置字体水平倾斜度。普通斜体字设置为-0.25，往右倾斜。

`setTypeface(Typeface typeface)`

设置字体样式。

`setLinearText(boolean linearText)`

设置是否打开线性文本标识。文本想要快速绘制出来，必然需要提前缓存在显存中。一般而言，每个文字需要 1 字节来存储（具体需要多少字节与编码方式有关），如果是长篇文章，则所需的大小可想而知。可以通过 setLinearText(true)函数告诉 Android 我们不需要这样的文本缓存。如果我们不用文本缓存，那么虽然能够省去一些内存空间，但这是以牺牲显示速度为代价的。

由于这是 API 1 中的函数，且当时的 Android 手机的内存大小还是很小的，所以尽量减少内存使用是每个应用的头等大事，在当时的环境下这个函数还是很有用的。但在今天，内存大大增加，文本缓存所占的那点内存就微不足道了，没有哪个应用会以牺牲性能来减少这一点内存占用，所以这个函数基本上没用了。

`setSubpixelText(boolean subpixelText)`

表示是否打开亚像素设置来绘制文本。亚像素的概念比较难理解。首先来看像素，比如一部 Android 手机的分辨率是 1280 像素×720 像素，就是指它的屏幕在垂直方向上有 1280 个像素点，在水平方向上有 720 个像素点。由于每个像素点都是一个独立显示一种颜色的个体，所以，如果一张图片在一个屏幕上用了 300×100 个像素点来显示，而在另一个屏幕上却用了 450×150 个像素点来显示，请问在哪个屏幕上的显示更清晰？当然是在第二个屏幕上的显示更清晰，因为它使用的像素点更多，所显示的细节更精细。

Android 手机在出厂时设定的像素显示都是固定的几个范围，如 320×480、480×800、720×1280、1080×1920 等。那么，如何在同样分辨率的显示器中增强显示清晰度呢？

亚像素的概念应运而生。亚像素就是把相邻的两个像素点之间的距离细分，再插入一些像素，这些通过程序加入的像素点就是亚像素。在两个像素点之间插入的像素点个数是通过程序计算出来的，一般情况下会插入两个、三个或四个像素点。

所以，打开亚像素显示功能是可以增强文本显示清晰度的。但由于插入的亚像素个数是通过程序计算而来的，所以会耗费一定的计算机性能。注意：亚像素是通过程序计算出来模拟插入的，在没有改变硬件构造的情况下，用来改善屏幕分辨率大小。

亚像素显示是仅在液晶显示器上使用的一种增强文本显示清晰度的技术。但这种技术有时会出现问题，比如，用投影仪投射到白色墙壁上，会出现文字显示不正常的情况，而且对于老式的 CRT 显示器是根本不支持的。

第 7 章 绘图进阶

为了梦想，行色匆匆，是否会错过眼前的风景？有时也会懊悔，为何当时没能好好享受时光？但如果当时真的跟他人一样，那么是否现在也会跟他人一样羡慕现在的自己？

7.1 贝济埃曲线

7.1.1 概述

在 Path 的系列函数中，除了一些基本的设置和绘图用法外，还有一个强大的工具——贝济埃曲线。它能将利用 moveTo、LineTo 连接的生硬路径变得平滑，也能够实现很多炫酷的效果，比如水波纹等。

1. 贝济埃曲线的来源

贝济埃曲线于 1962 年由法国工程师皮埃尔·贝济埃（Pierre Bézier）所广泛发表，他运用贝济埃曲线来为汽车的主体进行设计。贝济埃曲线最初由 Paul de Casteljau 于 1959 年运用 de Casteljau 算法开发，以稳定数值的方法求出。

在数学的数值分析领域中，贝济埃曲线（Bézier 曲线）是计算机图形学中相当重要的参数曲线。更高维度的广泛化贝济埃曲线就称作贝济埃曲面，其中贝济埃三角是一种特殊的实例。

2. 贝济埃曲线的公式

1）一阶贝济埃曲线

一阶贝济埃曲线的公式如下：

$$B(t)=(1-t)P_0+tP_1, t\in[0,1]$$

对应动画演示如下图所示。

扫码看动态效果图

在这里，P_0 为起始点，P_1 为终点，t 表示当前时间，$B(t)$ 表示公式的结果值。注意：曲线的含义就是随着时间的变化，公式的结果值 $B(t)$ 所形成的轨迹。在动画中，黑色点表示在当前时间 t 下公式 $B(t)$ 的取值；而红色的那条线就表示在各个时间点下不同取值的 $B(t)$ 所形成的轨迹。

总而言之，对于一阶贝济埃曲线，大家可以理解为在由起始点和终点形成的这条直线上匀速移动的点。

2）二阶贝济埃曲线

二阶贝济埃曲线的公式如下：

$$B(t)=(1-t)^2P_0+2t(1-t)P_1+t^2P_2, t\in[0,1]$$

对应动画演示如下图所示。

扫码看动态效果图

在这里，P_0 是起始点，P_2 是终点，P_1 是控制点。

假设将时间定在 $t=0.25$ 的时刻，此时的状态如下图所示。

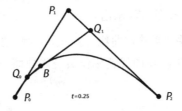

首先，P_0 和 P_1 形成了一条一阶贝济埃曲线，我们讲过，一阶贝济埃曲线就是一个点在这条直线上做匀速运动，所以在 P_0-P_1 这条直线上匀速运动的点就是 Q_0。

其次，P_1 和 P_2 形成了一条一阶贝济埃曲线，在这条一阶贝济埃曲线上，随时间移动的点是 Q_1。

最后，动态点 Q_0 和 Q_1 又形成了一条一阶贝济埃曲线，在这条一阶贝济埃曲线上动态移动的点是 B，而 B 点的移动轨迹就是二阶贝济埃曲线的最终形态。

从上面的讲解中大家也可以知道，之所以称为二阶贝济埃曲线，是因为 B 点的移动轨迹是建立在两条一阶贝济埃曲线的中间点 Q_0 和 Q_1 的基础上的。

3）三阶贝济埃曲线

三阶贝济埃曲线的公式如下：

$$B(t)= P_0(1-t)^3+3P_1t(1-t)^2+3P_2t^2(1-t)+P_3t^3, t\in[0,1]$$

对应动画演示如下图所示。

扫码看动态效果图

同样，我们取其中一点来讲解轨迹的形成原理。当 $t=0.25$ 时，曲线状态如下图所示。

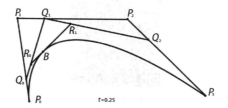

同样，P_0 是起始点，P_3 是终点，P_1 是第一个控制点，P_2 是第二个控制点。

首先，这里有三条一阶贝济埃曲线，分别是 P_0-P_1、P_1-P_2、P_2-P_3，它们随时间变化的点分别为 Q_0、Q_1、Q_2。

然后由 Q_0、Q_1、Q_2 这三个点再次连接，形成两条一阶贝济埃曲线，分别是 Q_0-Q_1、Q_1-Q_2，它们随时间变化的点为 R_0、R_1。同样，R_0 和 R_1 可以连接形成一条一阶贝济埃曲线，在 R_0-R_1 这条贝济埃曲线上随时间移动的点是 B，而 B 点的移动轨迹就是三阶贝济埃曲线的最终形状。

从上面的解析中大家可以看出，所谓几阶贝济埃曲线，全部是由一条条一阶贝济埃曲线搭起来的。在上图中，P_0,P_1,P_2,P_3 形成一阶贝济埃曲线，Q_0,Q_1,Q_2 形成二阶贝济埃曲线，R_0,R_1 形成三阶贝济埃曲线。

在理解了二阶和三阶贝济埃曲线以后，我们再来看四阶和五阶贝济埃曲线的动态效果图。

4）四阶贝济埃曲线

扫码看动态效果图

5）五阶贝济埃曲线

扫码看动态效果图

对于四阶和五阶贝济埃曲线，在 Android 中是用不到的，Path 最多支持到三阶贝济埃曲线，所以对它们的形成原理也就不再介绍了。

3．贝济埃曲线与 Photoshop 钢笔工具

在专业绘图工具 Photoshop 中，有一个钢笔工具，它所使用的路径弯曲效果就是二阶贝济埃曲线，下面利用 Photoshop 的钢笔工具来得出二阶贝济埃曲线的相关控制点。

下面演示一下钢笔工具的用法，如下图所示。

扫码看动态效果图

我们拿最终成形的图形来看一下为什么利用钢笔工具得出的是二阶贝济埃曲线，如下图所示。

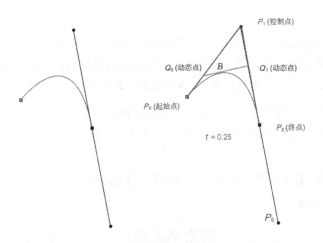

右图演示的是当 $t=0.25$ 时，动态点 B 的位置图。

同样，这里 P_0 是起始点，P_2 是终点，P_1 是控制点。

P_0-P_1、P_1-P_2 形成了第一层的一阶贝济埃曲线，它们随时间变化的动态点分别是 Q_0、Q_1；

动态点 Q_0、Q_1 又形成了第二层的一阶贝济埃曲线，它们的动态点是 B。而 B 点的移动轨迹跟钢笔工具的形状是完全一样的，所以说钢笔工具的拉伸效果使用的是二阶贝济埃曲线。

这里需要注意的是，我们在使用钢笔工具时，拖动的是 P_5 点。其实二阶贝济埃曲线的控制点是 P_1 点，钢笔工具这样设计当然是因为操作起来比较方便。

上面讲解了贝济埃曲线的原理，下面我们一起来看一下在 Android 中如何使用贝济埃曲线。

7.1.2 贝济埃曲线之 quadTo

在 Path 类中有 4 个函数与贝济埃曲线相关，分别如下：

```
//二阶贝济埃曲线
public void quadTo(float x1, float y1, float x2, float y2)
public void rQuadTo(float dx1, float dy1, float dx2, float dy2)
//三阶贝济埃曲线
public void cubicTo(float x1, float y1, float x2, float y2,float x3, float y3)
public void rCubicTo(float x1, float y1, float x2, float y2,float x3, float y3)
```

在这 4 个函数中，quadTo()、rQuadTo() 与二阶贝济埃曲线相关，cubicTo()、rCubicTo() 与三阶贝济埃曲线相关。本书以二阶贝济埃曲线为主，三阶贝济埃曲线的使用方法与二阶贝济埃曲线类似，用处也比较少，就不再详细讲解了。

1. quadTo 使用原理

```
public void quadTo(float x1, float y1, float x2, float y2)
```

参数中，(x1,y1) 是控制点坐标，(x2,y2) 是终点坐标。

大家可能会有一个疑问：有控制点和终点坐标，那起始点坐标是多少呢？

整条线的起始点是通过 Path.moveTo(x,y) 函数来指定的，而如果我们连续调用 quadTo() 函数，那么前一个 quadTo() 函数的终点就是下一个 quadTo() 函数的起始点；如果初始没有调用 Path.moveTo(x,y) 函数来指定起始点，则默认以控件左上角点(0,0)为起始点。大家可能还是有些困惑，下面举一个例子来看看。我们尝试画出如下图所示的一条波浪线。

最关键的是如何确定控制点的位置！前面讲过，Photoshop 中的钢笔工具的拉伸效果使用的是二阶贝济埃曲线，所以我们可以利用钢笔工具模拟画出这条波浪线来辅助确定控制点的位置。

下面分析一下，在这条路径轨迹中，控制点分别在哪个位置，如下图所示。

Android 自定义控件开发入门与实战

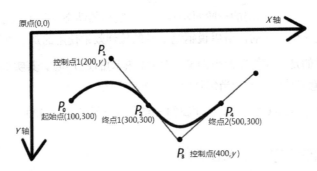

我们先看 P_0-P_2 这条轨迹。P_0 是起始点,假设位置坐标是(100,300);P_2 是终点,假设位置坐标是(300,300)。在以 P_0 为起始点、P_2 为终点的这条二阶贝济埃曲线上,P_1 是控制点,很明显,P_1 大概在 P_0、P_2 中间的位置,所以它的 x 坐标应该是 200;关于 y 坐标,我们无法确定,但很明显的是,P_1 在 P_0、P_2 的上方,也就是它的 y 值比它们的小,所以根据钢笔工具上面的位置,我们让 P_1 的 y 坐标比 P_0、P_2 的 y 坐标小 100,得到 P_1 的坐标是(200,200)。

同理,不难求出,在 P_2-P_4 这条二阶贝济埃曲线上,它们的控制点 P_3 的坐标位置应该是(400,400)。

所以我们就可以自定义一个控件,并重写它的 onDraw()函数。

```
protected void onDraw(Canvas canvas) {
    super.onDraw(canvas);

    Path path = new Path();
    path.moveTo(100,300);
    path.quadTo(200,200,300,300);
    path.quadTo(400,400,500,300);

    canvas.drawPath(path,paint);
}
```

这样就实现了本节开始提到的波浪线效果。需要注意的是,第一个起始点是需要调用 path.moveTo(100,300)函数来指定的,后一个 path.quadTo()函数是以前一个 path.quadTo()函数的终点为起始点的。

所以,一般在使用贝济埃曲线寻找控制点时,如果没有思路,则可以尝试使用 Photoshop 的钢笔工具画图分析。而且在自定义控件的时候,要多跟 UED(视觉设计人员)沟通,如果他们在实现一个效果时使用的是钢笔工具,那么在代码中就可以尝试使用贝济埃曲线来实现。

2. 示例:传统捕捉手势轨迹

要实现手势轨迹其实是非常简单的,只需在自定义控件中拦截 OnTouchEvent,然后根据手指的移动轨迹来绘制 Path 即可。

要实现把手指的移动轨迹连接起来,最简单的方法就是直接调用 Path.lineTo()函数把各个点连接起来。

效果如下图所示。

· 228 ·

第 7 章 绘图进阶

扫码看动态效果图

首先自定义一个控件，命名为 NormalGestureTrackView，在构造函数中初始化相关的参数，比如 Paint 画笔等。

```
public class NormalGestureTrackView extends View {
    private Path mPath = new Path();
    private Paint mPaint;

    public NormalGestureTrackView(Context context, AttributeSet attrs) {
        super(context, attrs);

        mPaint = new Paint();
        mPaint.setColor(Color.BLACK);
        mPaint.setStyle(Paint.Style.STROKE);
        mPaint.setStrokeWidth(5);
    }
    ...
}
```

然后重写 onTouchEvent() 函数，捕捉手势轨迹，调用 Path 的 moveTo() 和 lineTo() 函数将手势经过的点连接起来。

```
public boolean onTouchEvent(MotionEvent event) {
    switch (event.getAction()){
        case MotionEvent.ACTION_DOWN: {
            mPath.moveTo(event.getX(), event.getY());
            return true;
        }
        case MotionEvent.ACTION_MOVE:
            mPath.lineTo(event.getX(), event.getY());
            postInvalidate();
            break;
        default:
            break;
    }
    return super.onTouchEvent(event);
}
```

这里有两个地方需要注意。

第一，有关在 case MotionEvent.ACTION_DOWN 时返回 true 的问题。返回 true 表示当前控件已经消费了下按动作，之后的 ACTION_MOVE、ACTION_UP 动作也会继续传递到当前控件中；如果在 case MotionEvent.ACTION_DOWN 时返回 false，那么后续的 ACTION_MOVE、ACTION_UP 动作就不会再传递到这个控件中。

第二，这里重绘控件使用的是 postInvalidate()函数，也可以使用 Invalidate()函数。这两个函数的作用都是重绘控件，区别是 Invalidate()函数一定要在主线程中执行，否则会报错；而 postInvalidate()函数则没有那么多讲究，它可以在任何线程中执行，而不必一定是主线程。其实，在 postInvalidate()函数中就是利用 handler 给主线程发送刷新界面的消息来实现的，所以它可以在任何线程中执行而不会出错。而正因为它是通过发送消息来实现的，所以它的界面刷新速度可能没有直接调用 Invalidate()函数那么快。

所以，在确定当前线程是主线程的情况下，还是以使用 Invalidate()函数为主；当不确定当前要刷新界面的位置所处的线程是不是主线程的时候，还是使用 postInvalidate()函数为好。因为 onTouchEvent()函数本来就是应用在主线程中的，所以使用 Invalidate()函数更为合适。

最后重写 onDraw()函数，在每次重绘时，都将 Path 画出来。

```
protected void onDraw(Canvas canvas) {
    super.onDraw(canvas);
    canvas.drawColor(Color.WHITE);
    canvas.drawPath(mPath,mPaint);
}
```

这样虽然简单地实现了手势轨迹的追踪，但是仔细查看就会发现问题（截取字母 S 的上部分图像），如下图所示。

我们把画出来的 S 放大，可以明显看出，在两点连接处有明显的转折，而且在 S 顶部横、纵坐标变化比较快的位置，看起来跟图片放大后的马赛克效果一样。然而利用 Path 绘图是不可能出现马赛克现象的，因为除位图以外的任何 Canvas 绘图都是矢量图，也就是利用数学公式作出来的图，无论如何放大，都是不可能出现马赛克现象的。而这里之所以看起来像马赛克效果，是因为曲线是由各个不同点之间连接而成的，而线与线之间并没有平滑过渡，所以当坐标变化比较剧烈时，线与线之间的转折就显得特别明显。

要想优化这种效果，就得实现线与线之间的平滑过渡，很明显，可以使用二阶贝济埃曲线来实现。

3．优化：使用 quadTo()函数实现手势过渡

使用 Path.lineTo()函数的最大问题就是线段转折处不够平滑。使用 Path.quadTo()函数可以实现平滑过渡，但最大的问题是如何找到起始点和终点。

在下图中，由三个点连成两条直线，很明显，这利用的是 Path.moveTo()和 Path.lineTo()函数的连接方式，转折处是有明显折痕的。

第 7 章 绘图进阶

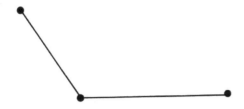

下面我们在 Photoshop 中利用钢笔工具实现这两条线之间的转折，如下图所示。

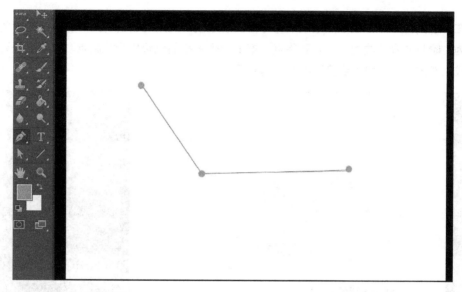

最终的贝济埃曲线连接如下图所示。

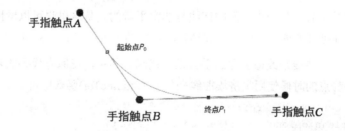

从这两条线段中可以看出，我们在使用 Path.lineTo()函数的时候，直接把手指触点 A、B、C 连接起来。而钢笔工具要实现这三个点之间的流畅过渡，就只能将这两条线段的中间点作为起始点和终点，而将手指的倒数第二个触点 B 作为控制点。

这样做，在结束的时候，A 到 P_0 和 P_1 到 C 的距离岂不是没画进去？是的，如果 Path 最终没有闭合，那么这两段距离是被抛弃的。因为手指在滑动时，每两个点之间的距离很小，所以 P_1 到 C 的距离可以忽略不计。

下面我们就利用这种方法在 Photoshop 中求证在连接多条线段时是否能行。来看下面的图形。

在上述图形中，由很多点连成了弯弯曲曲的线段，利用上面所讲的，将两条线段的中间点作为二阶贝尔赛曲线的起始点和终点，把上一个手指的位置作为控制点，来看看是否真的能组成平滑的连线。整个连接过程如下图所示。

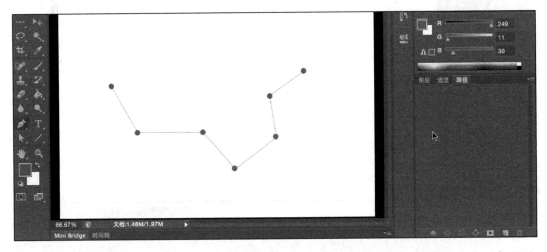

从最终的路径来看，各个点之间的连线是非常平滑的。从这里也可以看出，为了实现平滑效果，我们只能把开始的线段的一半和结束的线段的一半抛弃。

下面使用贝济埃曲线来改造上面的手势跟踪代码。其实，在原有代码的基础上，我们只需要在连接各手势点的时候使用贝济埃曲线来代替 Path.lineTo()函数即可。

```
private float mPreX,mPreY;
public boolean onTouchEvent(MotionEvent event) {
    switch (event.getAction()){
        case MotionEvent.ACTION_DOWN:{
            mPath.moveTo(event.getX(),event.getY());
            mPreX = event.getX();
            mPreY = event.getY();
            return true;
        }
        case MotionEvent.ACTION_MOVE:{
            float endX = (mPreX+event.getX())/2;
            float endY = (mPreY+event.getY())/2;
            mPath.quadTo(mPreX,mPreY,endX,endY);
            mPreX = event.getX();
```

第 7 章 绘图进阶

```
            mPreY =event.getY();
            invalidate();
        }
        break;
        default:
            break;
    }
    return super.onTouchEvent(event);
}
```

当接收到 ACTION_DOWN 消息的时候，利用 mPath.moveTo(event.getX(),event.getY())函数将 Path 的初始位置设置到手指的触点处。如果不调用 mPath.moveTo()函数，则默认是从点(0,0)开始的。然后定义两个变量 mPreX,mPreY 来表示手指的前一个点。通过上面的分析知道，这个点是用来做控制点的。最后返回 true，让 ACTION_MOVE、ACTION_UP 事件继续向这个控件传递。

当接收到 ACTION_MOVE 消息的时候，需要先找到当前手指所在位置要绘制贝济埃曲线的终点，我们说过，终点是这条线段的中间位置，所以很容易求出它的坐标 endX,endY；控制点是上一个手指位置，即 mPreX,mPreY；起始点就是上一条线段的中间点。这样一来就与钢笔工具的绘制过程完全对应了：把各条线段的中间点作为起始点和终点，把终点前一个手指位置作为控制点。

改造后的效果如下图所示。

扫码看动态效果图

放大后的对比图如下图所示。

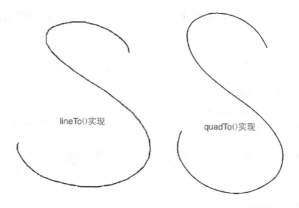

从对比图中可以明显看出，通过 quadTo()函数实现的曲线更顺滑。

7.1.3 贝济埃曲线之 rQuadTo

1. 概述

rQuadTo()函数的声明如下：

```
public void rQuadTo(float dx1, float dy1, float dx2, float dy2)
```

参数：

- dx1：控制点 *x* 坐标，表示相对上一个终点 *x* 坐标的位移坐标。可为负值，正值表示相加，负值表示相减。
- dy1：控制点 *y* 坐标，表示相对上一个终点 *y* 坐标的位移坐标。同样可为负值，正值表示相加，负值表示相减。
- dx2：终点 *x* 坐标，同样是一个相对坐标，表示相对上一个终点 *x* 坐标的位移值。可为负值，正值表示相加，负值表示相减。
- dy2：终点 *y* 坐标，同样是一个相对坐标，表示相对上一个终点 *y* 坐标的位移值。可为负值，正值表示相加，负值表示相减。

这 4 个参数传递的都是相对值，即相对上一个终点的位移值。

比如，上一个终点坐标是(300,400)，那么利用 rQuadTo(100,-100,200,100);得到的控制点坐标是(300+100,400-100)，即(400,300)；同样，得到的终点坐标是(300+200,400+100)，即(500,500)。

比如，利用 quadTo()函数定义一个绝对坐标：

```
path.moveTo(300,400);
path.quadTo(500,300,500,500);
```

与下面利用 rQuadTo()函数定义相对坐标是等价的：

```
path.moveTo(300,400);
path.rQuadTo(200,-100,200,100);
```

2. 使用 rQuadTo()函数实现波浪线

下面，我们试着使用 rQuadTo()函数来实现 7.1.2 节中所实现的波浪线。在 7.1.2 节中的实现代码为：

```
Path path = new Path();
path.moveTo(100,300);
path.quadTo(200,200,300,300);
path.quadTo(400,400,500,300);
canvas.drawPath(path,paint);
```

将它转换为 rQuadTo()函数实现，代码如下：

```
Path path = new Path();
path.moveTo(100,300);
path.rQuadTo(100,-100,200,0);
path.rQuadTo(100,100,200,0);
canvas.drawPath(path,paint);
```

第一句：因为 path.rQuadTo(100,-100,200,0);是在点(100,300)的基础上来计算相对坐标的，所以，

控制点 *x* 坐标=上一个终点 *x* 坐标+控制点 *x* 位移 = 100+100=200；

控制点 *y* 坐标=上一个终点 *y* 坐标+控制点 *y* 位移 = 300-100=200；

终点 *x* 坐标=上一个终点 *x* 坐标+终点 *x* 位移 = 100+200=300；

终点 *y* 坐标=上一个终点 *y* 坐标+终点 *y* 位移 = 300+0=300。

这一句与 path.quadTo(200,200,300,300);是对等的。

第二句：因为 path.rQuadTo(100,100,200,0);是在它的前一个终点即点(300,300)的基础上来计算相对坐标的，所以，

控制点 *x* 坐标=上一个终点 *x* 坐标+控制点 *x* 位移 = 300+100=400；

控制点 *y* 坐标=上一个终点 *y* 坐标+控制点 *y* 位移 = 300+100=400；

终点 *x* 坐标=上一个终点 *x* 坐标+终点 *x* 位移 = 300+200=500；

终点 *y* 坐标=上一个终点 *y* 坐标+终点 *y* 位移 = 300+0=300。

这一句与 path.quadTo(400,400,500,300);是对等的。

最终效果也是一样的。

通过这个例子，只想让大家明白一点：rQuadTo(float dx1, float dy1, float dx2, float dy2)函数中的位移坐标都是以上一个终点位置为基准来进行偏移的。

7.1.4 示例：波浪效果

本小节所实现的效果如下图所示。

扫码看动态效果图

1．实现全屏波纹

抛开动画效果，我们先来看如何实现一整屏的波纹效果。其实在前面我们已经实现了一

个波形，只要我们再多实现几个波形，就可以覆盖整个屏幕了。

首先，在构造函数中，初始化一些必要的变量。

```java
public class AnimWaveView extends View {
    private Paint mPaint;
    private Path mPath;
    private int mItemWaveLength = 1200;
    private int dx;
    public AnimWaveView(Context context, AttributeSet attrs) {
        super(context, attrs);
        mPath = new Path();
        mPaint = new Paint();
        mPaint.setColor(Color.GREEN);
        mPaint.setStyle(Paint.Style.FILL);
    }
    ...
}
```

在构造 Paint 时，需要把它改为填充模式。

然后在 onDraw()函数中整屏画满波形。

```java
protected void onDraw(Canvas canvas) {
    super.onDraw(canvas);
    mPath.reset();
    int originY = 300;
    int halfWaveLen = mItemWaveLength/2;
    mPath.moveTo(-mItemWaveLength,originY);
    for (int i = -mItemWaveLength;i<=getWidth()+mItemWaveLength;i+=mItemWaveLength){
        mPath.rQuadTo(halfWaveLen/2,-100,halfWaveLen,0);
        mPath.rQuadTo(halfWaveLen/2,100,halfWaveLen,0);
    }
    canvas.drawPath(mPath,mPaint);
}
```

在上述代码中，mPath.moveTo(-mItemWaveLength,originY)用于将 mPath 的起始位置向左移动一个波长。这一步其实是为了后面的动画做准备，这里可以先不用考虑为什么。

我们利用 for 循环画出当前屏幕中可以容得下的所有波形，mPath.rQuadTo(halfWaveLen/2, -100,halfWaveLen,0) 画的是一个波长中的前半个波，mPath.rQuadTo(halfWaveLen/2,100, halfWaveLen,0)画的是一个波长中的后半个波。在这里可以看到，屏幕左右都多画了一个波长的图形，这是为了波形移动做准备的。到这里，我们已经能画出一整屏的波形了，最后把整体波形闭合起来。

下图中黑线所标出的区域就是利用 lineTo()函数闭合的区域，屏幕两边多出的波形在闭合以后是看不到的。

第 7 章 绘图进阶

2. 实现移动动画

让波纹动起来其实很简单,在调用 path.moveTo()函数的时候,将起始点向右移动即可实现。而且只要我们移动一个波长的长度,波纹就会重合,就可以实现无限循环。

为此,我们定义一个动画。

```
public void startAnim(){
    ValueAnimator animator = ValueAnimator.ofInt(0,mItemWaveLength);
    animator.setDuration(2000);
    animator.setRepeatCount(ValueAnimator.INFINITE);
    animator.setInterpolator(new LinearInterpolator());
    animator.addUpdateListener(new ValueAnimator.AnimatorUpdateListener() {
        @Override
        public void onAnimationUpdate(ValueAnimator animation) {
            dx = (int)animation.getAnimatedValue();
            postInvalidate();
        }
    });
    animator.start();
}
```

动画的长度为一个波长,将当前值保存在类的成员变量 dx 中。

在初始化的时候开始动画。

```
public AnimWaveView(Context context, AttributeSet attrs) {
    super(context, attrs);
    //初始化 Paint,省略
    ...
    startAnim();
}
```

在画图的时候,只需要在 path.moveTo()函数中加上现在的移动值即可。

```
dx:mPath.moveTo(-mItemWaveLength+dx,originY)
```

完整的绘图代码如下:

```
protected void onDraw(Canvas canvas) {
    super.onDraw(canvas);
    mPath.reset();
    int originY = 300;
    int halfWaveLen = mItemWaveLength/2;
    mPath.moveTo(-mItemWaveLength+dx,originY);
    for (int i = -mItemWaveLength;i<=getWidth()+mItemWaveLength;i+=mItemWaveLength){
        mPath.rQuadTo(halfWaveLen/2,-100,halfWaveLen,0);
```

```
            mPath.rQuadTo(halfWaveLen/2,100,halfWaveLen,0);
        }
        mPath.lineTo(getWidth(),getHeight());
        mPath.lineTo(0,getHeight());
        mPath.close();

        canvas.drawPath(mPath,mPaint);
    }
```

这样，当 View 被创建时就自动开始做波浪动画了。到这里，有关贝济埃曲线的内容就结束了，我们可以通过调整波长大小来调节波形的显示效果。

7.2　setShadowLayer 与阴影效果

如果需要给按钮添加阴影效果，那么很多读者会想到通过使用 layer-list 标签设置多个图层叠加来实现阴影效果。但如果我们需要给图片或者文字添加阴影效果呢？这种方法显然是不可行的。庆幸的是，Android 专门开发了一个添加阴影效果的函数 setShadowLayer()，其所能实现的效果如下图所示。

从效果图中可以看出，setShadowLayer()函数能够实现如下效果：
- 定制阴影模糊程度。
- 定制阴影偏移距离。
- 清除和显示阴影。

7.2.1　setShadowLayer()构造函数

1. 概述

构造函数如下：

```
public void setShadowLayer(float radius, float dx, float dy, int color)
```

参数：
- float radius：模糊半径，radius 越大越模糊、越小越清晰。如果 radius 设置为 0，则阴影消失不见。
- float dx：阴影的横向偏移距离，正值向右偏移，负值向左偏移。

- float dy：阴影的纵向偏移距离，正值向下偏移，负值向上偏移。
- int color：绘制阴影的画笔颜色，即阴影的颜色（对图片阴影无效）。

setShadowLayer()函数使用的是高斯模糊算法。高斯模糊的具体算法是：对于正在处理的每一个像素，取周围若干个像素的 RGB 值并且平均，这个平均值就是模糊处理过的像素。如果对图片中的所有像素都这么处理，那么处理完成的图片就会变得模糊。其中，所取周围像素的半径就是模糊半径。所以，模糊半径越大，所得平均像素与原始像素相差就越大，也就越模糊。

绘制阴影的画笔颜色为什么对图片无效？

从上面的效果图中可以看出，使用 setShadowLayer()函数所产生的阴影，文字和绘制的图形的阴影都是使用自定义的阴影画笔颜色来绘制的；而图片的阴影则是直接产生一张相同的图片，仅对阴影图片的边缘进行模糊。之所以生成一张相同的阴影图片，是因为如果统一使用某种颜色来绘制阴影，则可能会与图片的颜色相差很大，而且不协调，比如某张图片的色彩非常丰富，而阴影如果使用灰色来做，可能就会显得很突兀。为了解决这个问题，针对图片的阴影就不再统一颜色了，而是复制出这张图片，把复制出来的图片的边缘进行模糊，作为阴影。但这样做又会引发一个问题：如果我们只想将图片阴影做成灰色怎么办？使用 setShadowLayer()函数自动生成阴影是没办法了，在 7.3 节中将具体讲述如何给图片添加纯色阴影。

注意：setShadowLayer()函数只有文字绘制阴影支持硬件加速，其他都不支持硬件加速。所以，为了方便起见，需要在自定义控件中禁用硬件加速。

2．示例

本示例将完成如下图所示的效果。

首先创建一个自定义控件，然后初始化必要的参数。

```
public class ShadowLayerView extends View {
    private Paint mPaint = new Paint();
    private Bitmap mDogBmp;
    public ShadowLayerView(Context context, AttributeSet attrs) {
        super(context, attrs);
        setLayerType( LAYER_TYPE_SOFTWARE , null);
        mPaint.setColor(Color.BLACK);
        mPaint.setTextSize(25);
        mPaint.setShadowLayer(1, 10, 10, Color.GRAY);
        mDogBmp = BitmapFactory.decodeResource(getResources(), R.drawable.dog);
```

```
        }
        ...
    }
```

这里禁用了硬件加速，将画笔颜色设置为黑色，利用 mPaint.setShadowLayer()函数将阴影设置为灰色。同时，由于需要画出图片，所以需要先将图片加载到内存中。

最后，在绘图时，将所有内容绘制出来即可。

```
protected void onDraw(Canvas canvas) {
    super.onDraw(canvas);

    canvas.drawColor(Color.WHITE);
    canvas.drawText("启舰",100,100,mPaint);
    canvas.drawCircle(300,100,50,mPaint);
    canvas.drawBitmap(mDogBmp,null,new Rect(500,50,500+mDogBmp.getWidth(),
50+mDogBmp.getHeight()),mPaint);
}
```

从效果图中也可以看出，文字和绘制的图形的阴影都是灰色的，而图片的阴影不是灰色的，所以 Paint.setShadowLayer()函数所指定的颜色对图片是不起作用的。

3. setShadowLayer()函数各参数的含义

下图展示了分别增加 setShadowLayer()函数中各个参数值时的效果变化。

扫码看动态效果图

经过效果图演示，setShadowLayer()函数各参数的含义就很容易理解了。但是这里有两点需要注意：

- 图片的阴影是不受阴影画笔颜色影响的，它是一张图片的副本。
- 无论是图片还是图形，模糊时，仅模糊边界部分，随着模糊半径的增大，向内、向外延伸。这个问题其实很好理解，由于模糊半径增大，高斯模糊向周边取值的范围在增大，所以向内、向外延伸的距离就会增大。

7.2.2 清除阴影

清除阴影其实有两种方法，可以将 setShadowLayer()函数的 radius 参数值设为 0，也可以使用专门的清除阴影的函数。该函数的声明如下：

```
public void clearShadowLayer()
```

使用方法很简单，只需要在重绘时，直接调用 Paint.clearShadowLayer()函数即可清除原来设置的阴影效果。

效果为：当单击 showShadow 按钮时，显示阴影；当单击 clearShadow 按钮时，清除阴影。

扫码看动态效果图

首先，在 7.2.1 节示例的基础上，需要给自定义控件 ShadowLayerView 添加一个变量 mSetShadow，用于表示当前是否显示阴影。

然后添加一个 set 函数，用于在外部设置 mSetShadow 的值。

```
public void setShadow(boolean showShadow){
    mSetShadow = showShadow;
    postInvalidate();
}
```

在设置了新值以后就直接重绘，在重绘代码中，根据 mSetShadow 的值来决定是显示阴影还是清除阴影。

```
protected void onDraw(Canvas canvas) {
    super.onDraw(canvas);
    if (mSetShadow) {
        mPaint.setShadowLayer(mRadius, mDx, mDy, Color.GRAY);
    }else {
        mPaint.clearShadowLayer();
    }
    canvas.drawText("启舰",100,100,mPaint);
    canvas.drawCircle(200,200,50,mPaint);
    canvas.drawBitmap(mDogBmp,null,new Rect(200,300,200+mDogBmp.getWidth(),
300+mDogBmp.getHeight()),mPaint);
}
```

最后，在 MainActivity 中，当单击 showShadow 按钮时，将 mSetShadow 设置为 true，显示阴影；当单击 clearShadow 按钮时，将 mSetShadow 设置为 false，清除阴影。

```
public class MainActivty extends Activity implements View.OnClickListener {
    private ShadowLayerView mShadowLayerView;
    @Override
    public void onCreate(Bundle savedInstanceState) {
        super.onCreate(savedInstanceState);
        setContentView(R.layout.main_activity);
        mShadowLayerView = (ShadowLayerView)findViewById(R.id.shadowlayerview);
        findViewById(R.id.clear_btn).setOnClickListener(new View.OnClickListener() {
            @Override
            public void onClick(View v) {
                mShadowLayerView.setShadow(false);
            }
```

```
        });
        findViewById(R.id.show_btn).setOnClickListener(new View.OnClickListener() {
            @Override
            public void onClick(View v) {
                mShadowLayerView.setShadow(true);
            }
        });
    }
}
```

7.2.3 示例：给文字添加阴影

本小节所完成的阴影效果如下图所示。

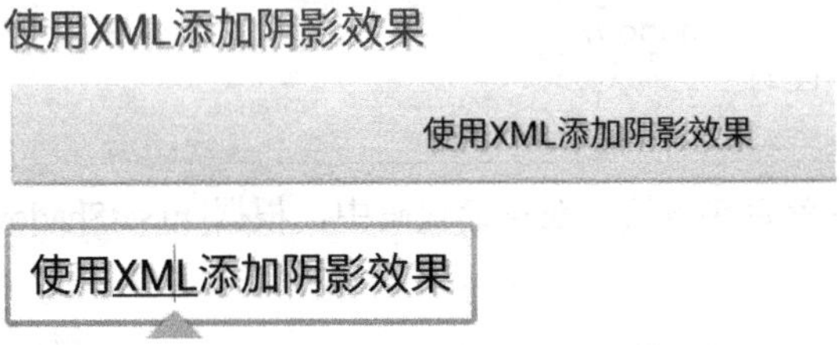

扫码看动态效果图

从图中可以看到，TextView、EditText、Button 中的文字自动添加了阴影。而且对于 EditText 而言，新输入的文字依然有阴影效果。

setShadowLayer()是在 API 1 时引入的函数，而且添加了 TextView 类和 TextView 的派生类来支持阴影设置。TextView 的派生类如下图所示。

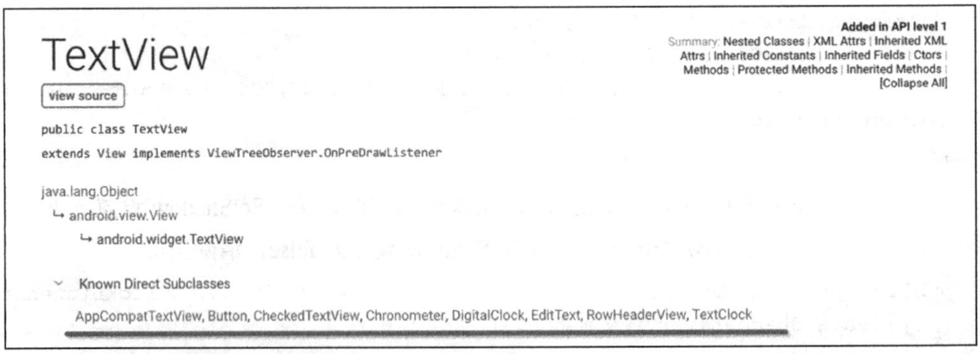

1. 通过 XML 属性添加阴影

我们可以通过下面的 XML 属性来添加阴影。

```
<TextView
    ...
    android:shadowRadius="3"
    android:shadowDx="5"
    android:shadowDy="5"
    android:shadowColor="@android:color/darker_gray"/>
```

这几个属性明显是对应 setShadowLayer()函数的几个参数的，但这几个属性只有 TextView

及其派生类才会有，其他类是没有的。

2. 通过代码添加阴影

TextView 及其派生类都有一个 Paint.setShadowLayer 的同名函数，如下：

```
public void setShadowLayer(float radius, float dx, float dy, int color)
```

通过该函数就可以很容易地实现 TextView 及其派生类的阴影。使用示例如下：

```
TextView tv = (TextView)findViewById(R.id.tv);
tv.setShadowLayer(2,5,5, Color.GRAY);
```

7.3 BlurMaskFilter 发光效果与图片阴影

上一节讲述了如何给控件添加阴影效果，其实与阴影效果类似的还有一个发光效果，如下图所示。

扫码看彩色图

在这张效果图中涉及三个发光效果：文字、图形和位图。

从最后一张小狗位图所形成的发光效果中可以看到，与 setShadowLayer()函数一样，发光效果也只会影响边缘部分图像，内部图像是不受影响的。

从第三幅图像（红绿各一半的位图）中可以看到，发光效果是无法指定发光颜色的，采用边缘部分的颜色取样来进行模糊发光。所以，边缘是什么颜色的，发出的光就是什么颜色的。

我们对发光效果有如下结论：

- 与 setShadowLayer()函数一样，发光效果使用的也是高斯模糊算法，并且只会影响边缘部分图像，内部图像是不受影响的。
- 发光效果是无法指定发光颜色的，采用边缘部分的颜色取样来进行模糊发光。所以，边缘是什么颜色的，发出的光就是什么颜色的。

7.3.1 概述

1. setMaskFilter()函数的简单使用

setMaskFilter()函数的声明如下：

```
public MaskFilter setMaskFilter(MaskFilter maskfilter)
```

setMaskFilter()函数中的 MaskFilter 是没有具体实现的,是通过派生子类来实现具体的不同功能的。MaskFilter 有两个派生类:BlurMaskFilter 和 EmbossMaskFilter。其中,BlurMaskFilter 能够实现发光效果;而 EmbossMaskFilter 则可以用于实现浮雕效果,用处很少,这里就不再讲解了。另一点需要注意的是,setMaskFilter()函数是不支持硬件加速的,必须关闭硬件加速才可以。

BlurMaskFilter 的构造函数如下:

```
public BlurMaskFilter(float radius, Blur style)
```

参数:

- float radius:用来定义模糊半径,同样采用高斯模糊算法。
- Blur style:发光样式,有 Blur.INNER(内发光)、Blur.SOLID(外发光)、Blur.NORMAL(内外发光)、Blur.OUTER(仅显示发光效果)4 种样式。

下面举例展示用法,代码如下:

```
public class BlurMaskFilterView extends View {
    private Paint mPaint;
    public BlurMaskFilterView(Context context, AttributeSet attrs) {
        super(context, attrs);
        setLayerType(LAYER_TYPE_SOFTWARE,null);
        mPaint = new Paint();
        mPaint.setColor(Color.BLACK);
        mPaint.setMaskFilter(new BlurMaskFilter(50, BlurMaskFilter.Blur.INNER));
    }

    @Override
    protected void onDraw(Canvas canvas) {
        super.onDraw(canvas);
        canvas.drawCircle(200,200,100,mPaint);
    }
}
```

代码非常简单,只需要通过 mPaint 实例调用 setMaskFilter()函数,对 BlurMaskFilter 的实例进行设置就可以了。这里使用的是内发光模式。效果如下图所示。

2. BlurStyle 发光效果

BlurStyle 发光效果分别如下图所示。

第 7 章 绘图进阶

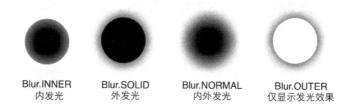

Blur.INNER　　Blur.SOLID　　Blur.NORMAL　　Blur.OUTER
内发光　　　　外发光　　　　内外发光　　　　仅显示发光效果

其中，Blur.OUTER 比较特殊，在这种模式下仅显示发光效果，会把原图像中除发光部分外的其他部分全部变为透明。

7.3.2 给图片添加纯色阴影

大家是否可以看出发光效果与 setShadowLayer()函数所生成的阴影之间有什么联系吗？

先来分析一下 setShadowLayer()函数的阴影形成过程（假定阴影画笔是灰色的）。对于文字和图形，首先产生一个跟原型一样的灰色副本；然后对这个灰色副本应用 BlurMaskFilter，使其内外发光；最后偏移一段距离，这样就形成了所谓的阴影。

所以，我们要给图片添加灰色阴影效果，就可以仿照这个过程：首先绘制一幅跟图片一样大小的灰色图像，然后给灰色图像应用 BlurMaskFilter 使其内外发光，最后偏移原图形一段距离绘制阴影。

这里涉及三点：

- 绘制一幅跟图片一样大小的灰色图像。
- 对灰色图像应用 BlurMaskFilter 使其内外发光。
- 偏移原图形一段距离绘制阴影。

1. 抽取灰色图像

首先来看如何绘制出一张位图所对应的灰色图像。我们知道，canvas.drawBitmap(Bitmap bitmap, Rect src, Rect dst, Paint paint)中的画笔颜色对画出来的位图是没有任何影响的，所以，如果我们需要画一张位图所对应的灰色图像，就需要新建一张一样大小的空白图片，而且新图片的透明度要与原图片保持一致。这样一来，如何从原图片中抽出 Alpha 值成为关键。即只需要创建一张与原图片一样大小且 Alpha 值相同的图片即可。

其实，Bitmap 中已经存在抽取出只具有 Alpha 值图片的函数，其声明如下：

```
public Bitmap extractAlpha();
```

这个函数的功能是：新建一张空白图片，该图片具有与原图片一样的 Alpha 值，把这个新建的 Bitmap 作为结果返回。在这张空白图片中，每个像素都具有与原图片一样的 Alpha 值，而且具体的颜色是在使用 canvas.drawBitmap()函数绘制时由传入的画笔颜色指定的。

总结：extractAlpha()会新建一幅仅具有 Alpha 值的空白图像，而且这幅图像的颜色是在使用 canvas.drawBitmap()函数绘制时由传入的画笔颜色指定的。

下面拿一张图片来做实验。在下面这张 PNG 图片中，有一只小猫和一只小狗，其余地方都是透明色。

下面分别利用 extractAlpha()函数画出该图片所对应的灰色和黑色阴影，效果如下图所示。

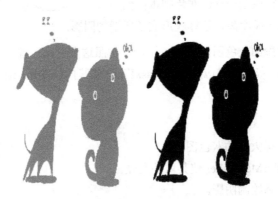

首先自定义一个控件，并且初始化变量。

```
public BitmapShadowView(Context context, AttributeSet attrs) {
    super(context, attrs);
    setLayerType(LAYER_TYPE_SOFTWARE,null);
    mPaint = new Paint();
    mBitmap = BitmapFactory.decodeResource(getResources(),R.drawable.cat_dog);
    mAlphaBmp = mBitmap.extractAlpha();
}
```

在上述代码中，先禁用硬件加速，这基本上是做自定义控件的标配；再利用 extratAlpha()函数来生成仅具有透明度的空白图像。

然后在 onDraw()函数中将生成的仅具有透明度的空白图像画出来。

```
protected void onDraw(Canvas canvas) {
    super.onDraw(canvas);

    int width = 200;
    int height = width * mAlphaBmp.getWidth()/mAlphaBmp.getHeight();
```

```
    //绘制灰色阴影
    mPaint.setColor(Color.GRAY);
    canvas.drawBitmap(mAlphaBmp,null,new Rect(10,10,width,height),mPaint);

    //绘制黑色阴影
    canvas.translate(width,0);
    mPaint.setColor(Color.BLACK);
    canvas.drawBitmap(mAlphaBmp,null,new Rect(10,10,width,height),mPaint);
}
```

这里分别将画笔的颜色设置为灰色和黑色，然后两次把 mAlphaBmp 画出来。前面提到，在画仅具有透明度的空白图像时，图像的颜色是由画笔颜色指定的，所以从效果图中也可以看出绘制的图像分别是灰色和黑色的。

2．绘制阴影

在上面灰色纯色图像的基础上，将此灰色图像使用 BlurMaskFilter 使其内外发光。

```
protected void onDraw(Canvas canvas) {
    super.onDraw(canvas);

    int width = 200;
    int height = width * mAlphaBmp.getHeight() / mAlphaBmp.getWidth();

    mPaint.setColor(Color.GRAY);
    mPaint.setMaskFilter(new BlurMaskFilter(10, BlurMaskFilter.Blur.NORMAL));
    canvas.drawBitmap(mAlphaBmp, null, new Rect(10, 10, width, height), mPaint);
}
```

效果如下图所示。

如果我们再在灰色模糊阴影的基础上画上原图像，就形成了模糊阴影

```
protected void onDraw(Canvas canvas) {
    super.onDraw(canvas);

    int width = 200;
    int height = width * mAlphaBmp.getWidth() / mAlphaBmp.getHeight();
```

```
//绘制阴影
mPaint.setColor(Color.GRAY);
mPaint.setMaskFilter(new BlurMaskFilter(10, BlurMaskFilter.Blur.NORMAL));
canvas.drawBitmap(mAlphaBmp, null, new Rect(10, 10, width, height), mPaint);

//绘制原图像
canvas.translate(-5,-5);
mPaint.setMaskFilter(null);
canvas.drawBitmap(mBitmap, null, new Rect(0, 0, width, height), mPaint);
}
```

在绘制原图像前，先将原图像向左上角移动一部分，这样就可以将阴影露出一部分，而不会完全被原图像所覆盖；然后把 MaskFilter 置空，否则新画出来的图像也将具有模糊效果；最后将原图像画出来，效果如下图所示。

很明显，在原图像的后面有一个灰色的阴影。

7.4 Shader 与 BitmapShader

7.4.1 Shader 概述

Shader 在三维软件中被称为着色器，是用来给空白图形上色的。在 Photoshop 中有一个印章工具，能够指定印章的样式来填充图形。印章的样式可以是图像、颜色、渐变色等。这里的 Shader 实现的效果与印章类似，我们也是通过给 Shader 指定对应的图像、渐变色等来填充图形的。Paint 中有一个函数专门用于设置 Shader，其声明如下：

```
public Shader setShader(Shader shader)
```

Shader 类只是一个基类，其中只有两个函数 setLocalMatrix(Matrix localM) 和 getLocalMatrix(Matrix localM)，用来设置坐标变换矩阵。有关设置矩阵的内容，这里就先略过，在后面的章节中会具体讲解。

Shader 类其实是一个空类，它的功能主要是靠它的派生类来实现的。该类的继承关系如下图所示。

在下面的几个小节中将逐个来看每个派生类的用法与效果。

7.4.2　BitmapShader 的基本用法

其构造函数如下：

```
public BitmapShader(Bitmap bitmap, TileMode tileX, TileMode tileY)
```

这就相当于 Photoshop 中的印章工具，bitmap 用来指定图案，tileX 用来指定当 X 轴超出单张图片大小时所使用的重复策略，tileY 用来指定当 Y 轴超出单张图片大小时所使用的重复策略。

TileMode 的取值如下。

- TileMode.CLAMP：用边缘色彩来填充多余空间。
- TileMode.REPEAT：重复原图像来填充多余空间。
- TileMode.MIRROR：重复使用镜像模式的图像来填充多余空间。

1．示例

这里使用的印章图像如下图所示（dog_edge.png）。

扫码看彩色图

中间是一幅小狗图像，四周被 4 种不同的颜色包围着。设置 Shader 的完整代码如下：

```java
public class BitmapShaderView extends View {
    private Paint mPaint;
    private Bitmap mBmp;
    public BitmapShaderView(Context context, AttributeSet attrs) {
        super(context, attrs);
        mPaint = new Paint();
        mBmp = BitmapFactory.decodeResource(getResources(), R.drawable.dog_edge);
        mPaint.setShader(new BitmapShader(mBmp, Shader.TileMode.REPEAT, Shader.TileMode.REPEAT));
    }

    @Override
    protected void onDraw(Canvas canvas) {
        super.onDraw(canvas);
        //getWidth()用于获取控件宽度,getHeight()用于获取控件高度
        canvas.drawRect(0,0,getWidth(),getHeight(),mPaint);
    }
}
```

首先，在初始化时通过 setShader()函数设置印章图像，并将 X 轴和 Y 轴都设置为重复模式（TileMode.REPEAT）；其次，在绘图时，利用 Paint 绘制一个矩形，这个矩形的大小与控件的大小相同；最后，在 XML 中使用这个控件时，需要指定控件的宽、高。

```xml
<?xml version="1.0" encoding="utf-8"?>
<LinearLayout xmlns:android="http://schemas.android.com/apk/res/android"
    android:orientation="vertical"
    android:layout_width="fill_parent"
    android:layout_height="fill_parent"
    android:background="@android:color/white">

    <com.harvic.BitmapShader.BitmapShaderView
        android:layout_margin="20dp"
        android:layout_width="200dp"
        android:layout_height="200dp"/>
</LinearLayout>
```

效果如下图所示。

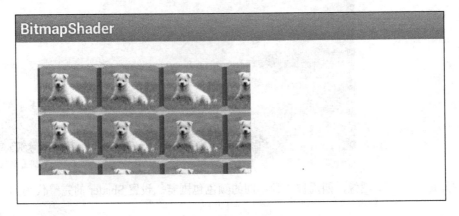

从效果图中可以看出：

- 在 X 轴和 Y 轴都使用 REPEAT 模式的情况下，在超出单张图片的区域后，就会重复绘制这张图片。
- 绘制是从控件的左上角开始的，而不是从屏幕原点开始的。这一点很好理解，因为我们只会在自定义控件上绘图，而不会在全屏幕上绘图。

2．TileMode 模式解析

上面初步看到了 REPEAT 模式的用法，现在我们分别来看在各种模式下的不同表现。

1）TileMode.REPEAT 模式：重复原图像来填充多余空间

在更改模式时，只需要更新 setShader()函数里的代码。

```
mPaint.setShader(new BitmapShader(mBmp, TileMode.REPEAT, TileMode.REPEAT));
```

在这里，X 轴、Y 轴全部设置成 REPEAT 模式，所以当控件的显示范围超出单张图片的显示范围时，在 X 轴上将使用 REPEAT 模式；同样，在 Y 轴上也将使用 REPEAT 模式。

2）TileMode.MIRROR 模式：重复使用镜像模式的图像来填充多余空间

同样，将 X 轴、Y 轴全部改为 MIRROR 模式。

```
mPaint.setShader(new BitmapShader(mBmp, TileMode.MIRROR, TileMode.MIRROR));
```

效果如下图所示。

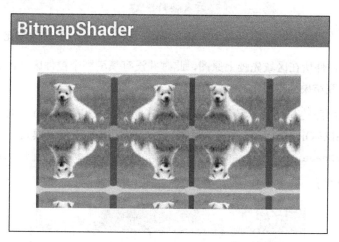

很明显，在 X 轴上每两张图片的显示都像镜子一样翻转一下；同样，在 Y 轴上每两张图片的显示也都像镜子一样翻转一下。这就是镜像效果的作用，镜像效果其实就是在显示下一张图片的时候，相当于在两张图片中间放了一面镜子。

3）TileMode.CLAMP 模式：用边缘色彩来填充多余空间

同样，将 X 轴、Y 轴全部改为 CLAMP 模式。

```
mPaint.setShader(new BitmapShader(mBmp, TileMode.CLAMP, TileMode.CLAMP));
```

效果如下图所示。

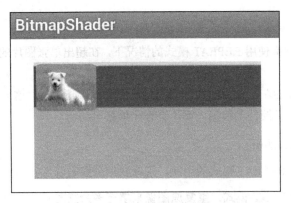

扫码看彩色图

CLAMP 模式的意思就是,当控件区域超过当前单张图片的大小时,空白位置就用图片的边缘颜色来填充。

4)TileMode.CLAMP 与填充顺序

从 CLAMP 模式的效果中可以看出,空白区域的填充是先竖向填充,然后再以竖向填充结果为模板进行横向填充。填充过程如下图所示。

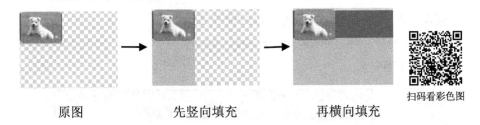

原图　　　　　　先竖向填充　　　　　　再横向填充

扫码看彩色图

很明显,在控件所在区域先画上原图,此时并没有填满整个控件区域,所以先竖向填充,然后再以竖向填充结果为模板进行横向填充。

在理解填充顺序的基础上,混合使用填充模式的结果就很好理解了。假设在填充 X 轴空白区域时使用 MIRROR 模式,在填充 Y 轴空白区域时使用 REPEAT 模式。

```
mPaint.setShader(new BitmapShader(mBmp, TileMode.MIRROR, TileMode.REPEAT));
```

效果如下图所示。

无论哪两种模式混合,在理解时只需要记住先填充 Y 轴,然后填充 X 轴。

整个填充过程如下图所示。

原图　　　　　　　　先竖向填充　　　　　　　再横向填充

首先使用 REPEAT 模式填充 Y 轴，然后使用 MIRROR 模式填充 X 轴。所以，从效果图中可以明显看出，第一列的 Y 轴全部是 REPEAT 效果；根据第一列的效果使用 MIRROR 模式来填充 X 轴，X 轴的图像是镜像效果。

3．绘图位置与图像显示

在上面的例子中，我们利用 drawRect()函数把整个控件大小都覆盖了。假如我们只画一个小矩形而不完全覆盖整个控件，那么 setShader()函数中所设置的图片是从哪里开始画的呢？

与本小节"示例"中的代码相同，只需要将如下代码

```
protected void onDraw(Canvas canvas) {
    super.onDraw(canvas);
    canvas.drawRect(0,0,getWidth(),getHeight(),mPaint);
}
```

更改为

```
protected void onDraw(Canvas canvas) {
    super.onDraw(canvas);
    float left = getWidth()/3;
    float top = getHeight()/3;
    float right = getWidth() *2/3;
    float bottom = getHeight() *2/3;
    canvas.drawRect(left, top, right, bottom, mPaint);
}
```

即在绘图时，并不是完全覆盖控件大小的，而是取控件中间位置的 1/3 区域显示的。

效果如下图所示。

可见，这张效果图是从本小节"示例"部分的完整图片中抠出来的一小部分。

其实这正好说明了一个问题：无论利用绘图函数绘制多大的图像、在哪里绘制，都与 Shader 无关。因为 Shader 总是从控件的左上角开始的，而我们绘制的只是显示出来的部分而已。没有绘制的部分虽然已经生成，但是不会显示出来。

7.4.3 示例一：望远镜效果

本小节所完成的效果如下图所示。

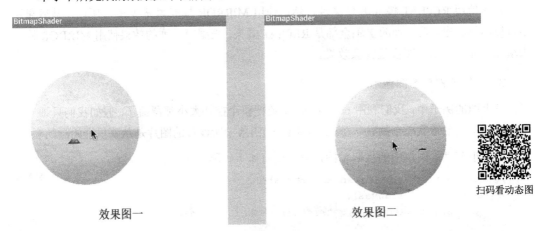

效果图一　　　　　　　　　　　　效果图二

扫码看动态图

这里要实现的效果是：根据手指所在位置，把对应的图像绘制出来。这样看起来就是望远镜效果了。

原理其实很简单，我们先准备一张背景图，然后将背景图作为 BitmapShader，只需要在手指所在位置画一个圆，就可以将圆形部分的图像显示出来了。

首先自定义一个控件并初始化。

```
public class TelescopeView extends View {
    private Paint mPaint;
    private Bitmap mBitmap,mBitmapBG;

    public TelescopeView(Context context, AttributeSet attrs) {
        super(context, attrs);
        mPaint = new Paint();
        mBitmap = BitmapFactory.decodeResource(getResources(), R.drawable.scenery);
    }
    ...
}
```

然后在手指下按和移动的时候得到手指所在位置。

```
public boolean onTouchEvent(MotionEvent event) {
    switch (event.getAction()) {
        case MotionEvent.ACTION_DOWN:
            mDx = (int) event.getX();
```

```
                    mDy = (int) event.getY();
                    postInvalidate();
                    return true;
                case MotionEvent.ACTION_MOVE:
                    mDx = (int) event.getX();
                    mDy = (int) event.getY();
                    break;
                case MotionEvent.ACTION_UP:
                case MotionEvent.ACTION_CANCEL:
                    mDx = -1;
                    mDy = -1;
                    break;
            }
            postInvalidate();
            return super.onTouchEvent(event);
        }
```

在上述代码中，在手指弹起的时候，将保存手指位置的变量 mDx、mDy 重置为-1。

最后是绘图部分的代码。

```
        protected void onDraw(Canvas canvas) {
            super.onDraw(canvas);
            if (mBitmapBG == null){
                mBitmapBG = Bitmap.createBitmap(getWidth(),getHeight(), Bitmap.Config.ARGB_8888);
                Canvas canvasbg = new Canvas(mBitmapBG);
                canvasbg.drawBitmap(mBitmap,null,new Rect(0,0,getWidth(),getHeight()), mPaint);
            }

            if (mDx != -1 && mDy != -1) {
                mPaint.setShader(new BitmapShader(mBitmapBG, Shader.TileMode.REPEAT, Shader.TileMode.REPEAT));
                canvas.drawCircle(mDx, mDy, 150, mPaint);
            }
        }
```

这里分两步。第一步，将图片缩放到控件大小，以完全覆盖控件，否则就会使用 BitmapShader 的填充模式。这里先新建一张空白的位图，这张位图的大小与控件的大小一样，然后对背景图进行拉伸，画到这张空白的位图上。之所以在 onDraw()函数中创建 mBitmapBG，而不在初始化代码中创建，是因为在初始化时，getWidth()和 getHeight()函数是获取不到值的。

第二步，在 mDx、mDy 都不是-1 时（手指下按或移动时），将新建的 mBitmapBG 作为 BitmapShader 设置给 Paint，然后在手指所在位置画一个圆圈，把圆圈部分的图像显示出来。

7.4.4 示例二：生成不规则头像

利用 Shader 从控件左上角开始布局的原理和显示图像的关系，还能实现下图所示的不规则头像的效果。

下面以实现圆形头像为例来讲解实现过程。

自定义控件，并且初始化相关参数。

```
public class AvatorView extends View {
    private Paint mPaint;
    private Bitmap mBitmap;
    private BitmapShader mBitmapShader;

    public AvatorView(Context context, AttributeSet attrs) throws Exception{
        super(context, attrs);
        mBitmap = BitmapFactory.decodeResource(getResources(), R.drawable.avator);
        mPaint = new Paint();
        mBitmapShader = new BitmapShader(mBitmap, Shader.TileMode.CLAMP, Shader.TileMode.CLAMP);
    }
    ...
}
```

在初始化时创建一个 BitmapShader，X 轴和 Y 轴的填充模式都是 TileMode.CLAMP。其实这里的填充模式没什么用，因为我们只需要显示当前图片，所以不存在多余的空白区域，使用哪种填充模式都可以。

最关键的在于绘图部分的代码。

```
protected void onDraw(Canvas canvas) {
    super.onDraw(canvas);
    Matrix matrix = new Matrix();
    float scale = (float) getWidth()/mBitmap.getWidth();
    matrix.setScale(scale,scale);
    mBitmapShader.setLocalMatrix(matrix);
    mPaint.setShader(mBitmapShader);

    float half = getWidth()/2;
    canvas.drawCircle(half,half,getWidth()/2,mPaint);
}
```

在上述代码中，首先将 BitmapShader 缩放到与控件的宽、高一致。由于我们要画的是一幅圆形图像，所以必须将图像缩放成一个正方形，只要正方形的边长与控件的宽度一致即可。同样是缩放 BitmapShader，这里使用 Matrix 来进行缩放，而在 7.4.3 节中则通过创建一张新的位图来进行缩放，这两种缩放方式都可以使用。

在缩放 BitmapShader 以后，在控件的正中央画一个圆形，显示出一幅圆形区域的图像，这就是我们想要的圆形头像。如果我们利用 canvas.drawRoundRect()函数画一个圆角矩形，那么显示出来的图像也就是效果图中的圆角矩形头像。

7.5 Shader 之 LinearGradient

本节继续讲解 Shader 的另一个派生类 LinearGradient，通过 LinearGradient 类可以实现线性渐变效果。

7.5.1 概述

1. 构造函数

第一个构造函数：

```
public LinearGradient(float x0, float y0, float x1, float y1,int color0, int color1, TileMode tile)
```

用过 Photoshop 的线性渐变工具的读者应该知道，线性渐变其实是在指定的两个点之间填充渐变颜色的。

- 参数中的(x0,y0)就是起始渐变点坐标，(x1,y1)就是结束渐变点坐标。
- color0 就是起始颜色，color1 就是终止颜色。颜色值必须使用 0xAARRGGBB 形式的十六进制数表示，其中表示透明度的 AA 一定不能少。
- TileMode tile：与 BitmapShader 一样，用于指定当控件区域大于指定的渐变区域时，空白区域的颜色填充模式。

这个构造函数只能指定两种颜色之间的渐变。如果需要多种颜色之间的渐变，就需要使用下面这个构造函数了。

第二个构造函数：

```
public LinearGradient(float x0, float y0, float x1, float y1,int colors[], float positions[], TileMode tile)
```

- 参数中(x0,y0)就是起始渐变点坐标，(x1,y1)就是结束渐变点坐标。
- colors[]用于指定渐变的颜色值数组。同样，颜色值必须使用 0xAARRGGBB 形式的十六进制数表示，其中表示透明度的 AA 一定不能少。
- positions[]与渐变的颜色相对应，取值是 0~1 的 Float 类型数据，表示每种颜色在整条渐变线中的百分比位置。

2. 双色渐变使用示例

自定义一个从左至右的双色渐变控件，代码如下：

```java
public class LinearGradientView extends View {
    private Paint mPaint;

    public LinearGradientView(Context context, AttributeSet attrs) {
        super(context, attrs);
        setLayerType(LAYER_TYPE_SOFTWARE,null);
        mPaint = new Paint();
    }

    @Override
    protected void onDraw(Canvas canvas) {
        super.onDraw(canvas);
        mPaint.setShader(new LinearGradient(0,getHeight()/2,getWidth(),getHeight()/2,0xffff0000,0xff00ff00, Shader.TileMode.CLAMP));
        canvas.drawRect(0,0,getWidth(),getHeight(),mPaint);
    }
}
```

使用方法很简单，只需在绘图的时候构造 LinearGradient 实例，通过 Paint.setShader()函数设置进去即可。

这里所构造的 LinearGradient 实例是从(0,getHeight()/2)到(getWidth(),getHeight()/2)的渐变，即从控件的左边中点到右边中点，然后把整个控件显示出来。

使用 XML 引入控件，并指定大小。

```xml
<LinearLayout xmlns:android="http://schemas.android.com/apk/res/android"
    android:orientation="vertical"
    android:layout_width="fill_parent"
    android:layout_height="fill_parent">
    <com.harvic.LinearGradient.LinearGradientView
        android:layout_width="fill_parent"
        android:layout_height="100dp"/>
</LinearLayout>
```

效果如下图所示。

扫码看彩色图

3. 多色渐变使用示例

在双色渐变使用示例的基础上，修改 onDraw()函数，使用多色渐变来构造 LinearGradient 实例。

```
protected void onDraw(Canvas canvas) {
    super.onDraw(canvas);
    int[] colors = {0xffff0000,0xff00ff00,0xff0000ff,0xffffff00,0xff00ffff};
    float[]  pos = {0f,0.2f,0.4f,0.6f,1.0f};
    LinearGradient multiGradient = new LinearGradient(0,getHeight()/2,
getWidth(),getHeight()/2,colors,pos, Shader.TileMode.CLAMP);
    mPaint.setShader(multiGradient);
    canvas.drawRect(0,0,getWidth(),getHeight(),mPaint);
}
```

同样从控件的左边中点渐变到右边中点。这里指定了 5 种渐变颜色，而且指定了每种颜色的位置，前 4 种颜色是按 20%均匀分布的，最后两种颜色相距 40%。最后通过 canvas.drawRect()函数把整个控件区域画出来。

效果如下图所示。

扫码看彩色图

这里需要注意的是，我们构造的 colors 和 pos 数组的元素个数一定要相等。也就是说，必须指定每个颜色值的位置。如果元素个数不相等，则会直接报错，如下图所示。

```
10248-10248/? D/OpenGLRenderer: Enabling debug mode 0
10248-10248/? A/libc: Fatal signal 11 (SIGSEGV) at 0x00000004 (code=1), thread 10248 (rGradientShader)
121-121/? I/DEBUG: *** *** *** *** *** *** *** *** *** *** *** *** *** *** *** ***
```

4. TileMode 填充模式

当重新来看 LinearGradient 的构造函数时，会发现，LinearGradient 只有一个 TileMode 参数。这说明 X 轴与 Y 轴共用这一个 TileMode 参数，而不能像 BitmapShader 那样分别指定 X 轴与 Y 轴的填充参数。

下面我们构造一个多色渐变实例，来看一下各填充模式的效果。

```
protected void onDraw(Canvas canvas) {
    super.onDraw(canvas);
    int[] colors = {0xffff0000,0xff00ff00,0xff0000ff,0xffffff00,0xff00ffff};
    float[]  pos = {0f,0.2f,0.4f,0.6f,1.0f};
    LinearGradient multiGradient = new LinearGradient(0,0,getWidth()/2,
getHeight()/2,colors,pos, Shader.TileMode.CLAMP);
    mPaint.setShader(multiGradient);
```

```
    canvas.drawRect(0,0,getWidth(),getHeight(),mPaint);
}
```

渐变点是从点(0,0)到控件中间点(width/2,height/2)。各渐变模式的效果如下图所示。

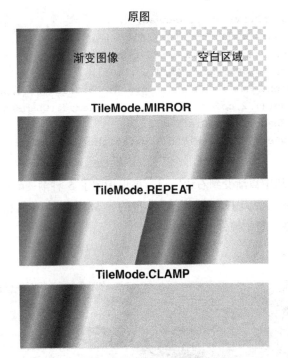

扫码看彩色图

从原图中可以看出，原图像只覆盖控件的左半部分，右半部分是空白区域，所以就会使用 TileMode 来填充右半部分的空白区域。

TileMode.MIRROR 的镜像效果很好理解。在 TileMode.REPEAT（重复）模式中，右半部分仍然重复地从红色开始渐变，之所以看起来与左半部分不同，是因为右侧红色部分的区域较大。其实线性渐变是一样的，都是从红色开始的。TileMode.CLAMP（边缘）模式会以边缘色彩填充空白区域。

5. Shader 填充与显示区域

有关填充方式与显示区域的问题，所有 Shader 都是一样的：Shader 的布局和显示是分离的；Shader 总是从控件左上角开始布局的；如果单张图片无法覆盖整个控件，则会使用 TileMode 重复模式来填充空白区域；而 canvas.draw 系列函数则只表示哪部分区域被显示出来。

下面利用 drawText()函数实现一个渐变文字效果。

```
protected void onDraw(Canvas canvas) {
    super.onDraw(canvas);
    int[] colors = {0xffff0000,0xff00ff00,0xff0000ff,0xffffff00,0xff00ffff};
    float[] pos = {0f,0.2f,0.4f,0.6f,1.0f};
    LinearGradient multiGradient = new LinearGradient(0,0,getWidth()/2,
getHeight()/2,colors,pos, Shader.TileMode.MIRROR);
    mPaint.setShader(multiGradient);
```

```
    mPaint.setTextSize(50);
    canvas.drawText("欢迎关注启舰的blog",0,200,mPaint);
}
```

效果如下图所示。

扫码看动态效果图

下面我们结合动画，在此基础上进行改造，形成闪光文字效果。

7.5.2 示例：闪光文字效果

本小节所要完成的闪光文字的渐变过程如下图所示。

扫码看动态效果图

这是一个非常炫酷的闪光文字效果：绿色的闪光条在文字中间不断滚动。

1．原理

1）初始状态

我们需要一个渐变的 LinearGradient，颜色是从文字的黑色到中间的绿色，然后再到黑色，填充模式为 Shader.TileMode.CLAMP，初始位置在文字的左侧。

对应图像如下图所示。

扫码看彩色图

在这里，为了表述文字效果，特地做了两处处理。

（1）把渐变图像用红边框了起来。由于填充模式是 Shader.TileMode.CLAMP，所以右侧文字的位置会被填充为边缘颜色——黑色。

（2）为了表述当前文字的位置，特地把文字写成了白色，而文字真正的颜色应该是其底部 LinearGradient 的填充颜色。

2）运动中

下图显示的是当渐变的 LinearGradient 移动到文字部分时的状态。

扫码看彩色图

由于使用的是 Shader.TileMode.CLAMP 填充模式，所以指定渐变区域两边的空白区域都会被填充为 LinearGradient 的边缘颜色，即文字的黑色。

由于文字会显示其下方 LinearGradient 的填充颜色，所以现在文字的颜色就会有一部分变成了绿色。

3）终止状态

在终止状态时，LinearGradient 移动到文字的右侧，效果如下图所示。

扫码看彩色图

同样，由于使用的是 Shader.TileMode.CLAMP 填充模式，所以文字会被填充为原本的颜色。

从上面的原理中，可以得到如下结论：

- 第一，创建的 LinearGradient 初始位置在文字左侧，而且大小与文字所占位置相同，填充模式使用边缘填充。
- 第二，从起始位置和终止位置可以看出，LinearGradient 渐变的运动长度是两个文字的长度。

2. 实现

首先需要解决的是自定义控件是派生自 View 还是 TextView 的问题。由于这里实现的是闪光文字效果，需要用户指定文字内容，而且 TextView 中已经自带文字绘制过程，不需要我们处理，所以派生自 TextView 比较方便。

```
public class ShimmerTextView extends TextView {
    private int mDx;
    private LinearGradient mLinearGradient;
    public ShimmerTextView(Context context, AttributeSet attrs) {
        super(context, attrs);
        mPaint = getPaint();
        int length = (int)mPaint.measureText(getText().toString());
        createAnim(length);
        createLinearGradient(length);
    }
    ...
}
```

除派生自 TextView 以外，需要格外注意的是，这里 Paint 的获取方式不是使用 new Paint() 函数，而是使用 TextView 的自带画笔。至于原因，我们会在后面讲解。

然后创建 ValueAnimator 和 LinearGradient。由于 LinearGradient 的长度与文字的长度相同，而 ValueAnimator 的动画长度是文字长度的两倍，所以关键点是获取文字长度。Paint 中有一个函数可以测量指定文字的长度，其声明如下：

```
public float measureText(String text)
```

根据得到的文字长度创建动画，其中 createAnim(length)函数的实现如下：

```
private void createAnim(int length){
    ValueAnimator animator = ValueAnimator.ofInt(0,2*length);
    animator.addUpdateListener(new ValueAnimator.AnimatorUpdateListener() {
        public void onAnimationUpdate(ValueAnimator animation) {
            mDx = (Integer) animation.getAnimatedValue();
            postInvalidate();
        }
    });
    animator.setRepeatMode(ValueAnimator.RESTART);
    animator.setRepeatCount(ValueAnimator.INFINITE);
    animator.setDuration(2000);
    animator.start();
}
```

在上述代码中，将动画设置为无限循环，而且将 ValueAnimator 的过程中间值保存在 mDx 变量中，并刷新界面。很明显，mDx 就表示当前控件的位移距离。

接着调用 createLinearGradient(length)函数初始化 mLinearGradient 变量，代码如下：

```
private void createLinearGradient(int length){
    mLinearGradient = new LinearGradient(- length,0,0,0,new int[]{
        getCurrentTextColor(),0xff00ff00,getCurrentTextColor()
    },
        new float[]{
            0,
            0.5f,
            1
        },
        Shader.TileMode.CLAMP
    );
}
```

在上述代码中，渐变点从(-length,0)到(0,0)，渐变色采用三色渐变：从文字颜色到绿色，再到文字颜色。在 TextView 中，可以通过 getCurrentTextColor()函数获取文字的指定颜色。对应的颜色位置为(0,0.5f,1)，采用边缘模式。

最后，在重绘时，根据 mDx 变量移动 Shader。

```
protected void onDraw(Canvas canvas) {
    Matrix matrix = new Matrix();
```

```
        matrix.setTranslate(mDx,0);
        mLinearGradient.setLocalMatrix(matrix);
        mPaint.setShader(mLinearGradient);

        super.onDraw(canvas);
    }
```

这里需要注意的是，super.onDraw(canvas)是父类的绘制函数，TextView 会在 onDraw()函数中重绘文字，所以我们需要在绘制文字前设置 Shader，以便显示文字下方的 Shader。但是，Shader 需要设置给绘制文字的画笔才有效，而绘制文字所使用的画笔可以通过 getPaint()函数得到，这就是在初始化 mPaint 时使用 getPaint()函数的原因。

到这里，自定义控件就结束了，使用方法如下：

```xml
<?xml version="1.0" encoding="utf-8"?>
<LinearLayout xmlns:android="http://schemas.android.com/apk/res/android"
    android:orientation="vertical"
    android:layout_width="fill_parent"
    android:layout_height="fill_parent">

    <com.harvic.LinearGradient.ShimmerTextView
        android:layout_width="wrap_content"
        android:layout_height="wrap_content"
        android:textSize="24dp"
        android:layout_margin="20dp"
        android:text="欢迎关注启舰的blog"/>
</LinearLayout>
```

由于该控件是 TextView 的子类，所以可具有 TextView 的属性。

7.6 Shader 之 RadialGradient

RadialGradient 是 Shader 的另一种实现，它的含义是放射渐变，即它会像一个放射源一样，从一个点开始向外发散，从一种颜色渐变成另一种颜色。

7.6.1 双色渐变

RadialGradient 有两个构造函数，分别能完成双色渐变和多色渐变。双色渐变的构造函数如下：

```
RadialGradient(float centerX, float centerY, float radius, int centerColor, int edgeColor, Shader.TileMode tileMode)
```

参数：

- centerX：渐变中心点 x 坐标。
- centerY：渐变中心点 y 坐标。
- radius：渐变半径。

- centerColor：渐变的起始颜色，即渐变中心点的颜色。取值类型必须是 8 位的 0xAARRGGBB 色值。透明底 Alpha 值不能省略，否则不会显示出颜色。
- edgeColor：渐变结束时的颜色，即渐变圆边缘的颜色。同样，取值类型必须是 8 位的 0xAARRGGBB 色值。
- tileMode：用于指定当控件区域大于指定的渐变区域时，空白区域的颜色填充方式。

举例说明用法：

```
public class RadialGradientView extends View {
    private Paint mPaint;
    private RadialGradient mRadialGradient;
    private int mRadius;

    public RadialGradientView(Context context, AttributeSet attrs) {
        super(context, attrs);
        setLayerType(LAYER_TYPE_SOFTWARE,null);
        mPaint = new Paint();
    }

    @Override
    protected void onDraw(Canvas canvas) {
        super.onDraw(canvas);
        if (mRadialGradient == null){
            mRadius = getWidth()/2;
            mRadialGradient = new RadialGradient(getWidth()/2,getHeight()/2,
mRadius,0xffff0000,0xff00ff00, Shader.TileMode.REPEAT);
            mPaint.setShader(mRadialGradient);
        }
        canvas.drawCircle(getWidth()/2,getHeight()/2,mRadius,mPaint);
    }
}
```

我们在 onDraw()函数中创建了一个 RadialGradient 实例，以控件的中心点为原点，创建一个半径为 mRadius、颜色从 0xffff0000 到 0xff00ff00 的放射渐变。空白区域的填充方式为 TileMode.REPEAT。之所以在 onDraw()函数中初始化 mRadialGradient，是因为 getWidth()和 getHeight()函数需要在生命周期函数 onLayout()执行完成后才会有值。

最后通过 drawCircle()函数将 Shader 显示出来。注意我们绘制的圆的大小与所构造的放射渐变的大小是一样的，所以不存在空白区域的填充问题。

效果如下图所示。

扫码看彩色图

7.6.2 多色渐变

多色渐变的构造函数如下:

```
RadialGradient(float centerX, float centerY, float radius, int[] colors,
float[] stops, Shader.TileMode tileMode)
```

参数:

- int[] colors: 表示所需的渐变颜色数组。
- float[] stops: 表示每种渐变颜色所在的位置百分点,取值范围为0~1,数量必须与colors数组保持一致,一般第一个数值取0,最后一个数值取1。如果第一个数值和最后一个数值并没有取0和1,比如,取一个位置数组{0.2,0.5,0.8},起始点是0.2百分比位置,终点是0.8百分比位置,而0~0.2百分比位置和0.8~1.0百分比位置都是没有指定颜色的。这些位置的颜色就是根据我们指定的 TileMode 空白区域填充模式来自行填充的。但有时效果是不可控的。所以,为了方便起见,建议大家将 stops 数组的起始数值和终止数值分别设为0和1。

在7.6.1节的基础上,把双色渐变改为多色渐变,代码如下:

```
protected void onDraw(Canvas canvas) {
    super.onDraw(canvas);
    if (mRadialGradient == null){
        mRadius = getWidth()/2;
        int[]   colors = new int[]{0xffff0000,0xff00ff00,0xff0000ff,0xffffff00};
        float[] stops  = new float[]{0f,0.2f,0.5f,1f};
        mRadialGradient = new RadialGradient(getWidth()/2,getHeight()/2,
mRadius,colors,stops, Shader.TileMode.REPEAT);
        mPaint.setShader(mRadialGradient);
    }
    canvas.drawCircle(getWidth()/2,getHeight()/2,mRadius,mPaint);
}
```

这里构造了一个四色颜色数组,渐变位置对应{0f,0.2f,0.5f,1f},然后创建一个RadialGradient实例。

在绘图的时候,同样以控件中心点为原点、以放射渐变的半径为半径画圆。由于绘制的圆半径与放射渐变的半径一样,所以不存在空白区域填充的问题,TileMode.REPEAT 并没有被用到。

效果如下图所示。

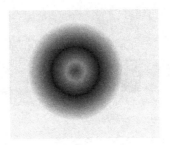

扫码看彩色图

7.6.3 TileMode 填充模式

在 RadialGradient 的各构造函数中，只有一个 TileMode 参数，这说明当填充空白区域时，X 轴和 Y 轴使用同一种填充模式，而不能像 BitmapShader 那样分别指定 X 轴与 Y 轴的填充参数。

下面对 7.6.1 节的效果进行改造，代码如下：

```
protected void onDraw(Canvas canvas) {
    super.onDraw(canvas);
    if (mRadialGradient == null){
        mRadius = getWidth()/6;
        mRadialGradient = new RadialGradient(getWidth()/2,getHeight()/2,
mRadius,0xffff0000,0xff00ff00, Shader.TileMode.MIRROR);
        mPaint.setShader(mRadialGradient);
    }
    canvas.drawRect(0,0,getWidth(),getHeight(),mPaint);
}
```

这里将 RadialGradient 的半径改为控件宽度的 1/6，而且利用 drawRect()函数将整个控件区域显示出来。

各填充模式的效果如下图所示。

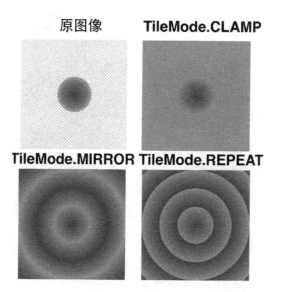

扫码看彩色图

可以看出，在原图像中，构造的渐变圆形在控件正中间，从红色向绿色渐变，半径只占控件宽度的 1/6，其余位置全部是空白区域，需要利用 TileMode 进行填充。

CLAMP 模式是以边缘颜色填充的，所以空白区域全部被填充为绿色。

MIRROR（镜像）模式则先从原始的红到绿渐变，然后从绿到红渐变，再从红到绿渐变，每渐变一次就镜像反转一次。每次的渐变宽度都是 RadialGradient 的半径。

REPEAT（重复）模式在每次渐变时都从红到绿渐变。每次的渐变宽度都是 RadialGradient 的半径。

除 BimapShader、LinearGradient、RadialGradient 以外，Shader 还有其他子类，这里就不再一一列举了，只要把握两点就可以运用自如：一点是 TileMode 填充模式；另一点是 Shader 的布局与 canvas.draw 系列函数显示区域的关系。

第 8 章
混合模式

> 不应该一路失望
> 又一路等待
> 时间它说
> 世界还有不同的海
> 但不要告诉我
> 现实它很坏
> 我想看看
> 自己的能耐
> ——莫文蔚《境外》

8.1 混合模式之 AvoidXfermode

8.1.1 混合模式概述

混合模式相关知识是 Paint 绘图中最难的部分，它能够将两张图片无缝结合，实现类似 Photoshop 中的两张图片融合效果。

混合模式是通过 Paint 类中的 Xfermode setXfermode(Xfermode xfermode)函数实现的，它的参数 Xfermode 是一个空类，主要靠它的子类来实现不同的功能，如下图所示。

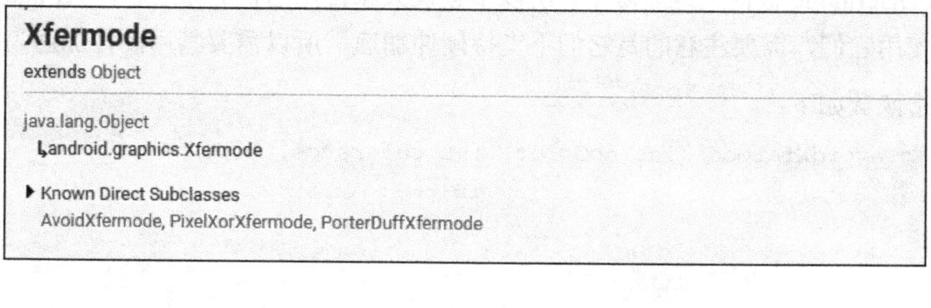

```
Xfermode
extends Object

java.lang.Object
   ↳ android.graphics.Xfermode

▶ Known Direct Subclasses
   AvoidXfermode, PixelXorXfermode, PorterDuffXfermode
```

派生自 Xfermode 的子类有 AvoidXfermode、PixelXorXfermode 和 PorterDuffXfermode。

由于 PixelXorXfermode 在 API 16 中已过时，而且它只是一个针对像素的简单异或运算（op ^ src ^ dst），返回的 Alpha 值始终等于 255，所以对操作颜色混合不是特别有效。这个类的用法难度不大，而且基本上用不到，这里就不再详细讲解了。

从不支持硬件加速的函数列表中可以看到，AvoidXfermode、PixelXorXfermode 是完全不支持硬件加速的，而 PorterDuffXfermode 是部分不支持硬件加速的，如下图所示。

Xfermode	
PorterDuff.Mode.DARKEN (framebuffer)	X
PorterDuff.Mode.LIGHTEN (framebuffer)	X
PorterDuff.Mode.OVERLAY (framebuffer)	X
Shader	
ComposeShader inside ComposeShader	X
Same type shaders inside ComposeShader	X
Local matrix on ComposeShader	18

所以，在使用 Xfermode 时，为了保险起见，需要做两件事。

（1）禁用硬件加速。

```
setLayerType(View.LAYER_TYPE_SOFTWARE, null);
```

（2）使用离屏绘制。

```
//新建图层
int layerId = canvas.saveLayer(0, 0, getWidth(), getHeight(), null, Canvas.ALL_SAVE_FLAG);

//核心绘制代码
...

//还原图层
canvas.restoreToCount(layerId);
```

有关离屏绘制的原因，这里就先不给大家引申了，后面会有单独的章节讲述离屏绘制，大家只需知道，我们需要把绘制的核心代码放在 canvas.save() 和 canvas.restore() 函数之间即可。

8.1.2 AvoidXfermode

1. AvoidXfermode 概述

从 API 16 开始，AvoidXfermode 类已经被弃用了，而且在 API 23 以后，AvoidXfermode 和 PixelXorXfermode 被彻底地删除了，所以不建议大家使用它们。如果想在 API 23 以下版本的平台中使用它们，需要注意的是它们不支持硬件加速，所以需要禁用硬件加速。

其构造函数如下：

```
public AvoidXfermode(int opColor, int tolerance, Mode mode)
```

参数：

- opColor：一个十六进制的 AARRGGBB 形式的颜色值。
- tolerance：表示容差，这个概念我们在后面再细讲。
- mode：取值为 Mode.TARGET 和 Mode.AVOID。Mode.TARGET 表示将指定的颜色替换掉；Mode.AVOID 表示将 Mode.TARGET 的相反区域颜色替换掉。

2．示例一：替换颜色

这里以 AvoidXfermode 的 Mode.TARGET 模式为例，演示将小狗图片中的白色区域替换成红色，如下图所示。

原图　　　　　　　结果图

扫码看彩色图

自定义一个控件并且初始化。

```
public class AvoidXfermodeView extends View {
    private Paint mPaint;
    private Bitmap mBmp;
    public AvoidXfermodeView(Context context, AttributeSet attrs) {
        super(context, attrs);
        setLayerType(View.LAYER_TYPE_SOFTWARE, null);
        mPaint = new Paint();
        mPaint.setColor(Color.RED);
        mBmp = BitmapFactory.decodeResource(getResources(), R.drawable.dog);
    }
    ...
}
```

在绘图时，使用离屏绘制，将绘图代码全部放在 canvas.save()和 canvas.restore()函数之间。

```
protected void onDraw(Canvas canvas) {
    super.onDraw(canvas);

    int width = getWidth()/2;
    int height = width * mBmp.getHeight()/mBmp.getWidth();

    int layerId = canvas.saveLayer(0, 0, getWidth(), getHeight(), null, Canvas.ALL_SAVE_FLAG);

    canvas.drawBitmap(mBmp,null,new Rect(0,0,width,height),mPaint);
```

```
    mPaint.setXfermode(new AvoidXfermode(Color.WHITE,100, AvoidXfermode.
Mode.TARGET));
    canvas.drawRect(0,0,width,height,mPaint);

    canvas.restoreToCount(layerId);
}
```

首先，将 Bitmap 缩放到屏幕宽度一半并画出来。

```
canvas.drawBitmap(mBmp,null,new Rect(0,0,width,height),mPaint);
```

此时的效果如下图所示。

其次，设置 Xfermode，找选区。

```
mPaint.setXfermode(new AvoidXfermode(Color.WHITE,100, AvoidXfermode.Mode.
TARGET));
```

这一点与 Photoshop 类似，就是以白色为目标色、容差为 100 找到对应的选区。容差是以颜色差异为基础的，任何两种颜色之间的差异都在 0～255 的范围内。具体两种颜色之间的差异是需要依靠公式来计算的，可以参考《维基百科：颜色差异》，地址为 http://www.wikiwand.com/zh-mo/颜色差异。

容差是指与目标色所能容忍的最大颜色差异，容差越大，所覆盖的颜色区域就越大。当容差为 0 时，表示只选择与目标色一模一样的颜色区域；当容差为 100 时，表示与目标色的颜色差异在 100 范围内的都是可以接受的；而由于最大的颜色差异是 255，所以当容差为 255 时，所有的颜色都将被选中。

在 Photoshop 中有一个魔棒工具，它有一个容差参数，默认值是 0，指的是只与目标色一致的颜色。我们分别看一下当容差为 100 和 255 时的区域选择范围，如下图所示。

扫码看效果图

从效果图中可以看出，当容差为 100 时，只选中白色周边的颜色；而当容差为 255 时，会选中全图。

最后，将对应选区的图像画到画布上。

在找到选区以后，我们又画了一个纯红的与小狗图片一样大的区域。

```
canvas.drawRect(0,0,width,height,mPaint);
```

这里需要注意的是，虽然这里画了一个与小狗图片一样大的红色区域，但由于 mPaint.setXfermode 指定了选区，所以红色只会填充在指定的 Rect 中的选区部分。

结论：在使用 AvoidXfermode 指定选区以后，之后的绘图只会显示选区内的部分，选区以外的部分仍显示原来图片的内容。

3. 示例二：融合两张图片

下面我们尝试使用 AvoidXfermode 融合两张图片。这里要实现的效果是将小狗身上的白色替换为下图所示的小花图像。

扫码看彩色图

只需在示例一代码的基础上进行改造即可。代码如下：

```java
protected void onDraw(Canvas canvas) {
    super.onDraw(canvas);

    int width = getWidth() / 2;
    int height = width * mBmp.getHeight() / mBmp.getWidth();

    int layerId = canvas.saveLayer(0, 0, getWidth(), getHeight(), null, Canvas.ALL_SAVE_FLAG);

    canvas.drawBitmap(mBmp, null, new Rect(0, 0, width, height), mPaint);
    mPaint.setXfermode(new AvoidXfermode(Color.WHITE, 100, AvoidXfermode.Mode.TARGET));
    canvas.drawBitmap(BitmapFactory.decodeResource(getResources(), R.drawable.flower), null, new Rect(0, 0, width, height), mPaint);

    canvas.restoreToCount(layerId);
}
```

唯一不同的地方是，在设置 AvoidXfermode 以后，使用 canvas.drawBitmap() 函数将小花图像的对应部分画在选区内，其他部分仍显示原小狗图片，效果如下图所示。

扫码看彩色图

可以看出，通过 AvoidXfermode 融合两张色彩相近的图片，效果还是很好的。

8.1.3　AvoidXfermode 绘制原理

在上面的示例代码中，在 AvoidXfermode 前后分别绘制了一张图片；在绘制第二张图片时，会先检查该 Paint 对象有没有设置 Xfermode，如果没有设置 Xfermode，就是普通的绘图方式，直接将绘制的图形覆盖 Canvas 对应位置原有的像素；如果设置了 Xfermode，就会按照 Xfermode 具体的规则来更新 Canvas 中对应位置的像素。

所以，对于 AvoidXfermode 而言，这个规则就是先把目标区域（选区）中的颜色值清空，然后再替换为目标颜色。

下面我们验证一下这个问题：如果把 Activity 的背景色设置为纯蓝色，而把小狗的选区填充为透明色，那么结果会怎样？

（1）将 Activity 的背景色设置为纯蓝色。

```xml
<?xml version="1.0" encoding="utf-8"?>
<LinearLayout xmlns:android="http://schemas.android.com/apk/res/android"
            android:orientation="vertical"
            android:layout_width="fill_parent"
            android:layout_height="fill_parent"
            android:background="#0000ff">
    <com.harvic.XfermodeDemo.AvoidXfermodeView
            android:layout_width="fill_parent"
            android:layout_height="fill_parent"/>
</LinearLayout>
```

（2）将选区填充为透明色。

```java
protected void onDraw(Canvas canvas) {
    super.onDraw(canvas);

    int width = getWidth() / 2;
    int height = width * mBmp.getHeight() / mBmp.getWidth();

    int layerId = canvas.saveLayer(0, 0, getWidth(), getHeight(), null, Canvas.ALL_SAVE_FLAG);
```

```
        canvas.drawBitmap(mBmp, null, new Rect(0, 0, width, height), mPaint);
        mPaint.setXfermode(new AvoidXfermode(Color.WHITE, 100, AvoidXfermode.
Mode.TARGET));
        //将画笔设置为透明色
        mPaint.setARGB(0x00,0xff,0xff,0xff);
        canvas.drawRect(0,0,width,height,mPaint);

        canvas.restoreToCount(layerId);
    }
```

上述代码与 8.1.2 节示例一的代码大致相同，只是在设置 AvoidXfermode 后，填充的颜色是透明色。效果如下图所示。

扫码看彩色图

正是由于把选区改为了透明色，所以才露出底部 Activity 的背景色。

8.1.4 AvoidXfermode 之 Mode.AVOID

Mode.AVOID 的意思就是选取 Mode.TARGET 的相反区域。下面我们来演示一下 Mode.AVOID 的用法。

```
    protected void onDraw(Canvas canvas) {
        super.onDraw(canvas);

        int width = getWidth() / 2;
        int height = width * mBmp.getHeight() / mBmp.getWidth();

        int layerId = canvas.saveLayer(0, 0, getWidth(), getHeight(), null, Canvas.
ALL_SAVE_FLAG);

        canvas.drawBitmap(mBmp, null, new Rect(0, 0, width, height), mPaint);
        mPaint.setXfermode(new AvoidXfermode(Color.WHITE, 100, AvoidXfermode.
Mode.AVOID));

        canvas.drawRect(0,0,width,height,mPaint);

        canvas.restoreToCount(layerId);
    }
```

这段代码只是在 8.1.2 节示例一的基础上,将 Mode.TARGET 改为 Mode.AVOID,意思是选取白色、容差为 100 的相反区域作为目标区域,然后把这些区域填充为红色。

效果如下图所示。

扫码看彩色图

8.2 混合模式之 PorterDuffXfermode

8.2.1 PorterDuffXfermode 概述

PorterDuffXfermode 的构造函数如下:

```
public PorterDuffXfermode(PorterDuff.Mode mode)
```

它只有一个参数 PorterDuff.Mode,表示混合模式,枚举值有 18 个,表示各种混合模式,每种模式都对应着一种算法,如下图所示。

Enum Values		
PorterDuff.Mode	ADD	Saturate(S + D)
PorterDuff.Mode	CLEAR	[0, 0]
PorterDuff.Mode	DARKEN	[Sa + Da - Sa*Da, Sc*(1 - Da) + Dc*(1 - Sa) + min(Sc, Dc)]
PorterDuff.Mode	DST	[Da, Dc]
PorterDuff.Mode	DST_ATOP	[Sa, Sa * Dc + Sc * (1 - Da)]
PorterDuff.Mode	DST_IN	[Sa * Da, Sa * Dc]
PorterDuff.Mode	DST_OUT	[Da * (1 - Sa), Dc * (1 - Sa)]
PorterDuff.Mode	DST_OVER	[Sa + (1 - Sa)*Da, Rc = Dc + (1 - Da)*Sc]
PorterDuff.Mode	LIGHTEN	[Sa + Da - Sa*Da, Sc*(1 - Da) + Dc*(1 - Sa) + max(Sc, Dc)]
PorterDuff.Mode	MULTIPLY	[Sa * Da, Sc * Dc]
PorterDuff.Mode	OVERLAY	
PorterDuff.Mode	SCREEN	[Sa + Da - Sa * Da, Sc + Dc - Sc * Dc]
PorterDuff.Mode	SRC	[Sa, Sc]
PorterDuff.Mode	SRC_ATOP	[Da, Sc * Da + (1 - Sa) * Dc]
PorterDuff.Mode	SRC_IN	[Sa * Da, Sc * Da]
PorterDuff.Mode	SRC_OUT	[Sa * (1 - Da), Sc * (1 - Da)]
PorterDuff.Mode	SRC_OVER	[Sa + (1 - Sa)*Da, Rc = Sc + (1 - Sa)*Dc]
PorterDuff.Mode	XOR	[Sa + Da - 2 * Sa * Da, Sc * (1 - Da) + (1 - Sa) * Dc]

比如，LIGHTEN 的计算方式为[Sa + Da - Sa*Da, Sc*(1 - Da) + Dc*(1 - Sa) + max(Sc, Dc)]，其中，Sa 的全称为 Source alpha，表示源图像的 Alpha 通道；Sc 的全称为 Source color，表示源图像的颜色；Da 的全称为 Destination alpha，表示目标图像的 Alpha 通道；Dc 的全称为 Destination color，表示目标图像的颜色。在每个公式中，都会分为两部分[…,…]，其中，","前的部分为 Sa + Da - Sa*Da，这一部分的值代表计算后的 Alpha 通道；而","后的部分为 Sc*(1 - Da) + Dc*(1 - Sa) + max(Sc, Dc)，这一部分的值代表计算后的颜色值。图形混合后的图片就是依据这个公式来对 DST 和 SRC 两张图片中的每个像素进行计算，得到最终结果的。

在上面的公式中涉及两个概念：目标图像（DST）和源图像（SRC）。下面我们举例说明什么是目标图像和源图像。

这里创建两张图片，分别是一个圆形和一个矩形，矩形的左上角开始位置在圆形中心，如下图所示。

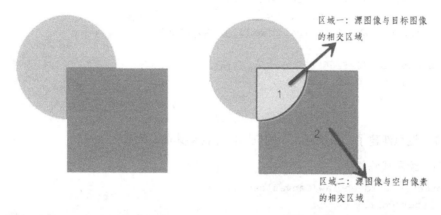

在这个例子中，圆形是目标图像，矩形是源图像。很明显，如右图所标注的区域一就是源图像与目标图像的相交区域，区域二是源图像与空白像素的相交区域。其中，区域一和区域二在后面的几节中都将用到，需提前注意。

首先需要自定义一个控件并且初始化。

```
public class PorterDuffXfermodeView extends View {
    private int width = 200;
    private int height = 200;
    private Bitmap dstBmp;
    private Bitmap srcBmp;
    private Paint mPaint;
    public PorterDuffXfermodeView(Context context, AttributeSet attrs) {
        super(context, attrs);
        setLayerType(LAYER_TYPE_SOFTWARE, null);
        dstBmp = makeDst(width,height);
        srcBmp = makeSrc(width,height);
        mPaint = new Paint();
    }
    ...
}
```

然后禁用硬件加速，创建两张图片。

```
private Bitmap makeDst(int w, int h) {
    Bitmap bm = Bitmap.createBitmap(w, h, Bitmap.Config.ARGB_8888);
    Canvas c = new Canvas(bm);
    Paint p = new Paint(Paint.ANTI_ALIAS_FLAG);

    p.setColor(0xFFFFCC44);
    c.drawOval(new RectF(0, 0, w, h), p);
    return bm;
}
```

这里新建了一张空白图片，然后在图片上画一个黄色的圆形。所以此时的图片是中间有一个圆形的位图，除圆形以外的位置都是空白像素。

```
private Bitmap makeSrc(int w, int h) {
    Bitmap bm = Bitmap.createBitmap(w, h, Bitmap.Config.ARGB_8888);
    Canvas c = new Canvas(bm);
    Paint p = new Paint(Paint.ANTI_ALIAS_FLAG);

    p.setColor(0xFF66AAFF);
    c.drawRect(0, 0,w,h, p);
    return bm;
}
```

同样，这里新建了一张相同大小的位图，并且将其填充为蓝色。

最后，绘图代码如下：

```
protected void onDraw(Canvas canvas) {
    super.onDraw(canvas);

    int layerId = canvas.saveLayer(0, 0, getWidth(), getHeight(), null, Canvas.ALL_SAVE_FLAG);

    canvas.drawBitmap(dstBmp, 0, 0, mPaint);
    mPaint.setXfermode(new PorterDuffXfermode(PorterDuff.Mode.SRC_IN));
    canvas.drawBitmap(srcBmp, width / 2, height / 2, mPaint);
    mPaint.setXfermode(null);

    canvas.restoreToCount(layerId);
}
```

在离屏绘制部分，先在(0,0)位置把圆形图像画出来，然后设置 PorterDuffXfermode 的模式为 Mode.SRC_IN，之后再以圆形中心点为左上角点画出矩形，最后清空 Xfermode。

在 Xfermode 设置前画出的图像叫作目标图像，即给谁应用 Xfermode；在 Xfermode 设置后画出的图像叫作源图像，即拿什么应用 Xfermode。

该示例的效果如下图所示。

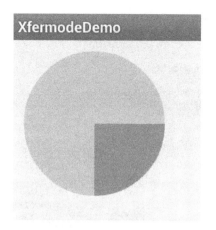

扫码看彩色图

对于 Mode.SRC_IN，它的计算公式为[Sa * Da, Sc * Da]。在这个公式中，结果值的透明度和颜色值都是由 Sa、Sc 分别乘以目标图像的 Da 来计算的。当目标图像为空白像素时，计算结果也将会为空白像素；当目标图像不透明时，相交区域将显示源图像像素。所以，从效果图中可以看出，区域一的两图像相交部分显示的是源图像；而对于区域二的不相交部分，此时目标图像的透明度是 0，源图像不显示。

总的来讲，SRC_IN 模式是在相交时利用目标图像的透明度来改变源图像的透明度和饱和度的。当目标图像的透明度为 0 时，源图像就完全不显示。

从上面的例子中可以看出，我们要着重关注三个区域：区域一（两图像相交的部分）、区域二（源图像的非相交部分）和未标注区域的目标图像的非相交部分。在后面的各种模式讲解中，我们也将使用这个例子，并以区域一和区域二为代号来讲解效果。

8.2.2 颜色叠加相关模式

在初步理解了 PorterDuffXfermode 的用法之后，下面逐个来看一下各种模式的含义及用法。

这一部分所涉及的模式都是针对色彩变换的几种模式，有 Mode.ADD（饱和度相加）、Mode.LIGHTEN（变亮）、Mode.DARKEN（变暗）、Mode.MULTIPLY（正片叠底）、Mode.OVERLAY（叠加）、Mode.SCREEN（滤色），这些模式在 Photoshop 中都是存在的。

1．Mode.ADD（饱和度相加）

对应的算法如下：

```
Saturate(S + D)
```

ADD 模式简单来说就是对 SRC 与 DST 两张图片相交区域的饱和度进行相加。

使用 8.2.1 节中的例子，将 PorterDuff.Mode.SRC_IN 改为 PorterDuff.Mode.ADD，效果如下图所示。

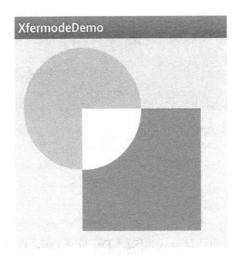

扫码看彩色图

从效果图中可以看出，只有源图像与目标图像相交部分的图像的饱和度产生了变化，因为在不相交的地方，只有一方的饱和度是 100，而另一方的饱和度是 0。所以，不相交的位置饱和度是不会变的。

2. Mode.LIGHTEN（变亮）

对应的算法如下：

```
[Sa + Da - Sa*Da,Sc*(1 - Da) + Dc*(1 - Sa) + max(Sc, Dc)]
```

变亮模式的效果如下图所示。

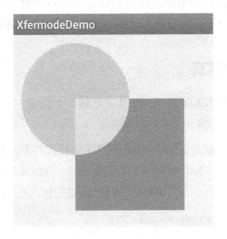

扫码看彩色图

这个效果比较容易理解，只有两张图片重合的区域才会有颜色值的变化，所以只有重合区域才有变亮的效果。对于源图像非重合的区域，由于对应区域的目标图像是空白像素，所以直接显示源图像。

用过 Photoshop 的人应该都知道图层模式里的"变亮"模式，所以直接拿目标图像和源图像在 Photoshop 中模拟一下就可以得到结果。

在实际应用中，会出这种情况：当选中一本书时，给这本书加上灯光效果，如下图所示。

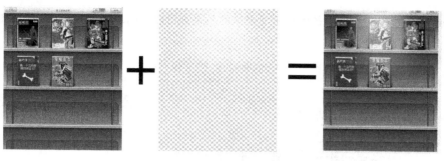

目标图像是一个书架,我们需要将含有灯光效果的透明图像覆盖在目标图像上,使用 Mode.LIGHTEN 模式即可形成灯光效果。代码如下:

```java
public class LightBookView extends View {
    private Paint mBitPaint;
    private Bitmap BmpDST,BmpSRC;

    public LightBookView(Context context, AttributeSet attrs) {
        super(context, attrs);
        mBitPaint = new Paint();
        BmpDST = BitmapFactory.decodeResource(getResources(), R.drawable.book_bg, null);
        BmpSRC = BitmapFactory.decodeResource(getResources(),R.drawable.book_light,null);
    }

    @Override
    protected void onDraw(Canvas canvas) {
        super.onDraw(canvas);

        int layerId = canvas.saveLayer(0, 0, getWidth(), getHeight(), null, Canvas.ALL_SAVE_FLAG);

        canvas.drawBitmap(BmpDST,0,0,mBitPaint);
        mBitPaint.setXfermode(new PorterDuffXfermode(PorterDuff.Mode.LIGHTEN));
        canvas.drawBitmap(BmpSRC,0,0,mBitPaint);

        mBitPaint.setXfermode(null);
        canvas.restoreToCount(layerId);
    }
}
```

代码很简单,先把书架作为目标图像画在底层,然后给 mBitPaint 设置 PorterDuffXfermode,最后将源图像覆盖在目标图像上,经过 Mode.LIGHTEN 的合成,就出现了灯光效果。

3. Mode.DARKEN(变暗)

对应的算法如下:

```
[Sa + Da - Sa*Da,Sc*(1 - Da) + Dc*(1 - Sa) + min(Sc, Dc)]
```

公式比较难理解,也不必理解,它对应 Photoshop 的混合模式中的变暗模式。所以,利用 Photoshop 的变暗模式混合两张图片所能形成的效果都可以使用这种模式合成，效果如下图所示。

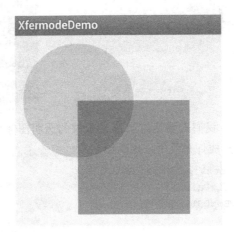

扫码看彩色图

4．Mode.MULTIPLY（正片叠底）

对应的算法如下：

```
[Sa * Da, Sc * Dc]
```

从公式中可以看出，计算 Alpha 值时的公式是 Sa * Da，是用源图像的 Alpha 值乘以目标图像的 Alpha 值。由于源图像的非相交区域所对应的目标图像像素的 Alpha 值是 0，所以结果像素的 Alpha 值仍是 0，源图像的非相交区域在计算后是透明的。与 Photoshop 不同的是，仅两张图片的相交区域的混合方式与 Photoshop 中的正片叠底效果是一致的，对于非相交区域则需要根据公式计算。

效果如下图所示。

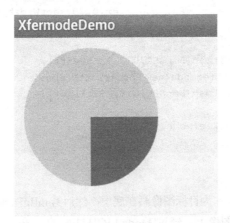

扫码看彩色图

5．Mode.OVERLAY（叠加）

Google 没有给出这种模式的算法，效果如下图所示。

第 8 章 混合模式

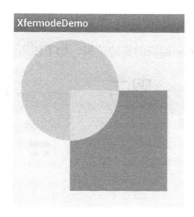

扫码看彩色图

虽然没有给出公式,但从效果图中可以看到,源图像的相交区域有效果,非相交区域依然是存在的。这就可以肯定一点:当目标图像透明时,在这种模式下,源图像的色值不会受到影响。

6. Mode.SCREEN(滤色)

对应的算法如下:

```
'[Sa + Da - Sa * Da, Sc + Dc - Sc * Dc]
```

效果如下图所示。

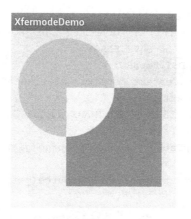

扫码看彩色图

同样,只是源图像与目标图像的相交区域有效果,源图像的非相交区域保持原样。

到这里,这 6 种混合模式就讲完了,下面总结一下。

(1)这几种模式都是 Photoshop 中存在的模式,是通过计算改变相交区域的颜色值的。

(2)除了 Mode.MULTIPLY(正片叠底)会在目标图像透明时将结果对应区域置为透明,其他图像都不受目标图像透明像素的影响,即源图像的非相交区域保持原样。

(3)在考虑混合模式时,一般只考虑两种:第一,像区域一一样的两个不透明区域的混合;第二,像区域二一样的与完全透明区域的混合。对于与半透明区域的混合,在实战中一般是用不到的,所以我们在学习混合模式时,只需关注区域一和区域二在使用混合模式后的效果即可。

7. 示例：Twitter 标识的描边效果

这里我们将合成实现 Twitter 标识的描边效果，如下图所示。

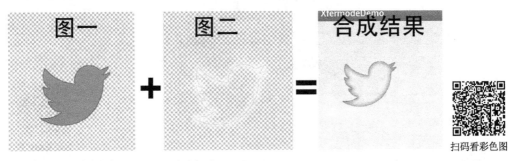

我们先来看一下要实现的效果应该使用哪种混合模式。

在图一中，小鸟整个都是蓝色的。在图二中，只有小鸟的边缘部分是白色的，中间部分是透明的。在最终的合成图中，图一和图二中小鸟与边缘的颜色是显示的，而且还有某种效果，但小鸟中间的区域变透明了，显示的是底部 Activity 的背景色。

在前面学到的几种混合模式中，只有 Mode.MULTIPLY（正片叠底）模式是在两张图片的一方透明时，结果像素是透明的，所以这里使用的就是 Mode.MULTIPLY 模式。

对应代码如下：

```
public class TwitterView extends View {
    private Paint mBitPaint;int layerId = canvas.saveLayer(0, 0, getWidth(),
getHeight(), null, Canvas.ALL_SAVE_FLAG);
    private Bitmap BmpDST,BmpSRC;
    public TwitterView(Context context, AttributeSet attrs) {
        super(context, attrs);
        setLayerType(LAYER_TYPE_SOFTWARE,null);
        mBitPaint = new Paint();
        BmpDST = BitmapFactory.decodeResource(getResources(), R.drawable.
twiter_bg, null);
        BmpSRC = BitmapFactory.decodeResource(getResources(),R.drawable.
twiter_light,null);
    }

    @Override
    protected void onDraw(Canvas canvas) {
        super.onDraw(canvas);
        int layerId = canvas.saveLayer(0, 0, getWidth(), getHeight(), null,
Canvas.ALL_SAVE_FLAG);

        canvas.drawBitmap(BmpDST,0,0,mBitPaint);
        mBitPaint.setXfermode(new PorterDuffXfermode(PorterDuff.Mode.MULTIPLY));
        canvas.drawBitmap(BmpSRC,0,0,mBitPaint);

        mBitPaint.setXfermode(null);
        canvas.restoreToCount(layerId);
```

        }
    }

这里的代码很好理解，我们不再详细讲解。

8.3 PorterDuffXfermode 之源图像模式

除 Photoshop 中存在的几种模式以外，还有几种是在处理结果时以源图像显示为主的模式，所以大家在遇到图像相交，需要显示源图像的情况时，就需要从这几种模式中考虑了，主要有 Mode.SRC、Mode.SRC_IN、Mode.SRC_OUT、Mode.SRC_OVER 和 Mode.SRC_ATOP。

8.3.1 Mode.SRC

对应的算法如下：

```
[Sa, Sc]
```

从公式中也可以看出，在处理源图像所在区域的相交问题时，全部以源图像显示。

示例图像如下图所示。

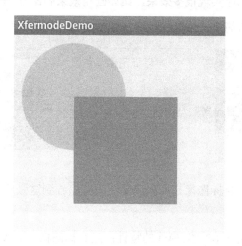

扫码看彩色图

8.3.2 Mode.SRC_IN

1. 概述

对应的算法如下：

```
[Sa * Da, Sc * Da]
```

在这个公式中，结果值的透明度和颜色值都是由 Sa、Sc 分别乘以目标图像的 Da 来计算的。所以，当目标图像为空白像素时，计算结果也将为空白像素。

示例图像如下图所示。

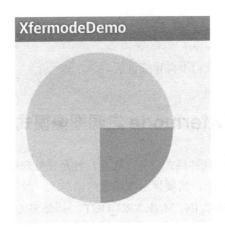

扫码看彩色图

大家注意 SRC_IN 与 SRC 模式的区别。一般而言，在相交区域中，无论是 SRC_IN 模式还是 SRC 模式都显示源图像，唯一不同的是，当目标图像是空白像素时，与 SRC_IN 模式所对应的区域也将变成空白像素。

其实更严格来讲，SRC_IN 模式是在相交时利用目标图像的透明度来改变源图像的透明度和饱和度的。当目标图像的透明度为 0 时，源图像就完全不显示。

利用这个特性，我们能实现很多效果，比如圆角效果和图片倒影。

圆角效果的生成非常简单，依然使用两张图片合成，如下图所示。

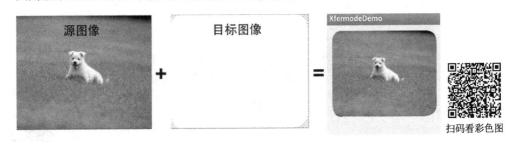

扫码看彩色图

小狗图像是源图像，目标图像是一张遮罩图，可以看到这张遮罩图的 4 个角都是圆形切角，而且都是透明的。

这里我们就需要使用 SRC_IN 模式的特性：当目标图像与源图像相交时，根据目标图像的透明度来决定显示源图像的哪部分。

所以，在目标图像不透明的位置，源图像是完全显示出来的；而对于目标图像完全透明的 4 个角，则源图像不显示。这样合成出来的效果图就是带有切角的圆形图像。

合成两张图片的代码在 8.1 节中已经使用过，这里就不再给出，如有疑问，请参考源码。

2．图片倒影效果

SRC_IN 模式是在相交时利用目标图像的透明度来改变源图像的透明度和饱和度的。所以，当目标图像的透明度在 0～255 之间时，就会把源图像的透明度和颜色值都变小。利用这个特性，可以实现倒影效果，如下图所示。

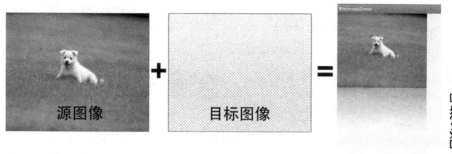

扫码看彩色图

很明显，由于 SRC_IN 模式的特性是根据目标图像的透明度来决定如何显示源图像，而我们要显示的是小狗图像，所以，源图像是小狗图像，目标图像是一张遮罩图；这张遮罩图看不太清，它是一个从上到下的白色填充渐变，白色的透明度从 49% 到 0。

在结果图中，我们先画出小狗图像，然后将画布下移，最后将源图像与目标图像再次合成，画出倒影即可。

自定义一个控件并初始化。

```java
public class InvertedImageView_SRCIN extends View {
    private Paint mBitPaint;
    private Bitmap BmpDST,BmpSRC,BmpRevert;
    public InvertedImageView_SRCIN(Context context, AttributeSet attrs) {
        super(context, attrs);
        setLayerType(View.LAYER_TYPE_SOFTWARE, null);
        mBitPaint = new Paint();
        BmpDST = BitmapFactory.decodeResource(getResources(), R.drawable.dog_invert_shade, null);
        BmpSRC = BitmapFactory.decodeResource(getResources(),R.drawable.dog, null);

        Matrix matrix = new Matrix();
        matrix.setScale(1F, -1F);
        BmpRevert = Bitmap.createBitmap(BmpSRC, 0, 0, BmpSRC.getWidth(), BmpSRC.getHeight(), matrix, true);
    }
    ...
}
```

在初始化的时候，加载遮罩图（目标图像）和小狗图像（源图像），并且将小狗图像翻转，创建小狗图片的倒置图，作为倒影的源图像。这里利用 Matrix 矩阵将图像进行翻转。

在绘图时，先将小狗图像画出来，然后将画布下移，最后画出倒影即可。

```java
protected void onDraw(Canvas canvas) {
    super.onDraw(canvas);

    int width = getWidth()/2;
    int height = width * BmpDST.getHeight()/BmpDST.getWidth();
```

```
    //先画出小狗图像
    canvas.drawBitmap(BmpSRC,null,new RectF(0,0,width,height),mBitPaint);

    //再将画布下移,画出倒影
    int layerId = canvas.saveLayer(0, 0, getWidth(), getHeight(), null,
Canvas.ALL_SAVE_FLAG);
    canvas.translate(0,height);

    canvas.drawBitmap(BmpDST,null,new RectF(0,0,width,height),mBitPaint);
    mBitPaint.setXfermode(new PorterDuffXfermode(PorterDuff.Mode.SRC_IN));
    canvas.drawBitmap(BmpRevert,null,new
RectF(0,0,width,height),mBitPaint);

    mBitPaint.setXfermode(null);

    canvas.restoreToCount(layerId);
}
```

在上述代码中,首先利用 canvas.drawBitmap(BmpSRC,null,new RectF(0,0,width,height), mBitPaint)画出小狗图像,在画图像的同时将源图像缩放到控件宽度为一半;之后将画布下移,根据遮罩和倒置的小狗图像画出小狗倒影即可。

8.3.3 Mode.SRC_OUT

1. 概述

对应的算法如下:

```
[Sa * (1 - Da), Sc * (1 - Da)]
```

示例图像如下图所示。

扫码看彩色图

从公式中可以看出,计算结果的透明度为 Sa * (1 - Da)。也就是说,当目标图像完全不透明时,计算结果将是透明的。

从示例图像中也可以看出,源图像与目标图像的相交区域由于目标图像的不透明度为100%,所以计算结果为空白像素。当目标图像为空白像素时,完全以源图像显示。

SRC_OUT 模式的特性可以概括为:以目标图像的透明度的补值来调节源图像的透明度和饱和度。即当目标图像为空白像素时,就完全显示源图像;当目标图像的不透明度为100%时,相交区域为空白像素。简单来说就是，当目标图像有图像时结果显示空白像素，当目标图像没有图像时结果显示源图像。

2. 橡皮擦效果

利用 SRC_OUT 模式的特性，可以实现橡皮擦效果，如下图所示。

扫码看动态效果图

在第 7 章中我们学会了使用贝济埃曲线来跟踪手势轨迹，下面考虑如何将用户的手势轨迹和小狗图像合成。很明显，这里需要将手势轨迹对应位置的小狗图像隐藏，所以小狗图像是源图像，用于显示；而将手势轨迹所在的图像作为目标图像，用于控制哪部分小狗图像显示。而 Mode.SRC_OUT 模式刚好能够实现当目标图像为不透明时，不显示相交区域的源图像；而当目标图像完全透明时，完全显示相交区域的源图像。

首先自定义一个控件，并且初始化相关参数。

```
public class EraserView_SRCOUT extends View {
    private Paint mBitPaint;
    private Bitmap BmpDST,BmpSRC;
    private Path mPath;
    private float mPreX,mPreY;

    public EraserView_SRCOUT(Context context, AttributeSet attrs) {
        super(context, attrs);
        setLayerType(View.LAYER_TYPE_SOFTWARE, null);
        mBitPaint = new Paint();
        mBitPaint.setColor(Color.RED);
        mBitPaint.setStyle(Paint.Style.STROKE);
        mBitPaint.setStrokeWidth(45);

        BitmapFactory.Options options = new BitmapFactory.Options();
        options.inSampleSize = 2;

        BmpSRC = BitmapFactory.decodeResource(getResources(),R.drawable.dog,options);
```

```
        BmpDST = Bitmap.createBitmap(BmpSRC.getWidth(), BmpSRC.getHeight(),
Bitmap.Config.ARGB_8888);
        mPath = new Path();
    }
    ...
}
```

在初始化 mBitPaint 画笔以后,通过设置 BitmapFactory.Options 的 inSampleSize(采样率),在加载图片时,将图片缩小为源图像的 1/2。根据源图像 BmpSRC 创建一幅相同大小的空白图像 BmpDST,用于在上面画手势轨迹。

然后在 onTouchEvent 中拦截用户手势,利用贝济埃曲线将手势点连接起来,形成手势轨迹。

```
public boolean onTouchEvent(MotionEvent event) {
    switch (event.getAction()){
        case MotionEvent.ACTION_DOWN:
            mPath.moveTo(event.getX(),event.getY());
            mPreX = event.getX();
            mPreY = event.getY();
            return true;
        case MotionEvent.ACTION_MOVE:
            float endX = (mPreX+event.getX())/2;
            float endY = (mPreY+event.getY())/2;
            mPath.quadTo(mPreX,mPreY,endX,endY);
            mPreX = event.getX();
            mPreY =event.getY();
            break;
        case MotionEvent.ACTION_UP:
            break;
    }
    postInvalidate();
    return super.onTouchEvent(event);
}
```

最终的手势轨迹保存在变量 mPath 中。有关贝济埃曲线保存手势轨迹的部分,这里就不再细讲,大家可以参考第 7 章。

绘图代码如下:

```
protected void onDraw(Canvas canvas) {
    super.onDraw(canvas);
    int layerId = canvas.saveLayer(0, 0, getWidth(), getHeight(), null,
Canvas.ALL_SAVE_FLAG);

    //先把手势轨迹画到目标图像上
    Canvas c = new Canvas(BmpDST);
    c.drawPath(mPath,mBitPaint);

    //然后把目标图像画到画布上
    canvas.drawBitmap(BmpDST,0,0,mBitPaint);
```

```
    //计算源图像区域
    mBitPaint.setXfermode(new PorterDuffXfermode(PorterDuff.Mode.SRC_OUT));
    canvas.drawBitmap(BmpSRC,0,0,mBitPaint);

    mBitPaint.setXfermode(null);
    canvas.restoreToCount(layerId);
}
```

这里有一点需要注意,由于手势轨迹保存在变量 mPath 中,所以我们必须把它画到空白图像 BmpDST 上。因为通过 Canvas c = new Canvas(BmpDST)创建空白图像 BmpDST 所对应的画布,在这块画布上所画的任意内容都会保存在 BmpDST 中,所以利用 c.drawPath(mPath,mBitPaint)将路径画到 BmpDST 上。

最后就是根据 Xfermode 的混合模式来先后画出目标图像和源图像的过程了。只要记得在设置 Xfermode 之前所画的图像是目标图像,在设置 Xfermode 之后所画的图像是源图像,就不会弄错。

3. 刮刮卡效果

在理解了橡皮擦效果以后,稍加修改,就可以完成刮刮卡效果,如下图所示。

扫码看动态图

左侧是自定义控件的初始图像;右侧是在用手势轨迹擦除上层小狗图像时,露出底层的另一张有关彩票结果的图片。

其实原理很简单,只需在橡皮擦效果的基础上稍加修改即可。

首先,在初始化的时候,加载底层用于显示结果的图像。

```
public class EraserView_SRCOUT extends View {
    private Paint mBitPaint;
    private Bitmap BmpDST, BmpSRC, BmpText;
```

```
    private Path mPath;
    private float mPreX, mPreY;

    public EraserView_SRCOUT(Context context, AttributeSet attrs) {
        super(context, attrs);
        ...

        BmpText = BitmapFactory.decodeResource(getResources(), R.drawable.
guaguaka_text, null);
        BmpSRC = BitmapFactory.decodeResource(getResources(), R.drawable.dog,
options);
        BmpDST = Bitmap.createBitmap(BmpSRC.getWidth(), BmpSRC.getHeight(),
Bitmap.Config.ARGB_8888);
        mPath = new Path();
    }
    ...
}
```

在上述代码中，用变量 BmpText 保存加载的结果图片。

然后在 onTouchEvent 中得到手势轨迹的 mPath 变量，这部分代码省略。

最后，在 onDraw() 函数中先画出底层的结果图片，再画出手势轨迹与小狗图像的合成效果图。由于小狗图像被手势轨迹擦除，从而露出底层的图片，给大家的感觉就是刮刮卡效果。

```
    protected void onDraw(Canvas canvas) {
        super.onDraw(canvas);

        //先画出底层的结果图片
        canvas.drawBitmap(BmpText, null, new RectF(0, 0, BmpDST.getWidth(), BmpDST.
getHeight()), mBitPaint);

        int layerId = canvas.saveLayer(0, 0, getWidth(), getHeight(), null, Canvas.
ALL_SAVE_FLAG);

        //再把手势轨迹画到目标图像上
        Canvas c = new Canvas(BmpDST);
        c.drawPath(mPath, mBitPaint);

        //然后把目标图像画到画布上
        canvas.drawBitmap(BmpDST, 0, 0, mBitPaint);

        //计算源图像区域
        mBitPaint.setXfermode(new PorterDuffXfermode(PorterDuff.Mode.SRC_OUT));
        canvas.drawBitmap(BmpSRC, 0, 0, mBitPaint);

        mBitPaint.setXfermode(null);
        canvas.restoreToCount(layerId);
    }
```

其实利用这个原理，只要上层的图像被手势轨迹擦除后，就一定会露出底层所画内容，所以底层可以直接用文本作为结果，而不一定是图片。

8.3.4　Mode.SRC_OVER

对应的算法如下：

```
[Sa + (1 - Sa)*Da, Rc = Sc + (1 - Sa)*Dc]
```

示例图像如下图所示。

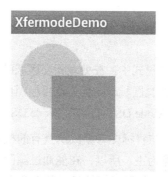

扫码看彩色图

在计算结果中，源图像没有改变。它的意思就是，在目标图像的顶部绘制源图像。从公式中也可以看出，目标图像的透明度为 Sa + (1 - Sa)*Da，即在源图像的透明度基础上增加一部分目标图像的透明度，增加的透明度是源图像透明度的补量；目标图像的色彩值的计算方式同理。所以，当源图像的透明度为 100%时，就原样显示源图像。

8.3.5　Mode.SRC_ATOP

对应的算法如下：

```
[Da, Sc * Da + (1 - Sa) * Dc]
```

示例图像如下图所示。

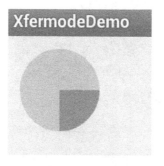

扫码看彩色图

很奇怪，它的效果图竟然与 SRC_IN 模式是相同的。我们来对比一下它们的公式，SRC_IN 的计算公式为[Sa * Da, Sc * Da]，SRC_ATOP 的计算公式为[Da, Sc * Da + (1 - Sa) * Dc]。先看透明度：在 SRC_IN 中是 Sa * Da，在 SRC_ATOP 中是 Da。SRC_IN 是以源图像的透明度乘以目标图像的透明度作为结果透明度的，而 SRC_ATOP 是直接使用目标图像的透明度作为结果透明度的。再看颜色值：SRC_IN 的颜色值为 Sc * Da，SRC_ATOP 的颜色值为 Sc * Da + (1 - Sa) * Dc，SRC_ATOP 在 SRC_IN 的基础上增加了(1 - Sa) * Dc。所以，结论为：（1）当透明度是 100%和 0 时，SRC_ATOP 和 SRC_IN 模式是通用的；（2）当透明度不是 100%和 0 时，SRC_ATOP 相比 SRC_IN 源图像的饱和度会增加，即会显得更亮。前面利用 SRC_IN 模式实现的圆角效果和倒影效果完全可以改用 SRC_ATOP 模式来实现，大家可以自己尝试一下。

8.4 目标图像模式与其他模式

8.4.1 目标图像模式

我们知道，在与 SRC 相关的模式中，在处理相交区域时，优先以源图像显示为主；而在与 DST 相关的模式中，在处理相交区域时，优先以目标图像显示为主。这部分所涉及的模式有 Mode.DST、Mode.DST_IN、Mode.DST_OUT、Mode.DST_OVER、Mode.DST_ATOP。

可以明显看出，源图像模式与目标图像模式所具有的模式是相同的，但一个以显示源图像为主，另一个以显示目标图像为主。所以，在能通过源图像模式实现的例子中，只需将源图像和目标图像对调一下，就可以使用对应的目标图像模式来实现了。

1．Mode.DST

计算公式如下：

```
[Da, Dc]
```

从公式中也可以看出，在处理源图像所在区域的相交问题时，正好与 Mode.SRC 模式相反，全部以目标图像显示。

示例图像如下图所示。

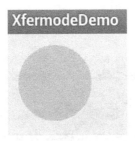

扫码看彩色图

2．Mode.DST_IN

1）概述

计算公式如下：

```
[Sa * Da, Sa * Dc]
```

将这个公式与 Mode.SRC_IN 的公式（[Sa * Da, Sc * Da]）对比一下，发现正好与 SRC_IN 相反，Mode.DST_IN 是在相交时利用源图像的透明度来改变目标图像的透明度和饱和度的。

当源图像的透明度为 0 时，目标图像完全不显示。

示例图像如下图所示。

扫码看彩色图

我们说过，利用 SRC 模式能实现的效果，只需将源图像和目标图像颠倒，利用对应的 DST 模式就可以实现同样的效果。比如，在 8.3 节中所实现的圆角效果，它对应的 DST 模式的代码如下：

```java
public class RoundImageView_SRCIN extends View {
    private Paint mBitPaint;
    private Bitmap BmpDST,BmpSRC;

    public RoundImageView_SRCIN(Context context, AttributeSet attrs) {
        super(context, attrs);
        setLayerType(View.LAYER_TYPE_SOFTWARE, null);
        mBitPaint = new Paint();

        BmpDST = BitmapFactory.decodeResource(getResources(), R.drawable.dog, null);
        BmpSRC = BitmapFactory.decodeResource(getResources(),R.drawable.dog_shade,null);
    }




    @Override
    protected void onDraw(Canvas canvas) {
        super.onDraw(canvas);
        int width = getWidth()/2;
        int height = width * BmpDST.getHeight()/BmpDST.getWidth();

        canvas.save();

        canvas.drawBitmap(BmpDST,null,new RectF(0,0,width,height),mBitPaint);
        mBitPaint.setXfermode(new PorterDuffXfermode(PorterDuff.Mode.DST_IN));
        canvas.drawBitmap(BmpSRC,null,new RectF(0,0,width,height),mBitPaint);

        mBitPaint.setXfermode(null);
        canvas.restore();
    }
}
```

很明显，这里只更改了两部分代码：首先，在解析图片时，将要显示的小狗图像作为目标图像，将控制哪部分显示的遮罩图像作为源图像；其次，将合成模式改为 Mode.DST_IN。其效果与 8.3 节中的圆角效果一致。

2）示例：区域波纹

扫码看动态效果图

混合过程如下图所示。

扫码看彩色图

很明显，图像一是单纯的文字图像，除文字以外的区域都是透明像素；图像二是一个波纹效果，除波纹以外的区域也都是透明像素。当波纹与文字合成以后，就是我们所要的效果图，波纹在文字里做动画。很明显，文字是遮罩，波纹是要显示的内容。

对于 Mode.DST_IN 模式而言，要显示的内容是目标图像，所以波纹是目标图像，文字遮罩是源图像。

从效果图中可以看到，在单纯混合后，文字遮罩与波纹不相交的部分是不会显示的。所以，为了完全显示文字，需要在遮罩前将文字完全画出来，之后再混合两张图片。

首先自定义控件并且初始化。

```
public class TextWave_DSTIN extends View {
    private Paint mPaint;
    private Path mPath;
    private int mItemWaveLength = 1000;
    private int dx;
```

```
    private Bitmap BmpSRC,BmpDST;
    public TextWave_DSTIN(Context context, AttributeSet attrs) {
        super(context, attrs);
        mPath = new Path();
        mPaint = new Paint();
        mPaint.setColor(Color.GREEN);
        mPaint.setStyle(Paint.Style.FILL_AND_STROKE);

        BmpSRC = BitmapFactory.decodeResource(getResources(), R.drawable.text_shade, null);
        BmpDST = Bitmap.createBitmap(BmpSRC.getWidth(), BmpSRC.getHeight(), Bitmap.Config.ARGB_8888);

        startAnim();
    }
    ...
}
```

在上述代码中，将文字遮罩作为源图像加载到内存中；而对于波纹效果，则通过贝济埃曲线绘制。所以新建一个与源图像相同大小的空白图像，用于绘制波纹。

然后创建动画，让波纹动起来。有关动态波纹的绘制效果请参考第 7 章，这里就不再赘述了，其中 startAnim()函数的代码如下：

```
public void startAnim(){
    ValueAnimator animator = ValueAnimator.ofInt(0,mItemWaveLength);
    animator.setDuration(2000);
    animator.setRepeatCount(ValueAnimator.INFINITE);
    animator.setInterpolator(new LinearInterpolator());
    animator.addUpdateListener(new ValueAnimator.AnimatorUpdateListener() {
        public void onAnimationUpdate(ValueAnimator animation) {
            dx = (Integer)animation.getAnimatedValue();
            postInvalidate();
        }
    });
    animator.start();
}
```

最后，绘图代码如下：

```
protected void onDraw(Canvas canvas) {
    super.onDraw(canvas);

    //将生成的波纹绘制到空白图像上
    generageWavePath();

    Canvas c = new Canvas(BmpDST);
    c.drawColor(Color.BLACK, PorterDuff.Mode.CLEAR);
    c.drawPath(mPath,mPaint);
```

```
    //先绘制文字,再绘制合成效果
    canvas.drawBitmap(BmpSRC,0,0,mPaint);
    int layerId = canvas.saveLayer(0, 0, getWidth(), getHeight(), null,
Canvas.ALL_SAVE_FLAG);
    canvas.drawBitmap(BmpDST,0,0,mPaint);
    mPaint.setXfermode(new PorterDuffXfermode(PorterDuff.Mode.DST_IN));
    canvas.drawBitmap(BmpSRC,0,0,mPaint);
    mPaint.setXfermode(null);
    canvas.restoreToCount(layerId);
}
```

在绘图时,先通过 generageWavePath()来生成波纹,再将其绘制到 BmpDST 上。需要注意的是,由于每次都会在 BmpDST 上绘制波纹,所以在绘制新的波纹前,需要先清空图像。有关通过 c.drawColor(Color.BLACK, PorterDuff.Mode.CLEAR)来清空图像的用法会在 Mode.CLEAR 模式中讲述,这里仅了解即可。

在合成前,先利用 canvas.drawBitmap(BmpSRC,0,0,mPaint)将文字绘制出来,再绘制 Xfermode 部分图像。从原理图中也可以看出,Xfermode 的合成图像是没有文字的上半部分的,所以先将完整的文字绘制出来,再绘制合成图像,以保证用户可以看到文字的上半部分。

生成波纹的 generageWavePath()函数的代码如下:

```
private void generageWavePath(){
    mPath.reset();
    int originY = BmpSRC.getHeight()/2;
    int halfWaveLen = mItemWaveLength/2;
    mPath.moveTo(-mItemWaveLength+dx,originY);
    for (int i = -mItemWaveLength;i<=getWidth()+mItemWaveLength;i+=
mItemWaveLength){
        mPath.rQuadTo(halfWaveLen/2,-50,halfWaveLen,0);
        mPath.rQuadTo(halfWaveLen/2,50,halfWaveLen,0);
    }
    mPath.lineTo(BmpSRC.getWidth(),BmpSRC.getHeight());
    mPath.lineTo(0,BmpSRC.getHeight());
    mPath.close();
}
```

3)示例:区域不规则波纹

在"区域波纹"示例中所实现的波纹是通过贝济埃曲线实现的规则波纹,如果我们想实现如下图所示的不规则波纹该怎么办呢?

扫码看动态效果图

合成过程如下图所示。

扫码看彩色图

图一是圆形遮罩，图二是要显示的波纹图片。很明显，波纹图片是很长的，当波纹图片在遮罩中不断从右向左移动时，合成的效果图就是逐渐变化的波纹效果图。在图二中有一个虚线圆圈，表示当前遮罩所在位置。所合成的效果图如最右侧图所示。

首先自定义一个控件并初始化。

```
public class IrregularWaveView extends View {

    private Paint mPaint;
    private int mItemWaveLength = 0;
    private int dx=0;

    private Bitmap BmpSRC,BmpDST;

    public IrregularWaveView(Context context, AttributeSet attrs) {
        super(context, attrs);
        mPaint = new Paint();

        BmpDST = BitmapFactory.decodeResource(getResources(), R.drawable.wave_bg, null);
        BmpSRC = BitmapFactory.decodeResource(getResources(),R.drawable.circle_shape,null);
        mItemWaveLength = BmpDST.getWidth();

        startAnim();
    }
    ...
}
```

由于这里将使用 Mode.DST_IN 模式，所以要显示的内容为目标图像，圆形遮罩是源图像，波纹图片是目标图像。然后逐渐移动波纹图片，以完成波纹动画效果。其中，startAnim()函数的代码如下：

```
public void startAnim(){
    ValueAnimator animator = ValueAnimator.ofInt(0,mItemWaveLength);
```

```
    animator.setDuration(4000);
    animator.setRepeatCount(ValueAnimator.INFINITE);
    animator.setInterpolator(new LinearInterpolator());
    animator.addUpdateListener(new ValueAnimator.AnimatorUpdateListener() {
        public void onAnimationUpdate(ValueAnimator animation) {
            dx = (Integer)animation.getAnimatedValue();
            postInvalidate();
        }
    });
    animator.start();
}
```

这里设置的动画移动距离是从 0 到波纹图片的长度,循环移动波纹图片。

绘图部分的代码如下:

```
protected void onDraw(Canvas canvas) {
    super.onDraw(canvas);

    //先画上圆形
    canvas.drawBitmap(BmpSRC,0,0,mPaint);
    //再画上结果
    int layerId = canvas.saveLayer(0, 0, getWidth(), getHeight(), null, Canvas.ALL_SAVE_FLAG);
    canvas.drawBitmap(BmpDST,new Rect(dx,0,dx+BmpSRC.getWidth(),BmpSRC.getHeight()),new Rect(0,0,BmpSRC.getWidth(),BmpSRC.getHeight()),mPaint);
    mPaint.setXfermode(new PorterDuffXfermode(PorterDuff.Mode.DST_IN));
    canvas.drawBitmap(BmpSRC,0,0,mPaint);
    mPaint.setXfermode(null);
    canvas.restoreToCount(layerId);
}
```

同样,由于合成的波纹是没有上半部分的,所以这里先通过 canvas.drawBitmap(BmpSRC, 0,0,mPaint)画上完整的黑色圆圈图像,然后通过 Xfermode 来合成两张图片。

这里最难的部分应该是画 BmpDST 的这句代码:

```
canvas.drawBitmap(BmpDST,new Rect(dx,0,dx+BmpSRC.getWidth(),BmpSRC.getHeight()), new Rect(0,0,BmpSRC.getWidth(),BmpSRC.getHeight()),mPaint);
```

它的意思就是截取波纹图片上 new Rect(dx,0,dx+BmpSRC.getWidth(),BmpSRC.getHeight())这个矩形位置,将其画在 BmpSRC 的位置 new Rect(0,0,BmpSRC.getWidth(),BmpSRC.getHeight())上。

3. Mode.DST_OUT

计算公式如下:

```
[Da * (1 - Sa), Dc * (1 - Sa)]
```

将这个公式与 Mode.SRC_OUT 的公式([Sa * (1 - Da), Sc * (1 - Da)])对比一下可以看出,Mode.SRC_OUT 是利用目标图像的透明度的补值来改变源图像的透明度和饱和度的;而 Mode.DST_OUT 是通过源图像的透明度的补值来改变目标图像的透明度和饱和度的。

简单来说，在 Mode.DST_OUT 模式下，相交区域显示的是目标图像，目标图像的透明度和饱和度与源图像的透明度相反，当源图像的透明度是 100%时，则相交区域为空值；当源图像的透明度为 0 时，则完全显示目标图像。非相交区域完全显示目标图像。

示例图像如下图所示。

扫码看彩色图

拿 8.2.1 节中提到的示例图像的分解图来讲解一下这个效果的生成方式，如下图所示。

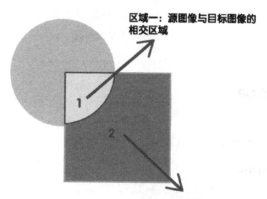

图中区域一的相交区域：在 DST_OUT 模式下，由于源图像的透明度是 100%，所以计算后的结果图像在这个区域是空白像素。

图中区域二的非相交区域：在 DST_OUT 模式下，这个区域的源图像透明度仍为 100%，所以计算后的结果图像在这个区域仍是空白像素。

所以，当源图像的区域透明度为 100%时，所在区域计算结果为透明像素；当源图像的区域透明时，非相交区域的计算结果就是目标图像。

这与 SRC_OUT 模式的结果正好相反，在 SRC_OUT 模式下，当目标图像的区域透明度为 100%时，所在区域计算结果为透明像素；当目标图像的区域透明时，非相交区域的计算结果就是源图像。

所以，在 8.3.3 节中使用 SRC_OUT 模式实现的橡皮擦效果和刮刮卡效果都是可以使用 DST_OUT 模式实现的，只需要将 SRC 和 DST 所对应的图像翻转一下就可以了。这里就不再实现了，大家自己来试试吧。

4. Mode.DST_OVER

计算公式为：

```
[Sa + (1 - Sa)*Da, Rc = Dc + (1 - Da)*Sc]
```

同样先与 Mode.SRC_OVER 的公式（[Sa + (1 - Sa)*Da, Rc = Sc + (1 - Sa)*Dc]）对比一下，可以看出，从 SRC 模式中以显示 SRC 图像为主变成了以显示 DST 图像为主，从 SRC 模式中由使用目标图像控制结果图像的透明度和饱和度变成了由源图像控制结果图像的透明度和饱和度。

示例图像如下图所示。

扫码看彩色图

5. Mode.DST_ATOP

计算公式如下：

```
[Sa, Sa * Dc + Sc * (1 - Da)]
```

示例图像如下图所示。

扫码看彩色图

在 SRC 中，一般而言，SRC_ATOP 是可以和 SRC_IN 通用的，但 SRC_ATOP 所产生的效果图在目标图像的透明度不是 0 或 100% 的时候，会比 SRC_IN 模式产生的效果图更亮。

我们再来对比一下 DST 中的两种模式与 SRC 中的两种模式的公式的区别。

SRC_IN：[Sa * Da, Sc * Da]

SRC_ATOP：[Da, Sc * Da + (1 - Sa) * Dc]

DST_IN：[Sa * Da, Sa * Dc]

DST_ATOP：[Sa, Sa * Dc + Sc * (1 - Da)]

从公式中可以看到，在 SRC 模式中，以显示源图像为主，透明度和饱和度利用 Da 来调节；而在 DST 模式中，以显示目标图像为主，透明度和饱和度利用 Sa 来调节。

所以，Mode.DST_ATOP 与 Mode.DST_IN 的关系也是：一般而言，DST_ATOP 是可以和 DST_IN 通用的，但 DST_ATOP 所产生的效果图在源图像的透明度不是 0 或 100%的时候，会比 DST_IN 模式产生的效果图更亮。

同样，使用 Mode.DST_ATOP 也可以实现 8.3.2 节中利用 Mode.SRC_ATOP 所实现的两个示例：圆角效果和图片倒影，这里就不再讲解了。

到这里，有关 DST 的模式就讲完了，我们总结一下：

（1）DST 相关模式是完全可以使用 SRC 对应的模式来实现的，只需将目标图像和源图像对调一下即可。

（2）在 SRC 模式中，以显示源图像为主，通过目标图像的透明度来调节计算结果的透明度和饱和度；而在 DST 模式中，以显示目标图像为主，通过源图像的透明度来调节计算结果的透明度和饱和度。

8.4.2 其他模式——Mode.CLEAR

计算公式如下：

```
[0, 0]
```

示例图像如下图所示。

扫码看彩色图

从公式中可以看到，计算结果直接就是[0,0]，即空白像素。也就是说，源图像所在区域都会变成空白像素，这样就起到了清空源图像所在区域图像的作用。

8.4.3 模式总结

在实际应用中，我们可以从以下三个方面来决定使用哪种模式。

（1）目标图像和源图像混合，需不需要生成颜色的叠加特效。如果需要，则从颜色叠加相关模式中选择，有 Mode.ADD（饱和度相加）、Mode.DARKEN（变暗）、Mode.LIGHTEN（变亮）、Mode.MULTIPLY（正片叠底）、Mode.OVERLAY（叠加）、Mode.SCREEN（滤色）。

（2）当不需要特效，而需要根据某张图片的透明像素来裁剪时，就需要使用 SRC 相关模式或 DST 相关模式了。而 SRC 相关模式与 DST 相关模式是相通的，唯一不同的是决定当前哪个图像是目标图像和源图像。

（3）当需要清空图像时，使用 Mode.CLEAR 模式。

第 9 章 Canvas 与图层

梦想还是要有的，万一实现了呢？

9.1 获取 Canvas 对象的方法

9.1.1 方法一：重写 onDraw()、dispatchDraw()函数

一般在自定义 View 时，我们都会重写 onDraw()、dispatchDraw()函数。先来看一下 onDraw()、dispatchDraw()函数的定义，如下：

```
protected void onDraw(Canvas canvas) {
    super.onDraw(canvas);
}

protected void dispatchDraw(Canvas canvas) {
    super.dispatchDraw(canvas);
}
```

可以看到，onDraw()、dispatchDraw()函数在传入的参数中都有一个 Canvas 对象，这个 Canvas 对象是 View 中的 Canvas 对象，利用这个 Canvas 对象绘图，效果会直接反映在 View 中。

onDraw()、dispatchDraw()函数的区别如下：

- onDraw()函数用于绘制视图自身。
- dispatchDraw()函数用于绘制子视图。

无论是 View 还是 ViewGroup，对这两个函数的调用顺序都是 onDraw()→dispatchDraw()。

但在 ViewGroup 中，当它有背景的时候就会调用 onDraw()函数；否则就会跳过 onDraw()函数，直接调用 dispatchDraw()函数。所以，如果要在 ViewGroup 中绘图，则往往会重写 dispatchDraw()函数。

在 View 中，onDraw()和 dispatchDraw()函数都会被调用，所以我们无论是把绘图代码放在 onDraw()函数还是 dispatchDraw()函数中都是可以得到效果的。但是，由于 dispatchDraw()

函数用于绘制子视图,所以,从原则上来讲,在绘制 View 控件时,我们会重写 onDraw()函数。

总结:在绘制 View 控件时,需要重写 onDraw()函数;在绘制 ViewGroup 控件时,需要重写 dispatchDraw()函数。

9.1.2 方法二:使用 Bitmap 创建

1. 构建方法

使用:

```
Canvas c = new Canvas(bitmap);
```

或

```
Canvas c = new Canvas();
c.setBitmap(bitmap);
```

其中,bitmap 可以从图片中加载,也可以自行创建。

```
//方法一:新建一个空白 bitmap
Bitmap bmp = Bitmap.createBitmap(width ,height Bitmap.Config.ARGB_8888);
//方法二:从图片中加载
Bitmap bmp = BitmapFactory.decodeResource(getResources(),R.drawable.wave_bg,null);
```

除这两种方法以外,还有其他几种方法(比如构造一个具有 Matrix 的图像副本——前面示例中的图片倒影),这里就不再涉及了,大家可以去查看 Bitmap 的构造函数。

2. 在 onDraw()函数中使用

需要注意的是,如果我们用 Bitmap 构造了一个 Canvas,那么在这个 Canvas 上绘制的图像也都会保存在这个 Bitmap 上,而不会画在 View 上。如果想画在 View 上,就必须使用 onDraw(Canvas canvas)函数中传入的 Canvas 画一遍 Bitmap。

下面举一个例子,代码如下:

```java
public class BitmapCanvasView extends View {
    private Bitmap mBmp;
    private Paint mPaint;
    private Canvas mBmpCanvas;
    public BitmapCanvasView(Context context, AttributeSet attrs) {
        super(context, attrs);

        mPaint = new Paint();
        mPaint.setColor(Color.BLACK);
        mBmp = Bitmap.createBitmap(500 ,500 , Bitmap.Config.ARGB_8888);
        mBmpCanvas = new Canvas(mBmp);
    }

    @Override
    protected void onDraw(Canvas canvas) {
        super.onDraw(canvas);
```

```
            mPaint.setTextSize(50);
            mBmpCanvas.drawText("欢迎光临",0,100,mPaint);

            //canvas.drawBitmap(mBmp,0,0,mPaint);

    }
}
```

运行这段代码后会发现，结果是一片空白，我们写的字去哪儿了？在 onDraw()函数中，我们只是将文字写在了 mBmpCanvas 上，也就是我们新建的 mBmp 图片上，而最终没有将图片画在画布上。因为文字被写在了图片上，而画布上却没有任何内容，所以结果是一片空白。如果将注释掉的最后一句打开，即可将图片画在画布上，在视图上就会显示文字了，如下图所示。

9.1.3 方法三：调用 SurfaceHolder.lockCanvas()函数

在使用 SurfaceView 时，当调用 SurfaceHolder.lockCanvas()函数时，也会创建 Canvas 对象，有关 SurfaceView 的知识可以参考第 10 章。

9.2 图层与画布

前面讲过 Canvas 的 save()和 restore()函数，除这两个函数以外，还有其他一些函数用来保存和恢复画布状态。

9.2.1 saveLayer()函数

saveLayer 有两个构造函数，如下：

```
/**
 * 保存指定矩形区域的 Canvas 内容
 */
public int saveLayer(RectF bounds, Paint paint, int saveFlags)
public int saveLayer(float left, float top, float right, float bottom,Paint paint, int saveFlags)
```

参数：

- RectF bounds：要保存的区域所对应的矩形对象。

- int saveFlags: 取值有 ALL_SAVE_FLAG、MATRIX_SAVE_FLAG、CLIP_SAVE_FLAG、HAS_ALPHA_LAYER_SAVE_FLAG、FULL_COLOR_LAYER_SAVE_FLAG 和 CLIP_TO_LAYER_SAVE_FLAG，其中 ALL_SAVE_FLAG 表示保存全部内容。这些标识的具体含义在后面会具体讲解。

第二个构造函数实际上与第一个构造函数是一样的，只不过它是根据 4 个点来构造一个矩形的。下面以 Xfermode 为例，来看看 saveLayer()函数都做了什么。

```java
public class XfermodeView extends View {
    private int width = 400;
    private int height = 400;
    private Bitmap dstBmp;
    private Bitmap srcBmp;
    private Paint mPaint;

    public XfermodeView(Context context, AttributeSet attrs) {
        super(context, attrs);

        setLayerType(View.LAYER_TYPE_SOFTWARE, null);
        srcBmp = makeSrc(width, height);
        dstBmp = makeDst(width, height);
        mPaint = new Paint();
    }

    @Override
    protected void onDraw(Canvas canvas) {
        super.onDraw(canvas);
        canvas.drawColor(Color.GREEN);

        int layerID = canvas.saveLayer(0, 0, width * 2, height * 2, mPaint, Canvas.ALL_SAVE_FLAG);
        canvas.drawBitmap(dstBmp, 0, 0, mPaint);
        mPaint.setXfermode(new PorterDuffXfermode(PorterDuff.Mode.SRC_IN));
        canvas.drawBitmap(srcBmp, width / 2, height / 2, mPaint);
        mPaint.setXfermode(null);
        canvas.restoreToCount(layerID);
    }

    // 创建一张圆形图片
    static Bitmap makeDst(int w, int h) {
        Bitmap bm = Bitmap.createBitmap(w, h, Bitmap.Config.ARGB_8888);
        Canvas c = new Canvas(bm);
        Paint p = new Paint(Paint.ANTI_ALIAS_FLAG);

        p.setColor(0xFFFFCC44);
        c.drawOval(new RectF(0, 0, w, h), p);
        return bm;
    }
```

```
//创建一张矩形图片
static Bitmap makeSrc(int w, int h) {
    Bitmap bm = Bitmap.createBitmap(w, h, Bitmap.Config.ARGB_8888);
    Canvas c = new Canvas(bm);
    Paint p = new Paint(Paint.ANTI_ALIAS_FLAG);

    p.setColor(0xFF66AAFF);
    c.drawRect(0, 0, w, h, p);
    return bm;
}
```

这段代码我们很熟悉,这是在讲解 setXfermode()函数时的示例代码,但在调用 saveLayer()函数前把整个屏幕画成了绿色,效果如下图所示。

扫码看彩色图

那么问题来了:如果我们把 saveLayer()函数去掉,则会怎样?代码如下:

```
protected void onDraw(Canvas canvas) {
    super.onDraw(canvas);
    canvas.drawColor(Color.GREEN);
    canvas.drawBitmap(dstBmp, 0, 0, mPaint);
    mPaint.setXfermode(new PorterDuffXfermode(PorterDuff.Mode.SRC_IN));
    canvas.drawBitmap(srcBmp, width / 2, height / 2, mPaint);
    mPaint.setXfermode(null);
}
```

效果如下图所示。

扫码看彩色图

可以看到，效果居然不一样。先来回顾一下 Mode.SRC_IN 模式的效果：在处理源图像时，以显示源图像为主，在相交时利用目标图像的透明度来改变源图像的透明度和饱和度；当目标图像的透明度为 0 时，源图像就完全不显示。

再回过头来看结果：第一个结果是对的，因为除与圆相交以外的区域透明度都是 0；而第二个结果怎么变成了这样，源图像为什么全部显示出来了？

1. 调用 saveLayer()函数时的绘图流程

在调用 saveLayer()函数时，会生成一块全新的画布（Bitmap），这块画布的大小就是我们指定的所要保存区域的大小。新生成的画布是全透明的，在调用 saveLayer()函数后所有的绘图操作都是在这块画布上进行的。

我们讲过，在利用 Xfermode 画源图像时，会把之前画布上所有的内容都作为目标图像；而在调用 saveLayer()函数新生成的画布上，只有 dstBmp 对应的圆形。所以，除与圆形相交之外的位置都是空白像素。

对于 Xfermode 而言，在绘图完成之后，会把调用 saveLayer()函数所生成的透明画布覆盖在原来的画布上面，以形成最终的显示结果。

此时的 Xfermode 的合成过程如下图所示。

第 9 章 Canvas 与图层

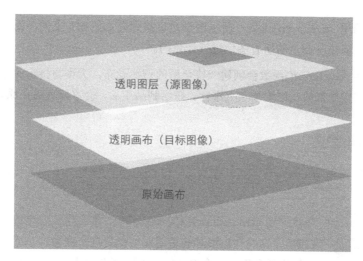

扫码看彩色图

中间的透明画布就是调用 saveLayer()函数自动生成的，最上方的透明图层是调用 drawBitmap()函数生成的。我们知道，每次调用 canvas.drawXXX 系列函数，都会生成一个透明图层来专门绘制这个图形，而每次生成的图层都会叠加到最近的画布上。因为我们在这里对源图像应用了 Xfermode 算法，所以在叠加到就近的调用 saveLayer()函数生成的画布上时，会进行计算。在新建的画布上绘制完成以后，整体覆盖在原始画布上显示出来。

正是因为在使用 Xfermode 计算时，目标图像是绘制在新建的透明画布上的，所以除圆形以外的区域全部是透明像素，最终的显示结果是正确的。

2. 没有 saveLayer()函数时的绘图流程

在第二个示例中，唯一不同的就是把 saveLayer()函数去掉了。

在去掉 saveLayer()函数后，就不会新建画布了。当然，所有的绘图操作都会在原始画布上进行。

由于先把整块画布染成了绿色，再画上一个圆形，所以在应用 Xfermode 来画源图像的时候，在目标画布上是没有透明像素的。这也就不难解释结果为什么是这样的。

此时的 Xfermode 合成过程如下图所示。

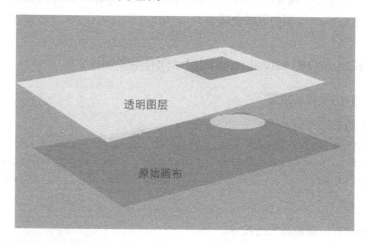

扫码看彩色图

由于没有调用 saveLayer()函数，所以圆形是直接画在原始画布上的，而当矩形与其相交时，就是直接与原始画布上的所有图像进行计算的。

结论：调用 saveLayer()函数会创建一块全新的透明画布，大小与指定保存的区域大小一致，其后的绘图操作都放在这块画布上进行。在绘制结束后，会直接覆盖在原始画布上显示。

9.2.2 画布与图层

上面讲到了画布（Bitmap）、图层（Layer）和 Canvas 的概念，下面具体讲解一下它们之间的关系。

- 图层（Layer）：每次调用 canvas.drawXXX 系列函数，都会生成一个透明图层专门来绘制这个图形，比如前面在绘制矩形时的透明图层就是这个概念。
- 画布（Bitmap）：每块画布都是一个 Bitmap，所有的图像都是画在这个 Bitmap 上的。我们知道，每次调用 canvas.drawXXX 系列函数，都会生成一个专用的透明图层来绘制这个图形，绘制完成以后，就覆盖在画布上。所以，如果我们连续调用 5 个 draw 函数，就会生成 5 个透明图层，画完之后依次覆盖在画布上显示。画布有两种：一种是 View 的原始画布，是通过 onDraw(Canvas canvas)函数传入的，参数中的 canvas 对应的是 View 的原始画布，控件的背景就是画在这块画布上的；另一种是人造画布，通过 saveLayer()、new Canvas(bitmap)等函数来人为地新建一块画布。尤其是 saveLayer()函数，一旦调用 saveLayer()函数新建一块画布，以后所有 draw 函数所画的图像都是画在这块画布上的，只有在调用 restore()、restoreToCount()函数以后，才会返回到原始画布上进行绘制。
- Canvas：Canvas 是画布的表现形式，我们所要绘制的任何东西都是利用 Canvas 来实现的。在代码中，Canvas 的生成方式只有一种—— new Canvas(bitmap)，即只能通过 Bitmap 生成，无论是原始画布还是人造画布，所有的画布最后都是通过 Canvas 画到 Bitmap 上的。可以把 Canvas 理解成绘图的工具，利用它所封装的绘图函数来绘图，而所要绘制的内容最后是画在 Bitmap 上的。所以，如果我们利用 Canvas.clipXXX 系列函数将画布进行裁剪，其实就是把它对应的 Bitmap 进行裁剪，与之对应的结果是以后再利用 Canvas 绘图的区域会减小。

9.2.3 saveLayer()和 saveLayerAlpha()函数的用法

1. saveLayer()函数的用法

saveLayer()函数的声明如下：

```
public int saveLayer(RectF bounds, Paint paint, int saveFlags)
public int saveLayer(float left, float top, float right, float bottom,Paint paint, int saveFlags)
```

参数：

- RectF bounds：新建画布的尺寸。

- Paint paint：画笔实例。
- int saveFlags：新建画布的标识（将在 9.3 节中详细讲述）。

saveLayer()函数会新建一块画布（Bitmap），后续的所有操作都是在这块画布上进行的。下面我们来看一下 saveLayer()函数使用中的注意事项。

（1）saveLayer()函数后的所有动作都只对新建画布有效。

我们先来看一个例子，代码如下：

```
public class SaveLayerUseExample extends View{
    private Paint mPaint;
    private Bitmap mBitmap;
    public SaveLayerUseExample(Context context, AttributeSet attrs) {
        super(context, attrs);
        mPaint = new Paint();
        mPaint.setColor(Color.RED);
        mBitmap = BitmapFactory.decodeResource(getResources(),R.drawable.dog);;
    }

    @Override
    protected void onDraw(Canvas canvas) {
        super.onDraw(canvas);
        canvas.drawBitmap(mBitmap,0,0,mPaint);

        int layerID = canvas.saveLayer(0,0,getWidth(),getHeight(),mPaint,
Canvas.ALL_SAVE_FLAG);
        canvas.skew(1.732f,0);
        canvas.drawRect(0,0,150,160,mPaint);
        canvas.restoreToCount(layerID);
    }
}
```

效果如下图所示。

扫码看彩色图

在 onDraw()函数中，我们先在 View 的原始画布上画上了小狗图像，然后利用 saveLayer()函数新建了一个图层，接着利用 canvas.skew()函数将新建的图层水平斜切 45°，所以之后画的矩形(0,0,150,160)就是斜切的。

而正是由于在新建画布后的各种操作都是针对新建画布进行的，所以不会对以前的画布产生影响。从效果图中也可以明显看出，将画布水平斜切45°只影响了saveLayer()函数的新建画布，并没有对原始画布产生影响。

（2）通过Rect指定的矩形大小就是新建的画布大小。

在saveLayer()函数的参数中，可以通过指定Rect对象或者指定4个点来指定一个矩形，这个矩形的大小就是新建画布的大小。我们举例来看一下。

假如对上面的onDraw()函数进行重写，作如下实现：

```
protected void onDraw(Canvas canvas) {
    super.onDraw(canvas);
    canvas.drawBitmap(mBitmap, 0, 0, mPaint);

    int layerID = canvas.saveLayer(0, 0, 200, 200, mPaint, Canvas.ALL_SAVE_FLAG);
    canvas.drawColor(Color.GRAY);
    canvas.restoreToCount(layerID);
}
```

效果如下图所示。

扫码看彩色图

在绘图时，我们先把小狗图像绘制在原始画布上，然后新建一个大小为(0,0,200,200)的透明画布，并将画布填充为灰色。由于画布大小只有(0,0,200,200)，所以从效果图中可以看出，也只有这一小部分区域被填充为灰色。

有些读者可能会想，为了避免画布太小而出现问题，每次都新建一块屏幕大小的画布不就好了？这样做虽然不会出现问题，但屏幕大小的画布需要多少存储空间呢？按一个像素需要8bit存储空间算，分辨率为1024像素×768像素的机器，所占用的存储空间就是1024×768×8=6.2MB。所以我们在使用saveLayer()函数新建画布时，一定要选择适当的大小，否则你的App很可能OOM（Out Of Memory，内存溢出）。

注意：在上述示例中都是直接新建全屏画布的，这只是为了方便展示，在现实使用中一定要创建适当的画布大小。

2. saveLayerAlpha()函数的用法

saveLayerAlpha()函数的声明如下：

```
public int saveLayerAlpha(RectF bounds, int alpha, int saveFlags)
public int saveLayerAlpha(float left, float top, float right, float bottom,int alpha, int saveFlags)
```

相比 saveLayer()函数，多了一个 alpha 参数，用于指定新建画布的透明度，取值范围为0～255，可以用十六进制数的 oxAA 表示，取 0 时表示全透明。

这个函数的含义也是在调用的时候新建一块画布，以后的各种绘图操作都作用在这块画布上，但这块画布是有透明度的，透明度就是通过 alpha 参数指定的。

将上述示例中的 saveLayer()函数改为 saveLayerAlpha()函数来重新作图。

```
protected void onDraw(Canvas canvas) {
    super.onDraw(canvas);
    canvas.drawBitmap(mBitmap, 0, 0, mPaint);

    int layerID = canvas.saveLayerAlpha(0, 0, 200, 200, 100, Canvas.ALL_SAVE_FLAG);
    canvas.drawColor(Color.WHITE);
    canvas.restoreToCount(layerID);
}
```

效果如下图所示。

扫码看彩色图

在调用 saveLayerAlpha()函数时，将新建画布的透明度设置为 100，然后将画布同样填充为白色。从效果图中可以看出，在新建图像与上层画布合成后，是具有透明度的。

9.3 Flag 的具体含义

在 Canvas 中有如下几个 save 系列函数：

```
public int save()
public int save(int saveFlags)
public int saveLayer(RectF bounds, Paint paint, int saveFlags)
public int saveLayer(float left, float top, float right, float bottom,Paint paint, int saveFlags)
public int saveLayerAlpha(RectF bounds, int alpha, int saveFlags)
public int saveLayerAlpha(float left, float top, float right, float bottom,int alpha, int saveFlags)
```

可以看到，flag 参数在诸多函数中都有使用，这里我们先关注 save 的两个构造函数和 saveLayer 的两个构造函数。我们知道，二者的不同之处在于，saveLayer()函数会新建一块画布，而 save()函数则不会新建画布。它们都具有 Flag（标识），这些 Flag（标识）的含义和适用范围如下表所示。

Flag	含义	适用范围
ALL_SAVE_FLAG	保存所有的标识	save()、saveLayer()
MATRIX_SAVE_FLAG	仅保存 Canvas 的 matrix 数组	save()、saveLayer()
CLIP_SAVE_FLAG	仅保存 Canvas 的当前大小	save()、saveLayer()
HAS_ALPHA_LAYER_SAVE_FLAG	标识新建的 bmp 具有透明度，在与上层画布结合时，透明位置显示上层图像。与 FULL_COLOR_LAYER_SAVE_FLAG 冲突，若同时指定，则以 HAS_ALPHA_LAYER_SAVE_FLAG 为主	saveLayer()
FULL_COLOR_LAYER_SAVE_FLAG	标识新建的 bmp 颜色完全独立，在与上层画布结合时，先清空上层画布再覆盖上去	saveLayer()
CLIP_TO_LAYER_SAVE_FLAG	在保存图层前先把当前画布根据 bounds 裁剪。与 CLIP_SAVE_FLAG 冲突，若同时指定，则以 CLIP_SAVE_FLAG 为主	saveLayer()

从表格中可以看到，ALL_SAVE_FLAG、MATRIX_SAVE_FLAG、CLIP_SAVE_FLAG 是 save()和 saveLayer()函数共用的，而另外三个 Flag 是 saveLayer()函数专用的。

我们逐个解析一下它们的不同之处。在讲解之前，先考虑一下：如果让我们保存一块画布的状态，以便恢复，则需要保存哪些内容呢？

第一个是位置信息，第二个是大小信息，好像除此之外也没什么了。位置信息对应的是 MATRIX_SAVE_FLAG，大小信息对应的是 CLIP_SAVE_FLAG，这是 save()和 saveLayer()函数所公用的标识。而 saveLayer()函数专用的三个标识用于指定 saveLayer()函数新建的画布具有哪种特性，而不是保存画布的范畴。

9.3.1 Flag 之 MATRIX_SAVE_FLAG

我们知道，canvas.translate（平移）、canvas.rotate（旋转）、canvas.scale（缩放）、canvas.skew

(扭曲) 其实都是利用位置矩阵 Matrix 实现的,而 MATRIX_SAVE_FLAG 标识仅保存这个位置矩阵,除此之外的任何内容都不会被保存。

我们举一个例子来看一下。代码如下:

```
public class MATRIX_SAVE_FLAG_View extends View {
    private Paint mPaint;
    public MATRIX_SAVE_FLAG_View(Context context, AttributeSet attrs) {
        super(context, attrs);
        setLayerType(LAYER_TYPE_SOFTWARE,null);
        mPaint = new Paint();

        mPaint.setColor(Color.GRAY);
    }

    @Override
    protected void onDraw(Canvas canvas) {
        super.onDraw(canvas);

        canvas.save(Canvas.MATRIX_SAVE_FLAG);
        canvas.rotate(40);
        canvas.drawRect(100,0,200,100,mPaint);
        canvas.restore();

        mPaint.setColor(Color.BLACK);
        canvas.drawRect(100,0,200,100,mPaint);
    }
}
```

我们直接看 onDraw() 函数,先调用 canvas.save(Canvas.MATRIX_SAVE_FLAG)函数将 Canvas 的位置矩阵保存起来;然后将画布旋转 40°,画一个灰色矩形;接着调用 canvas.restore() 函数将画布恢复;最后在同一个位置画一个黑色矩形。

效果如下图所示。

很明显,在调用 canvas.restore()函数后,画布恢复到原始状态。

如果我们对画布进行了裁剪,则能不能恢复画布?

```
protected void onDraw(Canvas canvas) {
    super.onDraw(canvas);
```

```
    canvas.save(Canvas.MATRIX_SAVE_FLAG);
    canvas.clipRect(100,0,200,100);
    canvas.drawColor(Color.GRAY);
    canvas.restore();

    canvas.drawColor(Color.BLACK);
}
```

效果如下图所示。

在上面的例子中,我们首先对画布进行裁剪,然后将剪裁后的画布染成灰色,接着将画布恢复,最后将恢复后的画布染成黑色。

从效果图来看,在恢复画布后,把画布全部染成了黑色,但是并没有染全屏幕的画布,而只染了clip(裁剪)后的一部分,这说明被裁剪的画布没有被还原。

我们说过,调用 canvas.save(Canvas.MATRIX_SAVE_FLAG)函数只会保存位置矩阵,恢复时也只会恢复画布的位置信息,有关画布的大小是不会被恢复的。

结论:

(1) MATRIX_SAVE_FLAG 标识只会保存位置矩阵,在恢复时也只会恢复画布的位置信息,除此之外的任何信息(比如画布大小)是不会被恢复的,这一点 save()与 saveLayer()函数相同。

(2) saveLayer()函数在使用 Canvas.MATRIX_SAVE_FLAG 标识时,需要与 Canvas.HAS_ALPHA_LAYER_SAVE_FLAG 标识一起使用,否则新建画布所在区域原来的图像将被清空。

9.3.2 Flag 之 CLIP_SAVE_FLAG

这个标识的含义是仅保存 Canvas 的裁剪信息,而对于位置信息则不管不问,所以在调用 canvas.restore()函数时,只会恢复 Canvas 的大小,而 Canvas 的旋转、平移等位置改变的信息是不会被恢复的。

我们先来看一个裁剪的例子,代码如下:

```
public class CLIP_SAVE_FLAG_View extends View {
    private Paint mPaint;
    public CLIP_SAVE_FLAG_View(Context context, AttributeSet attrs) {
        super(context, attrs);
```

```
    setLayerType(LAYER_TYPE_SOFTWARE,null);
    mPaint = new Paint();

}

@Override
protected void onDraw(Canvas canvas) {
    super.onDraw(canvas);

    canvas.drawColor(Color.RED);
    canvas.save(Canvas.CLIP_SAVE_FLAG);
    canvas.clipRect(100,0,200,100);
    canvas.restore();

    canvas.drawColor(Color.YELLOW);
}
```

在代码中,首先将画布裁剪,然后将画布恢复,最后将恢复后的整块画布染成黄色。从效果图中可以明显看出,整个屏幕都被染成了黄色。这说明,在恢复画布时,已经把裁剪的操作恢复了。

如果将画布旋转,那么使用 Canvas.CLIP_SAVE_FLAG 标识还能恢复画布吗?我们来改造一下上面的例子,代码如下:

```
protected void onDraw(Canvas canvas) {
    super.onDraw(canvas);

    mPaint.setColor(Color.GRAY);
    canvas.drawRect(100,0,200,100,mPaint);

    canvas.save(Canvas.CLIP_SAVE_FLAG);
    canvas.rotate(40);
    canvas.restore();

    mPaint.setColor(Color.BLACK);
    canvas.drawRect(100,0,200,100,mPaint);
}
```

效果如下图所示。

首先，在指定位置画一个灰色的正方形，然后将画布旋转40°，再将画布恢复，之后在同样的位置画一个黑色的正方形。很明显，在第二次画正方形的时候，并没有在原始的位置，而是在旋转40°后的位置进行操作的，这说明，在恢复画布时，并没有恢复画布的旋转信息。

结论：

（1）CLIP_SAVE_FLAG 标识只会保存裁剪信息，在恢复时也只会恢复画布的裁剪信息，除此之外的任何信息（比如画布位置）是不会被恢复的，这一点 save() 与 saveLayer() 函数相同。

（2）saveLayer() 函数在使用 Canvas.CLIP_SAVE_FLAG 标识时，需要与 Canvas.HAS_ALPHA_LAYER_SAVE_FLAG 标识一起使用，否则新建画布所在区域原来的图像将被清空。

9.3.3 Flag 之 FULL_COLOR_LAYER_SAVE_FLAG 和 HAS_ALPHA_LAYER_SAVE_FLAG

这两个标识都是 saveLayer() 函数专用的，在使用时一定要在 View 中禁用硬件加速，因为在 API 21 之后才支持 saveLayer() 函数。

- HAS_ALPHA_LAYER_SAVE_FLAG 表示新建的画布在与上一层画布合成时，不会将上一层画布的内容清空，而是直接覆盖在上一层画布上的。
- FULL_COLOR_LAYER_SAVE_FLAG 则表示新建的画布在与上一层画布合成时，先将上一层画布的对应区域清空，再覆盖在上面。

注意：在 Android 8.0（API26）及以后版本中，该 Flag 已经失效，大家谨慎使用。

1. FULL_COLOR_LAYER_SAVE_FLAG

先举一个例子来看一下效果，代码如下：

```
public class ALPHA_COLOR_FALG_VIEW extends View {
    private Paint mPaint;
    public ALPHA_COLOR_FALG_VIEW(Context context, AttributeSet attrs) {
        super(context, attrs);
        setLayerType(View.LAYER_TYPE_SOFTWARE, null);
        mPaint = new Paint();
    }

    @Override
    protected void onDraw(Canvas canvas) {
        super.onDraw(canvas);
        canvas.drawColor(Color.GRAY);

        canvas.saveLayer(0,0,300,300,mPaint,Canvas.FULL_COLOR_LAYER_SAVE_FLAG);
        mPaint.setColor(Color.BLACK);
        canvas.drawRect(100,100,200,200,mPaint);
        canvas.restore();
    }
}
```

效果如下图所示。

在调用 saveLayer()函数时,新建画布的大小为(0,0,300,300),然后在新建画布中画了一个矩形(100,100,200,200)。由于我们使用的标识是 Canvas.FULL_COLOR_LAYER_SAVE_FLAG,所以新建画布在与上一层画布合成时,会先把上一层画布对应区域的图像清空,再覆盖上新建画布。由于新建画布中除黑色矩形外的其他位置都是透明像素,所以显示出 Activity 的底色(白色)。

```
<?xml version="1.0" encoding="utf-8"?>
<LinearLayout xmlns:android="http://schemas.android.com/apk/res/android"
        android:orientation="vertical"
        android:layout_width="fill_parent"
        android:layout_height="fill_parent"
        android:background="#ffffff"  >
    ...
```

2. HAS_ALPHA_LAYER_SAVE_FLAG

把上面的示例代码修改一下,把 Canvas.FULL_COLOR_LAYER_SAVE_FLAG 改成 Canvas.HAS_ALPHA_LAYER_SAVE_FLAG,效果如下图所示。

从效果图中可以看出,saveLayer()函数新建的画布在与上一层画布合成时,并没有把上一层画布对应区域的图像清空,而是直接覆盖在上面的。

很明显,这两个标识是相互冲突的,因为 Canvas.HAS_ALPHA_LAYER_SAVE_FLAG 表示直接覆盖上去而不清空上一层画布的图像;而 Canvas.FULL_COLOR_LAYER_SAVE_FLAG

则表示先将上一层画布对应区域的图像清空,然后再覆盖上去。当二者公用时,以 HAS_ALPHA_LAYER_SAVE_FLAG 为主。

3. 当 saveLayer() 函数只指定 MATRIX_SAVE_FLAG 或 CLIP_SAVE_FLAG 标识时的合成方式

在讲解 MATRIX_SAVE_FLAG 和 CLIP_SAVE_FLAG 标识时,saveLayer() 函数必须强制加上 Canvas.HAS_ALPHA_LAYER_SAVE_FLAG 标识,意思是让其在合成时不清空上一层画布的图像。那么问题来了:当我们只指定 MATRIX_SAVE_FLAG 或 CLIP_SAVE_FLAG 标识时,Android 默认的合成方式是哪种呢?

示例:

```
public class ALPHA_COLOR_FALG_VIEW extends View {
    private Paint mPaint;
    public ALPHA_COLOR_FALG_VIEW(Context context, AttributeSet attrs) {
        super(context, attrs);
        setLayerType(View.LAYER_TYPE_SOFTWARE, null);
        mPaint = new Paint();
    }

    @Override
    protected void onDraw(Canvas canvas) {
        super.onDraw(canvas);

        canvas.drawColor(Color.GRAY);
        canvas.saveLayer(0,0,300,300,mPaint,Canvas.MATRIX_SAVE_FLAG);
        canvas.rotate(40);
        mPaint.setColor(Color.BLACK);
        canvas.drawRect(100, 100, 200, 200, mPaint);
        canvas.restore();
    }
}
```

效果如下图所示。

从效果图中可以看出,在默认情况下使用的是 Canvas.FULL_COLOR_LAYER_SAVE_

FLAG 标识，即先清空上一层画布对应区域的图像，再合成，这也是我们在上面的例子中强制添加 HAS_ALPHA_LAYER_SAVE_FLAG 标识的原因。

结论：

（1）HAS_ALPHA_LAYER_SAVE_FLAG 表示新建的画布在与上一层画布合成时，不会将上一层画布的内容清空，而是直接盖在上一层画布上的。

（2）FULL_COLOR_LAYER_SAVE_FLAG 则表示新建的画布在与上一层画布合成时，先将上一层画布的对应区域清空，再覆盖在上面。

（3）当 HAS_ALPHA_LAYER_SAVE_FLAG 与 FULL_COLOR_LAYER_SAVE_FLAG 标识同时被指定时，以 HAS_ALPHA_LAYER_SAVE_FLAG 标识为主。

（4）当既没有指定 HAS_ALPHA_LAYER_SAVE_FLAG 标识也没有指定 FULL_COLOR_LAYER_SAVE_FLAG 标识时，系统默认使用 FULL_COLOR_LAYER_SAVE_FLAG 标识。

9.3.4　Flag 之 CLIP_TO_LAYER_SAVE_FLAG

1．概述

这个标识的含义是：在新建 Bitmap 之前，先对 Canvas 进行裁剪；在 Canvas 内部的画布被裁剪后，利用 saveLayer()函数生成的画布大小与裁剪后的画布大小相同；而且在利用 canvas.restore()函数进行恢复时，只会把 saveLayer()函数新建画布的内容叠加，而不会把裁剪的 Canvas 恢复。

注意：在 Android 6.0（API23）及以后版本中，该 Flag 已经失效，大家谨慎使用。

示例：

```
public class CLIP_TO_LAYER_SAVE_FLAG_VIEW extends View {
    private Paint mPaint;
    public CLIP_TO_LAYER_SAVE_FLAG_VIEW(Context context, AttributeSet attrs) {
        super(context, attrs);
        setLayerType(View.LAYER_TYPE_SOFTWARE, null);
        mPaint = new Paint();
    }

    @Override
    protected void onDraw(Canvas canvas) {
        super.onDraw(canvas);
        canvas.drawColor(Color.GRAY);
        canvas.saveLayer(0, 0, 300,300, mPaint, Canvas.CLIP_TO_LAYER_SAVE_FLAG);
        canvas.restore();
        canvas.drawColor(Color.BLACK);
    }
}
```

效果如下图所示。

在上述代码中,首先将整个画布填充为灰色,然后利用 CLIP_TO_LAYER_SAVE_FLAG 标识将 Canvas 裁剪成(0,0,300,300)大小,再利用 canvas.restore()函数恢复画布,最后将整块画布填充为黑色。从效果图中可以看出,最终填充的黑色只有一部分,而并不是原来的整个屏幕大小。这说明,使用 CLIP_TO_LAYER_SAVE_FLAG 标识裁剪的画布是没有办法通过 canvas.restore()函数来恢复的。

2. 当与 CLIP_SAVE_FLAG 标识公用时,Canvas 将被恢复

前面有一个保存裁剪信息的标识 CLIP_SAVE_FLAG,假如我们让它在裁剪时先保存裁剪区域,是不是可以恢复 Canvas 呢?

同样是上面的代码,但是在调用 saveLayer()函数时添加 CLIP_SAVE_FLAG 标识,再来看一下效果。代码如下:

```
protected void onDraw(Canvas canvas) {
    super.onDraw(canvas);
    canvas.drawColor(Color.GRAY);
    canvas.saveLayer(0, 0, 300,300, mPaint, Canvas.CLIP_SAVE_FLAG |
Canvas.CLIP_TO_LAYER_SAVE_FLAG);
    canvas.restore();

    canvas.drawColor(Color.BLACK);
}
```

效果如下图所示。

从效果图中可以看出,整屏都被渲染成了黑色,也就是说,Canvas 被恢复了。

结论：

（1）CLIP_TO_LAYER_SAVE_FLAG 的含义是在新建 Bitmap 前，先对 Canvas 进行裁剪，使用 saveLayer() 函数新建的画布大小与被裁剪后的原始画布大小相同，而且在画布通过 canvas.restore() 函数恢复后，被裁剪的原始画布是不会被恢复的。

（2）当 CLIP_TO_LAYER_SAVE_FLAG 与 CLIP_SAVE_FLAG 标识公用时，在调用 canvas.restore() 函数后，被裁剪的原始画布将被恢复。

9.3.5　Flag 之 ALL_SAVE_FLAG

这个标识是我们最常用的，它是所有标识的公共集合。

- 对于 save(int flag) 来讲，ALL_SAVE_FLAG = MATRIX_SAVE_FLAG | CLIP_SAVE_FLAG，即保存位置信息和裁剪信息，因为 save(int flag) 函数只能使用 MATRIX_SAVE_FLAG 和 CLIP_SAVE_FLAG 标识。
- 对于 saveLayer(int flag) 来讲，ALL_SAVE_FLAG = MATRIX_SAVE_FLAG | CLIP_SAVE_FLAG|HAS_ALPHA_LAYER_SAVE_FLAG，即保存位置信息和裁剪信息，新建画布在与上一层画布合成时，不清空原画布的内容。

在默认情况下，所使用的标识就是 ALL_SAVE_FLAG。这个标识其实在使用 save() 和 saveLayer() 函数时都已经用过了，这里就不再举例了。

注意：在 Android 8.0（API26）及以后版本中，除了 ALL_SAVE_FLAG 外，其他的 FLAG 都已废弃。但是目前在 Android 8.0 以上版本中并没有将这些 FLAG 删除，它们只是被隐藏了，所以当我们的编译平台低于 8.0 版本时，这些效果在 8.0 以后版本中仍然是可显示的，但存在未来 Android 系统删除这些 FLAG 的风险。

9.4　恢复画布

恢复画布有两个函数：restore() 与 restoreToCount()。

其中，restore() 函数的作用就是把回退栈中的最上层画布状态出栈，恢复画布状态。在 1.5.2 节中已经详细地说明了 restore() 函数的用法，这里就不再赘述了。

9.4.1　restoreToCount(int count)

先来看一下这几个 save 系列函数的声明。

```
public int save()
public int save(int saveFlags)
public int saveLayer(RectF bounds, Paint paint, int saveFlags)
public int saveLayer(float left, float top, float right, float bottom,Paint paint, int saveFlags)
```

```
public int saveLayerAlpha(RectF bounds, int alpha, int saveFlags)
public int saveLayerAlpha(float left, float top, float right, float bottom,int alpha, int saveFlags)
```

在 save()、saveLayer()、saveLayerAlpha()函数保存画布后,都会返回一个 ID 值,这个 ID 值表示当前保存的画布信息的栈层索引(从 0 开始)。比如,保存在第三层,则返回 2。

而 restoreToCount()函数的声明如下:

```
public void restoreToCount(int saveCount);
```

它表示一直退栈,直到把指定索引的画布信息退出来,之后的栈最上层的画布信息将作为最新的画布。

比如,我们开始的栈已经有两层,然后调用如下代码:

```
int id = canvas.saveLayer(0,0,getWidth(),getHeight(),mPaint,Canvas.ALL_SAVE_FLAG);
canvas.restoreToCount(id);
```

在调用 canvas.saveLayer()函数后,新保存的画布放在第三层,返回的 ID 值是对应的索引,即 2。而 canvas.restoreToCount(id);则表示一直退栈,直到把索引为 2 的栈层给退出去,留下来的栈顶层信息将作为最新的画布。

下面我们举一个例子来看一下。代码如下:

```java
public class RestoreToCountView extends View {
    private Paint mPaint;
    private String TAG = "qijian";
    public RestoreToCountView(Context context, AttributeSet attrs) {
        super(context, attrs);

        mPaint = new Paint();
    }

    @Override
    protected void onDraw(Canvas canvas) {
        super.onDraw(canvas);

        int id1 = canvas.save();
        canvas.clipRect(0,0,800,800);
        canvas.drawColor(Color.RED);
        Log.d(TAG,"count:"+canvas.getSaveCount()+"  id1:"+id1);

        int id2 = canvas.saveLayer(0,0,getWidth(),getHeight(),mPaint,Canvas.ALL_SAVE_FLAG);
        canvas.clipRect(100,100,700,700);
        canvas.drawColor(Color.GREEN);
        Log.d(TAG,"count:"+canvas.getSaveCount()+"  id2:"+id2);

        int id3 = canvas.saveLayerAlpha(0,0,getWidth(),getHeight(),0xf0,Canvas.ALL_SAVE_FLAG);
```

```
        canvas.clipRect(200,200,600,600);
        canvas.drawColor(Color.YELLOW);
        Log.d(TAG,"count:"+canvas.getSaveCount()+"  id3:"+id3);

        int id4 = canvas.save(Canvas.ALL_SAVE_FLAG);
        canvas.clipRect(300,300,500,500);
        canvas.drawColor(Color.BLUE);
        Log.d(TAG,"count:"+canvas.getSaveCount()+"  id4:"+id4);
    }
}
```

在 onDraw()函数中，连续对 Canvas 进行裁剪，并且在裁剪后在当前画布上涂上一层不同的颜色，然后把当前栈的层数和最高层的索引打印出来。

效果如下图所示。

扫码看彩色图

日志如下图所示。

```
04-22 16:34:14.739  17940-17940/? D/qijian: count:2  id1:1
04-22 16:34:14.739  17940-17940/? D/qijian: count:3  id2:2
04-22 16:34:14.739  17940-17940/? D/qijian: count:4  id3:3
04-22 16:34:14.739  17940-17940/? D/qijian: count:5  id4:4
```

在整段代码的最后添加 canvas.restoreToCount(id3);，然后把整块画布涂成灰色。

```
protected void onDraw(Canvas canvas) {
    super.onDraw(canvas);

    ...

    canvas.restoreToCount(id3);
    canvas.drawColor(Color.GRAY);
    Log.d(TAG,"count:"+canvas.getSaveCount());
}
```

效果如下图所示。

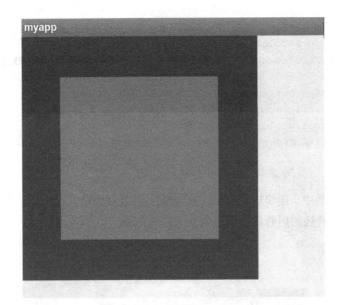

扫码看彩色图

日志如下图所示。

```
09:47:47.769    1155-1155/com.example.myapp D/qijian : count:2  id1:1
09:47:47.769    1155-1155/com.example.myapp D/qijian : count:3  id2:2
09:47:47.773    1155-1155/com.example.myapp D/qijian : count:4  id3:3
09:47:47.773    1155-1155/com.example.myapp D/qijian : count:5  id4:4
09:47:47.777    1155-1155/com.example.myapp D/qijian : count:3
```

从代码中可以看出，在调用 canvas.restoreToCount(id3)函数后，将恢复到生成 id3 之前的画布状态，id3 之前的画布状态就是(100,100,700,700)。

9.4.2 restore()与 restoreToCount(int count)的关系

这两个函数针对的是同一个栈，所以完全可以通用。不同的是，restore()函数默认将栈顶内容退出还原画布；而 restoreToCount(int count)函数则一直退栈，直到把指定索引的画布信息退出来，之后的栈最上层的画布信息将作为最新的画布。

这里有一个疑问：前面我们讲了各种 Flag，在应用不同的 Flag 时，都保存在同一个栈中吗？下面尝试一下，代码如下：

```java
public class RestoreToCountView extends View {
    private Paint mPaint;
    private String TAG = "qijian";
    public RestoreToCountView(Context context, AttributeSet attrs) {
        super(context, attrs);
        setLayerType(View.LAYER_TYPE_SOFTWARE, null);
        mPaint = new Paint();
        mPaint.setColor(Color.RED);
    }

    @Override
```

```
    protected void onDraw(Canvas canvas) {
        super.onDraw(canvas);

        canvas.save();
        Log.d(TAG,"count:"+canvas.getSaveCount());
        canvas.save(Canvas.ALL_SAVE_FLAG);
        Log.d(TAG,"count:"+canvas.getSaveCount());
        canvas.saveLayer(0,0,getWidth(),getHeight(),mPaint,Canvas.CLIP_SAVE_FLAG);
        Log.d(TAG,"count:"+canvas.getSaveCount());
        canvas.saveLayer(0,0,getWidth(),getHeight(),mPaint,Canvas.MATRIX_SAVE_FLAG);
        Log.d(TAG,"count:"+canvas.getSaveCount());
        canvas.saveLayer(0,0,getWidth(),getHeight(),mPaint,Canvas.HAS_ALPHA_LAYER_SAVE_FLAG);
        Log.d(TAG,"count:"+canvas.getSaveCount());
        canvas.saveLayer(0,0,getWidth(),getHeight(),mPaint,Canvas.ALL_SAVE_FLAG);
        Log.d(TAG,"count:"+canvas.getSaveCount());
    }
}
```

在这个例子中，我们多次调用不同的 save 函数和不同的 Flag，然后将栈中的层数打印出来，日志如下图所示。

```
09:56:52.953    1274-1274/com.example.myapp D/qijian: count:2
09:56:52.953    1274-1274/com.example.myapp D/qijian: count:3
09:56:52.961    1274-1274/com.example.myapp D/qijian: count:4
09:56:52.965    1274-1274/com.example.myapp D/qijian: count:5
09:56:52.973    1274-1274/com.example.myapp D/qijian: count:6
09:56:52.973    1274-1274/com.example.myapp D/qijian: count:7
```

从日志中可以明显看出，每保存一次，栈的层数都在加 1。所以，无论哪种 save 函数、哪个 Flag，保存画布时使用的都是同一个栈。

结论：

（1）restore() 的含义是把回退栈中的最上层画布状态出栈，恢复画布状态。restoreToCount(int count) 的含义是一直退栈，直到把指定索引的画布信息退出来，将此之前的所有动作都恢复。

（2）无论哪种 save 函数、哪个 Flag，保存画布时使用的都是同一个栈。

（3）restore() 与 restoreToCount(int count) 针对的是同一个栈，所以完全可以通用。

有关 Canvas 与图层的知识到这里就结束了。在实际应用中，一般使用 ALL_SAVE_FLAG 标识，其他标识用到的机会比较少。本章内容理解起来难度比较大，需要大家耐心多研究几遍。

第 10 章
Android 画布

射箭是一项与自己较劲的运动,无论身处何地,唯一的敌人就是自己。你要做的是,不管对手如何,心无杂念,相信自己。

在第 6 章中,我们提到了获取画布的几种方法。除了重写系统的 onDraw()、dispatchDraw() 函数,还可以通过以下方法获得画布:

- 通过 Bitmap 创建。
- 通过 SurfaceView 的 SurfaceHolder.lockCanvas() 函数获取。

另外,我们也提到通过创建 Drawable 对象,然后将画好的 Drawable 对象画在画布上,也是创建 Bitmap 的一种方式。

Drawable 类有很多的派生类,如下图所示。

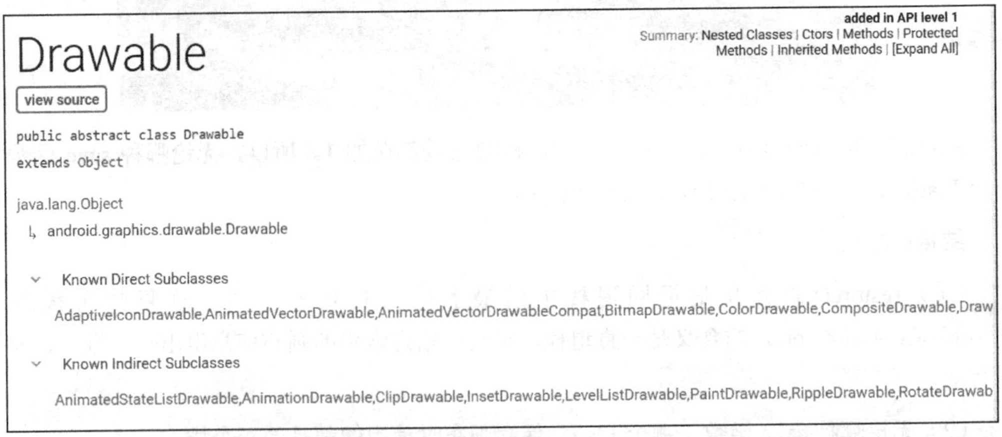

```
Drawable                                    added in API level 1
                        Summary: Nested Classes | Ctors | Methods | Protected
view source                      Methods | Inherited Methods | [Expand All]

public abstract class Drawable
extends Object

java.lang.Object
   ↳ android.graphics.drawable.Drawable

   ∨  Known Direct Subclasses
       AdaptiveIconDrawable, AnimatedVectorDrawable, AnimatedVectorDrawableCompat, BitmapDrawable, ColorDrawable, CompositeDrawable, Draw

   ∨  Known Indirect Subclasses
       AnimatedStateListDrawable, AnimationDrawable, ClipDrawable, InsetDrawable, LevelListDrawable, PaintDrawable, RippleDrawable, RotateDrawab
```

这些派生类都可以通过 Drawable 的 draw(Canvas canvas) 函数将其画到画布上。由于篇幅有限,对于这些派生类就不再一一提及其用法,这里只以最常用的 ShapeDrawable 为例来进行讲解。

这里既然提到了 ShapeDrawable,就不得不提及 shape 标签。shape 标签可以实现的效果与 ShapeDrawable 类似,虽不及 ShapeDrawable 功能强大,但在 shape 标签的基础上理解

ShapeDrawable 的用法却非常容易。

这里需要注意的是，shape 标签所对应的 Java 类是 GradientDrawable，而不是 ShapeDrawable。有些读者会通过类似 ShapeDrawable shapeDrawable=(ShapeDrawable)textView.getBackground();的代码来获取 shape 标签的实例，但是会强转出错。神奇的是，ShapeDrawable 与 GradientDrawable 的用法基本一样，所以在学会了 ShapeDrawable 以后，也就知道 GradientDrawable 怎么用了。

我们在日常中用到 shape 标签的地方非常多，但单纯的 shape 标签使用起来是很有局限性的，一般会与 selector 标签一起使用来实现按钮单击等效果。

本章我们就全面地了解一下与画布相关的知识。

10.1 ShapeDrawable

10.1.1 shape 标签与 GradientDrawable

1. 是 ShapeDrawable 还是 GradientDrawable

前面讲过，shape 标签所对应的类是 GradientDrawable 而不是 ShapeDrawable，但是 GradientDrawable 并不能完成 shape 标签的所有功能，因为 GradientDrawable 的构造函数如下图所示。

```
Public constructors
GradientDrawable()

GradientDrawable(GradientDrawable.Orientation orientation, int[] colors)
Create a new gradient drawable given an orientation and an array of colors for the gradient.
```

从构造函数中可以明显看出，GradientDrawable 所对应的是 gradient 标签的功能，并不能完成 shape 标签所能完成的构造矩形、椭圆等功能；而神奇的是，通过 ShapeDrawable 却可以完成 shape 标签的所有功能！至于造成这种问题的原因，笔者相信应该不是系统开发人员的一时糊涂，只有通过分析源码才能知道根本原因。而明白其中的原因对本书并没有其他益处，所以这里就不再深究了，大家只需要知道在代码中得到 shape 标签实例的时候要强转 GradientDrawable 就可以了。

2. 获取 shape 标签的实例

下面我们就举一个例子来看看如何获取 shape 标签的实例，以及如何使用它。

下面我们实现这样一个功能：在单击按钮的时候，给原有的 shape 标签添加圆角。

扫码看动态图

首先,新建一个 shape 文件,放在 drawable 文件夹下(shape_solid.xml)。

```xml
<?xml version="1.0" encoding="utf-8"?>
<shape xmlns:android="http://schemas.android.com/apk/res/android">
    <solid android:color="#ff0000"/>
    <stroke android:width="2dp" android:color="#00ff00"
        android:dashGap="5dp" android:dashWidth="5dp"/>
</shape>
```

我们在这里创建了一个内部填充为红色并且带描边的矩形。

然后在布局中使用该文件。

```xml
<?xml version="1.0" encoding="utf-8"?>
<LinearLayout xmlns:android="http://schemas.android.com/apk/res/android"
        android:orientation="vertical"
        android:layout_width="fill_parent"
        android:layout_height="fill_parent">

    <Button
        android:id="@+id/add_shape_corner"
        android:layout_width="match_parent"
        android:layout_height="wrap_content"
        android:text="添加圆角"/>

    <TextView
        android:id="@+id/shape_tv"
        android:layout_width="wrap_content"
        android:layout_height="wrap_content"
        android:text="shape 标签实例"
        android:padding="10dp"
        android:layout_margin="20dp"
        android:background="@drawable/shape_solid"
        />
</LinearLayout>
```

需要注意的是,shape 标签一般都是通过控件 background 引入的,在这里也不例外。布局很容易理解,就不再赘述了。

最后,当单击按钮时,给 shape 标签添加圆角。

```java
public class ShapeInstanceActivity extends Activity {
    @Override
    protected void onCreate(Bundle savedInstanceState) {
        super.onCreate(savedInstanceState);
```

```
            setContentView(R.layout.shape_instance);

            final TextView tv = (TextView)findViewById(R.id.shape_tv);

            findViewById(R.id.add_shape_corner).setOnClickListener(new View.
OnClickListener() {
                @Override
                public void onClick(View v) {
                    GradientDrawable drawable = (GradientDrawable) tv.getBackground();
                    drawable.setCornerRadius(20);
                }
            });
        }
    }
```

用法很简单,就是利用 tv.getBackground()函数得到 shape 标签的实例。上面我们已经讲了需要强转成 GradientDrawable 对象,然后利用 GradientDrawable 的 setCornerRadius(int radius) 函数来设置 4 个角的角度。GradientDrawable 还有其他一些函数用来设置描边、渐变图形等,具体函数及其用法可以参考 Google 文档,地址为 https://developer.android.com/reference/android/graphics/drawable/GradientDrawable.html。

GradientDrawable 不是本文讲解的重点,而且相信大家在看完 ShapeDrawable 以后,通过查看 Google 文档,是完全可以理解 GradientDrawable 的函数及其含义的,这里就不再讲解了。

10.1.2 ShapeDrawable 的构造函数

ShapeDrawable 有两个构造函数:

```
ShapeDrawable()
ShapeDrawable(Shape s)
```

ShapeDrawable 是需要与 Shape 对象关联起来的,所以,如果我们使用第一个构造函数,则需要额外调用 ShapeDrawable.setShape(Shape shape)函数来设置 Shape 对象。我们一般使用第二个构造函数以直接传入 Shape 对象。

其实,Shape 类只是一个基类,看过它的源码的读者会发现,其中的 draw 函数是一个虚函数。每个子类可以根据不同的需求来绘出不同的图形。所以,我们在构造 ShapeDrawable 时,并不能直接传递 shape 类型的对象,因为在 Shape 对象里并没有实现 draw 函数,而是需要传入已经实现 draw 函数的 Shape 类的派生类。

Shape 类的派生类如下图所示。

```
Shape                                    Added in API level 1
                              Summary: Ctors | Methods | Protected Methods |
view source                              Inherited Methods | [Expand All]
public abstract class Shape
extends Object implements Cloneable

java.lang.Object
   ↳ android.graphics.drawable.shapes.Shape

   ˅  Known Direct Subclasses
      PathShape, RectShape

   ˅  Known Indirect Subclasses
      ArcShape, OvalShape, RoundRectShape
```

每个派生类的具体含义如下。

- RectShape：构造一个矩形 Shape。
- ArcShape：构造一个扇形 Shape。
- OvalShape：构造一个椭圆 Shape。
- RoundRectShape：构造一个圆角矩形 Shape，可带有镂空矩形效果。
- PathShape：构造一个可根据路径绘制的 Shape。

下面我们逐个来看一下这些派生类的用法与效果。

1. RectShape

1）RectShape 实例

我们创建一个自定义的 View，并且在这个 View 中创建一个 ShapeDrawable 实例，并将这个 ShapeDrawable 实例画出来。代码如下：

```java
public class ShapeView extends View {
    private ShapeDrawable mShapeDrawable;
    public ShapeView(Context context) {
        super(context);
        init();
    }

    public ShapeView(Context context, AttributeSet attrs) {
        super(context, attrs);
        init();
    }

    public ShapeView(Context context, AttributeSet attrs, int defStyle) {
        super(context, attrs, defStyle);
        init();
    }

    private void init(){
        setLayerType(LAYER_TYPE_SOFTWARE,null);
        mShapeDrawable = new ShapeDrawable(new RectShape());
```

```
        mShapeDrawable.setBounds(new Rect(50,50,200,100));
        mShapeDrawable.getPaint().setColor(Color.YELLOW);
    }

    @Override
    protected void onDraw(Canvas canvas) {
        super.onDraw(canvas);

        mShapeDrawable.draw(canvas);
    }
}
```

先来看 init()函数。

在初始化的时候,我们调用了 ShapeDrawable 的三个函数。

(1)通过 mShapeDrawable = new ShapeDrawable(new RectShape());生成一个 ShapeDrawable 实例,并且将这个 ShapeDrawable 实例的形状通过 RectShape 定义为矩形。即画出来的形状一定是矩形,而不是其他形状。

(2)通过 mShapeDrawable.setBounds(new Rect(50,50,200,100));来指定 ShapeDrawable 在当前控件中的显示位置。这里的意思是 mShapeDrawable 会在 ShapeView 中(50,50,200,100)这两个点所定义的矩形区域显示。需要强调一点:这里的矩形位置是在当前控件中的位置,而不是全屏幕的位置。

(3)通过 mShapeDrawable.getPaint().setColor(Color.YELLOW);拿到 ShapeDrawable 自带的画笔,并利用 Paint.setColor(Color.YELLOW)将整个 Drawable 填充为黄色。

然后在 onDraw()函数中,利用 mShapeDrawable.draw(canvas);将 ShapeDrawable 实例在画布上画出来。

在定义好 ShapeView 以后,就要使用这个控件了,代码如下:

```xml
<?xml version="1.0" encoding="utf-8"?>
<LinearLayout xmlns:android="http://schemas.android.com/apk/res/android"
        android:orientation="vertical"
        android:layout_width="fill_parent"
        android:layout_height="fill_parent">

    <com.harvic.ShapeDrawable_7_4.ShapeView
        android:layout_width="250px"
        android:layout_height="150px"
        android:layout_margin="100dp"
        android:background="#ffffff"/>

</LinearLayout>
```

为了方便显示,我们将整个控件的背景设置为白色。而且为了确认 mShapeDrawable.setBounds(new Rect(50,50,200,100));中的矩形位置是在当前控件中的位置,我们给 ShapeView

控件添加了 margin 值。我们将控件宽度设为 250px，所以，Drawable 的水平位置会在 50～200px 的位置，也就是水平居中。

效果如下图所示。

扫码看彩色图

从效果图中可以看出：

- 整个矩形区域水平居中显示，这就印证了我们的结论，即 ShapeDrawable.setBounds() 函数所设置的矩形位置是指所在控件中的位置，而不是以屏幕左上角点为坐标的。
- 通过 mShapeDrawable.getPaint() 函数得到 ShapeDrawable 自带的画笔，并对其进行操作，效果将直接显示在 ShapeDrawable 中。

2）Drawable 的画布问题

我们调用 mShapeDrawable.getPaint().setColor(Color.YELLOW);将画笔填充为黄色，那么 ShapeDrawable 的矩形区域的黄色是什么时候被填充上去的呢？有些读者可能会认为，是在 onDraw() 函数中画上去的。

```
protected void onDraw(Canvas canvas) {
    super.onDraw(canvas);
    mShapeDrawable.draw(canvas);
}
```

我们在这里虽然调用了 mShapeDrawable.draw(canvas);，但它的意思是将 ShapeDrawable 画到当前控件 ShapeView 上，并没有绘制 ShapeDrawable 本身。

其实，ShapeDrawable 是自带画笔的，而这个画笔就是我们通过 mShapeDrawable.getPaint() 函数得到的。只要我们改变了 Paint 的内容，它就会立刻在 ShapeDrawable 中重画。而此时 ShapeDrawable 中的样式已经改变了。

最后，我们在 ShapeView 的 onDraw() 函数中调用 mShapeDrawable.draw(canvas);将重绘过的 ShapeDrawable 画到 ShapeView 上，就可以看到修改 Paint 以后 ShapeDrawable 的效果了。

有关 ShapeDrawable 画布的问题稍微难理解，后面我们还会再次提及。下面我们利用同样的方法来看一下每个 Shape 派生类的用法及其效果。

2. OvalShape

OvalShape 是指根据 ShapeDrawable.setBounds()函数所定义的位置矩形生成一个椭圆形状的 Shape。

```java
public class ShapeView extends View {
    private ShapeDrawable mShapeDrawable;
        //省略 ShapeView 构造函数
    ...

    private void init(){
        setLayerType(LAYER_TYPE_SOFTWARE,null);
        mShapeDrawable = new ShapeDrawable(new OvalShape());
        mShapeDrawable.setBounds(new Rect(50,50,200,100));
        mShapeDrawable.getPaint().setColor(Color.YELLOW);
    }

    @Override
    protected void onDraw(Canvas canvas) {
        super.onDraw(canvas);

        mShapeDrawable.draw(canvas);
    }
}
```

这里的矩形位置和大小与 RectShape 中的矩形位置和大小一样，只是把 RectShape 改成了 OvalShape，效果如下图所示。

扫码看彩色图

很明显，根据 setBounds()函数所指定的矩形生成了对应的椭圆 Shape。

3. ArcShape

ArcShape 是在 OvalShape 所形成的椭圆的基础上，将其进行角度切割所形成的扇形。其中扇形开始的 0°在椭圆的 X 轴正方向上。

ArcShape 只有一个构造函数。

```java
public ArcShape(float startAngle, float sweepAngle)
```

参数：

- startAngle：指开始角度，扇形开始的 0°在椭圆的 X 轴正方向上，即右中间位置。
- sweepAngle：指扇形所扫过的角度。

同样举一个例子：

```
public class ShapeView extends View {
    private ShapeDrawable mShapeDrawable;
    //省略 ShapeView 构造函数
    ...

    private void init(){
        setLayerType(LAYER_TYPE_SOFTWARE,null);
        mShapeDrawable = new ShapeDrawable(new ArcShape(0,300));
        mShapeDrawable.setBounds(new Rect(50,50,200,100));
        mShapeDrawable.getPaint().setColor(Color.YELLOW);
    }

    @Override
    protected void onDraw(Canvas canvas) {
        super.onDraw(canvas);

        mShapeDrawable.draw(canvas);
    }
}
```

这里所构造的扇形从 0°开始，扫过的角度为 300°，效果如下图所示。

扫码看彩色图

在效果图中，额外添加了一个箭头表示从 0°到 300°的行走方向，可以明显看出，扇形开始的 0°在右中间位置。

4．RoundRectShape

RoundRectShape 在字面意思上是指圆角矩形。其实，它不仅能实现圆角矩形，它的本意是实现镂空的圆角矩形。它所能实现的效果如下图所示。

扫码看彩色图

从效果图中可以看出，RoundRectShape 可以实现如下效果：

- 从第一张效果图中可以看出，RoundRectShape 可以实现单纯的带有圆角的矩形。
- 从第二张效果图中可以看出，RoundRectShape 可以实现中间带有镂空矩形的圆角矩形，而且中间的镂空矩形也可以带有圆角。

先来看一下它的构造函数。

```
public RoundRectShape(float[] outerRadii, RectF inset,float[] innerRadii)
```

参数：

- float[] outerRadii：外围矩形的各个角的角度大小，需要填充 8 个数字，每两个数字一组，分别对应（左上角、右上角、右下角、左下角）4 个角的角度。每两个一组的数字构成一个椭圆，第一个数字代表椭圆的 X 轴半径，第二个数字代表椭圆的 Y 轴半径。假如我们构造一个示例：float[] outerR = new float[] { 40, 20, 12, 12, 0, 0, 0, 0 };，前两个数字(40,20)表示左上角的角度，而 40 表示所形成角度的椭圆的 X 轴半径，20 表示椭圆的 Y 轴半径。所以矩形的角度其实是由椭圆的一部分来指定的。如果不需要指定外围矩形的各个角的角度，则可以传入 null。
- RectF inset：表示内部矩形与外部矩形各边的边距。RectF 的 4 个值分别对应 left、top、right、bottom 4 条边的边距。如果不需要内部矩形的镂空效果，则可以传入 null。
- float[] innerRadii：表示内部矩形的各个角的角度大小，同样需要填充 8 个数字，其含义与 outerRadii 一样。如果不需要指定内部矩形的各个角的角度，则可以传入 null。

同样举一个例子：

```
public class ShapeView extends View {
    private ShapeDrawable mShapeDrawable;
    //省略 ShapeView 构造函数
    …

    private void init(){
        setLayerType(LAYER_TYPE_SOFTWARE,null);
        float[] outerR = new float[] { 12, 12, 12, 12, 0, 0, 0, 0 };
        RectF inset = new RectF(6, 6, 6,6);
        float[] innerR = new float[] { 50, 12, 0, 0, 12, 50, 0, 0 };
        mShapeDrawable = new ShapeDrawable(new RoundRectShape(outerR,inset,innerR));
        mShapeDrawable.setBounds(new Rect(50,50,200,100));
        mShapeDrawable.getPaint().setColor(Color.YELLOW);
    }
```

```
@Override
protected void onDraw(Canvas canvas) {
    super.onDraw(canvas);

    mShapeDrawable.draw(canvas);
}
```

这里为了看清圆角，把矩形画成了黑色。代码理解起来难度不大，就不再细讲了。效果如下图所示。

我们在这里构造了一个镂空的圆角矩形，而且外围矩形的左上角、右上角分别是带有圆角的。尤其是内部矩形的两个圆角，左上角的椭圆半径是(50,12)，右下角的椭圆半径是(12,50)。从这两个角的效果图中也可以明显看出椭圆的形成方法，即第一个数字是椭圆的 X 轴半径，第二个数字是椭圆的 Y 轴半径。

5. PathShape

PathShape 的含义是构造一个可根据路径绘制的 Shape。其构造函数如下：

```
public PathShape(Path path, float stdWidth, float stdHeight)
```

参数：

- path：表示所要画的路径。
- stdWidth：表示标准宽度，即将整个 ShapeDrawable 的宽度分成多少份。Path 中的 moveTo(x,y)、lineTo(x2,y2)这些函数中的数值在这里其实都是以每一份的位置来计算的。当 ShapeDrawable 动态变大、变小时，每一份都会变小，而根据这些份的数值画出来的 Path 图形就会动态缩放。
- stdHeight：表示标准高度，即将 ShapeDrawable 的高度分成多少份。

下面我们举一个例子来看一下 PathShape 的用法。

```
public class ShapeView extends View {
    private ShapeDrawable mShapeDrawable;
    //省略 ShapeView 构造函数
    ...
```

```
    private void init(){
        setLayerType(LAYER_TYPE_SOFTWARE,null);
        Path path = new Path();
        path.moveTo(0,0);
        path.lineTo(100,0);
        path.lineTo(100,100);
        path.lineTo(0,100);
        // 封闭前面点所绘制的路径
        path.close();
        mShapeDrawable = new ShapeDrawable(new PathShape(path,100,100));
        mShapeDrawable.setBounds(new Rect(0,0,250,150));
        mShapeDrawable.getPaint().setColor(Color.YELLOW);
    }

    @Override
    protected void onDraw(Canvas canvas) {
        super.onDraw(canvas);

        mShapeDrawable.draw(canvas);
    }
}
```

首先，为了容易验证 PathShape 份的概念，我们调整了 ShapeDrawable.setBounds 数值，让其填满整个 ShapeView 控件（因为我们在 XML 中将 ShapeView 的高度设为 150px，宽度设为 250px）。

然后，在构造 ShapeDrawable 时，使用 new ShapeDrawable(new PathShape(path,100,100));将 ShapeDrawable 的高度和宽度都分成 100 份。

接着，利用 Path 构造一个矩形，4 个角分别是(0,0)、(100,0)、(100,100)、(0,100)。在这里，点的单位是份，而不是 px，也不是 dx。按照这个原理来讲，这里应该会将整个控件填满。

最后来看一下效果图，如下图所示。

扫码看彩色图

果然不出我们所料。如果我们在创建 ShapeDrawable 时仅把高度的份数改成 200，那么，同样的路径代码，画出来的效果应该是高度的一半。代码如下：

```
public class ShapeView extends View {
```

```
private ShapeDrawable mShapeDrawable;
  //省略 ShapeView 构造函数
...

private void init(){
    setLayerType(LAYER_TYPE_SOFTWARE,null);
    Path path = new Path();
    path.moveTo(0,0);
    path.lineTo(100,0);
    path.lineTo(100,100);
    path.lineTo(0,100);
    // 封闭前面点所绘制的路径
    path.close();
    mShapeDrawable = new ShapeDrawable(new PathShape(path,100,200));
    mShapeDrawable.setBounds(new Rect(0,0,250,150));
    mShapeDrawable.getPaint().setColor(Color.YELLOW);
}

@Override
protected void onDraw(Canvas canvas) {
    super.onDraw(canvas);

    mShapeDrawable.draw(canvas);
}
}
```

效果如下图所示。

扫码看彩色图

从效果图中可以明显看出，ShapeDrawable 的黄色只占了一半，其余部分露出了控件自身的白色。

至此，有关 ShapeDrawable 各个图形的创建方法就讲解完了。其实，除了系统预置的几个 Shape，我们还可以自定义属于自己的 Shape，并且在创建 ShapeDrawable 时使用。

6. 自定义 Shape

前面我们讲到，各个 Shape 派生类只不过实现了 Shape 中的 draw 函数。以 PathShape 为例：

```
public class PathShape extends Shape {
    private Path     mPath;
    private float    mStdWidth;
    private float    mStdHeight;

    private float    mScaleX;    // cached from onResize
    private float    mScaleY;    // cached from onResize

    public PathShape(Path path, float stdWidth, float stdHeight) {
        mPath = path;
        mStdWidth = stdWidth;
        mStdHeight = stdHeight;
    }

    @Override
    public void draw(Canvas canvas, Paint paint) {
        canvas.save();
        canvas.scale(mScaleX, mScaleY);
        canvas.drawPath(mPath, paint);
        canvas.restore();
    }

    @Override
    protected void onResize(float width, float height) {
        mScaleX = width / mStdWidth;
        mScaleY = height / mStdHeight;
    }
}
```

除去有关在 onResize() 函数中根据当前尺寸动态调整每份值大小的部分代码，其实就是在创建 PathShape 的时候传入一个 Path 实例，然后在 draw 函数中将其画出来而已。

仿照这段代码，我们自定义实现一个构造区域的 Shape，代码如下：

```
public class RegionShape extends Shape {
    private Region mRegion;
    public RegionShape(Region region) {
        assert(region != null);
        mRegion = region;
    }
    @Override
    public void draw(Canvas canvas, Paint paint) {
        RegionIterator iter = new RegionIterator(mRegion);
        Rect r = new Rect();

        while (iter.next(r)) {
            canvas.drawRect(r, paint);
        }

    }
}
```

代码很简单，就是在初始化的时候把要画的 Region 对象传进来，然后在 draw 函数中将其画出来。

我们再来看一下 Shape 的使用方法（同样在 ShapeView 中使用），代码如下：

```
public class ShapeView extends View {
    private ShapeDrawable mShapeDrawable;
     //省略 ShapeView 构造函数
    ...

    private void init(){
        setLayerType(LAYER_TYPE_SOFTWARE,null);
        Rect rect1 = new Rect(50,0,90,150);
        Rect rect2 = new Rect(0,50,250,100);

        //构造两个区域
        Region region = new Region(rect1);
        Region region2= new Region(rect2);

        //取两个区域的交集
        region.op(region2, Region.Op.XOR);
        mShapeDrawable = new ShapeDrawable(new RegionShape(region));
        mShapeDrawable.setBounds(new Rect(0,0,250,150));
        mShapeDrawable.getPaint().setColor(Color.YELLOW);
    }

    @Override
    protected void onDraw(Canvas canvas) {
        super.onDraw(canvas);

        mShapeDrawable.draw(canvas);
    }
}
```

我们在这里构造了横、竖两个矩形区域，然后使用 XOR 运算去除它们的交叉部分。效果如下图所示。

扫码看彩色图

从上面的实例中可以看出，通过自定义 Shape，我们可以调用 Canvas 的任何绘图方法，并将其绘制在 ShapeDrawable 中。也就是说，通过自定义 Shape，我们可以在 ShapeDrawable 上随意绘制。但是我们一般不这么做，因为自定义 Shape 太过麻烦。其实，当我们需要使用 ShapeDrawable 无法完成的功能时，一般会通过自定义 Drawable 来实现。有关自定义 Drawable 的知识，我们将在后续章节中讲解。

10.1.3 常用函数

下面我们就来看看 ShapeDrawable 中的几个常用函数，有些函数是从 Drawable 父类中继承而来的。

1．setBounds()

这个函数我们着重讲过，它用来指定当前 ShapeDrawable 在当前控件中的显示位置。

它的构造函数如下：

```
setBounds(int left, int top, int right, int bottom)
setBounds(Rect bounds)
```

关于这个函数，就不再赘述了。

2．getPaint()

1）概述

我们在讲解 RectShape 的构造函数时，已经讲到 ShapeDrawable 是自带画笔的，只要通过 ShapeDrawable.getPaint()函数得到 ShapeDrawable 的 Paint 对象，并对其进行操作，效果就会立刻显示在 ShapeDrawable 上。

这个看似简单的功能，其实是很可怕的。因为这就意味着我们可以调用 Paint 中的所有函数，比如 setColor()、setPathEffect()、SetShader()等。

在自定义 Shape 时，我们讲到，通过自定义 Shape，可以调用 Canvas 的所有绘图方法。而这里又说，通过 getPaint()函数可以调用 Paint 的所有方法。所以，ShapeDrawable 可以调用 Paint 和 Canvas 的所有方法，实现绘图的所有功能。

有关 Paint 有一个需要注意的地方：我们在讲解 Shader 的时候提到，Shader 是从当前画布左上角开始绘图的。所以，当 ShapeDrawable 的 Paint 调用 Shader 时，Shader 是从 ShapeDrawable 所在区域的左上角开始绘制的。

2）Paint.setShader()

下面举一个例子来证明我们的观点：Shader 是从 ShapeDrawable 所在区域的左上角开始绘制的。

我们先自定义一个 ShapeShaderView 控件。

```
public class ShapeShaderView extends View {
    private ShapeDrawable mShapeDrawable;
```

```java
public ShapeShaderView(Context context) {
    super(context);
    init();
}
public ShapeShaderView(Context context, AttributeSet attrs) {
    super(context, attrs);
    init();
}
public ShapeShaderView(Context context, AttributeSet attrs, int defStyle) {
    super(context, attrs, defStyle);
    init();
}

private void init(){
    setLayerType(LAYER_TYPE_SOFTWARE,null);
    mShapeDrawable = new ShapeDrawable(new RectShape());
    mShapeDrawable.setBounds(new Rect(100,100,300,300));
    Bitmap bitmap = BitmapFactory.decodeResource(getResources(),R.drawable.avator);
    BitmapShader bitmapShader = new BitmapShader(bitmap, Shader.TileMode.CLAMP, Shader.TileMode.CLAMP);
    mShapeDrawable.getPaint().setShader(bitmapShader);
}

@Override
protected void onDraw(Canvas canvas) {
    super.onDraw(canvas);

    mShapeDrawable.draw(canvas);
}
```

在初始化的时候创建了一个矩形的 ShapeDrawable，然后给这个 ShapeDrawable 设置了一个 BitmapShapder。注意，这个 BitmapShapder 空白区域的填充方式是边缘填充。而 mShapeDrawable 则在 ShapeShaderView 控件的 Rect(100,100,300,300)位置。

然后使用这个控件。

```xml
<?xml version="1.0" encoding="utf-8"?>
<LinearLayout xmlns:android="http://schemas.android.com/apk/res/android"
        android:orientation="vertical"
        android:layout_width="fill_parent"
        android:layout_height="fill_parent">

    <com.harvic.ShapeDrawable_7_4.ShapeShaderView
        android:layout_width="match_parent"
        android:layout_height="match_parent"
        android:background="#ffffff"
        android:layout_margin="50dp"/>
</LinearLayout>
```

我们在这里将 ShapeShaderView 控件全屏显示。

效果图如下图所示。

从效果图中可以看出，头像是在 ShapeShaderView 控件的 Rect(100,100,300,300)位置绘制的，并不是从 ShapeShaderView 的左上角开始绘制的，也不是从屏幕左上角开始绘制的。

这就证明了我们的结论：当给 ShapeDrawable 应用 Shader 时，Shader 是从 ShapeDrawable 的左上角开始绘制的。这一点对于 Shader 非常重要！

3．其他函数

`setAlpha(int alpha)`

设置透明度，取值范围为 0~255。

`setColorFilter(ColorFilter colorFilter)`

设置 ColorFilter。这是 ShapeDrawable 自带的函数，也可以通过 getPaint.setColorFilter() 函数设置。

`setIntrinsicHeight(int height)`

设置默认高度。当 Drawable 以 setbackGroundDrawable 及 setImageDrawable 方式使用时，会使用默认宽度和默认高度来计算当前 Drawable 的大小与位置。如果不设置，则默认的宽高、都是-1px。具体讲解请参考 10.1.4 节。

`setIntrinsicWidth(int width)`

设置默认宽度。

`setPadding(Rect padding)`

设置边距。

4. 放大镜效果

既然 ShapeDrawable 的 Shader 比较有难度，下面我们就举一个例子来使用它。这里将会实现一个放大镜效果，把小岛放大 3 倍，如下图所示。

扫码看动态效果图

很明显，这是由第 6 章 BitmapShader 的望远镜效果演变而来的，放大镜中显示的图像就是利用 ShapeDrawable 来实现的。下面来看具体实现过程和原理。

我们先来看完整的代码，然后再根据代码来进行讲解。

```java
public class TelescopeView extends View {
    private Bitmap bitmap;
    private ShapeDrawable drawable;
    // 放大镜的半径
    private static final int RADIUS = 80;
    // 放大倍数
    private static final int FACTOR = 3;
    private final Matrix matrix = new Matrix();

    public TelescopeView(Context context) {
        super(context);
        init();
    }

    public TelescopeView(Context context, AttributeSet attrs) {
        super(context, attrs);
        init();
    }

    public TelescopeView(Context context, AttributeSet attrs, int defStyle) {
```

```
            super(context, attrs, defStyle);
            init();
        }


        private void init() {
            setLayerType(LAYER_TYPE_SOFTWARE, null);
        }

        @Override
        public boolean onTouchEvent(MotionEvent event) {
            final int x = (int) event.getX();
            final int y = (int) event.getY();
            // 这个位置表示的是绘制 Shader 的起始位置
            matrix.setTranslate(RADIUS - x * FACTOR, RADIUS - y * FACTOR);
            drawable.getPaint().getShader().setLocalMatrix(matrix);

            drawable.setBounds(x - RADIUS, y - RADIUS, x + RADIUS, y + RADIUS);
            invalidate();
            return true;
        }

        @Override
        public void onDraw(Canvas canvas) {
            super.onDraw(canvas);
            if (bitmap == null) {
                Bitmap bmp = BitmapFactory.decodeResource(getResources(), R.drawable.scenery);
                bitmap = Bitmap.createScaledBitmap(bmp, getWidth(), getHeight(), false);

                BitmapShader shader = new BitmapShader(Bitmap.createScaledBitmap(bitmap,
                        bitmap.getWidth() * FACTOR, bitmap.getHeight() * FACTOR, true),
                        Shader.TileMode.CLAMP, Shader.TileMode.CLAMP);
                drawable = new ShapeDrawable(new OvalShape());
                drawable.getPaint().setShader(shader);
                drawable.setBounds(0, 0, RADIUS * 2, RADIUS * 2);
            }
            canvas.drawBitmap(bitmap, 0, 0, null);
            drawable.draw(canvas);
        }
    }
```

1）onDraw()函数部分

我们首先判断当前 Bitmap 是否被初始化，如果没有被初始化，就开始各项初始化工作。大家可能会有疑惑，为什么把初始化代码放在 onDraw()函数中？

因为我们需要把被放大的图片缩放到控件大小。

```
Bitmap bmp = BitmapFactory.decodeResource(getResources(), R.drawable.scenery);
bitmap = Bitmap.createScaledBitmap(bmp, getWidth(), getHeight(), false);
```

Bitmap.createScaledBitmap()函数根据源图像生成一个指定宽度和高度的 Bitmap。这里就是指根据 bmp 创建一幅与当前控件同宽、同高的图像，也就是将源图像缩放到当前控件大小。有关 Bitmap.createScaledBitmap()函数的详细讲解，将在后续章节中涉及。

而 getWidth()、getHeight()函数我们在前面讲过，只有在调用 onLayout()函数以后，这两个函数才能取到值。如果把初始化代码放在 init()函数中，那么在那时候控件还没有被布局，肯定是取不到值的。所以，作为折中方案，我们只能在 onDraw()函数中进行初始化。

接下来创建 ShapeDrawable。

```
drawable = new ShapeDrawable(new OvalShape());
drawable.setBounds(0, 0, RADIUS * 2, RADIUS * 2);
```

这里创建一个椭圆形的 ShapeDrawable，而形成椭圆的矩形的宽、高都是 RADIUS * 2，所以所形成的图形必然是一个圆形，而且圆形的半径是 RADIUS。

最后是设置 BitmapShader 的过程。

```
BitmapShader shader = new BitmapShader(Bitmap.createScaledBitmap(bitmap,
        bitmap.getWidth() * FACTOR, bitmap.getHeight() * FACTOR, true),
        Shader.TileMode.CLAMP, Shader.TileMode.CLAMP);
...
drawable.getPaint().setShader(shader);
```

这里的代码并没有什么难度，同样使用 Bitmap.createScaledBitmap()函数创建一张放大 3 倍的图片（因为 FACTOR=3）。

2）onTouchEvent()函数部分

在 onTouchEvent()函数中，return true 表示完全拦截了所有的 Touch 事件，因为这里完全不需要使用 View 默认的处理行为。

当手指有动作的时候，我们应该改变当前 ShapeDrawable 的显示位置。

```
drawable.setBounds(x - RADIUS, y - RADIUS, x + RADIUS, y + RADIUS);
```

即以当前手指位置为中心，画一个圆。

最关键的是 Shader 如何移动到我们要显示的位置。我们讲过，Shader 的开始显示位置在 ShapeDrawable 的左上角。所以，如果我们不移动 Shape，那么显示出来的永远是图片的左上角部分。问题来了：怎么将 Shape 移动到图片的对应点呢？

我们需要先找到当前手指位置放大 3 倍的图片上的对应点，然后以这个对应点为中心显示出半径为 RADIUS 的圆中的图形。

对应点很好找，当前手指的位置是(x,y)，那么放大 3 倍的图片上的对应点就是$(3x,3y)$。最关键的问题来了:为了显示以放大 3 倍后的手指位置为中心的圆形区域,BitmapShader 需要向左和向上各移动多少呢?

下图显示了计算移动距离的过程。

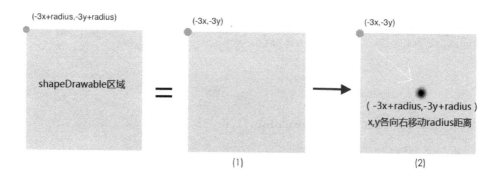

首先,灰色区域表示 ShapeDrawable 区域。我们讲过,Shader 是从 ShapeDrawable 的左上角开始平铺的。也就是说,在初始状态下,ShapeDrawable 区域左上角一直显示的是 BitmapShader 的左上角(0,0)位置。我们在这里需要把 BitmapShader 向左上移动一段距离,以使 BitmapShader 中原来的($3x,3y$)点在 ShapeDrawable 区域中心。

所以,第一步对应图片中的(1)图:我们可以将整个 BitmapShader 向左上移动 $3x,3y$ 的距离。由于在移动时,向右和向下是正值,所以向左上移动的距离是($-3x,-3y$),而移动后的 BitmapShader 左上角显示的是($3x,3y$)处的图像。

第二步,我们需要将左上角显示的($3x,3y$)处的图像显示在 ShapeDrawable 区域中心,所以需要将原本在左上角($3x,3y$)点再向右下移动一个半径的距离。这样,BitmapShader 左上角显示的($3x,3y$)处的图像就显示在 ShapeDrawable 区域中心了。而向右和向下移动都是正值,所以总的移动距离为($-3x$+radius,$-3y$+radius)。

这样,移动 BitmapShader 的代码就不难理解了。

```
matrix.setTranslate(RADIUS - x * FACTOR, RADIUS - y * FACTOR);
drawable.getPaint().getShader().setLocalMatrix(matrix);
```

最后,在更改 ShapeDrawable 之后,记得调用 invalidate()函数重绘当前控件。

10.1.4 自定义 Drawable

我们提到过,在 Drawable 的子类(比如 ShapeDrawable、GradientDrawable 等)无法通过已有的函数完成指定的绘图功能时,一般会选择自定义 Drawable 来实现。

本小节将通过自定义 Drawable 来实现圆角功能。

1. 概述

我们写一个类,继承自 Drawable,代码如下:

```java
public class CustomDrawable extends Drawable {
    @Override
    public void draw(Canvas canvas) {

    }

    @Override
    public void setAlpha(int alpha) {

    }

    @Override
    public void setColorFilter(ColorFilter cf) {

    }

    @Override
    public int getOpacity() {
        return 0;
    }
}
```

这4个函数是 Drawable 类里的虚函数，是必须实现的。

- draw()函数是我们将会用到的，与 View 类似，传入的参数是一个 Canvas 对象，我们只需要调用 Canvas 的一些方法，效果就会直接显示在 Drawable 上。
- setAlpha()和 setColorFilter()函数是非常容易实现的。当外层调用 CustomDrawable 的这两个函数时，我们只需要将对应的参数传给 CustomDrawable 的 Paint 即可。
- getOpacity()：当外部需要知道我们自定义的 CustomDrawable 的显示模式时会调用这个函数。它有 4 个取值：PixelFormat.UNKNOWN, TRANSLUCENT, TRANSPARENT, OPAQUE。其中，PixelFormat.TRANSLUCENT 表示当前 CustomDrawable 的绘图是具有 Alpha 通道的，即使用 CustomDrawable 后，其底部的图像仍有可能看得到；PixelFormat.TRANSPARENT 表示当前 CustomDrawable 是完全透明的，其中什么都没画，如果使用 CustomDrawable，则将完全显示其底部图像；PixelFormat.OPAQUE 表示当前的 CustomDrawable 是完全没有 Ahpa 通道的，使用 CustomDrawable 后，其底层的图像将被完全覆盖，而只显示 CustomDrawable 本身的图像；PixelFormat.UNKNOWN 表示未知。一般而言，如果我们不知道该如何返回，则直接返回 PixelFormat.TRANSLUCENT 是最靠谱的做法。

2. 实现圆角 Drawable

我们先看一下完整的代码。下面自定义的 CustomDrawable 类所实现的功能是将传入的一个 Bitmap 对象转换成圆角 Drawable。

```java
public class CustomDrawable extends Drawable {
    private Paint mPaint;
    private Bitmap mBitmap;
```

```java
        private BitmapShader bitmapShader;
        private RectF mBound;

        public CustomDrawable(Bitmap bitmap){
            mBitmap = bitmap;
            mPaint = new Paint();
            mPaint.setAntiAlias(true);
        }
        @Override
        public void draw(Canvas canvas) {
            canvas.drawRoundRect(mBound, 20, 20, mPaint);
        }

        @Override
        public void setAlpha(int alpha) {
            mPaint.setAlpha(alpha);
        }

        @Override
        public void setColorFilter(ColorFilter cf) {
            mPaint.setColorFilter(cf);
        }

        @Override
        public int getOpacity() {
            return PixelFormat.TRANSLUCENT;
        }

        @Override
        public void setBounds(int left, int top, int right, int bottom) {
            super.setBounds(left, top, right, bottom);

            bitmapShader = new BitmapShader(Bitmap.createScaledBitmap(mBitmap,
right-left,bottom-top,true), Shader.TileMode.CLAMP,Shader.TileMode.CLAMP);
            mPaint.setShader(bitmapShader);
            mBound = new RectF(left, top, right, bottom);
        }

        @Override
        public int getIntrinsicWidth() {
            return mBitmap.getWidth();
        }

        @Override
        public int getIntrinsicHeight() {
            return mBitmap.getHeight();
        }
    }
```

Android 自定义控件开发入门与实战

在概述时提到的必须重写的 4 个函数，有关 setAlpha()和 setColorFilter()函数没什么好讲的，就是把上层传入的参数设置给 Paint；而关于 getOpacity()函数，因为在构造圆角后，所显示的 CustomDrawable 是否具有透明度是由传入的 Bitmap 所决定的，如果 Bitmap 具有透明度，那么 CustomDrawable 也可能具有透明度。所以，在 getOpacity()函数中，我们返回可能具有透明度的 PixelFormat.TRANSLUCENT（其实这是标准返回方式，在不知道怎么返回时，一般可以返回这个标识）。

在这里，我们又多写了几个函数。

（1）getIntrinsicWidth()和 getIntrinsicHeight()：用于设置 CustomDrawable 的默认宽、高。这里设置图片的宽、高为默认宽、高。

（2）setBounds()：在 ShapeDrawable 中我们就接触到这个函数，它的含义就是给 Drawable 设定边界，即这块 Drawable 画布的大小。在 setBounds()函数中，我们根据边界创建一个与 Drawable 相同大小的 Bitmap 作为 Drawable 的 Shader。

```
bitmapShader = new BitmapShader(Bitmap.createScaledBitmap(mBitmap,right-
left,bottom-top,true), Shader.TileMode.CLAMP,Shader.TileMode.CLAMP);
    mPaint.setShader(bitmapShader);
```

也就是说，在显示时，Bitmap 会根据 Drawable 的大小动态拉伸，以完全覆盖这个 Drawable。最后将边界保存起来，以便在绘图时使用。

```
mBound = new RectF(left, top, right, bottom);
```

（3）draw(Canvas canvas)：我们知道，Shader 始终是从画布的左上角开始平铺的，而 canvas.drawXXX 系列函数只用来指定哪部分显示出来。所以，我们只需在 draw()函数中调用 canvas.drawRoundRect()函数将 BitmapShader 以圆角矩形的方式显示出来即可。

```
public void draw(Canvas canvas) {
    canvas.drawRoundRect(mBound, 20, 20, mPaint);
}
```

3．Drawable 的使用方法

Drawable 一般有两种使用方法：一种是通过 ImageView 的 setImageDrawable(drawable)函数将其设置为 ImageView 的源图片；另一种是通过 View 的 setBackgroundDrawable(drawable)函数将其设置为背景。

1）setImageDrawable(drawable)函数

我们先在布局中定义一个 ImageView 标签。

```
<ImageView
        android:id="@+id/img"
        android:layout_width="100dp "
        android:layout_height="50dp"
        android:background="#ffffff"
        android:scaleType="center"/>
```

这里有两点需要注意：第一，我们把整个 ImageView 的背景设置为白色；第二，源图片

的缩放方式为 scaleType="center"。

然后再看一下用法。

```
Bitmap bitmap = BitmapFactory.decodeResource(getResources(),
    R.drawable.avator);

ImageView iv = (ImageView) findViewById(R.id.img);
CustomDrawable drawable = new CustomDrawable(bitmap);
iv.setImageDrawable(drawable);
```

效果如下图所示。

可以看到，我们虽然在 CustomDrawable 的 setBounds()函数中将 Bitmap 缩放为整个边界大小，但是并没有覆盖整个 Bitmap，这是为什么呢？

```
bitmapShader = new BitmapShader(Bitmap.createScaledBitmap(mBitmap,right-
left,bottom-top,true), Shader.TileMode.CLAMP,Shader.TileMode.CLAMP);
mPaint.setShader(bitmapShader);
```

在这里，我们使用 setImageDrawable(drawable)函数来设置数据源，这与在 XML 中给 ImageView 设置 android:src="@drawable/xxx"效果是一样的。而源图片的显示大小是与 ImageView 的 scaleType 相关的，因为这里设置 scaleType="center"，所以 ImageView 必然会居中缩放源图片，然后将图片的显示位置通过 setBounds()函数设置给 CustomDrawable。

也就是说，通过 setBounds()函数创建的画布大小与图片的 scaleType 相关。假如我们修改不同的 scaleType，那么效果必然是不相同的。下图展示了当前 Drawable 在不同的 scaleType 模式下的效果图。

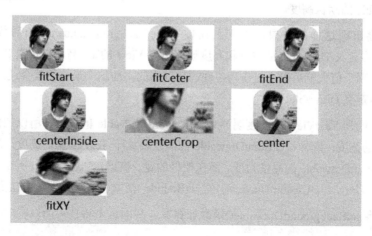

很明显,在除fitXY以外的模式下,ImageView会根据CustomDrawable的getIntrinsicWidth()和getIntrinsicHeight()函数中返回的默认宽、高来进行等比拉伸,以适配ImageView。在计算出CustomDrawable的显示位置以后,通过setBounds()函数传递给CustomDrawable显示。而对于fitXY模式,则将整个ImageView的区域通过setBounds()函数设置给CustomDrawable。

2) setBackgroundDrawable(drawable)函数

下面我们使用 TextView 来举一个例子,看一下自定义 Drawable 在使用 setBackground-Drawable(drawable)函数设置背景时,又是怎么计算setBounds()函数所需要的边界的呢?

```xml
<TextView
    android:id="@+id/tv"
    android:layout_margin="10dp"
    android:layout_width="wrap_content"
    android:layout_height="wrap_content"
    android:text="欢迎光临启舰的blog"
    android:textColor="#ff0000"/>
```

使用方法如下:

```java
Bitmap bitmap = BitmapFactory.decodeResource(getResources(), R.drawable.avator);
CustomDrawable drawable = new CustomDrawable(bitmap);
TextView tv = (TextView) findViewById(R.id.tv);
tv.setBackgroundDrawable(drawable);
```

代码难度不大,不再赘述,效果如下图所示。

从效果图中可以明显看出,宽度使用的是 TextView 的宽度,而高度则使用的是 CustomDrawable 的默认高度。

之所以会出现这样的效果,是因为在使用 setBackgroundDrawable()函数设置自定义 Drawable 时,自定义 Drawable 的宽度和高度计算是将 View 的宽、高和自定义 Drawable 的宽、高进行对比,哪个值大就用哪个值作为控件的宽、高的。而这个最终值就会通过 setBounds() 函数传递给自定义 Drawable。

在这里,因为 TextView 的宽度明显大于 CustomDrawable 的宽度,所以控件的最终宽度是 TextView 的宽度;同样,CustomDrawable 的高度要大于 TextView 的高度,所以控件的最终高度以 CustomDrawable 的高度为准。而在控件的宽、高确定以后,控件所在的矩形区域就会调用自定义 Drawable(CustomDrawable)的 setBounds()函数将区域设置给自定义控件。

正是由于 setBackgroundDrawable()函数计算宽、高的这个特性,所以有时我们并不希望改变原有 View 的 wrap_content 特性，也就是让控件的最终宽、高以它自己的宽、高为准，而不需要考虑自定义 Drawable 的宽、高。

解决这个问题很简单，只需在自定义 Drawable 时不重写 getIntrinsicWidth() 和 getIntrinsicHeight()函数，即不指定自定义 Drawable 的默认宽、高，让它返回默认的-1px。效果如下图所示。

总结：

- 当使用 setImageDrawable(drawable)函数来设置 ImageView 数据源时，自定义 Drawable 的位置和大小与 ImageView 的 scaleType 有关。
- 当使用 setBackgroundDrawable(drawable)函数来设置 View 背景时，自定义 Drawable 的宽、高与控件大小一致，控件的宽、高则选取本身宽、高和自定义 Drawable 宽、高中的最大值。

4. 自定义 Drawable 与自定义 View 的区别

有些读者看到自定义 Drawable 中也有 draw(Canvas canvas)函数，就以为自定义 Drawable 可以跟自定义 View 相互替换。事实并非如此。

虽然自定义 Drawable 类似于砍掉手势交互功能的自定义 View，但自定义 Drawable 的使用场景很明确，要么使用在可以设置 Drawable 的函数中（比如 setImageDrawable()等），要么替代 Bitmap 用于 View 中（比如放大镜效果）。

而自定义 View 的功能十分强大，自定义 Drawable 和 Bitmap 无法完成的功能可以使用自定义 View 来完成。

自定义 View 与自定义 Drawable 根本不在一个维度，完全没有可比性。我们只需考虑在哪些情况下可以使用 Drawable 即可。

我们说过，自定义 Drawable 可以在自定义 View 中代替 Bitmap 使用，下面我们就来对比一下 Drawable 与 Bitmap。

10.1.5 Drawable 与 Bitmap 对比

到这里，对 Drawable 的讲解就接近尾声了。大家肯定会有一个疑问：Drawable 在一定程度上可以代替 Bitmap，但 Drawable 使用起来却没有 Bitmap 简单，为什么在绘图时还有很多人会用到 Drawable 呢？它的优势到底在哪里？本小节我们就来分析一下这个问题，对比一下它们之间的异同。

1. 定义对比

Bitmap 和 Drawable 在定义时就注定不是同一个东西。

Bitmap 称作位图,一般位图的文件格式扩展名为.bmp,当然编码器也有很多,如 RGB565、RGB8888。作为一种逐像素的显示对象,其执行效率高;但缺点也很明显,即存储效率低。我们将其理解为一种存储对象比较好。

Drawable 作为 Android 下通用的图形对象,它可以装载常用格式的图像,比如 GIF、PNG、JPG,当然也支持 BMP,还提供了一些高级的可视化对象,比如渐变、图形等。

也就是说,Bitmap 是 Drawable,而 Drawable 不一定是 Bitmap。我们这里虽然只着重讲了 ShapeDrawable,但是所有的 Drawable 类型都是相通的。

2. 指标对比

指标对比如下表所示。

对比项	显示清晰度	占用内存	支持缩放	支持色相色差调整	支持旋转	支持透明色	绘制速度	支持像素操作
Bitmap	相同	大	是	是	是	是	慢	是
Drawable	相同	小	是	否	是	是	快	否

从上面的对比中可以看出,Drawable 在占用内存和绘制速度这两个非常关键的点上胜过 Bitmap,这也是在 Android UI 系统中普遍使用 Drawable 的原因之一。

3. 绘图便利性对比

Drawable 有很多派生类,通过这些派生类可以很容易地生成渐变、层叠等效果。单从这一方面而言,Drawable 比 Bitmap 有优势。

但如果仅仅用作空白画布来绘图,那么 Drawable 构造和使用起来则不如 Bitmap 方便。

4. 使用简易性对比

我们讲过,ShapeDrawable 中是自带画笔的,只需要通过 ShapeDrawable.getPaint()函数获取到画布的 Paint 对象,然后对其进行操作,其效果就会直接更新到 ShapeDrawable 上。这一原则是所有的 Drawable 通用的。因为 getPaint()函数是从 Drawable 类中继承而来的,所以我们调用 Paint 的函数很方便。一般的 Drawable 子类使用 Canvas 的函数并不方便,所以 Drawable 的子类一般只用来完成它固有的功能。如果想要使用 Drawable 绘图,则建议自定义 Drawable。

而如果想在 Bitmap 上作画,则一般使用类似如下的代码:

```
Canvas canvas = new Canvas(bitmap);
Paint paint = new Paint();
paint.setColor(Color.RED);
canvas.drawCircle(0,0,100,paint);
```

从代码中可以看到,如果 Bitmap 想要作为画布,则需要通过 Canvas canvas = new Canvas(bitmap);来创建 Canvas 对象,而通过生成的 Canvas 对象,所绘内容是直接画在 Bitmap 上的。而且画笔也是可以随意定义的。

所以，就使用简易性而言，Bitmap 确实要比 Drawable 易用。

5．使用方式对比

Bitmap 主要靠在 View 中通过 Canvas.drawBitmap()函数画出来；而 Drawable 不仅能在 View 中通过 Drawable.draw(Canvas canvas)函数画出来，也可以通过 setImageBackground()、setBackgroundDrawable()等设置 Drawable 资源的函数来设置。

总结：

- Bitmap 在占用内存和绘制速度上不如 Drawable 有优势。
- Bitmap 绘图方便；而 Drawable 调用 Paint 方便，但调用 Canvas 并不方便。
- Drawable 有一些子类，可以方便地完成一些绘图功能，比如 ShapeDrawable、GradientDrawable 等。

那么，Drawable、Bitmap、自定义 View 在哪些情况下才会使用呢？

（1）Bitmap 只在一种情况下使用，即在 View 中需要自己生成图像时，才会使用 Bitmap 绘图。绘图后的结果保存在这个 Bitmap 中，供自定义 View 使用。比如根据源 Bitmap 生成它的倒影，在使用 Xfermode 来融合倒转的图片原图与渐变的图片时，就需要根据图片大小生成一张同样大小的渐变图片，这时必须使用 Bitmap。

（2）当使用 Drawable 的子类能完成一些固有功能时，优先选用 Drawable。

（3）当需要使用 setImageBackground()、setBackgroundDrawable()等可以直接设置 Drawable 资源的函数时，只能选用 Drawable。

（4）当在自定义 View 中在指定位置显示图像功能时，既可以使用 Drawable，也可以使用 Bitmap。

（5）除 Drawable 和 Bitmap 以外的地方，都可以使用自定义 View 来实现。

由此可以看出，决定使用 Drawable、Bitmap、自定义 View 的主要因素是用途。

10.2　Bitmap

Bitmap 在绘图中是一个非常重要的概念，在我们熟知的 Canvas 中就保存着一个 Bitmap 对象，我们调用 Canvas 的各种绘图函数，最终还是绘制到其中的 Bitmap 上的。我们知道，在自定义 View 时，一般都会重写一个函数 onDraw(Canvas canvas)，在这个函数中是自带 Canvas 参数的，只需要将需要画的内容调用 Canvas 的函数画出来，就会直接显示在对应的 View 上。其实，真正的原因是，View 对应着一个 Bitmap，而 onDraw()函数中的 Canvas 参数就是通过这个 Bitmap 创建出来的。有关 Bitmap 与 Canvas、View、Drawable 的关系，我们会在本节末尾讲解。我们先来看一下 Bitmap 的一般使用方法。

10.2.1 概述

1. Bitmap 在绘图中的使用

Bitmap 在绘图中相关的使用主要有两种：第一种是转换为 BitmapDrawable 对象使用；第二种是当作画布来使用。

1）转换为 BitmapDrawable 对象使用

第一种使用方法很简单，就是直接将 Bitmap 转换为 BitmapDrawable 对象，然后转换为 Drawable 使用，比如下面的代码中将 Drawable 设置给 ImageView，当作 ImageView 的数据源。有关 Drawable 的用法，我们在 10.1.4 节中已经讲解得很清楚了，这里就不再赘述了。

```
Bitmap bmp=BitmapFactory.decodeResource(res, R.drawable.pic180);
BitmapDrawable bmpDraw=new BitmapDrawable(bmp);

ImageView iv = (ImageView)findViewById(R.id.ImageView02);
iv.setImageDrawable(bmpDraw);
```

2）当作画布使用

在各章节中，我们已经不止一次地将 Bitmap 转换为画布。这里有两种使用方式。

方式一：使用默认画布。

我们在自定义 View 时，都会重写 onDraw(Canvas canvas)或者 dispatchDraw(Canvas canvas)函数，在这两个函数中都有 Canvas 参数。

```
class CustomView extends View{
   ...
   public void onDraw(Canvas canvas){
      ...
      RectF rect = new RectF(120, 10, 210, 100);
      canvas.drawRect(rect, paint);
   }
}
```

看似在 onDraw(Canvas canvas)里的 Canvas 对象跟 Bitmap 并没有什么关系，其实 Canvas 里保存的就是一个 Bitmap，我们调用 Canvas 的各种绘图函数，最终都是画在这个 Bitmap 上的，而这个 Bitmap 就是默认画布。

方式二：自建画布。

除重写 onDraw(Canvas canvas)或者 dispatchDraw(Canvas canvas)函数以外，有时我们需要在特定的 Bitmap 上作画，比如给照片加水印；或者，我们只需要一块空白画布。在这些情况下，我们就需要自己来创建 Canvas 对象。

```
Bitmap bitmap = Bitmap.createBitmap(200,100, Bitmap.Config.ARGB_8888);
Canvas canvas = new Canvas(bitmap);
canvas.drawColor(Color.BLACK);
```

在上面的代码中，我们先创建一个空白的 Bitmap，然后再利用这个 Bitmap 创建一个 Canvas 对象，那么，调用 Canvas 的任何绘图函数最终都将画在这个 Bitmap 上。最后，我们可以将这个 Bitmap 保存到本地，也可以画到 View 上。

2．Bitmap 格式

我们都知道 Bitmap 是位图，也就是由一个个像素点组成的。所以，它肯定涉及两个问题：第一，如何存储每个像素点；第二，相关的像素点之间是否能够压缩，这也就涉及压缩算法的问题。

1）如何存储每个像素点

一张位图所占用的内存 = 图片长度（px）× 图片宽度（px）× 一个像素点占用的字节数。在 Android 中，存储一个像素点所使用的字节数是用枚举类型 Bitmap.Config 中的各个参数来表示的，如下图所示。

Bitmap.Config	ALPHA_8	Each pixel is stored as a single translucency (alpha) channel.
Bitmap.Config	ARGB_4444	This field was deprecated in API level 13. Because of the poor quality of this configuration, it is advised to use ARGB_8888 instead.
Bitmap.Config	ARGB_8888	Each pixel is stored on 4 bytes.
Bitmap.Config	RGB_565	Each pixel is stored on 2 bytes and only the RGB channels are encoded: red is stored with 5 bits of precision (32 possible values), green is stored with 6 bits of precision (64 possible values) and blue is stored with 5 bits of precision.

其中，A 代表透明度；R 代表红色；G 代表绿色；B 代表蓝色。

- **ALPHA_8**：表示 8 位 Alpha 位图，即 A=8，表示只存储 Alpha 位，不存储颜色值。一个像素点占用 1 字节，很明显，它没有颜色，只有透明度。
- **ARGB_4444**：表示 16 位 ARGB 位图，即 A、R、G、B 各占 4 位，一个像素点占 4+4+4+4=16 位，2 字节。
- **ARGB_8888**：表示 32 位 ARGB 位图，即 A、R、G、B 各占 8 位，一个像素点占 8+8+8+8=32 位，4 字节。
- **RGB_565**：表示 16 位 RGB 位图，即 R 占 5 位，G 占 6 位，B 占 5 位，它没有透明度，一个像素点占 5+6+5=16 位，2 字节。

大家应该都知道，每个色值所占的位数越大，颜色越艳丽。为什么呢？

假设表示透明度的 A 占 4 位，我们来算一下，4 位的透明度有多少种取值？很明显，每位要么是 0，要么是 1，所以共有 2^4，也就是 16 种取值。假设透明度占 8 位呢？那么这个透明度就有 2^8，也就是 256 种取值。表示颜色值的 R、G、B 所占位数与颜色取值数的计算方式是一样的。很明显，取值数越多，所能表示的颜色就越多，颜色就越艳丽。

这 4 种格式各自表示了以何种状态存储 Bitmap，ALPHA_8 格式只存储透明度，而不存储颜色值，由于所表示的内容太过简单，所以我们一般不用；RGB_565 格式只存储颜色值，而不存储透明度，透明度全部是 FF；ARGB_4444 和 ARGB_8888 格式既存储透明度，也存储颜色值，很明显，ARGB_8888 格式中一个颜色值占 8 位，是最占内存的，同时也是画质最高的。

注意：

（1）一般我们建议使用 ARGB_8888 格式来存储 Bitmap。

（2）由于 ARGB_4444 格式的画质惨不忍睹，所以它在 API 13 中已经被弃用了。

（3）假如对图片没有透明度要求，则可以改成 RGB_565 格式，相比 ARG_B8888 格式将节省一半的内存开销。

下面我们来看一下如何计算 Bitmap 所占的内存大小。

在讲解 Bitmap 所占内存大小之前，我们先明确一个概念：内存中存储的 Bitmap 对象与文件中存储的 Bitmap 图片不是一个概念。文件中存储的 Bitmap 图片是经过我们在后面讲到的压缩算法压缩过的；而内存中存储的 Bitmap 对象是通过 BitmapFactory 或者 Bitmap 的 Create 方法创建的，它保存在内存中，而且具有明确的宽和高。所以，很明显，内存中存储的一个 Bitmap 对象，它所占的内存大小=Bitmap 的宽×Bitmap 的高×每像素所占内存大小。

很多读者一旦需要画布，就会创建一个全屏幕大小的 Bitmap 作为画布。我们现在就来算一下在一个分辨率是 1024 像素×768 像素的屏幕上，创建一个与屏幕同样大小的 Bitmap，到底需要多少内存？也就是说，这个屏幕长度上有 1024 个像素，宽度上有 768 个像素（格外注意，这里是像素，而不是 dp）。我们假设每个像素使用 ARGB_8888 格式来存储，也就是一个像素占 32 位，即 4 字节（4B），那么要全屏显示这张图片所占的内存大小=1024×768×4B = 3MB。全屏显示一张图片要用 24MB！而且更恐怖的是，有些人还会循环创建！这也就是在有些人自定义的控件中经常出现 OOM 的原因。所以，我们在创建画布时，应尽量根据需要的大小来创建。

2）Bitmap 压缩格式

如果要将 Bitmap 存储在硬盘上，那么必然存在如何压缩图片的问题。在 Android 中，压缩格式使用枚举类 Bitmap.CompressFormat 中的成员变量表示，如下图所示。

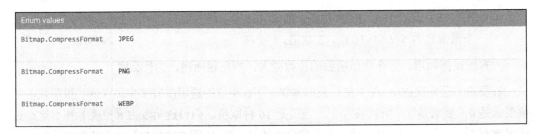

其实这个参数很简单，就是指定 Bitmap 是以 JPEG、PNG 还是 WEBP 格式来压缩的，每种格式对应一种压缩算法。有关各种压缩算法的具体效果，我们会在 10.2.5 节中具体讲解。

10.2.2 创建 Bitmap 方法之一：BitmapFactory

BitmapFactory 用于从各种资源、文件、数据流和字节数组中创建 Bitmap（位图）对象。BitmapFactory 类是一个工具类，提供了大量的函数，这些函数可用于从不同的数据源中解析、创建 Bitmap（位图）对象。

BitmapFactory 所有的函数如下：

```
public static Bitmap decodeResource(Resources res, int id)
public static Bitmap decodeResource(Resources res, int id, Options opts)

public static Bitmap decodeFile(String pathName)
public static Bitmap decodeFile(String pathName, Options opts)

public static Bitmap decodeByteArray(byte[] data, int offset, int length)
public static Bitmap decodeByteArray(byte[] data, int offset, int length, Options opts)

public static Bitmap decodeFileDescriptor(FileDescriptor fd)
public static Bitmap decodeFileDescriptor(FileDescriptor fd, Rect outPadding, Options opts)

public static Bitmap decodeStream(InputStream is)
public static Bitmap decodeStream(InputStream is, Rect outPadding, Options opts)

public static Bitmap decodeResourceStream(Resources res, TypedValue value,InputStream is, Rect pad, Options opts)
```

单从这些函数中就可以看出，BitmapFactory 的功能很强大，可以针对资源、文件、字节数组、FileDescriptor 和 InputStream 数据流解析出对应的 Bitmap 对象，如果解析不出来，则返回 null。而且每个函数都有两个实现，两个实现之间只差一个 Options opts 参数（有关 Options opts 参数我们将在 10.2.3 节中讲述）。

1. decodeResource(Resources res, int id)

这个函数表示从资源中解码一张位图，主要以 R.drawable.xxx 形式从本地资源中加载。

参数：

- Resources res：包含图像数据的资源对象，一般通过 Context.getResource()函数获得。
- int id：包含图像数据的资源 id。

使用的示例代码如下：

```
public class MyActivity extends Activity {
    @Override
    public void onCreate(Bundle savedInstanceState) {
        super.onCreate(savedInstanceState);
        setContentView(R.layout.main);

        Bitmap bitmap = BitmapFactory.decodeResource(getResources(),R.drawable.ic_launcher);

        ImageView iv = (ImageView)findViewById(R.id.img);
        iv.setImageBitmap(bitmap);
    }
}
```

代码很简单，先从 Drawable 中拿到图片资源，然后通过 BitmapFactory.decodeResource() 函数解析为 Bitmap，最后将 Bitmap 设置到 ImageView 中。

2. decodeFile(String pathName)

这个函数的主要作用是通过文件路径来加载图片。在实际中，一般在从相册中加载图片或者拍照时使用，首先通过 intent 打开相册或摄像头，然后通过 onActivityResult()函数获取图片 URI，再根据 URI 获取图片路径，最后根据路径解析出图片。由于从相册中加载图片的过程是非常复杂的，这里就不再引申了，有兴趣的读者可以参考我的博客《拍照、相册及裁剪的终极实现系列》，地址为 http://blog.csdn.net/harvic880925/article/details/43163175。

参数：

String pathName：解码文件的全路径名。注意，必须是全路径名。

简单使用示例如下：

```
String fileName = "/data/data/demo.jpg";
Bitmap bm = BitmapFactory.decodeFile(fileName);
if(bm == null){
    //TODO 文件不存在
}
```

假设在 data/data 目录下存在一张名为 demo.jpg 的图片，如果文件路径书写错误，则将返回 null。有些读者可能不太了解 Android 的目录系统，下图展示了在 Android 存储系统根目录下一些常用的文件夹。

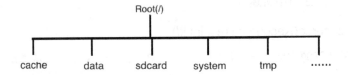

各个文件夹的含义如下。

- cache：缓冲区目录，用于存放临时文件。
- data：顾名思义，主要用于存放数据，其下的子目录都用于存放 App 的相关分类数据。其中，/data/app 目录下存放的是用户安装的 APK 文件；/data/data 目录下存放的是系统中所有 App 的数据文件，以 APK 包名区分，其中会有提交的数据库及 XML 数据文件。
- sdcard：SD 卡的挂载点，其下的子目录则用于存放 SD 卡上的文件。
- system：这是 Android 系统中最重要的文件目录，主要用于存放系统文件。
- tmp：用于存放临时文件。

有关 Android 目录系统就不再扩展了，对此感兴趣的读者可以查阅相关资料。

3. decodeByteArray(byte[] data, int offset, int length)

这个函数根据 Byte 数组来解析出 Bitmap。

参数：

- data：压缩图像数据的字节数组。
- offset：图像数据偏移量，用于解码器定位从哪里开始解析。
- length：字节数，从偏移量开始，指定取多少字节进行解析。

它的一般使用步骤如下。

（1）开启异步线程去获取网络图片。

（2）网络返回 InputStream。

（3）把 InputStream 转换成 byte[]。

（4）解析：Bitmap bm = BitmapFactory.decodeByteArray(myByte,0,myByte.length);。

伪代码如下：

```java
final ImageView iv = (ImageView) findViewById(R.id.img);
new Thread(new Runnable() {
    @Override
    public void run() {
        try {
            byte[] data = getImage(path);
            int length = data.length;

            final Bitmap bitMap = BitmapFactory.decodeByteArray(data, 0, length);

            iv.post(new Runnable() {
                @Override
                public void run() {
                    iv.setImageBitmap(bitMap);
                }
            });
        } catch (Exception e) {
            e.printStackTrace();
        }
    }
}).start();
```

核心思想就是：根据网络路径下载一张图片，然后把这张图片设置到 ImageView 中。

这里有两点需要注意：第一，请求网络必须在子线程中；第二，在子线程中是不能更新 UI 的，所以，我们在这里使用 View.post()函数来更新 UI。

其中，getImage()函数可以根据网络路径下载图片，并返回图片所对应的 Byte 数组。下面是 getImage()函数的具体内容：

```java
public static byte[] getImage(String path) throws Exception {
    URL url = new URL(path);
    HttpURLConnection httpURLconnection = (HttpURLConnection)url.openConnection();
    httpURLconnection.setRequestMethod("GET");
    httpURLconnection.setReadTimeout(6*1000);
    InputStream in = null;
```

```
        if (httpURLconnection.getResponseCode() == 200) {
            in = httpURLconnection.getInputStream();
            byte[] result = readStream(in);
            in.close();
            return result;
        }
        return null;
}
```

这段代码是HttpURLConnection访问网络的标准代码,网络的返回结果是一个InputStream对象,而通过readStream(in)函数将网络返回的InputStream对象转换为我们所需的Byte数组。readStream(in)函数的定义如下:

```
public static byte[] readStream(InputStream in) throws Exception{
    ByteArrayOutputStream outputStream = new ByteArrayOutputStream();
    byte[] buffer = new byte[1024];
    int len = -1;
    while((len = in.read(buffer)) != -1) {
        outputStream.write(buffer, 0, len);
    }
    outputStream.close();
    in.close();
    return outputStream.toByteArray();
}
```

这里的处理比较特殊,先将 InputStream 的内容读到 Byte 数组中,然后再将 Byte 数组写到 OutputStream 中,最后返回的是 outputStream.toByteArray()函数。有些读者可能会有疑问:直接将 InputStream 的内容读到 Byte 数组中,返回这个 Byte 数组不可以吗? 为什么还要多此一举地将 Byte 数组写到 OutputStream 中,之后再通过 outputStream.toByteArray()函数返回呢?

这是因为 BitmapFactory.decodeByteArray()函数所需的 data 字节数组并不是想象中的数组,而是把输入流转换为字节内存输出流的字节数组格式。如果不经过 OutputStream 转换,直接返回从 InputStream 中读取到的 Byte 数组,那么 decodeByteArray()函数将一直返回 null。在源码中有这部分的示例源码,大家可以参考。

4. decodeFileDescriptor

1）decodeFileDescriptor 概述

decodeFileDescriptor 有两个构造函数:

```
public static Bitmap decodeFileDescriptor(FileDescriptor fd)
public static Bitmap decodeFileDescriptor(FileDescriptor fd, Rect outPadding, Options opts)
```

参数:

- FileDescriptor fd：包含解码位图数据的文件路径。
- Rect outPadding：用于返回矩形的内边距。如果 Bitmap 没有被解析成功,则返回(-1,-1,-1,-1);如果不需要,则可以传入 null。这个参数一般不使用。

使用 decodeFileDescriptor 的示例代码如下：

```
String path = "/data/data/demo.jpg";
FileInputStream is = = new FileInputStream(path);
bmp = BitmapFactory.decodeFileDescriptor(is.getFD());
if(bm == null){
    //TODO 文件不存在
}
```

上述代码根据 FileDescriptor 对象解析出对应的 Bitmap，而 FileDescriptor 的一般获取方式是通过构造 FileInputStream 对象。有些读者可能会有疑问：构造 FileInputStream 对象需要的是文件路径，我们拿到文件路径后，为什么不直接使用 BitmapFactory.decodeFile(path)来解析 Bitmap 呢？

确实是这样的，构造 FileInputStream，要么使用文件路径，要么使用 File 对象，这两种方法都是可以直接拿到文件路径的，在拿到文件路径之后，通过 BitmapFactory.decodeFile(path)来解析 Bitmap 确实更方便。但是，通过 BitmapFactory.decodeFileDescriptor 解析的方式比使用 BitmapFactory.decodeFile(path)更节省内存。

2）decodeFileDescriptor 与 decodeFile

我们从源码的角度来看一下为什么 decodeFileDescriptor 要比 decodeFile 更节省内存。

首先来看 decodeFileDescriptor。

```
public static Bitmap decodeFileDescriptor(FileDescriptor fd, Rect outPadding,
Options opts) {
    Bitmap bm = nativeDecodeFileDescriptor(fd, outPadding, opts);
    if (bm == null && opts != null && opts.inBitmap != null) {
        throw new IllegalArgumentException("Problem decoding into existing bitmap");
    }
    return finishDecode(bm, outPadding, opts);
}
```

其中，nativeDecodeFileDescriptor()函数是 Android Native 里的函数，被封装在 SO 里。从这段代码中可以看出，decodeFileDescriptor()函数调用的是 Native 层的函数，直接由 Native 层解析出 Bitmap 返回。

然后来看 decodeFile。

```
public static Bitmap decodeFile(String pathName, Options opts) {
    Bitmap bm = null;
    InputStream stream = null;
    stream = new FileInputStream(pathName);
    bm = decodeStream(stream, null, opts);
    return bm;
}
```

可以看到，decodeFile()函数最终还是调用 decodeStream()函数来解析 Bitmap 的。我们再来跟踪一下 decodeStream()函数。

```
public static Bitmap decodeStream(InputStream is, Rect outPadding, Options opts) {
    if (!is.markSupported()) {
        is = new BufferedInputStream(is, 16 * 1024);
    }
    is.mark(1024);
    Bitmap bm;
    byte [] tempStorage = null;
    if (opts != null) tempStorage = opts.inTempStorage;
    if (tempStorage == null) tempStorage = new byte[16 * 1024];
    bm = nativeDecodeStream(is, tempStorage, outPadding, opts);
    return finishDecode(bm, outPadding, opts);
}
```

从这里可以看出，在最终调用 nativeDecodeStream() 函数之前，最多可能会申请两次空间。

```
is = new BufferedInputStream(is, 16 * 1024);
tempStorage = new byte[16 * 1024];
```

所以说，decodeFileDescriptor 要比 decodeFile 更节省内存。也就是说，decodeFile 要比 decodeFileDescriptor 更容易导致 OOM（Out Of Memeory，内存溢出）。有关 OOM 的问题，将在后面的章节中涉及。

5. decodeStream

decodeStream 有两个构造函数：

```
public static Bitmap decodeStream(InputStream is)
public static Bitmap decodeStream(InputStream is, Rect outPadding, Options opts)
```

参数：

- InputStream is：用于解码位图的原始数据输入流。
- Rect outPadding：与 decodeFileDescriptor 中的 outPadding 参数含义相同，用于返回矩形的内边距。如果 Bitmap 没有被解析成功，则返回(-1,-1,-1,-1)；如果不需要，则可以传入 null。这个参数一般不使用。

这个函数一般也是用来加载从网上获取的图片的。在 decodeByteArray() 函数的示例中，我们将网络返回的 InputStream 对象转换为 Byte 数组，传给 decodeByteArray() 函数来解析。其实，我们也可以直接将网络返回的 InputStream 对象传给 decodeStream() 函数来解析。

我们对 decodeByteArray() 函数中的代码进行改造，让其适应 decodeStream() 函数。

```
new Thread(new Runnable() {
    @Override
    public void run() {
        try {
            InputStream inputStream = getImage(path);
            final Bitmap bitMap = BitmapFactory.decodeStream(inputStream);

            iv.post(new Runnable() {
```

```
                    @Override
                    public void run() {
                        iv.setImageBitmap(bitMap);
                    }
                });
            } catch (Exception e) {
                e.printStackTrace();
            }
        }
    }).start();
```

这里有所不同的是，通过 getImage()函数返回的是一个 InputStream 对象，然后利用 BitmapFactory.decodeStream(inputStream)函数进行解析。

下面来看一下更改过的 getImage()函数的具体实现。

```
public static InputStream getImage(String path) throws Exception {
    URL url = new URL(path);
    HttpURLConnection httpURLconnection = (HttpURLConnection) url.openConnection();
    httpURLconnection.setRequestMethod("GET");
    httpURLconnection.setReadTimeout(6 * 1000);
    if (httpURLconnection.getResponseCode() == 200) {
        return httpURLconnection.getInputStream();
    }
    return null;
}
```

这段代码其实很简单，直接将网络返回的 InputStream 对象返回即可。同样，在源码中有对应示例，大家可以参考。

到这里，有关不含有 BitmapFactory.Options 选项的函数的用法及其含义已经讲完了，下面我们着重来看一下 BitmapFactory.Options 的具体含义和使用方法。

10.2.3　BitmapFactory.Options

这个参数的作用非常大，它可以设置 Bitmap 的采样率，通过改变图片的宽度、高度、缩放比例等，以达到减少图片的像素的目的。总的来说，通过设置这个值，可以更好地控制、显示、使用 Bitmap（位图）。我们在实际开发中可以灵活使用该值，以降低 OOM 的发生概率。

前面讲解了通过各种 decodeXXX 函数来解析 Bitmap 的过程，本小节讲述如何通过 BitmapFactory.Options 参数来设置解析 Bitmap 的过程。

下面列出 BitmapFactory.Options 常用的部分成员变量。

```
public boolean inJustDecodeBounds;

public int inSampleSize;

public int inDensity;
```

Android 自定义控件开发入门与实战

```
public int inTargetDensity;

public int inScreenDensity;

public boolean inScaled;

public Bitmap.Config inPreferredConfig;

public int outWidth;

public int outHeight;

public String outMimeType;
```

第一眼看到这么多成员变量，真是让人一头雾水。其实很简单：以 in 开头的代表的就是设置某某参数；以 out 开头的代表的就是获取某某参数。比如，inSampleSize 就是设置 Bitmap 的缩放比例，outWidth 就是获取 Bitmap 的高度。

下面我们逐个来看一下各个成员变量的用途。

1. inJustDecodeBounds 获取图片信息

如果将这个字段设置为 true，则表示只解析图片信息，不获取图片，不分配内存。能获取的信息有图片的宽度、高度和图片的 MIME 类型。图片的宽度、高度通过 options.outWidth（图片的原始宽度）和 options.outHeight（图片的原始高度）返回；图片的 MIME 类型通过 options.outMimeType 返回。

我们在压缩图片时，经常会用到这个字段。一般而言，当图片过大时，经常会造成 OOM。所以，当图片的尺寸大于我们想要的尺寸时，我们就要进行压缩。这个问题的关键在于，如何不将图片加载到内存中，依然可以得知它的尺寸？而这个参数就可以很好地完成这个需求。我们只需将 inJustDecodeBounds 设置为 true，而不需要将图片加载到内存中，就可以得知它的宽和高。然后跟我们想要的尺寸进行对比，如果大于我们想要的尺寸，就将这张图片压缩后显示。

使用示例如下：

```
BitmapFactory.Options options = new BitmapFactory.Options();
options.inJustDecodeBounds = true;
Bitmap bitmap = BitmapFactory.decodeResource(getResources(),R.drawable.ic_launcher,options);
Log.d("qijian","bitmap:"+bitmap);
Log.d("qijian","realwidth:"+options.outWidth+"  realheight:"+options.outHeight+"   mimeType:"+options.outMimeType);
```

在这里，我们使用了 BitmapFactory.decodeResource() 函数的带 Options 参数的构造函数。当然，其他 BitmapFactory.decodeXXX 函数也是同样的用法。

我们通过将 BitmapFactory.decodeResource() 函数返回的 Bitmap 对象和获取到宽/高度的

options.outWidth、options.outHeight 打印出来，来看一下是否真的是只解析 Bitmap 的宽/高度信息，而不解析 Bitmap。

结果如下图所示。

```
8046-8046/com.harvic.Bitmap D/qijian: bitmap:null
8046-8046/com.harvic.Bitmap D/qijian: realwidth:72    realheight:72        mimeType:image/png
```

从结果中可以看出，返回的 Bitmap 是 null，而获取到的 width 和 height 都是有值的。这就证明了我们的结论：inJustDecodeBounds 只会解析 Bitmap 的宽/高度参数，而不会解析 Bitmap，整个过程是不占内存的。

2. inSampleSize 压缩图片

这个字段表示采样率。采样率的全称是采样频率，是指每隔多少个样本采样一次作为结果。比如，将这个字段设置为 4，意思就是从原本图片的 4 个像素中取一个像素作为结果返回，其余的都被丢弃，这样，结果图片的宽和高都为原来的 1/4。同样，如果将这个字段设置为 16，意思就是从每 16 个像素中取一个像素返回，同样，宽和高都为原来的 1/16。很明显，采样率越大，图片越小，同时图片越失真。

针对 inSampleSize 的值，官方建议取 2 的幂数，比如 1、2、4、8、16 等，否则会被系统向下取整并找到一个最接近的值。不能取小于 1 的值，否则系统将一直使用 1 来作为采样率。

所以，这个参数主要用来对图像进行压缩。那么问题来了：我们应该怎么确定一张图片的采样率呢？

比如，我们的 ImageView 的大小为 100px × 100px，要显示的图片大小为 300px × 400px，此时应该将 inSampleSize 设为多少呢？

通过计算可以得到图片宽度是 ImageView 的 3 倍，而图片高度是 ImageView 的 4 倍。那么，应该将图片宽高缩小为原来的 1/4 吗？假如我们把图片宽高缩小为原来的 1/4，那么现在图片大小为 75px × 100px，ImageView 大小为 100px × 100px，图片要显示在 ImageView 中需要进行拉伸，而拉伸可能会导致图片更加失真。因为我们在使用采样率来压缩图片时，本来就是一种失真的压缩方法，所以就不要再更加失真了。我们应该把图片宽高变为原来的 1/3，以保证它不小于 ImageView 的大小，这样尽管多占用一些内存，但不会造成图片质量的下降，还是很有必要的。通过以上分析，我们知道，在设置 inSampleSize 时应该注意使得缩放后的图片尺寸尽量大于等于相应的 ImageView 大小。

一般计算 inSampleSize 的步骤如下。

第一步，获取图片的原始宽高。通过将 Options 对象的 inJustDecodeBounds 属性设为 true 后调用 decodeResource()函数，可以实现不真正加载图片而只获取图片的尺寸信息。代码如下：

```
BitmapFactory.Options options = new BitmapFactory.Options();
options.inJustDecodeBounds = true;
BitmapFactory.decodeResource(getResources(), resId, options);
//现在原始宽高存储在 Options 对象的 outWidth 和 outHeight 实例域中
```

第二步，根据原始宽高和目标宽高计算出 inSampleSize。代码如下：

```
//dstWidth 和 dstHeight 分别为目标 ImageView 的宽和高
public static int calSampleSize(BitmapFactory.Options options, int dstWidth,
int dstHeight) {
    int rawWidth = options.outWidth;
    int rawHeight = options.outHeight;
    int inSampleSize = 1;
    if (rawWidth > dstWidth || rawHeight > dstHeight) {
        float ratioHeight = (float) rawHeight / dstHeight;
        float ratioWidth = (float) rawWidth / dstWidth;
        inSampleSize = (int) Math.min(ratioWidth, ratioHeight);
    }
    return inSampleSize;
}
```

原理很简单,就是拿原始宽高与目标宽高相比,然后取宽高比中的最小值,这个最小值就是采样率。

第三步,根据采样率解析出压缩后的 Bitmap。代码如下:

```
BitmapFactory.Options options2 = new BitmapFactory.Options();
options2.inSampleSize = sampleSize;
try {
    Bitmap bmp = BitmapFactory.decodeResource(getResources(),R.drawable.scenery, options2);
    iv.setImageBitmap(bmp);
} catch (OutOfMemoryError err) {
    //TODO OOM
}
```

计算采样率的完整示例代码请参考源码。

3. 加载一个 Bitmap 文件究竟要占多少空间

在讲解 inScaled、inDensity、inTargetDensity、inScreenDensity 参数之前,先来讲解一下一个 Bitmap 文件加载到内存中究竟要占多少空间。

在讲解"Bitmap 格式"时,我们计算过具有明确像素尺寸的 Bitmap 对象所占用的内存空间。而这里有所不同的是,如果我们从资源文件或者本地文件中加载一个 Bitmap 文件需要多少内存?有些读者认为,Bitmap 文件都是有明确尺寸的,用电脑上的图片浏览工具打开,就可以看到宽多少像素、高多少像素。直接利用公式"一张位图所占用的内存=图片高度(px)×图片宽度(px)×一个像素点占用的字节数"计算一下,不就知道这个 Bitmap 文件所占的内存了吗?如果真的有这么简单,就不会有这节内容了。虽然我们利用图片浏览工具可以明确地看到图片文件的宽和高的像素数,但是 Android 系统在加载时会根据需要动态缩放这张图片所占的像素数,也就是会动态缩放这张图片的尺寸。

在第一版 Android 系统出来时,Android 的开发人员就已经考虑到以后的屏幕可能会有各种尺寸,所以预先准备了几个资源文件夹来适配不同的屏幕分辨率,有 drawable、drawalbe-ldpi、drawable-mdpi、drawable-hdpi、drawable-xhdpi 和 drawable-xxhdpi 这 6 个文件夹。

这些文件夹所对应的参数如下表所示。

文件夹	drawalbe-ldpi	drawable-mdpi	drawable-hdpi	drawable-xhdpi	drawable-xxhdpi	drawable-xxxhdpi
density	1	1.5	2	3	3.5	4
densityDpi	160	240	320	480	560	640

这里涉及两个参数。

- density：表示 dpi 与 px 的换算比例，1dpi = 1 density px。
- densityDpi：表示在对应的分辨率下每英寸有多少个 dpi。

从表格中可以看出，每个文件夹都对应一个屏幕分辨率，densityDpi 表示屏幕上每英寸所对应的 dpi 数，而 dpi 再转换成 px 则需要乘以 density，所以屏幕上 1 英寸长所对应的 px 数=每英寸的 dpi 数（densityDpi）× dpi 所对应的 px 数（density）。

所以，每个文件夹都是为了适配不同分辨率的屏幕的，把图片资源放到对应的文件夹中，意思就是，当屏幕是这个分辨率时，就会直接从这个文件夹中获取图片，无须再对图片进行处理，图片原本是多大尺寸，解析之后就是多大尺寸（原本的尺寸可以通过电脑上的图片浏览工具查看）。

Android 系统工程师的这种适配不同屏幕的思想是相当出色的，每个文件夹对应一个指定的屏幕分辨率。但是，Android 是可以定制的，这就注定它会有不止这些屏幕分辨率，当遇到跟这些文件夹不同分辨率的屏幕时该怎么办？

这就需要动态缩放图片了，缩放的比例就等于屏幕分辨率/文件所在文件夹的分辨率。这个公式很好理解，上面我们假定，屏幕分辨率与文件所在文件夹的分辨率相等，所以是不需要缩放的，也就是说缩放比例是 1。而当屏幕分辨率跟文件所在文件夹的分辨率不同时，就需要缩放，缩放比例当然是屏幕分辨率/文件所在文件夹的分辨率。

比如，我们只出了一套图，放在 xhdpi 文件夹下，这个文件夹所对应的屏幕分辨率是 480dpi，而当真实的屏幕分辨率是 720dpi 的时候，就需要放大这些图片，以适配这个屏幕，放大倍数就是 720/480=1.5。也就是说，在 xhdpi 文件夹下原本大小是 100px×200px 的一张图片，在显示的时候，被加载到内存中会被放大 1.5 倍，实际生成的 Bitmap 对象的尺寸是 150px×300px。

那么又一个问题来了：原本宽高 100px×200px 是怎么被放大到 150px×300px 的呢？

因为宽度方向平白多出来 50 像素，而高度方向平白多出来 100 像素，这些像素要怎么填充呢？这又涉及 Android 的图片填充算法。我们采用类似 setDither 的抗抖动算法。比如，在宽度方向上，将原来的 100 像素平铺，多出来的空白利用相邻两个颜色生成"中间值"来过渡。正是由于被填充的中间值是通过相邻的两个颜色生成的，所以被放大的图像看起来很模糊。这也就是在只出一套图像来适配所有屏幕时，会导致在大屏幕上看起来很模糊的原因。

看过放大，再来看缩小就很简单了。同样的道理，如果我们还是只出一套图放在 xhdpi 文件夹下，这个文件夹所对应的屏幕分辨率是 480dpi，而当在小屏手机上显示时，比如屏幕分辨是 300dpi，那么这张图片就得被缩小，比例是 300/480 = 0.625。所以，原本放在 xhdpi 文件夹下宽高是 100px×200px 的图像，在加入内存生成 Bitmap 时，这个 Bitmap 的宽高就变成了 62px×125px。缩小图片是很简单的，只需减少像素即可，依据 inSampleSize 采样算法间隔取点即可缩小图片。

如果我们加载的是本地 SD 卡中的图片怎么办？它并不在分辨率文件夹中。针对本地 SD 卡中的图片，Android 的处理策略是：不进行缩放！原本的图片宽高是多少像素，生成的 Bitmap 还是多少像素。

下面举一个例子来看一下从分辨率文件夹中加载图片与从本地文件中加载图片的区别。

首先，准备一张图片，这张风景图在讲解放大镜效果时用过，在电脑上的图片浏览器中可以看到，它的尺寸是 640px×800px，如下图所示。

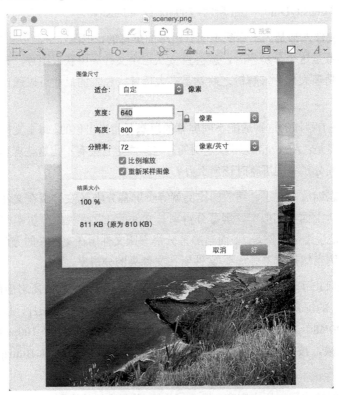

然后将它放在 xhdpi 文件夹下，再复制一份放到手机 SD 卡根目录下，采用两种不同的方式读取，代码如下：

```
//从 Drawable 里读取是存在缩放的
Bitmap bitmap = BitmapFactory.decodeResource(getResources(),R.drawable.scenery);
    Log.d("qijian","drawableBmp_width:"+bitmap.getWidth()+" height:"+bitmap.getHeight()+" 内存:"+bitmap.getByteCount());

//直接从文件中读取是不存在缩放的，原本是多大尺寸，读进来就是多大尺寸
File file = Environment.getExternalStorageDirectory();
```

```
    String path = file.getAbsolutePath()+"/scenery.png";
    Bitmap bmp = BitmapFactory.decodeFile(path);
    Log.d("qijian","fileBmp_width:"+bmp.getWidth()+" height:"+bmp.getHeight()+"
内存:"+bmp.getByteCount());
```

在打印日志时，我们打印出两种方式生成的 Bitmap 对象的尺寸（px）和所占的内存（通过 bitmap.getByteCount()函数获得）。

结果如下图所示。

```
9451-9451/com.harvic.Bitmap D/qijian : drawableBmp_width:960  height:1200 内存:4608000
9451-9451/com.harvic.Bitmap D/qijian : fileBmp_width:640  height:800 内存:2048000
```

从结果中可以看出，通过 Drawable 加载的图像，宽、高都被放大了；而通过本地文件加载的图像，宽、高都没有改变。这就印证了我们的观点：在 Drawable 文件夹中，会根据屏幕分辨率动态缩放图片大小；而通过文件加载的图像是不会被缩放的。有关所占内存的计算是很简单的，因为 Bitmap 默认使用 ARGB_8888 格式来存储，也就是每个像素占 4 字节，所以用 Bitmap 的宽×高×4 就可以得到其所占的内存字节数。比如，通过文件加载的 Bitmap 所占的内存=640×800×4=2048000，与代码中得到的结果一致。

总结：

（1）不同名称的资源文件夹是为了适配不同的屏幕分辨率的，当屏幕分辨率与文件所在资源文件夹对应的分辨率相同时，直接使用图片，不会对图片进行缩放。

（2）当屏幕分辨率与图片所在文件夹所对应的分辨率不同时，会进行缩放，缩放比例是：屏幕分辨率/文件夹所对应的分辨率。

（3）当从本地文件中加载图片时，不会对图片进行缩放。

4．inScaled、inDensity、inTargetDensity、inScreenDensity

在讲解了有关图片缩放的概念后，我们来看一下这些相关参数的含义及用法。

1）inScaled

我们知道，只有在一种情况下 Bitmap 图像才会被缩放：当图片所在资源文件夹所对应的屏幕分辨率与真实显示的屏幕分辨率不相同时。

而这个参数表示，在需要缩放时，是否对当前文件进行缩放。如果 inScaled 设置为 false，则不进行缩放；如果 inScaled 设置为 true 或者不设置，则会根据文件夹分辨率和屏幕分辨率动态缩放。inScaled 默认设置为 true。

仍以原大小为 640px×800px 风景图来举例。我们把风景图放在 xhdpi 文件夹下，然后分别在 inScaled 参数不设置和设置为 false 的情况下来看生成的 Bitmap 对象的大小。

```
    Bitmap bitmap = BitmapFactory.decodeResource(getResources(),R.drawable.
scenery);
    Log.d("qijian","drawableBmp_width:"+bitmap.getWidth()+"
height:"+bitmap.getHeight()+" 内存:"+bitmap.getByteCount());
```

```
BitmapFactory.Options options = new BitmapFactory.Options();
options.inScaled = false;
Bitmap noScaleBmp = BitmapFactory.decodeResource(getResources(),R.drawable.scenery,options);
Log.d("qijian","drawableBmp_width:"+noScaleBmp.getWidth()+" height:"+noScaleBmp.getHeight()+" 内存:"+noScaleBmp.getByteCount());
```

代码很简单，就不再赘述，日志如下图所示。

```
29029-29029/com.harvic.Bitmap D/qijian: drawableBmp_width:960  height:1200 内存:4608000
29029-29029/com.harvic.Bitmap D/qijian: noScaleBmp_width:640  height:800 内存:2048000
```

很明显，在没有设置 inScaled 参数时，图片被放大了；而在设置 inScaled 为 false 时，图片并没有被缩放，而是保持原本的大小。

2）inDensity、inTargetDensity、inScreenDensity

各参数的含义如下。

- inDensity：用于设置文件所在资源文件夹的屏幕分辨率。
- inTargetDensity：表示真实显示的屏幕分辨率。
- inScreenDensity：这个参数很尴尬，从字面意思上看，它应该是真实的屏幕分辨率，但事实上，在源码中根本没有用到这个参数，所以这个参数根本没什么用。

我们知道，一张图片的缩放比例是通过屏幕真实的分辨率/所在资源文件夹所对应的分辨率得出来的，在这里，也就是缩放比例 scale = inTargetDensity/inDensity。

所以这两个参数的作用就是：可以通过手动设置文件所在资源文件夹的分辨率和真实显示的屏幕分辨率来指定图片的缩放比例。

仍以原大小为 640px×800px 的风景图来举例。

下面我们将分别采用从 Drawable 和本地文件中加载的方式，通过手动设置 inDensity 和 inTargetDensity，将图片放大两倍。代码如下：

```
//从 Drawable 中加载
BitmapFactory.Options options = new BitmapFactory.Options();
options.inDensity = 1;
options.inTargetDensity = 2;
Bitmap bitmap = BitmapFactory.decodeResource(getResources(),R.drawable.scenery,options);
Log.d("qijian", "drawableBmp_width:" + bitmap.getWidth() + " height:" + bitmap.getHeight() + " 内存:" + bitmap.getByteCount());

//直接从本地文件中加载
File file = Environment.getExternalStorageDirectory();
String path = file.getAbsolutePath() + "/scenery.png";
Bitmap bmp = BitmapFactory.decodeFile(path,options);
Log.d("qijian", "fileBmp_width:" + bmp.getWidth() + " height:" + bmp.getHeight() + " 内存:" + bmp.getByteCount());
```

代码难度不大，就是分别从 Drawable 和本地文件中加载。但我们需要注意的是，由于

inDensity 和 inTargetDensity 只是用来计算缩放比例的，所以，只要它们的比值是我们的缩放比例就可以了，不必在乎它们的值是不是真的是屏幕分辨率，比如这里分别设置 inDensity = 1、inTargetDensity = 2 都是没问题的。

日志如下图所示。

```
4626-4626/com.harvic.Bitmap D/qijian: drawableBmp_width:1280  height:1600 内存:8192000
4626-4626/com.harvic.Bitmap D/qijian:  fileBmp_width:1280  height:1600 内存:8192000
```

5. inPreferredConfig

这个参数是用来设置像素的存储格式的。我们在讲 Bitmap.Config 时提到，图片的像素存储格式有 ALPHA_8、RGB_565、ARGB_4444、ARGB_8888，默认使用 ARGB_8888。

下面举一个例子，分别使用默认的 ARGB_888 和设置为 ARGB_565，来看一下内存的占用情况。代码如下：

```
Bitmap bmp = BitmapFactory.decodeResource(getResources(),
R.drawable.scenery);
    Log.d("qijian", "ARGB888_width:" + bmp.getWidth() + " height:" + bmp.
getHeight() + " 内存:" + bmp.getByteCount());


BitmapFactory.Options options = new BitmapFactory.Options();
    options.inPreferredConfig = Bitmap.Config.RGB_565;
    Bitmap bitmap = BitmapFactory.decodeResource(getResources(), R.drawable.
scenery,options);
    Log.d("qijian", "ARGB565_width:" + bitmap.getWidth() + " height:" + bitmap.
getHeight() + " 内存:" + bitmap.getByteCount());
```

日志如下图所示。

```
15274-15274/com.harvic.Bitmap D/qijian: ARGB888_width:960  height:1200 内存:4608000
15274-15274/com.harvic.Bitmap D/qijian: ARGB565_width:960  height:1200 内存:2304000
```

内存占用想必大家会算，我们在这里只说明一个问题：在更改单个像素的存储格式以后，图片的宽高是不会改变的。这一点一定要搞清楚。

10.2.4 创建 Bitmap 方法之二：Bitmap 静态方法

前面已经讲到通过 BitmapFactory.decodeXXX 系列函数来加载图片的方法，这里再讲解另一种加载或创建图片的方法，即使用 Bitmap 自带的静态方法来创建。

```
    static Bitmap createBitmap(int width, int height, Bitmap.Config config)
    static Bitmap createBitmap(Bitmap src)
    static Bitmap createBitmap(Bitmap source, int x, int y, int width, int height)
    static Bitmap createBitmap(Bitmap source, int x, int y, int width, int height,
Matrix m, boolean filter)
    static Bitmap createBitmap(int[] colors, int width, int height, Bitmap.Config
config)
```

```
    static Bitmap createBitmap(int[] colors, int offset, int stride, int width,
int height, Bitmap.Config config)
    static Bitmap createScaledBitmap(Bitmap src, int dstWidth, int dstHeight,
boolean filter)

    // 在 API 17 中添加
    static Bitmap createBitmap(DisplayMetrics display, int width, int height,
Bitmap.Config config)
    static Bitmap createBitmap(DisplayMetrics display, int[] colors, int width,
int height, Bitmap.Config config)
    static Bitmap createBitmap(DisplayMetrics display, int[] colors, int offset,
int stride, int width, int height, Bitmap.Config config)
```

可以看到，创建 Bitmap 的函数有很多，每个函数都有各自的用处。最后三个函数与 DisplayMetrics 相关，是在 API 17 中添加的，这里就不再讲解了。

1. createBitmap(int width, int height, Bitmap.Config config)

这个函数可以创建一幅指定大小的空白图像。

- width、height 用于指定所创建空白图像的尺寸，单位是 px。
- config 用于指定单个像素的存储格式，取值有 ALPHA_8、RGB_565、ARGB_4444、ARGB_8888，默认取值为 ARGB_8888。

这是在画图中非常常用的一个创建空白图像的函数。这里需要动态生成的效果图如下图所示。

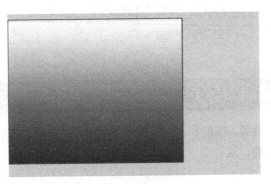

扫码看彩色图

这里生成了一张矩形图片（用红框框起来的部分），这张矩形图片是从纯白色到完全透明的渐变。

第一步，自定义一个控件 LinearGradientView，派生自 View。

```
public class LinearGradientView extends View {
    private Bitmap mDestBmp;
    private Paint mPaint;
    public LinearGradientView(Context context) {
        super(context);
        init();
    }
```

```java
    public LinearGradientView(Context context, AttributeSet attrs) {
        super(context, attrs);
        init();
    }

    public LinearGradientView(Context context, AttributeSet attrs, int defStyle) {
        super(context, attrs, defStyle);
        init();
    }

    private void init(){
        mPaint = new Paint();

        int width = 500;
        int height = 300;
        mDestBmp = Bitmap.createBitmap(width,height, Bitmap.Config.ARGB_8888);

        Canvas canvas = new Canvas(mDestBmp);
        Paint paint = new Paint();
        LinearGradient linearGradient = new LinearGradient(width/2,0,width/2,height,0xffffffff,0x00ffffff, Shader.TileMode.CLAMP);
        paint.setShader(linearGradient);
        canvas.drawRect(0,0,width,height,paint);
    }
    ...
}
```

这段代码最关键的部分在 init() 函数中。首先创建一幅宽 500px、高 300px 的空白图像；然后利用新生成的 mDestBmp 生成一个 Canvas 对象，我们对这个 Canvas 对象的所有操作都会直接表现在 mDestBmp 上；接着利用 LinearGradient 生成一个从纯白色（0xffffffff）到纯透明（0x00ffffff）的色彩渐变；最后通过 canvas.drawRect() 函数将渐变画到 mDestBmp 上，此时的 mDestBmp 已经被画上了白色透明渐变。

第二步，将这个 Bitmap 在 View 上显示出来。

```java
@Override
protected void onDraw(Canvas canvas) {
    super.onDraw(canvas);

    canvas.drawBitmap(mDestBmp,0,0,mPaint);

    mPaint.setColor(Color.RED);
    mPaint.setStyle(Paint.Style.STROKE);
    mPaint.setStrokeWidth(5);
    canvas.drawRect(0,0,mDestBmp.getWidth(),mDestBmp.getHeight(),mPaint);
}
```

这段代码很容易理解，首先把 Bitmap 画到 View 的画布上，然后给这个 Bitmap 添加红色描边，以显示图片所在的区域。

从效果图中也可以看出,由于矩形从上到下是有透明度渐变的,所以从上到下逐渐显示出底部的黑色。

2．createBitmap(Bitmap src)

这个函数的作用很明显,就是根据一幅图像创建一份完全一样的 Bitmap 实例。这个函数的使用难度不大,就不再讲解了。

3．createBitmap(Bitmap source, int x, int y, int width, int height)

这个函数主要用于裁剪图像,各参数的含义如下。

- Bitmap source:用于裁剪的源图像。
- int x,y:开始裁剪的位置点坐标。
- int width,height:裁剪的宽度和高度。

下面使用这个函数把下图中的小狗裁剪出来。

从图像中可以看出,小狗大概在整幅图像的中间位置,所以我们可以把整幅图像的宽、高各三等分,整幅图像就变成了下图所示的样子。

整幅图像被分成了 9 份，只要把中间那份裁剪出来即可。假设我们用 W、H 来分别表示整幅图像的宽、高，那么中间图片的左上角坐标为 $(W/3,H/3)$，中间图片的宽是 $W/3$，高是 $H/3$。所以总结来讲，就是在源图像上，从 $(W/3,H/3)$ 点开始，裁剪出一幅宽为 $W/3$、高为 $H/3$ 的图像。代码如下：

```
Bitmap src = BitmapFactory.decodeResource(getResources(),R.drawable.dog);
Bitmap cutedBmp = Bitmap.createBitmap(src,src.getWidth()/3,src.getHeight()/3,
src.getWidth()/3,src.getHeight()/3);

ImageView iv = (ImageView)findViewById(R.id.bmp_img);
iv.setImageBitmap(cutedBmp);
```

效果如下图所示。

这里只是将图像裁剪成矩形，有些读者可能会问：能不能把图像裁剪成圆形或者椭圆形呢？答案是肯定的，但不是使用 Bitmap 的自带方法，而需要用到 Xfermode 图像混合的知识，我们已经在 8.3.2 节中讲解。

4. createBitmap(Bitmap source, int x, int y, int width, int height, Matrix m, boolean filter)

这个函数相比上面的裁剪函数多了两个参数：Matrix m 和 boolean filter。它的作用也很明显，就是不仅能实现裁剪，还能给裁剪后的图像添加矩阵。

- Matrix m：给裁剪后的图像添加矩阵。
- boolean filter：对应 paint.setFilterBitmap(filter)，即是否给图像添加滤波效果。如果设置为 true，则能够减少图像中由噪声引起的突兀的孤立像素点或像素块。

同样使用上面裁剪小狗的例子，不过这里将裁剪后的小狗宽度方向放大两倍。代码如下：

```
Matrix matrix = new Matrix();
matrix.setScale(2,1);

Bitmap src = BitmapFactory.decodeResource(getResources(), R.drawable.dog);
Bitmap cutedBmp = Bitmap.createBitmap(src, src.getWidth() / 3, src.getHeight() / 3, src.getWidth() / 3, src.getHeight() / 3,matrix,true);
```

```
ImageView iv = (ImageView) findViewById(R.id.bmp_img2);
iv.setImageBitmap(cutedBmp);
```

代码很简单,就是生成一个矩阵,只将宽度放大了两倍,高度不变。

效果如下图所示。

在效果图中,上方的图像是直接裁剪得到的,而下方的图像是裁剪并放大宽度得到的。很明显,下方的图像宽度被放大两倍,而高度没有变化。

5. 指定色彩创建图像

这部分内容涉及下面两个函数:

```
static Bitmap createBitmap(int[] colors, int width, int height, Bitmap.Config config)
static Bitmap createBitmap(int[] colors, int offset, int stride, int width, int height, Bitmap.Config config)
```

这两个函数基本不会用到,它们的意思是通过指定每个像素的颜色值来创建图像。由于需要指定每个像素的颜色值来创建 Bitmap,难度过大,所以我们只简单看一下第一个构造函数的含义及用法。其参数如下。

- int[] colors:当前图像所对应的每个像素的数组,它的数组长度必须大于 width×height。
- int width,height:需要创建的图像的宽度和高度。
- Bitmap.Config config:用于指定每个像素的存储格式,取值有 ALPHA_8、RGB_565、ARGB_4444、ARGB_8888,默认取值是 ARGB_8888。

下面来看一下这个构造函数的使用方法。

我们需要根据指定图片的宽和高随机生成一个数组,用来保存图片中每个像素的值。

```
private int[] initColors(int width,int height) {
    int[] colors=new int[width*height];
    for (int y = 0; y < height; y++) {
        for (int x = 0; x < width; x++) {
```

```
            int r = x * 255 / (width - 1);
            int g = y * 255 / (width - 1);
            int b = 255 - Math.min(r, g);
            int a = Math.max(r, g);
            colors[y*width+x]=Color.argb(a,r,g,b);
        }
    }
    return colors;
}
```

在上述代码中,需要根据 width 和 height 遍历每个像素。生成 ARGB 值的方法如下:

```
int r = x * 255 / (width - 1);
int g = y * 255 / (width - 1);
int b = 255 - Math.min(r, g);
int a = Math.max(r, g);
```

在生成 ARGB 值后,需要生成对应的颜色,并赋给 colors 数组里对应的变量。生成颜色很简单,只需调用 Color.argb()函数即可。而难点在于,如何根据当前像素所在图片中的位置,找到它在 colors 数组中的位置。从图片的遍历方法上看,我们先遍历宽度,然后再遍历高度。所以,当一个像素在图片中的(x,y)位置时,它对应数组的位置就是 y×width,表示已经遍历了这么多完整的行,再加上本行已经遍历的数目 x,即为当前像素在 colors 数组中的位置。

使用方法如下:

```
private void createBmpByColors() {
    int width = 300,height = 200;
    int[] colors = initColors(width, height);
    Bitmap bmp = Bitmap.createBitmap(colors, width, height, Bitmap.Config.ARGB_8888);

    ImageView iv = (ImageView) findViewById(R.id.bmp_img);
    iv.setImageBitmap(bmp);
}
```

这段代码难度不大,就是根据生成的 colors 数组来创建 Bitmap,效果如下图所示。

扫码看彩色图

6. createScaledBitmap(Bitmap src, int dstWidth, int dstHeight, boolean filter)

该函数用于缩放 Bitmap。各参数的含义如下。

- Bitmap src:需要缩放的源图像。
- int dstWidth, dstHeight:缩放后的目标宽高。
- boolean filter:是否给图像添加滤波效果,对应 paint.setFilterBitmap(filter)。

下面举一个例子来看一下用法。

```
Bitmap src = BitmapFactory.decodeResource(getResources(),R.drawable.scenery);
Bitmap bitmap = Bitmap.createScaledBitmap(src,300,200,true);

ImageView iv = (ImageView) findViewById(R.id.bmp_img);
iv.setImageBitmap(bitmap);
```

这里将风景图片缩放到宽为 300px、高为 200px。效果如下图所示。

到这里，有关创建 Bitmap 的方法就介绍完了，总结如下：

- 加载图像可以使用 BitmapFactory 和 Bitmap 的相关方法。
- 通过配置 BitmapFactory.Options，可以实现缩放图片、获取图片信息、配置缩放比例等功能。
- 如果需要裁剪或者缩放图片，则只能使用 Bitmap 的 Create 系列函数。
- 一定要注意，在加载或创建 Bitmap 时，必须如下面代码所示，通过 try...catch 语句捕捉 OutOfMemoryError，以防出现 OOM 问题。这里的示例代码限于篇幅就没有添加异常捕捉，大家在现实使用中一定要添加。

```
try {
    Bitmap src = BitmapFactory.decodeResource(getResources(), R.drawable.scenery);
    Bitmap bitmap = Bitmap.createScaledBitmap(src, 300, 200, true);
}catch (OutOfMemoryError error){
    error.printStackTrace();
}
```

10.2.5 常用函数

1. copy(Config config, boolean isMutable)

这个函数的含义是根据源图像创建一个副本，但可以指定副本的像素存储格式。它有两个参数。

- Config config：像素在内存中的存储格式，取值有 ALPHA_8、RGB_565、ARGB_4444、ARGB_8888。
- boolean isMutable：新创建的 Bitmap 是否可以更改其中的像素。

在讲解这个函数之前，我们先来看一下图像像素是否可更改的问题。

Mutable 的本意是可变的、可更改的。前面讲解了很多种加载和创建图像的方法，但是，并不是每种方法加载出来的图像的像素都是可更改的。

我们可以使用下面的方法来判断当前的 Bitmap 是不是像素可更改的。

```
boolean isMutable();
```

如果是像素可更改的，就返回 true；如果是像素不可更改的，则返回 false。

如果 Bitmap 的 isMutable 属性值是 false，即像素不可更改的，而你仍要利用 setPixel()等函数设置其中的像素值，就会报错，如下图所示。

```
Caused by: java.lang.IllegalStateException
    at android.graphics.Bitmap.setPixel(Bitmap.java:1464)
    at com.harvic.Bitmap.BitmapPixelActivity.onCreate(BitmapPixelActivity.java:22)
    at android.app.Activity.performCreate(Activity.java:6237)
    at android.app.Instrumentation.callActivityOnCreate(Instrumentation.java:1107)
    at android.app.ActivityThread.performLaunchActivity(ActivityThread.java:2369)
```

那么问题来了：哪些方法加载的 Bitmap 是像素可更改的，而哪些方法加载的 Bitmap 是像素不可更改的呢？

答案是：通过 BitmapFactory 加载的 Bitmap 都是像素不可更改的，只有通过 Bitmap 中的几个函数创建的 Bitmap 才是像素可更改的。这些函数如下：

```
copy(Bitmap.Config config, boolean isMutable)
createBitmap(int width, int height, Bitmap.Config config)
createScaledBitmap(Bitmap src, int dstWidth, int dstHeight, boolean filter)
//在 API 17 中引入
createBitmap(DisplayMetrics display, int width, int height, Bitmap.Config config)
```

其中，copy()函数可以根据源图像原样复制一份图像；而 createBitmap()函数则用于生成一幅纯空白的图像；createScaledBitmap()函数则根据源图像进行缩放。

使用 createScaledBitmap()函数时需要注意，当指定的目标缩放宽高与源图像宽高一样时，就会返回源图像，而不会生成新的图像。所以，如果源图像是像素不可更改的，那么返回的图像依然是像素不可更改的，此时必须实际进行缩放，才会生成新的图像，而新生成的图像是像素可更改的。

再重复一遍，在所有的 Bitmap 解析和创建方法中，只有这几个函数所返回的 Bitmap 是像素可更改的。大家一定要谨记！对于像素不可更改的图像，是不能作为画布的，比如下面的代码就会报错：

```
Bitmap srcBmp = BitmapFactory.decodeResource(getResources(), R.drawable.dog);
Canvas canvas = new Canvas(srcBmp);
canvas.drawColor(Color.RED);
```

显然，srcBmp 是像素不可更改的。然而，当其作为 Canvas 以后，如果要向其中填充颜色，则必然会改变它的像素值，肯定会报错。

有关图像像素的更改，可以参考 setPixel()函数的使用示例。

2. extractAlpha()

这个函数的主要作用是从 Bitmap 中抽取出 Alpha 值，生成一幅只含有 Alpha 值的图像，像素存储格式是 ALPHA_8。它有两个构造函数，下面分别讲解。

1）Bitmap extractAlpha()

这个构造函数很简单，唯一需要注意的是，返回的像素存储格式是 ALPHA_8，即只有 Alpha 透明通道，而不会存储颜色值。

下面举一个例子，将图像的透明通道抽取出来，并染成天蓝色。

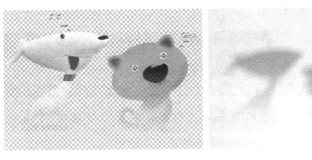

　　源图像　　　　　　程序效果图　　　　扫码看彩色图

从效果图中可以看出，源图像从上到下是有透明度渐变的，而效果图中所生成的图像也是有透明度渐变的。也就是说，extractAlpha()函数能够完整地将源图像中的每个像素的 Alpha 值抽取出来。

代码如下：

```
Bitmap srcBmp = BitmapFactory.decodeResource(getResources(),R.drawable.cat_dog);

Bitmap bitmap = Bitmap.createBitmap(srcBmp.getWidth(),srcBmp.getHeight(),Bitmap.Config.ARGB_8888);
Canvas canvas = new Canvas(bitmap);
Paint paint = new Paint();
paint.setColor(Color.CYAN);
canvas.drawBitmap(srcBmp.extractAlpha(),0,0,paint);

ImageView iv = (ImageView)findViewById(R.id.img);
iv.setImageBitmap(bitmap);

srcBmp.recycle();
```

这里分成 4 步。

第一步，获取源图像。

```
Bitmap srcBmp = BitmapFactory.decodeResource(getResources(),R.drawable.cat_dog);
```

第二步，画出 Alpha 图像。

在这一步中，extraAlpha()函数返回的 Bitmap 是用 ALPHA_8 格式来存储的，只有 Alpha 通道。所以，如果我们需要将这幅只具有 Alpha 通道的图像画出来，就必须创建一块与源图像相同大小的空白画布，将这幅图像画在这块画布上。

```
    Bitmap bitmap = Bitmap.createBitmap(srcBmp.getWidth(),srcBmp.getHeight(),
Bitmap.Config.ARGB_8888);
    Canvas canvas = new Canvas(bitmap);
    Paint paint = new Paint();
    paint.setColor(Color.CYAN);
    canvas.drawBitmap(srcBmp.extractAlpha(),0,0,paint);
```

这里着重讲一下 canvas.drawBitmap()函数。这个函数的 paint 参数一般是没有作用的,因为一般图像都是自带 Alpha 值和颜色值的。所以,对于 ARGB 信息完整的 Bitmap 而言,paint 的作用就是把图像画到 Canvas 上,其颜色对要画的 Bitmap 没有任何影响。而如果要画到 Canvas 上的 Bitmap 只有 Alpha 通道,那么颜色部分就会用画笔的颜色来填充。所以,从效果图中可以看出,源图像的 Alpha 值并没有改变,而只改变了颜色部分。

2)extractAlpha(Paint paint, int[] offsetXY)

这个构造函数的含义同样是从源图像中抽取出只带有 Alpha 值的图像。所返回的结果图像的像素存储格式仍然是 ALPHA_8。

各参数的含义如下。

- Paint paint:具有 MaskFilter 效果的 Paint 对象,一般使用 BlurMaskFilter 模糊效果。
- int[] offsetXY:返回在添加 BlurMaskFilter 效果以后原点的偏移量。比如,我们使用一个半径为 6 的 BlurMaskFilter 效果,那么在源图像被模糊以后,图像的上、下、左、右 4 条边都会多出 6px 的模糊效果。所以,要想完全显示这幅图像,就不应该从源图像左上角的(0,0)点开始绘制,而应从(-6,-6)点开始绘制,而 offsetXY 就是相对源图像的建议绘制起始位置,所以此时 offsetXY 的值就是[-6,-6]。注意,offsetXY 只是建议的绘制起始位置,其取值并不一定与 BlurMaskFilter 的模糊半径一致。当模糊半径比较大时,一般 offsetXY 的值会偏小。因为当模糊半径比较大的时候,边缘的效果就已经不明显了,所以起始位置就不必按照模糊半径来计算了。

仍然使用上面的图片,给它加上模糊效果。

先来看效果图,如下图所示。

扫码看彩色图

首先根据源图像抽取出 Alpha 图像。

```
Bitmap srcBmp = BitmapFactory.decodeResource(getResources(),R.drawable.cat_
dog);

//获取Alpha Bitmap
Paint alphaPaint = new Paint();
BlurMaskFilter blurMaskFilter = new BlurMaskFilter(6, BlurMaskFilter.Blur.
NORMAL);
alphaPaint.setMaskFilter(blurMaskFilter);
int[] offsetXY = new int[2];
Bitmap alphaBmp = srcBmp.extractAlpha(alphaPaint, offsetXY);
Log.d("qijian","offsetX:"+offsetXY[0]+"offsetY:"+offsetXY[1]);
```

代码难度不大，先创建一个 blurMaskFilter；然后实例化 offsetXY，分别传给 srcBmp.extractAlpha()函数，返回构造的 alphaBmp；最后把 offsetXY 的值打印出来。

然后根据 alphaBmp 创建一幅同样大小的图像，同样给透明图像涂上天蓝色。

```
Bitmap bitmap = Bitmap.createBitmap(alphaBmp.getWidth(),alphaBmp.getHeight(),
Bitmap.Config.ARGB_8888);
Canvas canvas = new Canvas(bitmap);
Paint paint = new Paint();
paint.setColor(Color.CYAN);
canvas.drawBitmap(alphaBmp,0,0,paint);
```

最后把结果显示出来，并且把不再使用的 Bitmap 释放。

```
ImageView iv = (ImageView)findViewById(R.id.img);
iv.setImageBitmap(bitmap);

srcBmp.recycle();
```

日志输出的 offsetXY 的值如下图所示。

```
15951-15951/com.harvic.Bitmap D/qijian: offsetX:-6  offsetY:-6
```

利用这个模糊效果，我们可以实现发光效果，如下图所示。

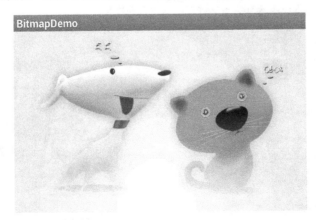

扫码看彩色图

完整代码如下：

```
Bitmap srcBmp = BitmapFactory.decodeResource(getResources(), R.drawable.cat_dog);
//获取 Alpha Bitmap
Paint alphaPaint = new Paint();
BlurMaskFilter blurMaskFilter = new BlurMaskFilter(20, BlurMaskFilter.Blur.NORMAL);
alphaPaint.setMaskFilter(blurMaskFilter);
int[] offsetXY = new int[2];
Bitmap alphaBmp = srcBmp.extractAlpha(alphaPaint, offsetXY);
//创建 Bitmap
Bitmap bitmap = Bitmap.createBitmap(alphaBmp.getWidth(), alphaBmp.getHeight(), Bitmap.Config.ARGB_8888);
Canvas canvas = new Canvas(bitmap);
Paint paint = new Paint();
paint.setColor(Color.CYAN);
canvas.drawBitmap(alphaBmp, 0, 0, paint);
//绘制源图像
canvas.drawBitmap(srcBmp, -offsetXY[0], -offsetXY[1], null);
//设置图像并回收没用的图像资源
ImageView iv = (ImageView) findViewById(R.id.img);
iv.setImageBitmap(bitmap);
srcBmp.recycle();
```

这里相比上面的模糊代码，只添加了一句：

```
canvas.drawBitmap(srcBmp, -offsetXY[0], -offsetXY[1], null);
```

就是在模糊背景绘制出来以后，把源图像绘制上去。正因为我们的画布大小与 Alpha 图像大小相同，所以可以反推出，-offsetXY[0],-offsetXY[1]所对应的坐标就是源图像原来所在的位置。

3）示例：单击描边效果

上面我们简单实现了图片的描边效果，下面来实现当图片被单击的时候描边。

扫码看动态图

我们在这里实现的效果是根据图片的形状显示出对应的描边。原理其实很简单，就是通过 extractAlpha()函数生成一个纯色背景，然后在单击的时候，将生成的纯色背景作为 ImageView 的背景填充即可。

但要实现这个效果，就会涉及如下两个问题：

（1）如何向 ImageView 添加单击事件？

(2)怎样才能让背景图像比要显示的源图像大,以显示描边?

针对第一个问题,如果能给 ImageView 动态添加一个 selector 标签,那么在单击的时候,用我们生成的图像作为背景即可。因为 selector 标签所对应的 Java 类是 StateListDrawable,所以只需在 ImgeView 初始化的时候,将构造好的 StateListDrawable 实例通过 ImageView.setBackgroundDrawable()函数设置给 ImageView 即可。

针对第二个问题,用过 ImageView.setBackgroundDrawable()函数的读者应该都比较清楚,这个函数在设置背景的时候,所设置的背景会忽略源图像中的 padding 属性。所以,只要我们给源图像添加 padding,而背景没有 padding,背景图像自然比源图像要大。

首先,创建一个派生自 ImageView 的自定义控件 StrokeImage。

```
public class StrokeImage extends ImageView {
    public StrokeImage(Context context) {
        super(context);
    }

    public StrokeImage(Context context, AttributeSet attrs) {
        super(context, attrs);
    }

    public StrokeImage(Context context, AttributeSet attrs, int defStyle) {
        super(context, attrs, defStyle);
    }
    ...
}
```

其次,在 onFinishInflate()函数中,向 ImageView 添加背景。

```
@Override
protected void onFinishInflate() {
    super.onFinishInflate();
    Paint p = new Paint();
    p.setColor(Color.CYAN);
    setStateDrawable(this, p);
}
```

有关 setStateDrawable(ImageView v, Paint paint)函数我们在下面会讲到,它的主要作用就是实现向 ImageView 添加背景。这里着重要说的是设置 ImageView 的代码为什么添加在 onFinishInflate()函数中。onFinishInflate()函数的调用时机是在系统将 XML 解析出对应的控件实例的时候。这时候,控件已经生成,但还没有被使用,所以,如果需要对控件进行一些基础设置,则是最佳时机。有关 View 中各个函数的执行时机和流程,我们会在第 12 章中讲解。

下面我们再来看一下 setStateDrawable()函数中的代码。

```
private void setStateDrawable(ImageView v, Paint paint) {
    //拿到源图像
    BitmapDrawable bd = (BitmapDrawable) v.getDrawable();
    Bitmap srcBmp = bd.getBitmap();
```

第10章 Android 画布

```
    //制作纯色背景
    Bitmap bitmap = Bitmap.createBitmap(srcBmp.getWidth(), srcBmp.getHeight(),
Bitmap.Config.ARGB_8888);
    Canvas canvas = new Canvas(bitmap);
    canvas.drawBitmap(srcBmp.extractAlpha(), 0, 0, paint);

    //添加状态
    StateListDrawable sld = new StateListDrawable();
    sld.addState(new int[]{android.R.attr.state_pressed}, new BitmapDrawable
(bitmap));

    //setBackgroundDrawable()函数会移除原有的padding值。如果需要padding,则需要
调用setPadding()函数
    v.setBackgroundDrawable(sld);
}
```

有关拿到源图像并制作纯色背景的代码就不再赘述了，这里主要讲解 StateListDrawable 的使用。

```
    StateListDrawable sld = new StateListDrawable();
    sld.addState(new int[]{android.R.attr.state_pressed}, new BitmapDrawable
(bitmap));
```

由于篇幅有限，我们并没有详细讲解 StateListDrawable，addState()函数是它最基本的一个函数，用于向其中添加状态和对应的 Drawable 资源。它的函数声明如下：

```
    public void addState(int[] stateSet, Drawable drawable)
```

每个 addState()函数对应的是 selector 标签中的一个 item 选项。各参数的含义如下。

- stateSet：填写对应的状态数组。
- drawable：这些状态所对应的资源。

比如下面这个 selector 标签的 item:

```
<selector xmlns:android="http://schemas.android.com/apk/res/android">
    <item android:state_pressed="true" android:state_checked="true" android:
drawable="@drawable/dog"/>
    …
</selector>
```

它所对应的 addState()函数的写法如下：

```
StateListDrawable sld = new StateListDrawable();
int[] states = {android.R.attr.state_pressed,android.R.attr.state_checked};
sld.addState(states, new BitmapDrawable(bitmap));
```

意思是：当这些状态为 true 时，选中这个 Bitmap。当然，如果同时发生，则系统会考虑优先级问题，选用其中一种状态。

到这里，StrokeImage 类的代码就讲完了，下面我们来看一下使用方法。

```
<com.harvic.Bitmap.StrokeImage
    android:layout_width="wrap_content"
    android:layout_height="wrap_content"
```

```
android:src="@drawable/cat"
android:scaleType="fitCenter"
android:padding="3dp"
android:clickable="true"/>
```

这里有两点需要注意:

(1) 添加 android:clickable="true"。由于 ImageView 默认是不会响应单击事件的,所以我们要显式添加这个属性,让其响应单击事件。

(2) 添加 android:padding="3dp"。前面讲过,需要让背景图像比源图像(src 属性)大。因为我们动态添加的背景会忽略 padding 值,所以需要添加 padding 属性,让源图像比背景图像小一些,才能显示出添加的背景图像。

这个效果的优点在于,它能根据图片的形状动态添加描边。而且我们还可以对阴影生成方法进行改造,使用 extractAlpha(Paint paint, int[] offsetXY)函数,让阴影描边变成发光效果。

3. 分配空间获取

获取 Bitmap 的分配空间有三个函数。

`int getAllocationByteCount()`

获取 Bitmap 所分配的内存。这个函数在 API 19 中引入。如果是在 API 19 以上的机器中,则需要使用这个函数获取。

`int getByteCount()`

获取 Bitmap 所分配的内存。这个函数在 API 12 中引入,在 API >12 且 API <19 时,使用这个函数来获取

`int getRowBytes()`

获取每行所分配的内存大小。Bitmap 所占内存 = getRowBytes() × bitmap.getHeight(),即所占内存等于每行所占内存乘以行数。这个函数在 API 1 中引入,所以在 API 12 以下的机器中,必须使用这个函数来获取。

所以,一般计算 Bitmap 内存占用的函数会写成如下这样:

```
public int getBitmapSize(Bitmap bitmap){
    //API 19
    if (Build.VERSION.SDK_INT >= Build.VERSION_CODES.KITKAT){
        return bitmap.getAllocationByteCount();
    }
    //API 12
    if (Build.VERSION.SDK_INT >= Build.VERSION_CODES.HONEYCOMB_MR1){
        return bitmap.getByteCount();
    }
    //更早版本
    return bitmap.getRowBytes() * bitmap.getHeight();
}
```

即根据不同的平台,返回不同的计算方法。

如果是在同时可用的平台中，那么这三种方法计算的值是相同的。下面举一个例子：

```
Bitmap srcBmp = BitmapFactory.decodeResource(getResources(), R.drawable.
cat_dog);

Log.d("qijian","bitmap.getAllocationByteCount:"+srcBmp.getAllocationByte
Count());
Log.d("qijian","bitmap.getByteCount:"+srcBmp.getByteCount());
Log.d("qijian","bitmap.getRowBytes() *
bitmap.getHeight():"+srcBmp.getRowBytes() * srcBmp.getHeight());
```

这段代码表示在 API 20 的平台上，同时使用这三种方法获取 Bitmap 对象所占的内存大小，并通过日志打出来，如下图所示。

```
15473-15473/com.harvic.Bitmap D/qijian: bitmap.getAllocationByteCount:3927636
15473-15473/com.harvic.Bitmap D/qijian: bitmap.getByteCount:3927636
15473-15473/com.harvic.Bitmap D/qijian: bitmap.getRowBytes() * bitmap.getHeight():3927636
```

4．recycle()、isRecycled()

这是两个与图片回收有关的函数，其声明如下：

```
public void recycle()
```

强制回收 Bitmap 所占的内存。

```
public final boolean isRecycled()
```

判断当前 Bitmap 的内存是否被回收。

所以，如果要回收内存，则代码一般这样写：

```
if (bmp != null && !bmp.isRecycle()) {
    bmp.recycle();         //回收图片所占的内存
    bmp = null;
    system.gc();           //提醒系统及时回收内存
}
```

注意一：使用内存已经被回收的 Bitmap 引起 Crash。

当 Bitmap 的内存已经被回收后，如果再次使用该 Bitmap，就会报如下错误。

```
AndroidRuntime(513): java.lang.RuntimeException: Canvas: trying to use a
recycled bitmap android.graphics.Bitmap@44c093b8
```

注意二：是否应该使用 recycle()函数主动回收内存？

在 Android 2.3.3（API 10）之前，Bitmap 的像素级数据（Pixel Data）被存放在 Native 内存空间中。这些数据与 Bitmap 本身是隔离的，Bitmap 本身被存放在 Dalvik 堆中。我们无法预测在 Native 内存中的像素级数据何时会被释放，这就意味着程序容易超过它的内存限制并且崩溃。而自 Android 3.0（API 11）开始， 像素级数据与 Bitmap 本身一起被存放在 Dalvik 堆中，可以通过 Java 回收机制自动回收。

所以，在 Android 2.3.3（API 10）及更低版本中，推荐使用 recycle()函数。因为 Native 级数据如果不主动释放，则将不会被释放，从而造成内存泄漏，最终导致 OOM 的发生。而在 API 11 以后，可以不再调用 recycle() 函数来主动释放内存，让 Java 虚拟机自动在 GC（内存回收）时回收即可。如果你有很多 Bitmap 不去手动释放而等待系统 GC 的时候去释放，那么你的应用程序在 GC 的时候会变得非常卡顿，这样体验不好。但是，如果手动释放内存，则很可能会出现上面讲解的使用内存已经被回收的 Bitmap 时引起 Crash。所以，如果你的技术不到位，则建议在 Android 3.0 以上版本中不要使用 recycle() 函数。

综合以上信息，我们得出结论： 在 API 10 及以前的版本中，必须强制调用 recycle() 函数来释放内存；从 API 11 开始，不再强制调用 recycle() 函数来释放内存。

5．setDensity()、getDensity()

在 BitmapFactory 中，我们讲过几个 Density 值，如 inDensity、inTargetDensity，而这里 Bitmap 的 setDensity()、getDensity() 函数所对应的就是 inDensity。

inDensity 用于表示该 Bitmap 适合的屏幕 dpi。当目标屏幕的 dpi（inTargetDensity）不等于它时，将会缩放图像以适应目标机器。

各函数的声明如下：

```
public void setDensity(int density)
```

参数 int density 对应 inDensity，用于设置图像建议的屏幕尺寸。

```
public int getDensity()
```

获取 Bitmap 的 Density。

下面我们举一个例子，先获取 Bitmap 的原始 Density，然后将 Density 放大两倍，这样在显示屏幕分辨率不变的情况下，显示出来的图片就应该缩小一半。代码如下：

```
Bitmap bitmap = BitmapFactory.decodeResource(getResources(), R.drawable.cat_dog);

ImageView iv1 = (ImageView)findViewById(R.id.img1);
iv1.setImageBitmap(bitmap);
int density = bitmap.getDensity();
Log.d("qijian","density:"+density+" width:"+bitmap.getWidth()+" height:"+bitmap.getHeight());

int scaledDensity = density*2;
bitmap.setDensity(scaledDensity);
Log.d("qijian","density:"+bitmap.getDensity()+" width:"+bitmap.getWidth()+" height:"+bitmap.getHeight());
ImageView iv2 = (ImageView)findViewById(R.id.img2);
iv2.setImageBitmap(bitmap);
```

其中，ImageView 的布局代码如下：

```
<LinearLayout xmlns:android="http://schemas.android.com/apk/res/android"
        android:orientation="horizontal"
        android:layout_width="fill_parent"
        android:layout_height="fill_parent">
```

```xml
<ImageView
        android:id="@+id/img1"
        android:scaleType="center"
        android:layout_width="wrap_content"
        android:layout_height="wrap_content"/>

<ImageView
        android:id="@+id/img2"
        android:scaleType="center"
        android:layout_width="wrap_content"
        android:layout_height="wrap_content"/>
</LinearLayout>
```

需要格外注意，这里每个 ImageView 的 android:scaleType 属性都必须设置为 center。

打印出的日志如下图所示。

```
29269-29269/com.harvic.Bitmap D/qijian: density:480  width:563 height:717
29269-29269/com.harvic.Bitmap D/qijian: density:960  width:563 height:717
```

效果如下图所示。

从效果图中可以看出，在将 Bitmap 的 Density 增大两倍以后，显示出来的图像就明显缩小了一半。但是从日志中可以看到，在增大 Density 以后，Bitmap 在内存中的尺寸是没有变化的，所以这种设置 Bitmap Density 的方式只会影响显示缩放，而不会改变 Bitmap 本身在内存中的大小。而在设置 BitmapFactory 中的 Density 选项后，图片在被加载到内存中时，就已经被放大/缩小了。这是 Bitmap 的 Density 设置与 BitmapFactory 的 Density 设置的区别。

另外，在利用 setDensity 设置 Bitmap 的对应文件夹屏幕分辨率之后，如果想要使用 ImageView 显示，则 ImageView 的 scaleType 属性必须设置为 center，而且 layout_width 和 layout_height 属性必须设置为 wrap_content，才能完整显示经过 setDensity 设置后，在屏幕中被缩放后的图像。因为如果设置成其他属性，就会根据屏幕大小进行缩放。只有当 scaleType="center"时，才会原样显示图片原有大小。

如果将 setDensity 缩放后的 Bitmap 通过 setBackgroundDrawable(drawable)设置为背景，则同样是看不到源图像大小的，因为在作为背景显示时，背景会自动缩放到控件大小。

6. setPixel()、getPixel()

这两个函数用于针对 Bitmap 中某个位置的像素进行设置和获取。函数声明如下：

```
public void setPixel(int x, int y, int color)
```

该函数用于对指定位置的像素进行颜色设置。很明显，参数 x,y 表示像素点在 Bitmap 中的像素级坐标；参数 color 就对应要设置的颜色值。

```
public int getPixel(int x, int y)
```

该函数用于获取指定位置像素的颜色值。

下面我们举一个例子，图片中绿色值较多，只将绿色通道增大 30。

效果如下图所示。

扫码看色彩图

完整代码如下：

```
Bitmap srcBmp = BitmapFactory.decodeResource(getResources(),R.drawable.dog);
ImageView iv1 = (ImageView)findViewById(R.id.img1);
iv1.setImageBitmap(srcBmp);

Bitmap desBmp = srcBmp.copy(Bitmap.Config.ARGB_8888,true);
for (int h=0;h<srcBmp.getHeight();h++){
   for (int w=0;w<srcBmp.getWidth();w++){
      int originColor = srcBmp.getPixel(w,h);


      int red = Color.red(originColor);
      int alpha = Color.alpha(originColor);
      int green = Color.green(originColor);
      int blue = Color.blue(originColor);

      if (green<200){
         green += 30;
      }

      desBmp.setPixel(w,h,Color.argb(alpha,red,green,blue));
```

```
        }
    }

    ImageView iv2 = (ImageView)findViewById(R.id.img2);
    iv2.setImageBitmap(desBmp);
```

上述代码分为三部分。

第一部分，拿到原始图像，并设置到 ImageView1 中。

第二部分，更改每个颜色值。

（1）通过 srcBmp.copy(Bitmap.Config.ARGB_8888,true) 函数生成一个像素可更改的 Bitmap。前面我们讲过，通过 Drawable 获取的图像是像素不可更改的。

（2）遍历图像中的每个像素。先通过 srcBmp.getPixel(w,h) 函数拿到当前位置像素的原始颜色值，然后通过 Color 的系列方法得到 A、R、G、B 各通道的值，最后只针对性地当绿色通道小于 200 时添加 30。这是因为颜色值最大是 255，如果超过 255，则会用 255 取余，作为最终的通道颜色值。比如，如果得到的值是 280，那么实际的颜色值是 280%255=25。我们的目的是增强绿色的显示，当然不能让绿色值变小，所以必须添加一次判断，以使增加过的绿色通道值不超过 255。

（3）通过 setPixel() 函数将更改过的颜色值重新设置进去。

第三部分，把更改过像素的图像显示出来。

从上面的例子中可以看出，由于 Bitmap 的 setPixel() 函数可以针对每个像素进行操作，所以增强了灵活性；但正因为需要操作每个像素，所以又增加了难度。一般来说，如果我们需要对图像的颜色进行操作，则可以利用 Paint.setColorFilter(ColorFilter filter) 函数将 Bitmap 画到画布上来操作颜色，会相对容易一些。但 Paint.setColorFilter() 函数只能针对整张图片的颜色进行更改，当遇到特殊的需求时，比如增加指定范围内的颜色值，就只能使用 Bitmap.setPixel() 函数了。

7. compress()

1）概述

很明显，这个函数的作用是压缩图像，它会将压缩过的 Bitmap 写入指定的输出流中。完整的函数声明如下：

```
public boolean compress(CompressFormat format, int quality, OutputStream stream)
```

各参数的含义如下。

- CompressFormat format：前面提到，Bitmap 压缩格式支持 CompressFormat.JPEG、CompressFormat.PNG、CompressFormat.WEBP 这三种格式，所以这里的 format 也就只有这三个取值。需要注意的是，WEBP 格式是从 API 14 开始才引入的。
- int quality：表示压缩后图像的画质，取值是 0～100。0 表示以最低画质压缩，100 表示以最高画质压缩。对于 PNG 等无损格式的图片，会忽略此项设置。

- OutputStream stream：这是输出值，Bitmap 在被压缩后，会以 OutputStream 的形式在这里输出。
- 返回值 boolean：当压缩成功后，返回 true；失败则返回 false。

2）压缩格式

我们先来看一下各种压缩格式。

（1）CompressFormat.JPEG：采用 JPEG 压缩算法，是一种有损压缩格式，即在压缩过程中会改变图像的原本质量。compress()函数中的 quality 参数值越小，画质越差，对图片的原有质量损伤越大，但是得到的图片文件比较小。而且，JPEG 不支持 Alpha 透明度，当遇到透明度像素时，会以黑色背景填充。

（2）CompressFormat.PNG：采用 PNG 压缩算法，是一种支持透明度的无损压缩格式。

（3）CompressFormat.WEBP：WEBP 是一种同时提供了有损压缩与无损压缩的图片文件格式，派生自视频编码格式 VP8，Google 于 2010 年发布；从 Android 4.0（API 14）开始支持 WEBP，从 Android 4.2.1+（API 18）开始支持无损 WEBP 和带 Alpha 通道的 WEBP。也就是说，在 14≤API≤17 时，WEBP 是一种有损压缩格式，而且不支持透明度。在 API18 以后，WEBP 是一种无损压缩格式，而且支持透明度。在有损压缩时，在质量相同的情况下，WEBP 格式图像的体积要比 JPEG 格式图像的体积小 40%，美中不足的是，WEBP 格式图像的编码时间比 JPEG 格式图像的编码时间长 8 倍。在无损压缩时，无损的 WEBP 图片比 PNG 图片小 26%，但 WEBP 格式的压缩时间是 PNG 格式的压缩时间的 5 倍。所以，从整体来讲，WEBP 格式是通过牺牲压缩时间来减小产出文件大小的。

3）compress 压缩图像

下面我们使用 JPEG 格式来进行压缩。

```
ImageView iv_1 = (ImageView) findViewById(R.id.img1);
ImageView iv_2 = (ImageView) findViewById(R.id.img2);

Bitmap bmp = BitmapFactory.decodeResource(this.getResources(), R.drawable.cat);
iv_1.setImageBitmap(bmp);

//压缩图像后，显示
ByteArrayOutputStream bos = new ByteArrayOutputStream();
bmp.compress(Bitmap.CompressFormat.JPEG, 1, bos);
byte[] bytes = bos.toByteArray();
Bitmap bmp1 = BitmapFactory.decodeByteArray(bytes, 0, bytes.length);
iv_2.setImageBitmap(bmp1);
```

在上面的代码中，先显示源图像，然后显示压缩后的图像。在压缩图像时，首先生成一个 ByteArrayOutputStream 对象，然后传递给 compress()函数。

```
ByteArrayOutputStream bos = new ByteArrayOutputStream();
bmp.compress(Bitmap.CompressFormat.JPEG, 1, bos);
```

所以，在压缩成功以后，会将结果保存在 ByteArrayOutputStream 对象中，然后利用

BitmapFactory 中的 decode()函数将它解析出 Bitmap 并显示出来。

效果如下图所示。

这里为了显示效果,将整个 Activity 的背景设置为白色,左边是源图像,右边是压缩过的图像。

从效果图中明显可以看出,压缩后的 JPEG 图像质量很差,已经具有明显的颜色块了。源图像从上到下是具有 Alpha 渐变的;而在生成 JPEG 图像时,完全以黑色背景显示整幅图像,而且完全没有 Alpha 效果。前面我们已经讲过,JPEG 压缩算法是有损压缩,不支持 Alpha 通道,当遇到透明度像素时,会以黑色背景填充。

当我们在 API 17 平台上生成 4 种格式的压缩图像时,效果如下图所示(quality=1)。

API 17

从图像中也可以明显看出，PNG 图像是无损压缩的，它压缩后的图像跟源图像一模一样；而 JPEG 和 WEBP 图像是有损压缩的，而且都不支持透明通道，但是在 quality 一致的情况下，WEBP 图像明显要比 JPEG 图像质量高。当然，只有在 14≤API≤17 时，WEBP 才是有损压缩格式，效果才是这样的。

而在 API 18 以后，同样在 quality=1 的情况下，效果如下图所示。

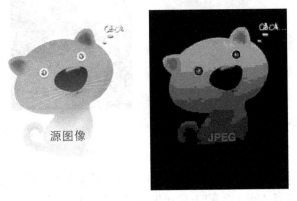

API ≥ 18

很明显，在 API 18 以后，WEBP 和 PNG 一样，都是无损压缩格式。

4）示例：保存压缩后的图像

我们经常会有保存压缩后的图像的需求，下面就来看看代码是怎样的。

```java
private void saveBmp(Bitmap bitmap) {
    File fileDir = Environment.getExternalStorageDirectory();
    String path = fileDir.getAbsolutePath() + "/lavor.webp";

    File file = new File(path);
    if (file.exists()) {
        file.delete();
    }
    try {
        FileOutputStream outputStream = new FileOutputStream(file);
        bitmap.compress(Bitmap.CompressFormat.WEBP, 10, outputStream);
        outputStream.flush();
```

```
         outputStream.close();
    } catch (FileNotFoundException e) {
         e.printStackTrace();
    } catch (IOException e) {
         e.printStackTrace();
    }
}
```

这里的代码表示将一个 Bitmap 保存在 SD 卡根目录中，并命名为 lavor.webp。因为压缩算法是 WEBP，所以文件扩展名必须是.webp；而当使用 JPEG 算法压缩时，文件扩展名就是.jpg；当使用 PNG 算法压缩时，文件扩展名是.png。

首先判断文件是否存在，如果存在就删除，在经过 compress()函数压缩后，会生成 OutputStream 图像流，我们可以将这个 OutputStream 图像流输出到图像中。有关图像流使用和 output 的各种派生子类的用法，我们就不再引申了，大家自行补充一下。

10.2.6 常见问题

本小节对在使用 Bitmap 进行绘图时的一些常见问题进行总结。

1．对 Bitmap 的画笔设置 ANTI_ALIAS_FLAG 属性，为什么无效

经常会有读者提出，明明对 Bitmap 的画笔设置了 ANTI_ALIAS_FLAG 属性，为什么画出来的 Bitmap 边缘还是粗糙的？

下面讲一下我们经常使用的两种绘图策略。

（1）直接在 Canvas 上绘制。

（2）先在 Bitmap 上绘制，再将 Bitmap 绘制到 Canvas 上。

我们来看一下，在这两种情况下给 Bitmap 的画笔设置 ANTI_ALIAS_FLAG 属性，各有什么效果。

1）直接在 Canvas 上绘制

在绘制前先设置 Paint 对象的 ANTI_ALIAS_FLAG 属性可以得到平滑的图形。

有两种设置 ANTI_ALIAS_FLAG 属性的方式：

```
Paint p = new Paint(Paint.ANTI_ALIAS_FLAG);
//或者
Paint p = new Paint();
p.setAntiAlias(true);
```

然后通过下面的代码直接在 Canvas 上绘制。

```
 @Override
protected void onDraw(Canvas canvas) {
    super.onDraw(canvas);
    canvas.drawCircle(mLeftX + 100, mTopY + 100, 100, p);
}
```

效果如下图所示。

正如你看到的，设置 ANTI_ALIAS_FLAG 属性可以产生平滑的边缘。它之所以能起作用，是因为默认当 onDraw()函数被调用时，系统先将 Canvas 清空，然后重绘所有内容。注意：先清空Canvas，然后重绘所有内容。当下文详细讨论在Bitmap中使用 ANTI_ALIAS_FLAG 属性时，你就会意识到这段信息的重要性。

2）先在 Bitmap 上绘制，再将 Bitmap 绘制到 Canvas 上

如果需要保存这张被绘制的图形，或者需要绘制透明像素，则可以先将图形绘制到 Bitmap 上，再将 Bitmap 绘制到 Canvas 上。下面我们通过代码来实现它。

首先初始化 Bitmap 和对应的 Canvas。

```
Paint p = new Paint();
Bitmap bitmap = null;
Canvas bitmapCanvas = null;

private void init(){
    bitmap = Bitmap.createBitmap(200,200,Bitmap.Config.ARGB_8888);
    bitmapCanvas = new Canvas(bitmap);
}
```

然后进行绘图。

```
@Override
protected void onDraw(Canvas canvas) {
    super.onDraw(canvas);
    bitmapCanvas.drawCircle(mLeftX + 100, mTopY + 100, 100, p);
    canvas.drawBitmap(bitmap, mLeftX, mTopY, p);
}
```

上面的代码很好理解，先在 Bitmap 上画一个圆，然后将 Bitmap 画到 Canvas 上。

效果如下图所示。

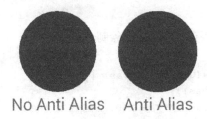

从效果图中可以看到，没有设置 ANTI_ALIAS_FLAG 属性的图像不够平滑，而设置了该属性的图像效果好一点，但还是能发现它的边缘是粗糙的。为什么？

这些代码是我们在实际中经常使用的，有什么问题吗？

我们很容易忽视上面的代码片段出现的问题。虽然每次 onDraw()函数被调用时都会更新在 Bitmap 上绘制的图形，但从理论上说，你只是在上一张图片上重绘的。所以，解决这个问题的途径是看看 ANTI_ALIAS_FLAG 属性到底是怎么工作的。

3）ANTI_ALIAS_FLAG 属性是怎么工作的

简单来说，ANTI_ALIAS_FLAG 属性通过混合前景色与背景色来产生平滑的边缘。在我们的例子中，背景色是透明的，而前景色是红色的，ANTI_ALIAS_FLAG 属性通过将边缘处的像素由纯色逐步转换为透明来让边缘看起来是平滑的。

而当我们在 Bitmap 上重绘时，像素的颜色会越来越纯粹，从而导致边缘越来越粗糙。在下面这张图片中，我们来看一下不断重绘 50% 透明度的红色会出现什么状况。正如你看到的，只需重绘三次，颜色就十分接近纯色了。这就是为什么设置了 ANTI_ALIAS_FLAG 属性后，图像的边缘仍然十分粗糙。

扫码看彩色图

该如何解决这个问题？这里有两种选择：

- 避免重绘。
- 在重绘前清空 Bitmap。

避免重绘的方法很简单，只需保证让 Bitmap 只被绘制一次即可，比如将 Bitmap 绘制操作放在初始化（onCreate()函数）的时候，而不要放在可能被多次调用的 onDraw()、onMeasure()、onLayout()等函数中。

修改上文的代码，添加一行代码，让它在每次重绘前先清空 Bitmap。当然，如果你觉得纯色更加符合你的需求，则也可以不用每次都清空 Bitmap。

```
@Override
protected void onDraw(Canvas canvas) {
    super.onDraw(canvas);
    //清空 Bitmap
    bitmapCanvas.drawColor(Color.TRANSPARENT,PorterDuff.Mode.CLEAR);
    bitmapCanvas.drawCircle(mLeftX + 100, mTopY + 100, 100, p);
```

```
        canvas.drawBitmap(bitmap, mLeftX, mTopY, p);
}
```

有关使用 Xfermode 清空画布的问题，我们会在 10.3.3 节中讲解。

2．Bitmap 与 Canvas、View、Drawable 的关系

1）Bitmap 与 Canvas

我们在构造一个 Canvas 对象时，有两种方法可以选择。

```
Canvas canvas = new Canvas(bitmap);
//或者
Canvas canvas = new Canvas();
canvas.setBitmap(bitmap);
```

从这两种方法中可以看出，Canvas 中的画布实质上就是 Bitmap，调用 Canvas 的各个绘图函数，实质上都是绘制在这个 Canvas 里保存的 Bitmap 对象上的。

2）Bitmap 与 View

我们知道，在自定义控件时，如果该控件派生自 View，则都会重写 onDraw(Canvas canvas) 函数，而当调用 onDraw() 函数里的参数 canvas 绘图之后，就会直接表现在 View 上。难道 View 也是通过 Canvas 来显示的？其中保存的也是一个 Bitmap？

答案是：我们自定义控件所显示的 View 也是通过 Canvas 中的 Bitmap 来显示的。

下面从 View 的源码中来寻找答案。

首先找到 onDraw(Canvas canvas) 函数中的 canvas 参数是从哪里来的。

```
public void draw(Canvas canvas) {
    // Step 1, draw the background, if needed
    // skip step 2 & 5 if possible (common case)
    ...
    // Step 3, draw the content
    if (!dirtyOpaque) onDraw(canvas);

    // Step 4, draw the children
    // Step 5, draw the fade effect and restore layers
    // Step 6, draw decorations (scrollbars)
    ...
}
```

在 draw(Canvas canvas) 函数中可以看到绘制一个控件的 6 个步骤，其中第三步，即绘制控件内容时，调用的是 onDraw(canvas) 函数。

然后继续找 draw(canvas) 函数中的 canvas 参数是从哪里来的。

```
Bitmap createSnapshot(Bitmap.Config quality, int backgroundColor, boolean skipChildren) {
    ...
    Bitmap bitmap = Bitmap.createBitmap(width > 0 ? width : 1, height > 0 ? height : 1, quality);
```

```
      if (bitmap == null) {
         throw new OutOfMemoryError();
      }
      Canvas canvas;
      if (attachInfo != null) {
         canvas = attachInfo.mCanvas;
         if (canvas == null) {
            canvas = new Canvas();
         }
         canvas.setBitmap(bitmap);
         attachInfo.mCanvas = null;
      } else {
         // This case should hopefully never or seldom happen
         canvas = new Canvas(bitmap);
      }
      ...
      if ((mPrivateFlags & SKIP_DRAW) == SKIP_DRAW) {
         dispatchDraw(canvas);
      } else {
         draw(canvas);
      }
      ...
}
```

从这里可以看出，Canvas 是新建的，而且 Canvas 中的 Bitmap 也是新建的。所以，View 所显示的内容同样是通过绘制一个内置的 Bitmap 来呈现的。

3）Bitmap 与 Drawable

我们在自定义 Drawable 时，想要将 Drawable 对象显示在 View 上，必须使用类似下面的方法。

```
@Override
protected void onDraw(Canvas canvas) {
    super.onDraw(canvas);
    Drawable drawable = new ShapeDrawable(new RectShape());
    drawable.setBounds(new Rect(50,50,200,100));
    drawable.draw(canvas);
}
```

即在构造好 Drawable 以后，通过 drawable.draw(canvas)函数将它绘制到 View 上。下面我们就来看一下 drawable.draw(canvas)函数到底做了什么。

在 Drawable 类中，draw(canvas)是一个虚函数。

```
public abstract class Drawable {
    public abstract void draw(Canvas canvas);
    ...
}
```

所以，具体的实现都是放在 Drawable 的各个子类中的。我们以 ShapeDrawable 为例，来看一下它的 draw(canvas)函数都执行了哪些操作。

```
@Override
public void draw(Canvas canvas) {
    Rect r = getBounds();
    Paint paint = mShapeState.mPaint;

    int prevAlpha = paint.getAlpha();
    paint.setAlpha(modulateAlpha(prevAlpha, mShapeState.mAlpha));

    if (mShapeState.mShape != null) {
        // need the save both for the translate, and for the (unknown) Shape
        int count = canvas.save();
        canvas.translate(r.left, r.top);
        onDraw(mShapeState.mShape, canvas, paint);
        canvas.restoreToCount(count);
    } else {
        canvas.drawRect(r, paint);
    }

    // restore
    paint.setAlpha(prevAlpha);
}
//其中
protected void onDraw(Shape shape, Canvas canvas, Paint paint) {
    shape.draw(canvas, paint);
}
```

在这里看到了我们自定义 Drawable 中重写的 onDraw() 函数的踪迹，可以看到，onDraw() 函数的 Paint 对象是由 Drawable 自己保存的。

```
Paint paint = mShapeState.mPaint;
```

在 mShapeState 中保存了当前 Drawable 的各种基本信息。

```
final static class ShapeState extends Drawable.ConstantState {
    int mChangingConfigurations;
    Paint mPaint;                    //当前画笔
    Shape mShape;                    //当前形状
    Rect mPadding;                   //padding 信息
    int mIntrinsicWidth;             //Drawable 宽度
    int mIntrinsicHeight;            //Drawable 高度
    int mAlpha = 255;                //Drawable 透明度
    ...
}
```

而 onDraw() 函数中的 Canvas 对象却是从 View 中传过来的。

所以，总的来讲：

- Drawable 各子类中的 Paint 是自带的，可以通过 getPaint() 函数得到。
- Drawable 的 Canvas 画布使用的是 View 的，它的内部是没有保存 Canvas 变量的。

3. 生成水印

在实际工作中，经常会有生成水印的需求。下面我们就借助给一张图片添加水印效果的例子来简单复习一下 Bitmap 相关函数的用法。

其实原理很简单，新生成一个 Bitmap，先后将源 Bitmap 和水印 Bitmap 画上去即可。

```
private Bitmap createWaterBitmap(Bitmap src, Bitmap watermark )
{
   if( src == null )
   {
      return null;
   }

   int w = src.getWidth();
   int h = src.getHeight();
   int ww = watermark.getWidth();
   int wh = watermark.getHeight();
   //创建空白图像
   //创建一个新的和 src 长度、宽度一样的 Bitmap
   Bitmap newb = Bitmap.createBitmap( w, h, Bitmap.Config.ARGB_8888 );
   Canvas cv = new Canvas( newb );
   //画原图
   cv.drawBitmap( src, 0, 0, null );//从(0,0)坐标开始画入 src
   //在 src 的右下角画入水印
   cv.drawBitmap( watermark, w - ww + 5, h - wh + 5, null );
   return newb;
}
```

代码也没什么难度，就是在图片的右下角画上水印。

下面我们来使用一下这个函数，在小狗图像的右下角画上下图所示的水印。

代码如下：

```
Bitmap bitmap = BitmapFactory.decodeResource(getResources(), R.drawable.dog);
Bitmap watermark = BitmapFactory.decodeResource(getResources(), R.drawable.watermark);
Bitmap result = createWaterBitmap(bitmap, watermark);

ImageView imageView = (ImageView) findViewById(R.id.img);
imageView.setImageBitmap(result);
```

效果如下图所示。

到这里，本节内容就结束了，主要讲解了与绘图有关的 Bitmap 加载、创建的相关知识，以及实战中经常遇到的疑问与使用技巧。其实与 Bitmap 相关的知识还有很多，比如缓存问题、如何加载巨大图片、LRU 缓存问题等，但这些已经超出本书的讲解范围，只能靠大家自行补充了。

10.3 SurfaceView

10.3.1 概述

很多读者会有疑问：我们所有的控件基本上都是派生自 View 或者 ViewGroup 的，为什么又多引入一个 SurfaceView 呢？

Android 屏幕刷新的时间间隔是 16ms，如果 View 能够在 16ms 内完成所需执行的绘图操作，那么在视觉上，界面就是流畅的；否则就会出现卡顿。很多时候，在自定义 View 的日志中，经常会看到如下警告：

`Skipped 60 frames! The application may be doing too much work on its main thread`

之所以会出现这些警告，大部分是因为我们在绘制过程中不单单执行了绘图操作，也夹杂了很多逻辑处理，导致在指定的 16ms 内并没有完成绘制，出现界面卡顿和警告。

然而，在很多情况下，这些逻辑处理又是必需的。为了解决这个问题，Android 引入了 SurfaceView。SurfaceView 在两个方面改进了 View 的绘图操作：

- 使用双缓冲技术。
- 自带画布，支持在子线程中更新画布内容。

所谓双缓冲技术，简单来讲，就是多加一块缓冲画布，当需要执行绘图操作时，先在缓冲画布上绘制，绘制好后直接将缓冲画布上的内容更新到主画布上。这样，在屏幕更新时，只需把缓冲画布上的内容照样画过来就可以了，就不会存在逻辑处理时间的问题，也就解决了超时绘制的问题。有关 SurfaceView 的双缓冲机制，在 10.3.3 节中会具体讲述。

由于 View、ViewGroup、Animator 的代码执行全部是在主线程中完成的，所以，当绘图操作的处理逻辑太过复杂时，除了引起卡顿，也可能会造成 ANR（Application Not Responding）。而如果我们想在线程中更新界面，就需要使用 Handler 或者 AsyncTask 等，这无疑会加大代码的复杂度。SurfaceView 就是为了解决这个问题而诞生的。SurfaceView 中自带 Canvas（就是我们所说的缓冲 Canvas），支持在线程中更新 Canvas 中的内容。

虽然 SurfaceView 在处理耗时操作时很有用，但正是因为在新的线程中更新画面，所以不会阻塞主线程。但这也带来了另一个问题，就是事件同步。比如，你触摸了屏幕，SurfaceView 就会调用线程来处理，当线程过多时，一般就需要一个线程队列来保存触摸事件，这会稍稍复杂一点，因为涉及线程同步。

所以，总的来讲，View 和 SurfaceView 都有各自的应用场景。

- 当界面需要被动更新时，用 View 较好。比如，与手势交互的场景，因为画面的更新是依赖 onTouch 来完成的，所以可以直接使用 invalidate()函数。在这种情况下，这一次 Touch 和下一次 Touch 间隔的时间比较长，不会产生影响。
- 当界面需要主动更新时，用 SurfaceView 较好。比如一个人在一直跑动，这就需要一个单独的线程不停地重绘人的状态，避免阻塞主线程。显然 View 不合适，需要 SurfaceView 来控制。
- 当界面绘制需要频繁刷新，或者刷新时数据处理量比较大时，就应该用 SurfaceView 来实现，比如视频播放及 Camera（摄像头）。

10.3.2 SurfaceView 的基本用法

上一小节我们简单讲解了 View 与 SurfaceView 的区别，本小节我们继续讲一下 SurfaceView 的一些基本用法。

1. 实现 View 功能

SurfaceView 派生自 View，所以 SurfaceView 能使用 View 中的所有方法，即用 View 实现的自定义控件都可以使用 SurfaceView 来实现。

```
public class SurfaceView extends View {
    ...
}
```

需要注意的是，View 中的所有方法都是在主线程中执行的。所以，如果重写的方法来自 View，那么也是在主线程中执行的。

1）基本实现

下面我们就用 SurfaceView 来实现曾经实现的捕捉用户手势轨迹的自定义控件。为了增强代码可读性，不使用贝济埃曲线，直接使用 Path 来连接手势轨迹。

效果如下图所示。

扫码看效果图

代码如下:

```java
public class SurfaceGesturePath extends SurfaceView {
    private Paint mPaint;
    private Path mPath;
    public SurfaceGesturePath(Context context) {
        super(context);
        init();
    }
    public SurfaceGesturePath(Context context, AttributeSet attrs) {
        super(context, attrs);
        init();
    }
    public SurfaceGesturePath(Context context, AttributeSet attrs, int defStyle) {
        super(context, attrs, defStyle);
        init();
    }

    private void init(){
//        setWillNotDraw(false);
        mPaint = new Paint();
        mPaint.setStyle(Paint.Style.STROKE);
        mPaint.setStrokeWidth(5);
        mPaint.setColor(Color.RED);

        mPath = new Path();
    }

    @Override
    public boolean onTouchEvent(MotionEvent event) {

        int x = (int)event.getX();
        int y = (int)event.getY();
        if (event.getAction() == MotionEvent.ACTION_DOWN){
            mPath.moveTo(x,y);
            Log.d("qijian","ACTION_DOWN");
            return true;
        }else if (event.getAction() == MotionEvent.ACTION_MOVE){
            mPath.lineTo(x,y);
        }
```

```
        postInvalidate();
        Log.d("qijian","invalidate");

        return super.onTouchEvent(event);
    }

    @Override
    protected void onDraw(Canvas canvas) {
        super.onDraw(canvas);
        canvas.drawPath(mPath,mPaint);
        Log.d("qijian","ondraw");
    }
}
```

在上述代码中，先在 init()函数中进行初始化操作，然后捕捉用户当前手指的位置，再利用 Path 将手指位置连起来，最后重写 View 的 onDraw()函数，将它在 View 的画布上画出来。代码很简单，我们在讲解 Path 的使用时也是这样做的。

跟 View 的用法一样，直接在布局中使用这个控件即可。代码如下：

```
<LinearLayout xmlns:android="http://schemas.android.com/apk/res/android"
        android:orientation="vertical"
        android:layout_width="fill_parent"
        android:layout_height="fill_parent">

    <com.harvic.SurfaceViewDemo.SurfaceGesturePath
        android:layout_width="match_parent"
        android:layout_height="match_parent"/>
</LinearLayout>
```

然而，效果却是不显示手势轨迹，而一直显示黑屏。

扫码看效果图

这是为什么呢？同样的代码，派生自 View 就可以捕捉到手势轨迹，换成 SurfaceView 却又不行。SurfaceView 不是直接派生自 View 的吗？为什么会不行呢？

带着这个问题，我们冷静地分析一下，看 onDraw()函数有没有被调用。在上面的代码中，我们在 postInvalide()和 onDraw()函数中都添加了日志。日志截图如下图所示。

从日志中可以看出，上述代码只调用了 postInavidate() 函数，而没有调用 onDraw() 函数。怪不得手势轨迹没有被画出来，原来是根本没有调用 onDraw() 函数！那么，问题又来了：明明已经调用了 postInvalidate() 函数，怎么在 SurfaceView 中不调用 onDraw() 函数来重绘呢？

细心的读者可能会发现，在这段代码的 init() 函数中注释掉了一个方法，即 setWillNotDraw(false);。当你把这个方法打开后，就会惊奇地发现，居然可以看到手势轨迹了！

2) setWillNotDraw(boolean willNotDraw)

这个函数存在于 View 类中，它主要用在 View 派生子类的初始化中，如果参数 willNotDraw 取 true，则表示当前控件没有绘制内容，当屏幕重绘的时候，这个控件不需要绘制，所以在重绘的时候也就不会调用这个类的 onDraw() 函数。相反，如果参数 willNotDraw 取 false，则表示当前控件在每次重绘时，都需要绘制该控件。可见，setWillNotDraw 其实是一种优化策略，它让控件显式地告诉系统，在重绘屏幕时，哪个控件需要重绘，哪个控件不需要重绘，这样就可以大大提高重绘效率。

一般而言，像 LinearLayout、RelativeLayout 等布局控件，它们的主要功能是布局其中的控件，它们本身是没有东西需要绘制的，所以它们在构造的时候都会显式地设置 setWillNotDraw(true)。

而上面 SurfaceView 在重绘时，之所以没有调用 onDraw() 函数，是因为 SurfaceView 在初始化的时候显式调用了 setWillNotDraw(true)。

```
public class SurfaceView extends View {
    public SurfaceView(Context context, AttributeSet attrs, int defStyle) {
        super(context, attrs, defStyle);
        init();
    }

    private void init() {
        setWillNotDraw(true);
    }
    ...
}
```

虽然我们找到了原因，但是从这里也可以看出，SurfaceView 的开发人员并不想让我们通过重写 onDraw() 函数来绘制 SurfaceView 的控件界面，而要使用 SurfaceView 独有的特性来操作画布。

3) 总结

（1）原本能够通过派生自 View 实现的控件，依然可以通过 SurfaceView 来实现，因为 SurfaceView 派生自 View。

（2）当 SurfaceView 需要使用 View 的 onDraw() 函数来重绘控件时，需要在初始化的时候调用 setWillNotDraw(false)，否则 onDraw() 函数不会被调用。

（3）View 中的所有方法都是在主线程（UI 线程）中执行的，所以并不建议使用 SurfceView 重写 View 的 onDraw() 函数来实现自定义控件，而要使用 SurfaceView 特有的双缓冲机制绘图。

所以，总的来讲，在需要用到 SurfaceView 特性的时候，建议使用 SurfaceView；否则，仍使用 View 来自定义控件。

2. 使用缓冲 Canvas 绘图

上面我们讲了，SurfaceView 是自带画布的，具有双缓冲技术。这是 SurfaceView 建议使用的绘图方式。那么问题来了：我们怎么拿到这块自带画布来绘图呢？

```
SurfaceHolder surfaceHolder = getHolder();
Canvas canvas = surfaceHolder.lockCanvas();

//TODO 绘图操作

surfaceHolder.unlockCanvasAndPost(canvas);
```

我们可以先通过 surfaceHolder.lockCanvas()函数得到 SurfaceView 中自带的缓冲画布，并将这个画布加锁，防止被其他线程更改；当绘图操作完成以后，通过 surfaceHolder.unlockCanvasAndPost(canvas)函数将缓冲画布释放，并将所画内容更新到主线程的画布上，显示在屏幕上。

为什么得到画布的时候要加锁？

我们讲过，SurfaceView 中的缓冲画布是可以在线程中更新的，这是它的一大特点。而如果我们有多个线程同时更新画布，那么这个画布岂不是被画得乱七八糟的，所以我们需要加锁。

而加锁会造成另一个问题，当画布被其他线程锁定的时候或者缓存 Canvas 没有被创建的时候，surfaceHolder.lockCanvas()函数会返回 null，这样一来，如果存在多个线程同时操作缓冲画布的情况，则不仅需要对画布做判空处理，也需要在画布为空的时候添加重试策略。这里为了增强代码可读性就不再添加这些判断和策略了，大家在现实使用中一定要注意！

同样，我们更改一下上面的跟踪用户手势轨迹的代码，使用缓冲画布来绘图。

```java
public class SurfaceViewGesturePath extends SurfaceView {
    private Paint mPaint;
    private Path mPath;

     //省略构造函数和 init()函数
     ...

    @Override
    public boolean onTouchEvent(MotionEvent event) {

       int x = (int) event.getX();
       int y = (int) event.getY();
       if (event.getAction() == MotionEvent.ACTION_DOWN) {
          mPath.moveTo(x, y);
          return true;
       } else if (event.getAction() == MotionEvent.ACTION_MOVE) {
          mPath.lineTo(x, y);
```

```
    }
    drawCanvas();

    return super.onTouchEvent(event);
}

private void drawCanvas() {
    SurfaceHolder surfaceHolder = getHolder();
    Canvas canvas = surfaceHolder.lockCanvas();

    canvas.drawPath(mPath, mPaint);

    surfaceHolder.unlockCanvasAndPost(canvas);
}
```

可见，在 onTouchEvent() 函数中并没有再调用 invalidate() 函数，而是直接在需要重绘时，调用 surfaceHolder.lockCanvas() 函数来绘图。这里并没有什么坑，代码很简单，也能实现上面的效果，就不再细讲了。

有些读者可能会有疑问：不是说所有派生自 View 的函数都是在主线程中执行的吗？onTouchEvent() 函数就存在于 View 类中，它也在主线程中执行，在主线程中绘图跟直接重写 View 的 onDraw() 函数在主线程中绘图，有什么区别吗？

这种想法是正确的。onTouchEvent() 函数确实是在主线程中执行的，而我们的绘图操作虽然是在缓冲画布上执行的，但依然是在主线程中绘制的，占用的是主线程的资源。所以这种写法跟直接重写 View 的 onDraw() 函数是没有什么区别的。

我们说过，可以在子线程中更新画布。如果我们在子线程中更新画布，那又是什么情况呢？

```
private void drawCanvas() {
    new Thread(new Runnable() {
        @Override
        public void run() {
            SurfaceHolder surfaceHolder = getHolder();
            Canvas canvas = surfaceHolder.lockCanvas();

            canvas.drawPath(mPath, mPaint);

            surfaceHolder.unlockCanvasAndPost(canvas);
        }
    }).start();
}
```

这样，绘图操作就是在子线程中执行的，就不会再占用主线程的资源，这才是 SurfaceView 的正确使用方法。

3. 监听 Surface 生命周期

1）概述

上面我们简单介绍了如何使用 SurfaceView 缓冲画布，其实与 SurfaceView 相关的有三个概念：Surface、SurfaceView、SurfaceHolder。

其实，这三个概念是典型的 MVC 模式（Model-View-Controller）。Model 就是数据模型，或者更简单地说就是数据，也就是这里的 Surface，Surface 中保存着缓冲画布和与绘图内容相关的各种信息；View 即视图，代表用户交互界面，也就是这里的 SurfaceView，负责将 Surface 中存储的数据展示在 View 上；SurfaceHolder 很明显可以理解为 MVC 中的 Controller（控制器），Surface 是不允许直接用来操作的，必须通过 SurfaceHolder 来操作 Surface 中的数据。

既然我们知道 SurfaceView 的缓存 Canvas 是保存在 Surface 中的，那么，必然需要 Surface 存在的时候，才能够操作缓存 Canvas，否则很容易导致获取到的 Canvas 是空的。庆幸的是，Android 为我们提供了监听 Surface 生命周期的函数。

```
SurfaceHolder surfaceHolder = getHolder();
surfaceHolder.addCallback(new SurfaceHolder.Callback() {
    @Override
    public void surfaceCreated(SurfaceHolder holder) {

    }

    @Override
    public void surfaceChanged(SurfaceHolder holder, int format, int width, int height) {

    }

    @Override
    public void surfaceDestroyed(SurfaceHolder holder) {

    }
});
```

上面的代码展示了如何给 SurfaceHolder 添加监听 Surface 生命周期的函数。

- surfaceCreated：当 Surface 对象被创建后，该函数就会被立即调用。
- surfaceChanged：当 Surface 发生任何结构性的变化时（格式或者大小），该函数就会被立即调用。
- surfaceDestroyed：当 Surface 对象将要销毁时，该函数就会被立即调用。

一般来说，如果我们需要在类初始化时就立即绘图，那么一般是放在 surfaceCreated() 函数中开启线程来操作的，以防 Surface 还没有被创建，返回的缓冲画布是空的；在调用 surfaceDestroyed() 函数时看线程是否执行完，如果还没执行完就强制取消。

2）示例：动态背景效果

用过墨迹天气的读者都知道，墨迹天气 App 里的背景图像是会左右移动的。下面我们就实现一个动态背景效果的控件，效果如下图所示。

扫码看动态效果图

从效果图中可以看出，我们要实现的背景图是会左右移动的，默认向右移动，当向右移到底之后，返回向左移动，如此往复。

根据效果图，我们先列举一下所需实现的功能。

（1）如何保证图片大小既可以充满屏幕，又可以左右移动？

为了保证图片可以左右移动，我们需要先将图片进行缩放，将高度缩放为与屏幕一致，而宽度则是屏幕的 3/2 倍，以使其可以左右移动。类似代码如下：

```
mSurfaceWindth = getWidth();
mSurfaceHeight = getHeight();
int mWindth = (int) (mSurfaceWindth * 3 / 2);
/***
 * 将图片宽度缩放到屏幕的3/2倍，高度充满屏幕
 */
Bitmap bitmap = BitmapFactory.decodeResource(getResources(), R.drawable.scenery);
bitmap_bg = Bitmap.createScaledBitmap(bitmap, mWindth, (int) mSurfaceHeight, true);
```

当然，你也可以自己生成一张很宽的图片做背景，这样只需要根据宽高比进行缩放以充满屏幕就可以了。

（2）如何在屏幕上只画出图像的一部分？

Canvas::drawBitmap 中有这样一个函数：

```
public void drawBitmap(Bitmap bitmap, float left, float top, Paint paint)
```

这个函数可以指定开始绘制的图片的左上角位置。其中，参数 left、top 就是指从 Bitmap 的哪个左上角点开始绘制，这样我们就可以指定绘制图片的一部分了。

（3）如何实现 Bitmap 左右移动？

我们默认从 Bitmap 的左上角点(0,0)开始绘制，然后根据每次的步进距离向右移动，当移到底时，再返回向左移动。核心代码如下：

```
//背景移动状态
private enum State {
    LEFT, RINGHT
}

//默认为向左
```

```java
private State state = State.LEFT;

//开始绘制的图片的x坐标
private int mBitposX;
//背景画布移动步伐
private final int BITMAP_STEP = 1;
protected void DrawView() {
    //绘制背景
    mCanvas.drawColor(Color.TRANSPARENT, PorterDuff.Mode.CLEAR);   //清空屏幕
    mCanvas.drawBitmap(bitmap_bg, mBitposX, 0, null);              //绘制当前屏幕背景

    /** 图片滚动效果 **/
    switch (state) {
        case LEFT:
            mBitposX -= BITMAP_STEP;//画布左移
            break;
        case RINGHT:
            mBitposX += BITMAP_STEP;   //画布右移
            break;

        default:
            break;
    }
    if (mBitposX <= -mSurfaceWindth / 2) {
        state = State.RINGHT;
    }
    if (mBitposX >= 0) {
        state = State.LEFT;
    }
}
```

在上述代码中，利用 state 变量来指定当前 Bitmap 的前进方向；变量 mBitposX 表示当前所绘制的 Bitmap 的左上角 *x* 坐标；变量 BITMAP_STEP 表示每次 Bitmap 绘制前进的距离。

所以，在每次绘制时，先把这次的图像画出来，然后计算下次开始绘制的 Bitmap 的 *x* 坐标和前进方向。

计算下次开始绘制的 Bitmap 的 *x* 坐标很简单，直接根据当前前进的方向来计算即可。

```java
switch (state) {
    case LEFT:
        mBitposX -= BITMAP_STEP;   //画布左移
        break;
    case RINGHT:
        mBitposX += BITMAP_STEP;   //画布右移
        break;

    default:
        break;
}
```

然后根据当前图片是不是到了底了来决定是继续向右移动还是返回向左移动。

```java
if (mBitposX <= -mSurfaceWindth / 2) {
    state = State.RINGHT;
}
if (mBitposX >= 0) {
    state = State.LEFT;
}
```

在分析完核心问题以后，我们直接来看完整的代码。

```java
public class AnimationSurfaceView extends SurfaceView {
    private SurfaceHolder surfaceHolder;
    private boolean flag = false;                    // 线程标识
    private Bitmap bitmap_bg;                        // 背景图

    private float mSurfaceWindth, mSurfaceHeight;    // 屏幕宽、高
    private int mBitposX;                            //开始绘制的图片的x坐标
    private Canvas mCanvas;
    private Thread thread;

    // 背景移动状态
    private enum State {
        LEFT, RINGHT
    }

    // 默认为向左
    private State state = State.LEFT;

    private final int BITMAP_STEP = 1;      // 背景画布移动步伐

    public AnimationSurfaceView(Context context, AttributeSet attrs) {
        super(context, attrs);
        surfaceHolder = getHolder();
        surfaceHolder.addCallback(new SurfaceHolder.Callback() {
            @Override
            public void surfaceCreated(SurfaceHolder holder) {
                flag = true;
                startAnimation();
            }

            @Override
            public void surfaceChanged(SurfaceHolder holder, int format, int width, int height) {

            }

            @Override
            public void surfaceDestroyed(SurfaceHolder holder) {
                flag = false;
            }
```

```java
        });
    }

    private void startAnimation() {
        mSurfaceWindth = getWidth();
        mSurfaceHeight = getHeight();
        int mWindth = (int) (mSurfaceWindth * 3 / 2);
        /***
         * 将图片宽度缩放到屏幕的3/2倍,高度充满屏幕
         */
        Bitmap bitmap = BitmapFactory.decodeResource(getResources(), R.drawable.scenery);
        bitmap_bg = Bitmap.createScaledBitmap(bitmap, mWindth, (int) mSurfaceHeight, true);

        //开始绘图
        thread = new Thread(new Runnable() {
            @Override
            public void run() {
                while (flag) {
                    mCanvas = surfaceHolder.lockCanvas();
                    DrawView();
                    surfaceHolder.unlockCanvasAndPost(mCanvas);
                    try {
                        Thread.sleep(50);
                    } catch (InterruptedException e) {
                        e.printStackTrace();
                    }
                }
            }
        });
        thread.start();
    }

    /***
     * 进行绘制
     */
    protected void DrawView() {
        //绘制背景
        mCanvas.drawColor(Color.TRANSPARENT, PorterDuff.Mode.CLEAR);// 清空屏幕
        mCanvas.drawBitmap(bitmap_bg, mBitposX, 0, null);// 绘制当前屏幕背景

        /** 图片滚动效果 **/
        switch (state) {
            case LEFT:
                mBitposX -= BITMAP_STEP;// 画布左移
                break;
            case RINGHT:
                mBitposX += BITMAP_STEP;// 画布右移
```

```
            break;

        default:
            break;
    }
    if (mBitposX <= -mSurfaceWindth / 2) {
        state = State.RINGHT;
    }
    if (mBitposX >= 0) {
        state = State.LEFT;
    }
}
```

代码也不长，因为我们需要在这个控件刚展示的时候自己开始运动，并不会与用户交互，而且需要不断绘图，这些要求非常符合 SurfaceView 的特性，所以通过派生自 SurfaceView 来自定义控件。

首先，我们需要在初始化的时候就让背景开始运动，所以需要添加 Surface 监听，在 surfaceCreated()回调到来时开始动画。其次，我们需要在 surfaceDestroyed()回调到来时停止动画，所以添加一个 flag 变量作为标识，判断当前 Surface 是否存在。

```
surfaceHolder.addCallback(new SurfaceHolder.Callback() {
    @Override
    public void surfaceCreated(SurfaceHolder holder) {
        flag = true;
        startAnimation();
    }

    @Override
    public void surfaceChanged(SurfaceHolder holder, int format, int width, int height) {

    }

    @Override
    public void surfaceDestroyed(SurfaceHolder holder) {
        flag = false;
    }
});
```

最后是 startAnimation()函数，其中缩放 Bitmap 的操作已经讲解过了，下面着重来看看绘图操作的代码。

```
thread = new Thread(new Runnable() {
    @Override
    public void run() {
        while (flag) {
            mCanvas = surfaceHolder.lockCanvas();
            DrawView();
```

```
            surfaceHolder.unlockCanvasAndPost(mCanvas);
            try {
                Thread.sleep(50);
            } catch (InterruptedException e) {
                e.printStackTrace();
            }
        }
    }
});
thread.start();
```

为了减轻主线程的计算负担，我们单独开启一个线程来执行绘图操作；在绘图完成后，我们延缓 50ms 再进行下次绘图操作，这样从效果上来看就是一步步移动的。有关 DrawView() 函数的绘图操作，我们已经讲解过了，这里就不再赘述了。

10.3.3 SurfaceView 双缓冲技术

1. 概述

前面讲到，Surface 类是使用一种被称为双缓冲的技术来渲染程序 UI 的。这种双缓冲技术需要两个图形缓冲区，其中一个被称为前端缓冲区，另一个被称为后端缓冲区。前端缓冲区对应当前屏幕正在显示的内容，而后端缓冲区是接下来要渲染的图形缓冲区。我们通过 surfaceHolder.lockCanvas() 函数获得的缓冲区是后端缓冲区。当绘图完成以后，调用 surfaceHolder.unlockCanvasAndPost(mCanvas) 函数将后端缓冲区与前端缓冲区交换，后端缓冲区变成前端缓冲区，将内容显示在屏幕上；而原来的前端缓冲区则变成后端缓冲区，等待下一次 surfaceHolder.lockCanvas() 函数调用返回给用户使用，如此往复。

正是由于两块画布交替用来绘图，在绘图完成以后相互交换位置，而且在绘图完成以后直接更新到屏幕上，所以才使得绘图效率大大提高。而这样做却造成了一个问题：两块画布上的内容肯定会存在不一致的情况，尤其是在多线程的情况下。比如，我们利用一个线程操作 A、B 两块画布，目前 A 画布是屏幕画布，所以，当线程要绘图时，获得的缓冲画布是 B。在更新以后，B 画布更新到屏幕上，A 画布与 B 画布交换位置。而这时，如果线程再次申请画布，则将获取到 A 画布。如果 A 画布与 B 画布上的内容不一样，那么，在 A 画布上继续作画肯定会与预想的不一样。

下面举一个例子，每获取一次画布写一个数字，循环 10 次。代码如下：

```
public class DoubleBufferingView extends SurfaceView {
    private Paint mPaint;

    public DoubleBufferingView(Context context) {
        super(context);
        init();
    }

    public DoubleBufferingView(Context context, AttributeSet attrs) {
```

```java
        super(context, attrs);
        init();
    }

    public DoubleBufferingView(Context context, AttributeSet attrs, int defStyle) {
        super(context, attrs, defStyle);
        init();
    }

    private void init(){
        mPaint = new Paint();
        mPaint.setColor(Color.RED);
        mPaint.setTextSize(30);

        getHolder().addCallback(new SurfaceHolder.Callback() {
            @Override
            public void surfaceCreated(SurfaceHolder holder) {

                drawText(holder);
            }

            @Override
            public void surfaceChanged(SurfaceHolder holder, int format, int width, int height) {

            }

            @Override
            public void surfaceDestroyed(SurfaceHolder holder) {

            }
        });
    }

    private void drawText(SurfaceHolder holder){
        for(int i = 0;i<10;i++) {
            Canvas canvas = holder.lockCanvas();
            if (canvas != null) {
                canvas.drawText(i + "", i * 30, 50, mPaint);
            }
            holder.unlockCanvasAndPost(canvas);
        }
    }
}
```

代码很简单,在调用 surfaceCreated()函数的时候进行绘图操作。

```java
    private void drawText(SurfaceHolder holder){
        for(int i = 0;i<10;i++) {
            Canvas canvas = holder.lockCanvas();
```

```
            if (canvas != null) {
                canvas.drawText(i + "", i * 30, 50, mPaint);
            }
            holder.unlockCanvasAndPost(canvas);
        }
    }
```

在绘图时，每写一次数字都获取一次画布、更新一次画布。在写数字时，利用 drawText() 函数指定开始写数字的坐标，将各个数字分散开来。

效果如下图所示。

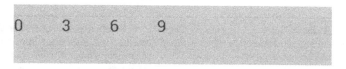

按照我们的逻辑，如果有两块缓冲画布，那么结果应该是 13579。因为最后一个更新的数字必然是 9，而往前推，每次间隔使用画布，跟 9 在同一块画布上的必然是 1357，其他数字都在另一块画布上。但结果为什么是 0369 呢？这是因为这里有三块缓冲画布。

如果我们在绘图时使用单独的线程，而且每次绘图完成以后，让线程休眠一段时间，就可以明显地看到每次所绘制的数字了。

```
private void drawText(final SurfaceHolder holder){
    new Thread(new Runnable() {
        @Override
        public void run() {
            for(int i = 0;i<10;i++) {
                Canvas canvas = holder.lockCanvas();
                if (canvas != null) {
                    canvas.drawText(i + "", i * 30, 50, mPaint);
                }
                holder.unlockCanvasAndPost(canvas);

                try {
                    Thread.sleep(800);
                }catch (Exception e){
                    e.printStackTrace();
                }
            }
        }
    }).start();
}
```

代码很简单，只是在每次绘图完成以后，让线程休眠 800ms。

效果如下图所示。

Android 自定义控件开发入门与实战

扫码看效果图

从效果图中可以看出每次在获取到的画布上所绘制的内容，很明显，0、1、2 这三个数字是分别在三块空白的画布上绘制的，之后的每个数字都是依次在这三块画布上绘制的。

有关 Surface 中缓冲画布的数量，Google 给出的解释如下：

> The BufferQueue for a display Surface is typically configured for triple-buffering; but buffers are allocated on demand. So if the producer generates buffers slowly enough -- maybe it's animating at 30fps on a 60fps display -- there might only be two allocated buffers in the queue. This helps minimize memory consumption. You can see a summary of the buffers associated with every layer in the dumpsys SurfaceFlinger output.

引自：*Surface and SurfaceHolder*，地址为 https://source.android.com/devices/graphics/arch-sh.html

也就是说，Surface 中缓冲画布的数量是根据需求动态分配的。如果用户获取画布的频率较慢，那么将会分配两块缓冲画布；否则，将分配 3 的倍数块缓冲画布，具体分配多少块，视实际情况而定。

总的来讲，Surface 肯定会被分配大于等于两个缓冲区域，具体分配多少个缓冲区域是不可知的。

2．双缓冲技术局部更新原理

其实，SurfaceView 是支持局部更新的，我们可以通过 Canvas lockCanvas(Rect dirty) 函数指定获取画布的区域和大小。画布以外的地方会将现在屏幕上的内容复制过来，以保持与屏幕一致；而画布以内的区域则保持原画布内容。前面我们一直使用 lockCanvas() 函数来获取画布，这两个函数的区别如下。

- lockCanvas()：用于获取整屏画布，屏幕内容不会被更新到画布上，画布保持原画布内容。
- lockCanvas(Rect dirty)：用于获取指定区域的画布，画布以外的区域会保持与屏幕内容一致，画布以内的区域依然保持原画布内容。

初次接触，大家很难理解这些概念，下面我们举例说明它们的含义。

首先，我们回顾一下 lockCanvas() 函数的作用。

我们每次通过 lockCanvas() 函数获取到的都是整屏画布，而这块画布不会继承当前屏幕内容，只保持所有在自己上面所画的内容。这就是"保持原画布内容"的含义，意思就是，所有在这块画布上上次利用 holder.unlockCanvasAndPost(canvas); 更新到屏幕上的内容，再次拿到这块画布时，初始态还是这些内容。

在重温了 lockCanvas() 函数之后，我们再来看看 lockCanvas(Rect dirty) 函数的含义。

·424·

在此之前，我们先自定义一个控件 RectView，派生自 View，来看一下我们要实现的效果。代码如下：

```java
public class RectView extends View {
    private Paint mPaint;
    public RectView(Context context, AttributeSet attrs) {
        super(context, attrs);
        init();
    }
    //其他构造函数省略
      ...

    private void init() {
        mPaint = new Paint();
        mPaint.setTextSize(30);
    }

    @Override
    protected void onDraw(Canvas canvas) {
        super.onDraw(canvas);

        //画大方
        mPaint.setColor(Color.RED);
        canvas.drawRect(new Rect(10, 10, 600, 600),mPaint);

        //画中方
        mPaint.setColor(Color.GREEN);
        canvas.drawRect(new Rect(30, 30, 570, 570),mPaint);

        //画小方
        mPaint.setColor(Color.BLUE);
        canvas.drawRect(new Rect(60, 60, 540, 540),mPaint);

        //画圆形
        mPaint.setColor(Color.argb(0x3F, 0xFF, 0xFF, 0xFF));
        canvas.drawCircle(300, 300, 100, mPaint);

        //写数字
        mPaint.setColor(Color.GREEN);
        canvas.drawText( "6", 300, 300, mPaint);
    }
}
```

绘图代码很简单，我们先分层次地画三个矩形，然后在中间画一个圆，最后在中间写一个数字"6"。

效果如下图所示。

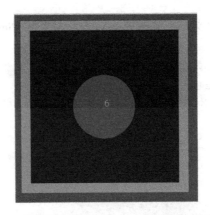

扫码看效果图

从效果图中可以看到一层层的叠加效果。如果我们将这些层次分明的图形利用 SurfaceView 来绘制，那么效果是怎样的呢？代码如下：

```java
public class RectRefreshSurfaceView extends SurfaceView {
    private Paint mPaint;

    public RectRefreshSurfaceView(Context context) {
        super(context);
        init();
    }

    //省略构造函数
    ...

    private void init() {
        mPaint = new Paint();
        mPaint.setColor(Color.argb(0x1F, 0xFF, 0xFF, 0xFF));
        mPaint.setTextSize(30);

        getHolder().addCallback(new SurfaceHolder.Callback() {
            @Override
            public void surfaceCreated(SurfaceHolder holder) {
                drawText(holder);
            }

            @Override
            public void surfaceChanged(SurfaceHolder holder, int format, int width, int height) {
            }

            @Override
            public void surfaceDestroyed(SurfaceHolder holder) {
            }
        });
    }

    private void drawText(final SurfaceHolder holder) {
```

```java
            new Thread(new Runnable() {

                @Override
                public void run() {

                    //先进行清屏操作
                    while (true) {
                        Rect dirtyRect = new Rect(0,0,1,1);
                        Canvas canvas = holder.lockCanvas(dirtyRect);
                        Rect canvasRect = canvas.getClipBounds();

                        if (getWidth() == canvasRect.width() && getHeight() == canvasRect.height()){
                            canvas.drawColor(Color.BLACK);
                            holder.unlockCanvasAndPost(canvas);
                        }else{
                            holder.unlockCanvasAndPost(canvas);
                            break;
                        }
                    }

                    //画图
                    for (int i = 0; i < 10; i++) {
                        //画大方
                        if (i == 0) {
                            Canvas canvas = holder.lockCanvas(new Rect(10, 10, 600, 600));
                            canvas.drawColor(Color.RED);
                            holder.unlockCanvasAndPost(canvas);
                        }

                        //画中方
                        if (i == 1) {
                            Canvas canvas = holder.lockCanvas(new Rect(30, 30, 570, 570));
                            canvas.drawColor(Color.GREEN);
                            holder.unlockCanvasAndPost(canvas);
                        }

                        //画小方
                        if (i == 2) {
                            Canvas canvas = holder.lockCanvas(new Rect(60, 60, 540, 540));
                            canvas.drawColor(Color.BLUE);
                            holder.unlockCanvasAndPost(canvas);
                        }

                        //画圆形
                        if (i == 3) {
                            Canvas canvas = holder.lockCanvas(new Rect(200, 200, 400, 400));
                            mPaint.setColor(Color.argb(0x3F, 0xFF, 0xFF, 0xFF));
                            canvas.drawCircle(300, 300, 100, mPaint);
```

```
                holder.unlockCanvasAndPost(canvas);
            }

            //写数字
            if (i == 4) {
                Canvas canvas = holder.lockCanvas(new Rect(250, 250, 350, 350));
                mPaint.setColor(Color.RED);
                canvas.drawText(i + "", 300, 300, mPaint);
                holder.unlockCanvasAndPost(canvas);
            }

            try {
                Thread.sleep(800);
            } catch (Exception e) {
                e.printStackTrace();
            }
        }
    }
}).start();
```

我们在 drawText() 函数中利用线程执行绘图操作。在这个线程中，代码分为两部分：第一部分是利用 while 循环进行清屏操作；第二部分是利用 for 循环获取缓冲画布绘图。有关第一部分为什么要执行清屏操作的问题，我们稍后再讲，这里先讲讲有关绘图的问题。

从代码中可以看到，我们利用 5 次 for 循环分别实现获取缓冲画布、绘图、更新到屏幕上等操作。先来看一下效果图，如下图所示。

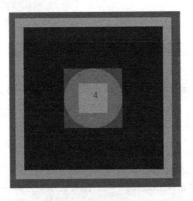

扫码看逐步绘制过程

从效果图中可以看出，外围的红、绿、蓝框效果是相同的，但是到画圆和写数字部分的效果就完全不一样了。下面我们根据多缓冲的原理逐步分析原因（建议大家先扫码看效果图中每次绘制的内容，再紧跟着笔者的讲解来理解原因）。

从写数字部分可以看出，手机上默认分配了三块缓冲画布。这一点一定要非常注意，所以这里的讲解也围绕三块缓冲画布来进行。这三块缓冲画布的分配是：一块显示在屏幕上，另外两块待分配。

第 10 章 Android 画布

1）第一次绘图：画大方

```
if (i == 0) {
    Canvas canvas = holder.lockCanvas(new Rect(10, 10, 600, 600));
    canvas.drawColor(Color.RED);
    holder.unlockCanvasAndPost(canvas);
}
```

代码很简单，先拿到一块缓冲画布，大小是 Rect(10, 10, 600, 600)，然后将画布填充为红色。在更新到屏幕上以后，效果如下图所示。

扫码看画大方效果图

从效果图中也可以看出，指定的画布区域被填充为红色。那么问题来了：画布以外的区域为什么是黑色的呢？

在使用 unlockCanvasAndPost(canvas) 函数更新到屏幕上以后，把屏幕上的画布给换下来。我们说过，在使用 lockCanvas(new Rect(10, 10, 600, 600)) 函数指定的区域内使用的是我们的绘图结果，之外的部分则使用被换下来的屏幕上的内容。由于清屏时全屏绘制黑色，所以，除指定的 rect 区域以外，都会复制屏幕的黑色。

此时的画布分配情况如下图所示。

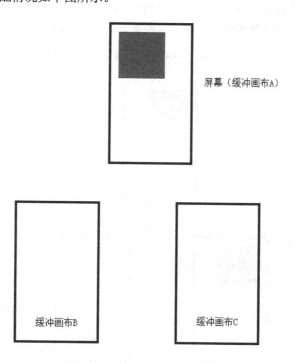

2）第二次绘图：画中方

```
if (i == 1) {
    Canvas canvas = holder.lockCanvas(new Rect(30, 30, 570, 570));
    canvas.drawColor(Color.GREEN);
    holder.unlockCanvasAndPost(canvas);
}
```

同样，我们通过 lockCanvas(new Rect(30, 30, 570, 570))函数拿到一块缓冲画布，比如这里拿到的是缓冲画布 B，则取画布 B 中的 Rect(30, 30, 570, 570)区域返回给画布，填充为绿色。

同样，问题来了：当使用 unlockCanvasAndPost(canvas)函数更新到屏幕上以后，画布 B 中除指定区域以外的内容应该怎么填充呢？

按照我们在前面所讲的，应该把当前屏幕 A 的对应区域的内容复制过来。因为这里拿到的画布大小要比上次填充的红色方框小一圈，所以，按理来说，绿色方框的周围会有红色方框的一部分。

此时更新过的效果图如下图所示。

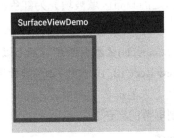

很明显，我们的理论是正确的：通过 lockCanvas(rect)函数拿到的画布，画布以内的区域是我们的绘图内容，画布以外的区域是从当前屏幕上复制过来的。

此时，在使用 holder.unlockCanvasAndPost(canvas)函数更新之后的画布分配情况如下图所示。

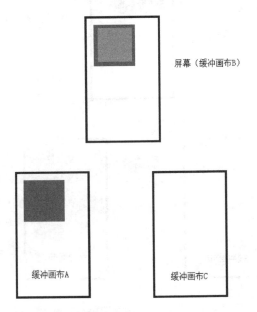

3）第三次绘图：画小方

```
if (i == 2) {
    Canvas canvas = holder.lockCanvas(new Rect(60, 60, 540, 540));
    canvas.drawColor(Color.BLUE);
    holder.unlockCanvasAndPost(canvas);
}
```

同样，这次通过 holder.lockCanvas()函数再从缓冲区中拿到一块画布，因为缓冲画布使用的是 LRU（先进先出）策略，也就是说是轮番使用的，所以这次拿到的是缓冲画布 C，从中截取 Rect(60, 60, 540, 540)区域返回。当然，这块画布要比上面的绿色画布小。

同样，将这块画布填充为蓝色，然后提交到屏幕上。在通过 holder.unlockCanvasAndPost(canvas)函数提交到屏幕上以后，指定画布以外的区域当然也是从屏幕上直接复制过来的。此时的效果图如下图所示。

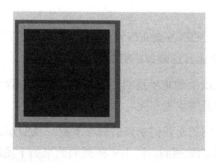

此时的画布分配情况如下图所示。

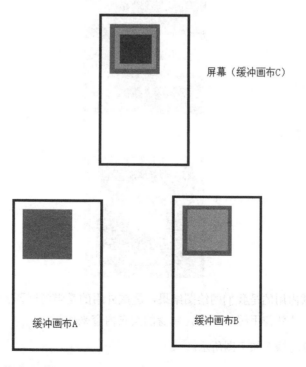

当前缓冲画布 C 作为屏幕显示，而缓冲画布 A 和 B 则在缓冲区中等待使用。

到这里,我们先对以上内容进行总结:

- 缓冲画布是根据 LRU(先进先出)策略被存取使用的。
- 使用 holder.lockCanvas(rect)函数获取到的画布区域,在通过 unlockCanvasAndPost(canvas) 函数提交到屏幕上时,指定区域内的内容是我们自己的绘图结果,指定区域外的内容是从屏幕上复制过来的,与当前屏幕一致。

在理解了区域内、外的显示方式以后,我们再来看看第四次绘图时区域内的绘图策略。

4)第四次绘图:画圆形

```
if (i == 3) {
    Canvas canvas = holder.lockCanvas(new Rect(200, 200, 400, 400));
    mPaint.setColor(Color.argb(0x3F, 0xFF, 0xFF, 0xFF));
    canvas.drawCircle(300, 300, 100, mPaint);
    holder.unlockCanvasAndPost(canvas);
}
```

根据 LRU 策略,这次拿到的缓冲画布应该就是 A 了。我们这次通过(new Rect(200, 200, 400, 400))函数取得的是 A 画布中比蓝色画布还要小的一部分。

那么问题来了:我们这次画的是半透明的白色圆,而画布以外的区域是从屏幕上复制过来的,那屏幕内的画布用的是哪块画布呢?

答案是:屏幕内的画布用的是我们拿到的画布本身!我们知道,这里拿到的是画布 A,所以画圆就是在画布 A 上叠加来画的。画出来的圆的效果如下图所示。

扫码看效果图

最终效果如下图所示。

扫码看效果图

很明显,区域内用的是我们的绘图结果,区域外用的是当前屏幕上的内容。只是区域内的画布在作画时,依然使用缓冲画布 A 本身的画布内容来作画。

此时的画布分配情况如下图所示。

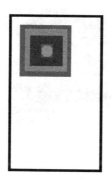
屏幕（缓冲画布A）

缓冲画布B

缓冲画布C

扫码看效果图

5）第五次绘图：写数字

```
if (i == 4) {
    Canvas canvas = holder.lockCanvas(new Rect(250, 250, 350, 350));
    mPaint.setColor(Color.RED);
    canvas.drawText(i + "", 300, 300, mPaint);
    holder.unlockCanvasAndPost(canvas);
}
```

同样，再通过 lockCanvas(new Rect(250, 250, 350, 350))函数拿到一块缓冲画布，此次拿到的应该是缓冲画布 B 中的一小块。很明显，这块区域比上面画的圆还要小。

同样，区域外的部分用当前屏幕上的内容，区域内的部分是在拿到的缓冲画布 B 上作画。

很明显，缓冲画布 B 的这块区域是绿色的，所以在这块区域内写数字的结果如下图所示。

扫码看效果图

当绘图区域以外的部分与屏幕上的内容合成以后，整体效果如下图所示。

扫码看效果图

此时的画布分配情况如下图所示。

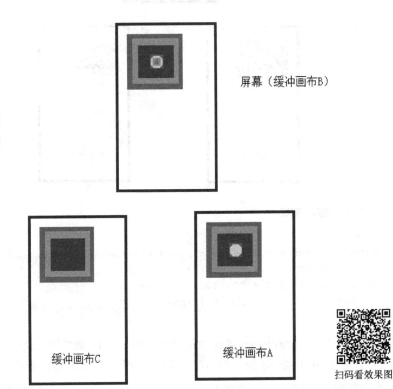

扫码看效果图

6）总结

经过我们一步步地分析图像的构造过程，得出以下几个结论：

（1）缓冲画布的存取遵循 LRU 策略。

（2）画布以内的区域仍在原缓冲画布上叠加作画，画布以外的区域是从屏幕上直接复制过来的。

（3）为了防止画布以内的缓冲画布本身的图像与所画内容产生冲突，在对画布以内的区域作画时，建议先清空画布。清空画布的方法如下：

```
Paint paint = new Paint();
paint.setXfermode(new PorterDuffXfermode(PorterDuff.Mode.CLEAR));
canvas.drawPaint(paint);
```

3. 局部更新为何要先清屏

在上面的局部更新的例子中，我们在开始绘图前使用一个 while 循环先清屏。如果把这个 while 循环去掉，那么效果将是怎样的呢？来看下图。

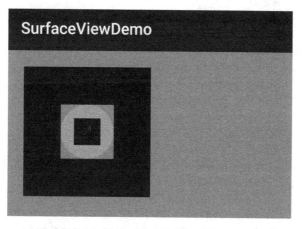

扫码看效果图

我们先抛开这张效果图不谈，来看看在没有清屏的时候，通过 lockCanvas(rect)函数拿到的画布区域是不是还是指定的区域。

在不清屏的情况下，把每次得到的 rect 区域打印出来。代码如下：

```java
private void drawText(final SurfaceHolder holder) {
    new Thread(new Runnable() {

        @Override
        public void run() {
            for (int i = 0; i < 10; i++) {
                //画大方
                if (i == 0) {
                    Canvas canvas = holder.lockCanvas(new Rect(10, 10, 600, 600));
                    dumpCanvasRect(canvas);
                    canvas.drawColor(Color.RED);
                    holder.unlockCanvasAndPost(canvas);
                }

                //画中方
                if (i == 1) {
                    Canvas canvas = holder.lockCanvas(new Rect(30, 30, 570, 570));
                    dumpCanvasRect(canvas);
                    canvas.drawColor(Color.GREEN);
                    holder.unlockCanvasAndPost(canvas);
                }

                //画小方
                if (i == 2) {
                    Canvas canvas = holder.lockCanvas(new Rect(60, 60, 540, 540));
                    dumpCanvasRect(canvas);
```

```
                canvas.drawColor(Color.BLUE);
                holder.unlockCanvasAndPost(canvas);
            }

            //画圆形
            if (i == 3) {
                Canvas canvas = holder.lockCanvas(new Rect(200, 200, 400, 400));
                dumpCanvasRect(canvas);
                mPaint.setColor(Color.argb(0x3F, 0xFF, 0xFF, 0xFF));
                canvas.drawCircle(300, 300, 100, mPaint);
                holder.unlockCanvasAndPost(canvas);
            }
            //写数字
            if (i == 4) {
                Canvas canvas = holder.lockCanvas(new Rect(250, 250, 350, 350));
                dumpCanvasRect(canvas);
                mPaint.setColor(Color.RED);
                canvas.drawText(i + "", 300, 300, mPaint);
                holder.unlockCanvasAndPost(canvas);
            }
        }
    }).start();
}

private void dumpCanvasRect(Canvas canvas){
    if (canvas != null){
        Rect rect = canvas.getClipBounds();
        Log.d("qijian","left:"+rect.left+" top:"+rect.top+" right:"+rect.right+" bottom:"+rect.bottom);
    }
}
```

依然是画布的代码，只是在每次拿到 Canvas 以后，把 Canvas 的区域打出来。日志如下图所示。

```
6517-6580/com.harvic.SurfaceViewDemo D/qijian: left:0    top:0   right:1080 bottom:1536
6517-6580/com.harvic.SurfaceViewDemo D/qijian: left:0    top:0   right:1080 bottom:1536
6517-6580/com.harvic.SurfaceViewDemo D/qijian: left:60   top:60  right:540  bottom:540
6517-6580/com.harvic.SurfaceViewDemo D/qijian: left:200  top:200 right:400  bottom:400
6517-6580/com.harvic.SurfaceViewDemo D/qijian: left:250  top:250 right:350  bottom:350
```

可以很明显地看到，第一次和第二次获取到的画布区域并不是我们指定的区域，而是 SurfaceView 所占的全屏。

如果加上清屏代码，再把区域打出来，则日志如下图所示。

```
10116-10159/com.harvic.SurfaceViewDemo D/qijian: left:10   top:10  right:600  bottom:600
10116-10159/com.harvic.SurfaceViewDemo D/qijian: left:30   top:30  right:570  bottom:570
10116-10159/com.harvic.SurfaceViewDemo D/qijian: left:60   top:60  right:540  bottom:540
10116-10159/com.harvic.SurfaceViewDemo D/qijian: left:200  top:200 right:400  bottom:400
10116-10159/com.harvic.SurfaceViewDemo D/qijian: left:250  top:250 right:350  bottom:350
```

很明显，在加上清屏代码以后，每次拿到的画布区域都是指定的区域。这是为什么呢？

因为这里有三块缓冲画布，有一块画布初始化地被显示在屏幕上，已经被默认填充为黑色，而另外两块画布都还没有被画过。虽然我们指定了获取画布的区域范围，但是系统认为，整块画布都是脏区域，都应该被画上，所以会返回屏幕大小的画布。只有我们将每块画布都画过以后，才会按照我们指定的区域来返回画布大小。

利用这个原理，我们可以指定一个极小的区域。

```
Rect dirtyRect = new Rect(0, 0, 1, 1);
Canvas canvas = holder.lockCanvas(dirtyRect);
```

如果这个屏幕还没有被画过，那么它应该返回与当前控件一样大小的区域，这时我们就可以给它画上默认的黑色，也可以利用 Xfermode 的清屏代码。

```
Rect canvasRect = canvas.getClipBounds();
if (getWidth() == canvasRect.width() && getHeight() == canvasRect.height()) {
    canvas.drawColor(Color.BLACK);
    holder.unlockCanvasAndPost(canvas);
}
```

很明显，当返回的区域大小不与当前控件大小一致时，就表示我们已经把所有的画布都画了一遍，这时，我们就可以正式作画了。

完整的清屏代码如下：

```
while (true) {
    Rect dirtyRect = new Rect(0, 0, 1, 1);
    Canvas canvas = holder.lockCanvas(dirtyRect);
    Rect canvasRect = canvas.getClipBounds();
    if (getWidth() == canvasRect.width() && getHeight() == canvasRect.height()) {
        canvas.drawColor(Color.BLACK);
        holder.unlockCanvasAndPost(canvas);
    } else {
        holder.unlockCanvasAndPost(canvas);
        break;
    }
}
```

4．双缓冲技术解决方案

解决方案一：保存所有要绘制的内容，全屏重绘。

为了防止每次画布上的内容不一致，我们的第一种解决方案就是，每次将我们绘制的内容都保存起来，下次拿到画布时，把这些绘制的内容全部重新画一遍。这种方案主要用在比较简单的绘图上。比如，在捕捉用户手势轨迹的例子中，可以用一个全局的 Path 变量来保存手指的路径，然后每次把整个路径重新画出来。

同样，对于数字的例子而言，如果用这种方案来解决，那么，既可以一次性将所有数字画完，又可以保存每次画完的所有数字，下次将这些数字重画即可。

如果使用一次性画完的方式，则代码如下：

```java
private void drawText(SurfaceHolder holder){
    Canvas canvas = holder.lockCanvas();
    for(int i = 0;i<10;i++) {
        if (canvas != null) {
            canvas.drawText(i + "", i * 30, 50, mPaint);
        }
    }
    holder.unlockCanvasAndPost(canvas);
}
```

在拿到画布以后,将所有数字一次性画上去。效果如下图所示。

0 1 2 3 4 5 6 7 8 9

如果我们将所有数字分10次画到画布上,但每次都将画布内容保存起来,在下次绘制的时候将所有内容全部画上去,则代码如下:

```java
private List<Integer> mInts = new ArrayList<Integer>();
private void drawText(SurfaceHolder holder){
    for(int i = 0;i<10;i++) {
      Canvas canvas = holder.lockCanvas();
        mInts.add(i);
        if (canvas != null) {
            for (int num:mInts) {
                canvas.drawText(num + "", num * 30, 50, mPaint);
            }
        }
        holder.unlockCanvasAndPost(canvas);
    }
}
```

在这里,我们声明了一个变量mInts,用来保存当前已经画上去的所有内容,然后在绘画的时候,一次性地将已经画的内容、要画的内容全部画上去,其效果与上面的效果一样。

同一个线程分10次绘图,每次将绘制的内容保存起来的方法看起来很别扭,因为完全可以一次性画上去,为什么还要分10次?在实际工作中,大家可能有多个线程同时绘图,只有每个线程各自保存自己当前已经绘制的内容,各线程之间才不会相互被影响。

同样让它在线程里绘图,并且每次绘图后休眠800ms,就可以清楚地看到在这种情况下每次画布中所绘制的内容了。代码如下:

```java
private List<Integer> mInts = new ArrayList<Integer>();
private void drawText(final SurfaceHolder holder){
    new Thread(new Runnable() {
        @Override
        public void run() {

            for(int i = 0;i<10;i++) {
```

```
            Canvas canvas = holder.lockCanvas();
            mInts.add(i);
            if (canvas != null) {
                for (int num:mInts) {
                    canvas.drawText(num + "", num * 30, 50, mPaint);
                }
            }

            try {
                Thread.sleep(800);
            } catch (Exception e) {
                e.printStackTrace();
            }
            holder.unlockCanvasAndPost(canvas);
        }
    }
}).start();
}
```

代码很简单,就是在每次绘图之后,让线程休眠 800ms,以观察当前画布上的内容。效果如下图所示。

扫码看效果图

从效果图中可以明显看出,每次更新数字,已经不会再像原来那样跳着显示了,已经画过的内容没有变化,看起来只是在增加数字而已。

解决方案二:在内容不交叉时,可以采用增量绘制。

经过前面的分析可知,通过 lockCanvas(rect)函数得到的局部缓冲区域内的绘图依然是在所拿到的缓冲画布源图像基础上绘制的,所以,为了避免源图像内容对我们所绘内容的干扰,可以采取两种方法。

第一种方法就是对拿到的区域画布清屏,在清屏后,把我们所要画的内容画出来。当然,为了保证与以前所画内容一致,也需要把以前的绘制内容保存起来重画一遍。这种方法其实与解决方案一一致,这里就不再举例了。

第二种方法相对简单,就是当我们所绘内容不交叉时,可以采用增量绘制。比如上面的写数字问题,每个数字的写字区域都与其他数字不交叉,在这种情况下,我们可以采用增量绘制。

下面仍以写数字为例,来看一下增量绘制的使用方法。

这里只列出核心绘图代码,其他内容与上面的代码一致。

```java
private void drawText(final SurfaceHolder holder) {
    new Thread(new Runnable() {
        @Override
        public void run() {
            //先进行清屏操作
            while (true) {
                Rect dirtyRect = new Rect(0, 0, 1, 1);
                Canvas canvas = holder.lockCanvas(dirtyRect);
                Rect canvasRect = canvas.getClipBounds();
                if (getWidth() == canvasRect.width() && getHeight() == canvasRect.height()) {
                    canvas.drawColor(Color.BLACK);
                    holder.unlockCanvasAndPost(canvas);
                } else {
                    holder.unlockCanvasAndPost(canvas);
                    break;
                }
            }

            //画图
            for (int i = 0; i < 10; i++) {
                int itemWidth = 50;
                int itemHeight = 50;
                Rect rect = new Rect(i*itemWidth,0,(i+1)*itemWidth-10,itemHeight);
                Canvas canvas = holder.lockCanvas(rect);
                if (canvas != null) {
                    canvas.drawColor(Color.GREEN);
                    canvas.drawText(i + "", i*itemWidth+10, itemHeight/2, mPaint);
                }
                holder.unlockCanvasAndPost(canvas);

                try {
                    Thread.sleep(800);
                } catch (Exception e) {
                    e.printStackTrace();
                }
            }
        }
    }).start();
}
```

根据局部刷新的原理,当然需要先清屏,再绘图。在绘图时,每间隔一段区间写一个数字,同时把得到的区间画布填充为绿色。

最终效果如下图所示。

扫码看绘图动画

总结：

（1）缓冲画布的存取遵循 LRU 策略。

（2）通过 lockCanvas()或者 lockCanvas(null)函数可以得到整个控件大小的缓冲画布，通过 lockCanvas(rect)函数可以得到指定大小的缓冲画布。

（3）在使用 lockCanvas(rect)函数获取缓冲画布前，需要使用 while 循环清屏。

（4）所获得画布以内的区域仍在原缓冲画布上叠加作画，画布以外的区域是从屏幕上直接复制过来的。

（5）由于画布以内的区域是在原缓冲画布的基础上叠加作画的，所以，为了防止产生冲突，建议使用 Xfermode 先清空所获得的画布；或者在内容不交叉时，采用增量绘制。

第 11 章
Matrix 与坐标变换

本章内容请读者扫码下载并阅读。

视图篇

通过动画篇和绘图篇的学习，大家在动画和绘图方面对自定义控件有了一定的了解，而对于控件本身我们还没有涉及。其实对于控件本身的内容还是有很多地方值得研究的，但是控件的知识在基本的 Android 入门与进阶的书籍中都会涉及，这里篇幅有限，只能给大家列出常用的知识点。相信在实际工作中，大家还会遇到其他与控件相关的知识，这部分资料是比较容易查找的，大家应该能够自由应对。

这一篇就带领大家来研究控件本身所涉及的知识点，比如自定义控件属性、手势检测等。

第 12 章

封装控件

生活不是林黛玉，不会因为忧伤而风情万种。

12.1 自定义属性与自定义 Style

12.1.1 概述

在一个自定义控件的 XML 中经常会发现类似下面的代码：

```
<com.trydeclarestyle.MyTextView
    android:layout_width="fill_parent"
    android:layout_height="fill_parent"
    attrstest:headerHeight="300dp"
    attrstest:headerVisibleHeight="100dp"
    attrstest:age ="young" />
```

注意最后三个属性：

```
attrstest:headerHeight="300dp"
attrstest:headerVisibleHeight="100dp"
attrstest:age ="young"
```

这三个属性明显不是系统自带的，而是人为添加上去的。怎么添加自定义的属性呢？利用 XML 中的 declare-styleable 标签来实现。

12.1.2 declare-styleable 标签的使用方法

我们先来看如何自定义控件属性，再来讲讲它的具体用途。

1. 自定义一个类 MyTextView

代码如下：

```
public class MyTextView extends TextView {
    public MyTextView(Context context) {
```

```
        super(context);
    }
}
```

2. 新建 attrs.xml 文件（在 res/values 目录下）

复制下面这段代码到 attrs.xml 文件中。

```xml
<?xml version="1.0" encoding="utf-8"?>
<resources>
    <declare-styleable name="MyTextView">
        <attr name="header" format="reference" />
        <attr name="headerHeight" format="dimension" />
        <attr name="headerVisibleHeight" format="dimension" />
        <attr name="age">
            <flag name="child" value="10"/>
            <flag name="young" value="18"/>
            <flag name="old" value="60"/>
        </attr>
    </declare-styleable>
</resources>
```

注意：

（1）最重要的一点是，declare-styleable 旁边有一个 name 属性，这个属性的取值对应所定义的类名。也就是说，要为哪个类添加自定义的属性，那么这个 name 属性的值就是哪个类的类名。这里要为自定义的 MyTextView 类添加 XML 属性，所以 name = "MyTextView"。

（2）自定义属性值可以组合使用。比如<attr name="border_color" format="color|reference"/>表示既可以自定义 color 值（比如#ff00ff），也可以利用@color/XXX 来引用 color.xml 中已有的值。

这里先看一下 declare-styleable 标签中所涉及的标签的用法。

- reference 指的是从 string.xml、drawable.xml、color.xml 等文件中引用过来的值。
- flag 是自己定义的，类似于 android:gravity="top"。
- dimension 指的是从 dimension.xml 文件中引用过来的值。注意，这里如果是 dp，就会进行像素转换。

使用方法如下：

```xml
<com.harvic.com.trydeclarestyle.MyTextView
    android:layout_width="fill_parent"
    android:layout_height="match_parent"
    attrstest:header="@drawable/pic1"
    attrstest:headerHeight="300dp"
    attrstest:headerVisibleHeight="100dp"
    attrstest:age="young"/>
```

可以看到，header 的取值是从其他 XML 文件中引用过来的；dimension 表示尺寸，直接输入数字；flag 相当于代码里的常量，比如这里的 young 就表示数字 18。

12.1.3 在 XML 中使用自定义的属性

1. 添加自定义控件

我们在一个 XML 布局中使用自定义的属性，比如下面这个 activity_main.xml 文件。

```xml
<RelativeLayout xmlns:android="http://schemas.android.com/apk/res/android"
    android:layout_width="match_parent"
    android:layout_height="match_parent">

    <com.harvic.com.trydeclarestyle.MyTextView
        android:layout_width="fill_parent"
        android:layout_height="match_parent"
        attrstest:header="@drawable/pic1"
        attrstest:headerHeight="300dp"
        attrstest:headerVisibleHeight="100dp"
        attrstest:age="young"/>
</RelativeLayout>
```

如果像上面这样直接添加自定义的控件及属性，则会发现，所有的自定义属性都会标红。这是因为这个 XML 根本识别不了这些标记。

2. 导入自定义的属性集（方法一）

要让 XML 识别我们自定义的属性也非常简单，在根布局上添加如下代码即可。

```xml
xmlns:attrstest ="http://schemas.android.com/apk/res/com.harvic.com.trydeclarestyle"
```

这里有两点需要注意。

（1）xmlns:attrstest：这里的 attrstest 是自定义的，你想定义成什么就可以定义成什么。但要注意的是，在访问你定义的 XML 控件属性时，就是通过这个标识符访问的。比如，这里定义成 attrstest，那么对应的访问自定义控件的方式就是 attrstest:headerHeight="300dp"。

（2）com.harvic.com.trydeclarestyle：它是 AndroidManifest.xml 中的包名，即 AndroidManifest.xml 中 package 字段对应的值，如下所示：

```xml
<?xml version="1.0" encoding="utf-8"?>
<manifest xmlns:android="http://schemas.android.com/apk/res/android"
    package="com.harvic.com.trydeclarestyle" >
```

在这种方式下，完整的 activity_main.xml 文件代码如下：

```xml
<RelativeLayout xmlns:android="http://schemas.android.com/apk/res/android"
    xmlns:attrstest ="http://schemas.android.com/apk/res/com.harvic.com.trydeclarestyle"
    android:layout_width="match_parent"
    android:layout_height="match_parent">

    <com.harvic.com.trydeclarestyle.MyTextView
        android:layout_width="fill_parent"
        android:layout_height="match_parent"
```

```
        attrstest:headerHeight="300dp"
        attrstest:headerVisibleHeight="100dp"
        attrstest:age="young"/>
</RelativeLayout>
```

3. 导入自定义的属性集（方法二）

另一种自动导入自定义属性集的方式要相对简单，只需在根布局上添加如下代码即可。

```
xmlns:attrstest="http://schemas.android.com/apk/res-auto"
```

xmlns:attrstest 中的 attrstest 也是可以随意定义的。

在这种方式下，完整的 activity_main.xml 文件代码如下：

```
<RelativeLayout xmlns:android="http://schemas.android.com/apk/res/android"
    xmlns:attrstest="http://schemas.android.com/apk/res-auto"
    android:layout_width="match_parent"
    android:layout_height="match_parent">

    <com.harvic.com.trydeclarestyle.MyTextView
        android:layout_width="fill_parent"
        android:layout_height="match_parent"
        attrstest:headerHeight="300dp"
        attrstest:headerVisibleHeight="100dp"
        attrstest:age="young"/>
</RelativeLayout>
```

12.1.4　在代码中获取自定义属性的值

大家可能会有疑问：在 XML 中添加自定义的属性有什么用呢？它不是系统原有的属性，那就不能指望系统能对它执行什么操作。

我们自定义的控件属性，系统当然不知道是用来干什么的，所以也不可能对它有任何操作。如果我们不在代码中自己操作这些属性，那么我们自己添加的这些属性就毫无意义！所以，我们添加这些自定义属性的主要目的就是可以在代码中获取用户所设置的值，然后利用这些值完成我们想完成的功能。

使用代码获取用户所定义的某个属性的值，主要使用 TypedArray 类，这个类提供了获取某个属性值的所有方法，如下所示。需要注意的是，在使用完以后必须调用 TypedArray 类的 recycle() 函数来释放资源。

```
typedArray.getInt(int index, float defValue);
typedArray.getDimension(int index, float defValue);
typedArray.getBoolean(int index, float defValue);
typedArray.getColor(int index, float defValue);
typedArray.getString(int index)
typedArray.getDrawable(int index);
typedArray.getResources();
```

下面来看看在 MyTextView 中获取我们在 XML 中定义的那些属性的值，然后将它们设置成显示的文字。代码如下：

```java
public class MyTextView extends TextView {
    public MyTextView(Context context, AttributeSet attrs) {
        super(context, attrs);

        TypedArray typedArray = context.obtainStyledAttributes(attrs,R.styleable.MyTextView);
        float headerHeight = typedArray.getDimension(R.styleable.MyTextView_headerHeight,-1);
        int age = typedArray.getInt(R.styleable.MyTextView_age,-1);
        typedArray.recycle();

        this.setText("headerHeight:"+headerHeight + "  age:"+age);
    }
}
```

效果如下图所示。

headerHeight:600.0 age:18

12.1.5　declare-styleable 标签其他属性的用法

1. reference：参考某一资源 ID

属性定义：

```xml
<declare-styleable name = "名称">
    <attr name = "background" format = "reference" />
</declare-styleable>
```

属性使用：

```xml
<ImageView
    android:layout_width = "42dip"
    android:layout_height = "42dip"
    android:background = "@drawable/图片ID"/>
```

2. color：颜色值

属性定义：

```xml
<declare-styleable name = "名称">
    <attr name = "textColor" format = "color" />
</declare-styleable>
```

属性使用：

```xml
<TextView
    android:layout_width = "42dip"
    android:layout_height = "42dip"
    android:textColor = "#00FF00"/>
```

3. boolean：布尔值

属性定义：

```xml
<declare-styleable name = "名称">
    <attr name = "focusable" format = "boolean" />
</declare-styleable>
```

属性使用：

```xml
<Button
    android:layout_width = "42dip"
    android:layout_height = "42dip"
    android:focusable = "true"/>
```

4. dimension：尺寸值

属性定义：

```xml
<declare-styleable name = "名称">
    <attr name = "layout_width" format = "dimension" />
</declare-styleable>
```

属性使用：

```xml
<Button
    android:layout_width = "42dip"
    android:layout_height = "42dip"/>
```

5. float：浮点值

属性定义：

```xml
<declare-styleable name = "AlphaAnimation">
    <attr name = "fromAlpha" format = "float" />
    <attr name = "toAlpha" format = "float" />
</declare-styleable>
```

属性使用：

```xml
<alpha
    android:fromAlpha = "1.0"
    android:toAlpha = "0.7"/>
```

6. integer：整型值

属性定义：

```xml
<declare-styleable name = "AnimatedRotateDrawable">
    <attr name = "visible" />
    <attr name = "frameDuration" format="integer" />
    <attr name = "framesCount" format="integer" />
    <attr name = "pivotX" />
    <attr name = "pivotY" />
    <attr name = "drawable" />
</declare-styleable>
```

属性使用：

```xml
<animated-rotate
    xmlns:android = "http://schemas.android.com/apk/res/android"
    android:drawable = "@drawable/图片ID"
    android:pivotX = "50%"
    android:pivotY = "50%"
    android:framesCount = "12"
    android:frameDuration = "100"/>
```

7. string：字符串

属性定义：

```xml
<declare-styleable name = "MapView">
    <attr name = "apiKey" format = "string" />
</declare-styleable>
```

属性使用：

```xml
<com.google.android.maps.MapView
    android:layout_width = "fill_parent"
    android:layout_height = "fill_parent"
    android:apiKey = "0jOkQ80oD1JL9C6HAja99uGXCRiS2CGjKO_bc_g" />
```

8. fraction：百分数

属性定义：

```xml
<declare-styleable name="RotateDrawable">
    <attr name = "visible" />
    <attr name = "fromDegrees" format = "float" />
    <attr name = "toDegrees" format = "float" />
    <attr name = "pivotX" format = "fraction" />
    <attr name = "pivotY" format = "fraction" />
    <attr name = "drawable" />
</declare-styleable>
```

属性使用：

```xml
<rotate
    xmlns:android = "http://schemas.android.com/apk/res/android"
    android:interpolator = "@anim/动画ID"
    android:fromDegrees = "0"
    android:toDegrees = "360"
    android:pivotX = "200%"
    android:pivotY = "300%"
    android:duration = "5000"
    android:repeatMode = "restart"
    android:repeatCount = "infinite"/>
```

9. enum：枚举值

属性定义：

```xml
<declare-styleable name="名称">
```

```xml
        <attr name="orientation">
            <enum name="horizontal" value="0" />
            <enum name="vertical" value="1" />
        </attr>
    </declare-styleable>
```

属性使用：

```xml
<LinearLayout
    xmlns:android = "http://schemas.android.com/apk/res/android"
    android:orientation = "vertical"
    android:layout_width = "fill_parent"
    android:layout_height = "fill_parent">
</LinearLayout>
```

10. flag：位或运算

属性定义：

```xml
<declare-styleable name="名称">
    <attr name="windowSoftInputMode">
        <flag name = "stateUnspecified" value = "0" />
        <flag name = "stateUnchanged" value = "1" />
        <flag name = "stateHidden" value = "2" />
        <flag name = "stateAlwaysHidden" value = "3" />
        <flag name = "stateVisible" value = "4" />
        <flag name = "stateAlwaysVisible" value = "5" />
        <flag name = "adjustUnspecified" value = "0x00" />
        <flag name = "adjustResize" value = "0x10" />
        <flag name = "adjustPan" value = "0x20" />
        <flag name = "adjustNothing" value = "0x30" />
    </attr>
</declare-styleable>
```

属性使用：

```xml
<activity
    android:name = ".StyleAndThemeActivity"
    android:label = "@string/app_name"
    android:windowSoftInputMode = "stateUnspecified | stateUnchanged | stateHidden">
    <intent-filter>
        <action android:name = "android.intent.action.MAIN" />
        <category android:name = "android.intent.category.LAUNCHER" />
    </intent-filter>
</activity>
```

特别要注意：属性在定义时可以指定多种类型的值。

属性定义：

```xml
<declare-styleable name = "名称">
    <attr name = "background" format = "reference|color" />
</declare-styleable>
```

属性使用:

```
<ImageView
    android:layout_width = "42dip"
    android:layout_height = "42dip"
    android:background = "@drawable/图片 ID|#00FF00"/>
```

12.2 测量与布局

我们在自定义一个布局控件的时候,经常会涉及测量与布局的问题,比如,在 12.3 节中将要实现的自适应布局控件,如下图所示。

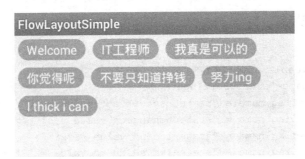

可以明显看出,内部的每个 TextView 控件都可以根据大小自动排列。要实现这种效果,首先需要了解测量与布局的相关知识。

12.2.1 ViewGroup 绘制流程

注意:View 及 ViewGroup 基本相同,只是在 ViewGroup 中不仅要绘制自己,还要绘制其中的子控件,而 View 只需要绘制自己就可以了,所以这里就以 ViewGroup 为例来讲述整个绘制流程。

绘制流程分为三步:测量、布局、绘制,分别对应 onMeasure()、onLayout()、onDraw() 函数。这三个函数的作用分别如下。

- onMeasure():测量当前控件的大小,为正式布局提供建议(注意:只是建议,至于用不用,要看 onLayout() 函数)。
- onLayout():使用 layout() 函数对所有子控件进行布局。
- onDraw():根据布局的位置绘图。

有关绘图的知识已经讲得够多了,本节将重点内容放在分析 onMeasure() 和 onLayout() 函数上。

12.2.2 onMeasure() 函数与 MeasureSpec

布局绘画涉及两个过程:测量过程和布局过程。测量过程通过 measure() 函数来实现,是

View 树自顶向下的遍历，每个 View 在循环过程中将尺寸细节往下传递，当测量过程完成之后，所有的 View 都存储了自己的尺寸。布局过程则通过 layout()函数来实现，也是自顶向下的，在这个过程中，每个父 View 负责通过计算好的尺寸放置它的子 View。

前面提到，onMeasure()函数是用来测量当前控件大小的，给 onLayout()函数提供数值参考。需要特别注意的是，测量完成以后，要通过 setMeasuredDimension(int,int)函数设置给系统。

1．onMeasure()函数

onMeasure()函数的声明如下：

```
protected void onMeasure(int widthMeasureSpec, int heightMeasureSpec)
```

这里主要关注传入的两个参数：int widthMeasureSpec 和 int heightMeasureSpec。

与这两个参数有关的是两个问题：含义和组成。即它们是怎么来的、表示什么意思，以及它们的组成方式是怎样的。

它们是指父类传递过来给当前 View 的一个建议值，即想把当前 View 的尺寸设置为宽 widthMeasureSpec、高 heightMeasureSpec。

有关它们的组成，将在 MeasureSpec 部分具体讲解。

2．MeasureSpec 的组成

虽然从表面上看起来它们是 int 类型的数字，但它们是由 mode+size 两部分组成的。

widthMeasureSpec 和 heightMeasureSpec 转换为二进制数字表示，它们都是 32 位的，前 2 位代表模式（mode），后面 30 位代表数值（size）。

1）模式分类

它有三种模式。

（1）UNSPECIFIED（未指定）：父元素不对子元素施加任何束缚，子元素可以得到任意想要的大小。

（2）EXACTLY（完全）：父元素决定子元素的确切大小，子元素将被限定在给定的边界里而忽略它本身的大小。

（3）AT_MOST（至多）：子元素至多达到指定大小的值。

它们对应的二进制值分别是：

UNSPECIFIED=00000000000000000000000000000000

EXACTLY =01000000000000000000000000000000

AT_MOST =10000000000000000000000000000000

由于前 2 位代表模式，所以它们分别对应十进制的 0、1、2。

2）模式提取

widthMeasureSpec 和 heightMeasureSpec 是由模式和数值组成的，而且二进制的前 2 位代

表模式，后 30 位代表数值。

如果我们需要自己来提取 widthMeasureSpec 和 heightMeasureSpec 中的模式和数值该怎么办呢？

首先想到的肯定是通过 MASK 和与运算去掉不需要的部分，从而得到对应的模式或数值。

下面我们写一段代码来模拟提取模式部分。

```
//对应 11000000000000000000000000000000;共 32 位，前 2 位是 1
int MODE_MASK = 0xc0000000;

//提取模式
public static int getMode(int measureSpec) {
    return (measureSpec & MODE_MASK);
}
//提取数值
public static int getSize(int measureSpec) {
    return (measureSpec & ~MODE_MASK);
}
```

从这里可以看出，模式和数值的提取主要用到了 MASK 的与、非运算。

3）MeasureSpec

上面我们自己实现了模式和数值的提取，但 Android 已经为我们提供了 MeasureSpec 类来辅助实现这个功能。

```
MeasureSpec.getMode(int spec)  //获取模式
MeasureSpec.getSize(int spec)  //获取数值
```

另外，模式的取值为：

```
MeasureSpec.AT_MOST
MeasureSpec.EXACTLY
MeasureSpec.UNSPECIFIED
```

通过下面的代码就可以分别获取 widthMeasureSpec 和 heightMeasureSpec 的模式和数值了。

```
int measureWidth = MeasureSpec.getSize(widthMeasureSpec);
int measureHeight = MeasureSpec.getSize(heightMeasureSpec);
int measureWidthMode = MeasureSpec.getMode(widthMeasureSpec);
int measureHeightMode = MeasureSpec.getMode(heightMeasureSpec);
```

其实大家通过查看代码就可以知道，我们的实现就是 MeasureSpec.getSize() 和 MeasureSpec.getMode() 的实现代码。

4）模式的用处

需要注意的是，widthMeasureSpec 和 heightMeasureSpec 各自都有对应的模式，而模式分别来自 XML 定义。

简单来说，XML 布局和模式有如下的对应关系：

- wrap_content->MeasureSpec.AT_MOST。
- match_parent->MeasureSpec.EXACTLY。
- 具体值->MeasureSpec.EXACTLY。

例如下面这个 XML：

```xml
<com.example.harvic.myapplication.FlowLayout
    android:layout_width="match_parent"
    android:layout_height="wrap_content">

</com.example.harvic.myapplication.FlowLayout>
```

在上述代码中，FlowLayout 在 onMeasure()函数中传值时，widthMeasureSpec 的模式是 MeasureSpec.EXACTLY，即父窗口宽度值；heightMeasureSpec 的模式是 MeasureSpec.AT_MOST，即值不确定。

一定要注意的是，当模式是 MeasureSpec.EXACTLY 时，就不必设定我们计算的数值了，因为这个大小是用户指定的，我们不应更改。但当模式是 MeasureSpec.AT_MOST 时，也就是说用户将布局设置成了 wrap_content，就需要将大小设定为我们计算的数值，因为用户根本没有设置具体值是多少，需要我们自己计算。

也就是说，假如 width 和 height 是我们经过计算的控件所占的宽度和高度，那么在 onMeasure()函数中使用 setMeasuredDimension()函数进行设置时，代码应该是这样的：

```java
protected void onMeasure(int widthMeasureSpec, int heightMeasureSpec) {
    super.onMeasure(widthMeasureSpec, heightMeasureSpec);
    int measureWidth = MeasureSpec.getSize(widthMeasureSpec);
    int measureHeight = MeasureSpec.getSize(heightMeasureSpec);
    int measureWidthMode = MeasureSpec.getMode(widthMeasureSpec);
    int measureHeightMode = MeasureSpec.getMode(heightMeasureSpec);

    //经过计算，控件所占的宽和高分别对应 width 和 height
    //计算过程暂时省略
    ...

    setMeasuredDimension((measureWidthMode == MeasureSpec.EXACTLY) ? measureWidth: width, (measureHeightMode == MeasureSpec.EXACTLY) ? measureHeight: height);
}
```

12.2.3 onLayout()函数

1. 概述

上面说了，onLayout()是实现所有子控件布局的函数。注意，是所有子控件！那关于它自己的布局怎么办呢？后续会讲解，这里先来看看在 onLayout()函数中我们应该做什么。

ViewGroup 的 onLayout()函数的默认行为是什么？ 在 ViewGroup.java 中的源码如下：

```java
@Override
protected abstract void onLayout(boolean changed, int l, int t, int r, int b);
```

这是一个抽象函数，说明凡是派生自 ViewGroup 的类都必须自己去实现这个函数。像 LinearLayout、RelativeLayout 等布局都重写了这个函数，然后在内部按照各自的规则对子视图进行布局。

2．示例

下面我们就举一个例子来看一下有关 onMeasure()和 onLayout()函数的具体使用。

效果如下图所示。

扫码看彩色图

对这张效果图需要关注两点：（1）三个 TextView 竖直排列；（2）背景的 Layout 宽度是 match_parent，高度是 wrap_content。

1）XML 布局

我们来看一下 XML 布局（activity_main.xml）。代码如下：

```xml
<com.harvic.simplelayout.MyLinLayout
    xmlns:android="http://schemas.android.com/apk/res/android"
    xmlns:tools="http://schemas.android.com/tools"
    android:layout_width="match_parent"
    android:layout_height="wrap_content"
    android:background="#ff00ff"
    tools:context=".MainActivity">

    <TextView android:text="第一个VIEW"
        android:layout_width="wrap_content"
        android:layout_height="wrap_content"
        android:background="#ff0000"/>

    <TextView android:text="第二个VIEW"
        android:layout_width="wrap_content"
        android:layout_height="wrap_content"
        android:background="#00ff00"/>

    <TextView android:text="第三个VIEW"
        android:layout_width="wrap_content"
        android:layout_height="wrap_content"
        android:background="#0000ff"/>

</com.harvic.simplelayout.MyLinLayout>
```

代码中有三个 TextView，自定义的 MyLinLayout 布局宽度设为 match_parent，高度设为 wrap_content。

2）MyLinLayout 实现：重写 onMeasure()函数

我们提到过，onMeasure()函数的作用就是根据 container 内部的子控件计算自己的宽和高，然后通过 setMeasuredDimension(int width,int height)函数设置进去。

下面先来看看 onMeasure()函数的完整代码，然后再逐步讲解。

```java
@Override
protected void onMeasure(int widthMeasureSpec, int heightMeasureSpec) {
    super.onMeasure(widthMeasureSpec, heightMeasureSpec);
    int measureWidth = MeasureSpec.getSize(widthMeasureSpec);
    int measureHeight = MeasureSpec.getSize(heightMeasureSpec);
    int measureWidthMode = MeasureSpec.getMode(widthMeasureSpec);
    int measureHeightMode = MeasureSpec.getMode(heightMeasureSpec);

    int height = 0;
    int width = 0;
    int count = getChildCount();
    for (int i=0;i<count;i++) {
        //测量子控件
        View child = getChildAt(i);
        measureChild(child, widthMeasureSpec, heightMeasureSpec);
        //获得子控件的高度和宽度
        int childHeight = child.getMeasuredHeight();
        int childWidth = child.getMeasuredWidth();
        //得到最大宽度，并且累加高度
        height += childHeight;
        width = Math.max(childWidth, width);
    }

    setMeasuredDimension((measureWidthMode == MeasureSpec.EXACTLY) ? measureWidth: width, (measureHeightMode==MeasureSpec.EXACTLY) ? measureHeight: height);
}
```

首先是从父类传过来的建议宽度和高度值：widthMeasureSpec 和 heightMeasureSpec，利用 MeasureSpec 从中提取宽、高值和对应的模式。

```java
int measureWidth = MeasureSpec.getSize(widthMeasureSpec);
int measureHeight = MeasureSpec.getSize(heightMeasureSpec);
int measureWidthMode = MeasureSpec.getMode(widthMeasureSpec);
int measureHeightMode = MeasureSpec.getMode(heightMeasureSpec);
```

接下来就是通过测量它所有的子控件来决定它所占位置的大小。

```java
int height = 0;
int width = 0;
int count = getChildCount();
for (int i=0;i<count;i++) {
    //测量子控件
    View child = getChildAt(i);
    measureChild(child, widthMeasureSpec, heightMeasureSpec);
    //获得子控件的高度和宽度
    int childHeight = child.getMeasuredHeight();
```

```
    int childWidth = child.getMeasuredWidth();
    //得到最大宽度,并且累加高度
    height += childHeight;
    width = Math.max(childWidth, width);
}
```

这里要计算的是整个 VIEW 被设置成 layout_width="wrap_content",layout_height="wrap_content"时所占用的大小。因为其内部所有的 VIEW 是垂直排列的,所以 container 所占宽度应该是各个 TextView 中的最大宽度,所占高度应该是所有控件的高度和。

最后,根据当前用户的设置来判断是否将计算出来的值设置到 onMeasure()函数中,用它来计算当前 container 所在的位置。

```
setMeasuredDimension((measureWidthMode == MeasureSpec.EXACTLY) ? measure
Width: width, (measureHeightMode == MeasureSpec.EXACTLY) ? measureHeight: height);
```

前面我们讲过模式与 XML 布局的对应关系:

- wrap_content-> MeasureSpec.AT_MOST。
- match_parent -> MeasureSpec.EXACTLY。
- 具体值 -> MeasureSpec.EXACTLY。

再来看前面 XML 中针对 MyLinLayout 的设置。

```
<com.harvic.simplelayout.MyLinLayout
    xmlns:android="http://schemas.android.com/apk/res/android"
    xmlns:tools="http://schemas.android.com/tools"
    android:layout_width="match_parent"
    android:layout_height="wrap_content"
    android:background="#ff00ff"
    tools:context=".MainActivity">
```

所以这里的 measureWidthMode 应该是 MeasureSpec.EXACTLY,measureHeightMode 应该是 MeasureSpec.AT_MOST。在最后利用 setMeasuredDimension(width,height)函数来进行设置时,width 使用的是从父类传过来的 measureWidth,而高度则是我们自己计算的 height。即实际的运算结果是这样的:

```
setMeasuredDimension(measureWidth,height);
```

总体来讲,onMeasure()函数中计算出来的 width 和 height 就是当 XML 布局设置为 layout_width="wrap_content",layout_height="wrap_content"时所占的宽和高,即整个 container 所占的最小矩形。

3) MyLinLayout 实现:重写 onLayout()函数

在这一部分就是根据自己的意愿把 container 内部的各个控件排列起来,在这里要实现的是将所有的控件垂直排列。先来看完整的代码,然后再细讲。

```
protected void onLayout(boolean changed, int l, int t, int r, int b) {
    int top = 0;
    int count = getChildCount();
    for (int i=0;i<count;i++) {
```

```
        View child = getChildAt(i);

        int childHeight = child.getMeasuredHeight();
        int childWidth = child.getMeasuredWidth();

        child.layout(0, top, childWidth, top + childHeight);
        top += childHeight;
    }
}
```

核心代码就是调用 layout()函数设置子控件所在的位置。

```
int childHeight = child.getMeasuredHeight();
int childWidth = child.getMeasuredWidth();

child.layout(0, top, childWidth, top + childHeight);
top += childHeight;
```

在这里，top 指的是控件的顶；bottom 的坐标就是 top+childHeight；我们从最左边开始布局，那么 right 的坐标就是子控件的宽度值 childWidth。

到这里，这个例子就讲完了，下面来讲一个非常容易混淆的问题。

4）getMeasuredWidth()与 getWidth()函数

通过这个例子，讲解一个很容易出错的问题：getMeasuredWidth()与 getWidth()函数的区别。它们的值大部分时候是相同的，但含义却是根本不一样的，下面来简单分析一下。

二者的区别主要体现在下面两点：

- getMeasureWidth()函数在 measure()过程结束后就可以获取到宽度值；而 getWidth()函数要在 layout()过程结束后才能获取到宽度值。
- getMeasureWidth()函数中的值是通过 setMeasuredDimension()函数来进行设置的；而 getWidth()函数中的值则是通过 layout(left,top,right,bottom)函数来进行设置的。

前面讲过，setMeasuredDimension()函数提供的测量结果只是为布局提供建议的，最终的取用与否要看 layout()函数。所以看这里重写的 MyLinLayout，是不是我们自己使用 child.layout(left,top,right,bottom)函数来定义了各个子控件所在的位置？

```
int childHeight = child.getMeasuredHeight();
int childWidth = child.getMeasuredWidth();

child.layout(0, top, childWidth, top + childHeight);
```

从代码中可以看到,我们使用 child.layout(0, top, childWidth, top + childHeight);来布局控件的位置，其中 getWidth()函数的取值就是这里的右坐标减去左坐标的宽度。因为我们这里的宽度直接使用的是 child.getMeasuredWidth()函数的返回值，当然会导致 getMeasuredWidth()与 getWidth()函数的返回值是一样的。如果我们在调用 layout()函数的时候传入的宽度值不与 getMeasuredWidth()函数的返回值相同，那么 getMeasuredWidth()与 getWidth()函数的返回值就不再一样了。

3. 疑问：container 自己什么时候被布局

前面我们说了，在派生自 ViewGroup 的 container 中，比如 MyLinLayout，在 onLayout() 函数中布局它所有的子控件。那它自己什么时候被布局呢？

它当然也有父控件，它的布局也是在父控件中由它的父控件完成的，就这样一层一层地向上由各自的父控件完成对自己的布局，直到所有控件的顶层节点。在所有控件的顶部有一个 ViewRoot，它才是所有控件的祖先节点。让我们来看看它是怎么做的吧。

在它的布局里，会调用自己的一个 layout() 函数（不能被重载，代码位于 View.Java）。

```
/* final 标识符，不能被重载，参数为每个视图位于父视图的坐标轴
 * @param l Left position, relative to parent
 * @param t Top position, relative to parent
 * @param r Right position, relative to parent
 * @param b Bottom position, relative to parent
 */
public final void layout(int l, int t, int r, int b) {
    boolean changed = setFrame(l, t, r, b); //设置每个视图位于父视图的坐标轴
    if (changed || (mPrivateFlags & LAYOUT_REQUIRED) == LAYOUT_REQUIRED) {
        if (ViewDebug.TRACE_HIERARCHY) {
            ViewDebug.trace(this, ViewDebug.HierarchyTraceType.ON_LAYOUT);
        }

        onLayout(changed, l, t, r, b);//回调 onLayout()函数，设置每个子视图的布局
        mPrivateFlags &= ~LAYOUT_REQUIRED;
    }
    mPrivateFlags &= ~FORCE_LAYOUT;
}
```

在 SetFrame(l,t,r,b) 函数中设置的是自己的位置，设置结束以后才会调用 onLayout(changed, l, t, r, b) 函数来设置内部所有子控件的位置。

到这里，有关 onMeasure() 和 onLayout() 函数的内容就结束了。但这里还没有添加边距，下面继续来看如何得到自定义控件的左右间距 margin 值。

12.2.4 获取子控件 margin 值的方法

1. 获取方法及示例

在这一部分中，我们先简单地教大家怎么获取到 margin 值，然后再细讲为什么这样写、原理是怎样的。

如果要自定义 ViewGroup 支持子控件的 layout_margin 参数，则自定义的 ViewGroup 类必须重写 generateLayoutParams() 函数，并且在该函数中返回一个 ViewGroup.MarginLayoutParams 派生类对象。我们在上面 MyLinLayout 例子的基础上，添加 layout_margin 参数。

1）在 XML 中添加 layout_margin 参数

```
<com.harvic.simplelayout.MyLinLayout
```

```xml
    xmlns:android="http://schemas.android.com/apk/res/android"
    xmlns:tools="http://schemas.android.com/tools"
    android:layout_width="match_parent"
    android:layout_height="wrap_content"
    android:background="#ff00ff"
    tools:context=".MainActivity">

    <TextView android:text="第一个VIEW"
        android:layout_width="wrap_content"
        android:layout_height="wrap_content"
        android:layout_marginTop="10dp"
        android:background="#ff0000"/>

    <TextView android:text="第二个VIEW"
        android:layout_width="wrap_content"
        android:layout_height="wrap_content"
        android:layout_marginTop="20dp"
        android:background="#00ff00"/>

    <TextView android:text="第三个VIEW"
        android:layout_width="wrap_content"
        android:layout_height="wrap_content"
        android:layout_marginTop="30dp"
        android:background="#0000ff"/>

</com.harvic.simplelayout.MyLinLayout>
```

我们在每个 TextView 中都添加了一个 layout_marginTop 参数，值分别是 10dp、20dp、30dp；背景也分别改为红色、绿色、蓝色。运行上述代码，效果如下图所示。

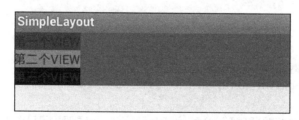

从效果图中可以看到，设置根本没起作用！这是为什么呢？因为测量和布局都是我们自己实现的，我们在 onLayout()函数中没有根据 margin 来布局，当然不会出现有关 margin 的效果。需要特别注意的是，如果我们在 onLayout()函数中根据 margin 来布局，那么在 onMeasure()函数中计算 container 的大小时，也要加上 layout_margin 参数，否则会导致 container 太小而控件显示不全的问题。

2）重写 generateLayoutParams()和 generateDefaultLayoutParams()函数

重写代码如下：

```
@Override
protected LayoutParams generateLayoutParams(LayoutParams p) {
    return new MarginLayoutParams(p);
```

```java
}

@Override
public LayoutParams generateLayoutParams(AttributeSet attrs) {
    return new MarginLayoutParams(getContext(), attrs);
}

@Override
protected LayoutParams generateDefaultLayoutParams() {
    return new MarginLayoutParams(LayoutParams.MATCH_PARENT,
            LayoutParams.MATCH_PARENT);
}
```

在这里，我们重写了两个函数：一个是 generateLayoutParams()函数，另一个是 generateDefaultLayoutParams()函数。直接返回对应的 MarginLayoutParams()函数的实例。至于为什么要这么写，我们稍后再讲，这里先获取到 Margin 信息。

3）重写 onMeasure()函数

重写代码如下：

```java
@Override
protected void onMeasure(int widthMeasureSpec, int heightMeasureSpec) {
    super.onMeasure(widthMeasureSpec, heightMeasureSpec);
    int measureWidth = MeasureSpec.getSize(widthMeasureSpec);
    int measureHeight = MeasureSpec.getSize(heightMeasureSpec);
    int measureWidthMode = MeasureSpec.getMode(widthMeasureSpec);
    int measureHeightMode = MeasureSpec.getMode(heightMeasureSpec);

    int height = 0;
    int width = 0;
    int count = getChildCount();
    for (int i=0;i<count;i++) {

        View child = getChildAt(i);
        measureChild(child, widthMeasureSpec, heightMeasureSpec);

        MarginLayoutParams lp = (MarginLayoutParams) child.getLayoutParams();
        int childHeight = child.getMeasuredHeight()+lp.topMargin+lp.bottomMargin;
        int childWidth = child.getMeasuredWidth()+lp.leftMargin+lp.rightMargin;

        height += childHeight;
        width = Math.max(childWidth, width);
    }

    setMeasuredDimension((measureWidthMode == MeasureSpec.EXACTLY) ? measureWidth: width, (measureHeightMode == MeasureSpec.EXACTLY) ? measureHeight: height);
}
```

最关键的地方是修改了下面三行代码：

```
MarginLayoutParams lp = (MarginLayoutParams) child.getLayoutParams();
int childHeight = child.getMeasuredHeight()+lp.topMargin+lp.bottomMargin;
int childWidth = child.getMeasuredWidth()+lp.leftMargin+lp.rightMargin;
```

通过 child.getLayoutParams()函数获取 child 对应的 LayoutParams 实例，将其强转成 MarginLayoutParams；然后在计算 childHeight 时添加顶部间距和底部间距，在计算 childWidth 时添加左边间距和右边间距。也就是说，我们在计算宽度和高度时，不仅要考虑到子控件本身的大小，还要考虑到子控件之间的间距问题。

4）重写 onLayout()函数

我们在布局时仍然将间距添加到控件里。完整代码如下：

```
@Override
protected void onLayout(boolean changed, int l, int t, int r, int b) {
    int top = 0;
    int count = getChildCount();
    for (int i=0;i<count;i++) {

        View child = getChildAt(i);

        MarginLayoutParams lp = (MarginLayoutParams) child.getLayoutParams();
        int childHeight = child.getMeasuredHeight()+lp.topMargin+lp.bottomMargin;
        int childWidth = child.getMeasuredWidth()+lp.leftMargin+lp.rightMargin;

        child.layout(0, top, childWidth, top + childHeight);
        top += childHeight;
    }
}
```

最终效果如下图所示。

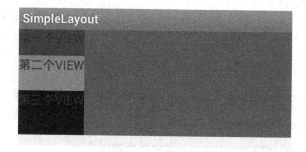

扫码看彩色图

2. 原理

上面讲了，只有重写 generateDefaultLayoutParams()函数才能获取到控件的 margin 值。那为什么要重写呢？下面这句又为什么非要强转呢？

```
MarginLayoutParams lp = (MarginLayoutParams) child.getLayoutParams();
```

首先，在 container 中初始化子控件时，会调用 LayoutParams generateLayoutParams (LayoutParams p)函数来为子控件生成对应的布局属性，但默认只生成 layout_width 和 layout_height 所对应的布局参数，即在正常情况下调用 generateLayoutParams()函数生成的

LayoutParams 实例是不能获取到 margin 值的。即：

```
/**
*从指定的 XML 中获取对应的 layout_width 和 layout_height 值
*/
public LayoutParams generateLayoutParams(AttributeSet attrs) {
    return new LayoutParams(getContext(), attrs);
}
/*
*如果要使用默认的构造函数,就生成 layout_width="wrap_content"、layout_height=
"wrap_content"对应的参数
*/
protected LayoutParams generateDefaultLayoutParams() {
    return new LayoutParams(LayoutParams.WRAP_CONTENT, LayoutParams.WRAP_
CONTENT);
}
```

所以,如果我们还需要与 margin 相关的参数,就只能重写 generateLayoutParams()函数。

```
public LayoutParams generateLayoutParams(AttributeSet attrs) {
    return new MarginLayoutParams(getContext(), attrs);
}
```

由于 generateLayoutParams()函数的返回值是 LayoutParams 实例,而 MarginLayoutParams 是派生自 LayoutParams 的,所以,根据类的多态特性,可以直接将此时的 LayoutParams 实例强转成 MarginLayoutParams 实例。

所以下面这句在这里是不会报错的:

```
MarginLayoutParams lp = (MarginLayoutParams) child.getLayoutParams();
```

为了安全起见,也可以利用 instanceof 来进行判断。

```
MarginLayoutParams lp = null
if (child.getLayoutParams() instanceof MarginLayoutParams) {
    lp = (MarginLayoutParams) child.getLayoutParams();
    …
}
```

3. generateLayoutParams()与 MarginLayoutParams()函数的实现

1) **generateLayoutParams()函数的实现**

先来看 generateLayoutPararms()函数是如何得到布局值的。

```
//位于 ViewGrop.java 中
public LayoutParams generateLayoutParams(AttributeSet attrs) {
    return new LayoutParams(getContext(), attrs);
}
public LayoutParams(Context c, AttributeSet attrs) {
    TypedArray a = c.obtainStyledAttributes(attrs, R.styleable.ViewGroup_
Layout);
    setBaseAttributes(a,
        R.styleable.ViewGroup_Layout_layout_width,
```

```
            R.styleable.ViewGroup_Layout_layout_height);
    a.recycle();
}
protected void setBaseAttributes(TypedArray a, int widthAttr, int heightAttr) {
    width = a.getLayoutDimension(widthAttr, "layout_width");
    height = a.getLayoutDimension(heightAttr, "layout_height");
}
```

可以看出，generateLayoutParams()函数调用 LayoutParams()函数产生布局信息，而 LayoutParams()函数最终调用 setBaseAttributes()函数来获得对应的宽、高属性。

上述代码是通过 TypedArray 对自定义的 XML 进行值提取的过程。从中也可以看到，调用 generateLayoutParams()函数所生成的 LayoutParams 属性只有 layout_width 和 layout_height 属性值。

2）MarginLayoutParams()函数的实现

再来看一下 MarginLayoutParams()函数的具体实现，其实也是通过 TypeArray 解析自定义属性来获得用户的定义值的。代码如下：

```
public MarginLayoutParams(Context c, AttributeSet attrs) {
    super();

    TypedArray a = c.obtainStyledAttributes(attrs, R.styleable.ViewGroup_MarginLayout);
    int margin = a.getDimensionPixelSize(
            com.android.internal.R.styleable.ViewGroup_MarginLayout_layout_margin, -1);
    if (margin >= 0) {
        leftMargin = margin;
        topMargin = margin;
        rightMargin= margin;
        bottomMargin = margin;
    } else {
        leftMargin = a.getDimensionPixelSize(
                R.styleable.ViewGroup_MarginLayout_layout_marginLeft,
                UNDEFINED_MARGIN);
        rightMargin = a.getDimensionPixelSize(
                R.styleable.ViewGroup_MarginLayout_layout_marginRight,
                UNDEFINED_MARGIN);

        topMargin = a.getDimensionPixelSize(
                R.styleable.ViewGroup_MarginLayout_layout_marginTop,
                DEFAULT_MARGIN_RESOLVED);

        startMargin = a.getDimensionPixelSize(
                R.styleable.ViewGroup_MarginLayout_layout_marginStart,
                DEFAULT_MARGIN_RELATIVE);
        endMargin = a.getDimensionPixelSize(
                R.styleable.ViewGroup_MarginLayout_layout_marginEnd,
```

```
                DEFAULT_MARGIN_RELATIVE);
    }
    a.recycle();
}
```

这段代码分为两部分：第一部分是 if 语句部分，主要作用是提取 layout_margin 的值并进行设置；第二部分是 else 语句部分，如果用户没有设置 layout_margin，而是单个设置的，就一个个提取。这段代码就是对 layout_marginLeft、layout_marginRight、layout_marginTop、layout_marginBottom 的值逐个提取的过程。

从这里大家也可以看到为什么非要重写 generateLayoutParams()函数了，就是因为默认的 generateLayoutParams() 函数只会提取 layout_width 和 layout_height 的值，只有 MarginLayoutParams()函数才具有提取 margin 值的功能。

12.3 实现 FlowLayout 容器

在 12.2 节中我们初步展示了 FlowLayout 容器，本节我们就来实现该容器。

12.3.1 XML 布局

从布局图中可以看到，FlowLayout 中包含很多 TextView。

先定义一个 style 标签，这是为 FlowLayout 中的 TextView 定义的。

```xml
<style name="text_flag_01">
    <item name="android:layout_width">wrap_content</item>
    <item name="android:layout_height">wrap_content</item>
    <item name="android:layout_margin">4dp</item>
    <item name="android:background">@drawable/flag_01</item>
    <item name="android:textColor">#ffffff</item>
</style>
```

这里定义了 layout_margin 参数。上一节中已经提到如何提取 margin 值：重写 generateLayoutParams()函数。

再来看 activity_main.xml 的布局代码。

```xml
<LinearLayout xmlns:android="http://schemas.android.com/apk/res/android"
    xmlns:tools="http://schemas.android.com/tools"
    android:layout_width="match_parent"
    android:layout_height="match_parent"
    tools:context=".MainActivity">

    <com.example.harvic.myapplication.FlowLayout
        android:layout_width="match_parent"
        android:layout_height="wrap_content">

        <TextView
```

```xml
        style="@style/text_flag_01"
        android:background="@drawable/flag_03"
        android:text="Welcome"
        android:textColor="@android:color/white" />

    <TextView
        style="@style/text_flag_01"
        android:background="@drawable/flag_03"
        android:text="IT 工程师"
        android:textColor="@android:color/white" />

    <TextView
        style="@style/text_flag_01"
        android:background="@drawable/flag_03"
        android:text="我真是可以的"
        android:textColor="@android:color/white" />

    <TextView
        style="@style/text_flag_01"
        android:background="@drawable/flag_03"
        android:text="你觉得呢"
        android:textColor="@android:color/white" />

    <TextView
        style="@style/text_flag_01"
        android:background="@drawable/flag_03"
        android:text="不要只知道挣钱"
        android:textColor="@android:color/white" />

    <TextView
        style="@style/text_flag_01"
        android:background="@drawable/flag_03"
        android:text="努力 ing"
        android:textColor="@android:color/white" />

    <TextView
        style="@style/text_flag_01"
        android:background="@drawable/flag_03"
        android:text="I thick i can"
        android:textColor="@android:color/white" />
    </com.example.harvic.myapplication.FlowLayout>
</LinearLayout>
```

这里注意两点：FlowLayout 的 android:layout_width 设置为 match_parent，android:layout_height 设置为 wrap_content；同时，我们为 FlowLayout 添加背景，可以明显看出我们计算出来的整个控件所占区域的大小。

12.3.2 提取 margin 值与重写 onMeasure()函数

1. 提取 margin 值

我们讲过，要提取 margin 值，就一定要重写 generateLayoutParams()函数。代码如下：

```
@Override
protected LayoutParams generateLayoutParams(LayoutParams p)
{
    return new MarginLayoutParams(p);
}

@Override
public LayoutParams generateLayoutParams(AttributeSet attrs)
{
    return new MarginLayoutParams(getContext(), attrs);
}

@Override
protected LayoutParams generateDefaultLayoutParams()
{
    return new MarginLayoutParams(LayoutParams.MATCH_PARENT,
        LayoutParams.MATCH_PARENT);
}
```

2. 重写 onMeasure()函数——计算当前 FlowLayout 所占的区域大小

下面重写 onMeasure()函数，计算当前 FlowLayout 所占的区域大小。

要实现 FlowLayout，必然涉及下面几个问题。

1）何时换行

从效果图中可以看到，FlowLayout 的布局是一行行的，如果当前行已经放不下下一个控件了，就把这个控件移到下一行显示。所以需要一个变量来计算当前行已经占据的宽度，以判断剩下的空间是否还能容得下下一个控件。

2）如何得到 FlowLayout 的宽度

FlowLayout 的宽度是所有行宽度的最大值，所以我们要记录每一行所占据的宽度值，进而找到所有值中的最大值。

3）如何得到 FlowLayout 的高度

很显然，FlowLayout 的高度是每一行高度的总和，而每一行的高度则取该行中所有控件高度的最大值。

下面来看实现代码。

（1）利用 MeasureSpec 获取系统建议的数值和模式。

```
protected void onMeasure(int widthMeasureSpec, int heightMeasureSpec) {
    super.onMeasure(widthMeasureSpec, heightMeasureSpec);
    int measureWidth = MeasureSpec.getSize(widthMeasureSpec);
```

```
    int measureHeight = MeasureSpec.getSize(heightMeasureSpec);
    int measureWidthMode = MeasureSpec.getMode(widthMeasureSpec);
    int measureHeightMode = MeasureSpec.getMode(heightMeasureSpec);
    ...
}
```

(2) 计算 FlowLayout 所占用的区域大小。

先申请几个变量。代码如下：

```
int lineWidth = 0;          //记录每一行的宽度
int lineHeight = 0;         //记录每一行的高度
int height = 0;             //记录整个 FlowLayout 所占高度
int width = 0;              //记录整个 FlowLayout 所占宽度
```

然后开始计算。代码如下：

```
int count = getChildCount();
for (int i=0;i<count;i++){
    View child = getChildAt(i);
    measureChild(child,widthMeasureSpec,heightMeasureSpec);

    MarginLayoutParams lp = (MarginLayoutParams) child.getLayoutParams();
    int childWidth = child.getMeasuredWidth() + lp.leftMargin +lp.rightMargin;
    int childHeight = child.getMeasuredHeight() + lp.topMargin + lp.bottomMargin;

    if (lineWidth + childWidth > measureWidth){
        //需要换行
        width = Math.max(lineWidth,childWidth);
        height += lineHeight;
        //因为当前行放不下当前控件,而将此控件调到下一行,所以将此控件的高度和宽度初始化
给 lineHeight、lineWidth
        lineHeight = childHeight;
        lineWidth = childWidth;
    }else{
        // 否则累加值 lineWidth,lineHeight 并取最大高度
        lineHeight = Math.max(lineHeight,childHeight);
        lineWidth += childWidth;
    }

    //因为最后一行是不会超出 width 范围的,所以需要单独处理
    if (i == count -1){
        height += lineHeight;
        width = Math.max(width,lineWidth);
    }

}
```

在使用 for 循环遍历每个控件时，先计算每个控件的宽度和高度，代码如下：

```
View child = getChildAt(i);
measureChild(child,widthMeasureSpec,heightMeasureSpec);
```

```
MarginLayoutParams lp = (MarginLayoutParams) child.getLayoutParams();
int childWidth = child.getMeasuredWidth() + lp.leftMargin +lp.rightMargin;
int childHeight = child.getMeasuredHeight() + lp.topMargin + lp.bottomMargin;
```

注意：在计算控件的宽度和高度时，要加上上、下、左、右的margin值。

这里一定要注意的是，在调用 child.getMeasuredWidth()、child.getMeasuredHeight()函数之前，一定要先调用 measureChild(child,widthMeasureSpec,heightMeasureSpec);。我们讲过，在调用 onMeasure()函数之后才能调用 getMeasuredWidth()函数获取值；同样，只有在调用 onLayout()函数后，getWidth()函数才能获取值。

下面就要判断当前控件是否换行及计算出最大高度和宽度了。

```
if (lineWidth + childWidth > measureWidth){
    //需要换行
    width = Math.max(lineWidth,width);
    height += lineHeight;
    //因为当前行放不下当前控件，而将此控件调到下一行，所以将此控件的高度和宽度初始化给
lineHeight、lineWidth
    lineHeight = childHeight;
    lineWidth = childWidth;
}else{
    // 否则累加值lineWidth,lineHeight 并取最大高度
    lineHeight = Math.max(lineHeight,childHeight);
    lineWidth += childWidth;
}
```

由于 lineWidth 是用来累加当前行的总宽度的，所以当 lineWidth + childWidth > measureWidth 时，就表示已经放不下当前这个控件了，这个控件就需要转到下一行。我们先看 else 部分，即不换行时怎么办？在不换行时，计算出当前行的最大高度，同时将当前子控件的宽度累加到 lineWidth 上。

```
lineHeight = Math.max(lineHeight,childHeight);
lineWidth += childWidth;
```

当需要换行时，首先将当前行宽 lineWidth 与目前的最大行宽 width 进行比较，计算出最新的最大行宽 width，作为当前 FlowLayout 所占的宽度；其次将行高 lineHeight 累加到 height 变量上，以便计算出 FlowLayout 所占的总高度。

```
width = Math.max(lineWidth,width);
height += lineHeight;
```

下面就要重新初始化 lineWidth 和 lineHeight 了。由于换行，所以当前控件就是下一行控件的第一个控件，那么当前行的行高就是这个控件的高度值，当前行的行宽就是这个控件的宽度值。

```
lineHeight = childHeight;
lineWidth = childWidth;
```

需要格外注意的是，在计算最后一行时，肯定是不会超过行宽的，而我们在 for 循环中，当不超过行宽时只做了如下处理：

```
//上面if语句的else部分
}else{
    // 否则累加值lineWidth,lineHeight 并取最大高度
    lineHeight = Math.max(lineHeight,childHeight);
    lineWidth += childWidth;
}
```

在这里,我们只计算了行宽和行高,并没有对其 width 和 height 进行计算。所以,如果是最后一行的最后一个控件,那么我们要单独计算 width 和 height。

```
//因为最后一行是不会超出width范围的,所以需要单独处理
if (i == count -1){
    height += lineHeight;
    width = Math.max(width,lineWidth);
}
```

(3) 通过 setMeasuredDimension() 函数设置到系统中。

```
setMeasuredDimension((measureWidthMode == MeasureSpec.EXACTLY) ? measureWidth
    : width, (measureHeightMode == MeasureSpec.EXACTLY) ? measureHeight
    : height);
```

完整的代码如下:

```
protected void onMeasure(int widthMeasureSpec, int heightMeasureSpec) {
    super.onMeasure(widthMeasureSpec, heightMeasureSpec);
    int measureWidth = MeasureSpec.getSize(widthMeasureSpec);
    int measureHeight = MeasureSpec.getSize(heightMeasureSpec);
    int measureWidthMode = MeasureSpec.getMode(widthMeasureSpec);
    int measureHeightMode = MeasureSpec.getMode(heightMeasureSpec);


    int lineWidth = 0;
    int lineHeight = 0;
    int height = 0;
    int width = 0;
    int count = getChildCount();
    for (int i=0;i<count;i++){
        View child = getChildAt(i);
        measureChild(child,widthMeasureSpec,heightMeasureSpec);

        MarginLayoutParams lp = (MarginLayoutParams) child.getLayoutParams();
        int childWidth = child.getMeasuredWidth() + lp.leftMargin +lp.rightMargin;
        int childHeight = child.getMeasuredHeight() + lp.topMargin + lp.bottomMargin;

        if (lineWidth + childWidth > measureWidth){
            //需要换行
            width = Math.max(lineWidth,width);
            height += lineHeight;
            //因为当前行放不下当前控件,而将此控件调到下一行,所以将此控件的高度和宽度初始
化给 lineHeight、lineWidth
            lineHeight = childHeight;
```

```
        lineWidth = childWidth;
    }else{
        // 否则累加值 lineWidth,lineHeight 并取最大高度
        lineHeight = Math.max(lineHeight,childHeight);
        lineWidth += childWidth;
    }

    //因为最后一行是不会超出 width 范围的，所以需要单独处理
    if (i == count -1){
        height += lineHeight;
        width = Math.max(width,lineWidth);
    }

}
//当属性是 MeasureSpec.EXACTLY 时，那么它的高度就是确定的；
//当属性是 wrap_content 时，由于是通过内部控件的大小来最终确定它的大小的，所以它的大小是不确定的，此时对应的属性是 MeasureSpec.AT_MOST，这就需要我们自己计算它应当的大小，并设置进去
setMeasuredDimension((measureWidthMode == MeasureSpec.EXACTLY) ? measureWidth
    : width, (measureHeightMode == MeasureSpec.EXACTLY) ? measureHeight
    : height);
}
```

3. 重写 onLayout()函数——布局所有子控件

在 onLayout()函数中需要一个个布局子控件。由于控件要后移和换行，所以我们要标记当前控件的 top 坐标和 left 坐标。我们先申请下面几个变量：

```
protected void onLayout(boolean changed, int l, int t, int r, int b) {
    int count = getChildCount();
    int lineWidth = 0;//累加当前行的行宽
    int lineHeight = 0;//当前行的行高
    int top=0,left=0;//当前控件的 top 坐标和 left 坐标
    ...
}
```

然后计算每个控件的 top 坐标和 left 坐标，再调用 layout(int left,int top,int right,int bottom) 函数来布局每个控件。代码如下：

```
for (int i=0; i<count;i++){
    View child = getChildAt(i);
    MarginLayoutParams lp = (MarginLayoutParams) child
            .getLayoutParams();
    int childWidth = child.getMeasuredWidth()+lp.leftMargin+lp.rightMargin;
    int childHeight = child.getMeasuredHeight()+lp.topMargin+lp.bottomMargin;

    if (childWidth + lineWidth >getMeasuredWidth()){
        //如果换行
        top += lineHeight;
        left = 0;
        lineHeight = childHeight;
```

```
        lineWidth = childWidth;
    }else{
        lineHeight = Math.max(lineHeight,childHeight);
        lineWidth += childWidth;
    }
    //计算childView的left,top,right,bottom
    int lc = left + lp.leftMargin;
    int tc = top + lp.topMargin;
    int rc =lc + child.getMeasuredWidth();
    int bc = tc + child.getMeasuredHeight();
    child.layout(lc, tc, rc, bc);
    //将left置为下一个子控件的起始点
    left+=childWidth;
}
```

（1）与 onMeasure()函数一样，先计算出当前控件的宽和高。

```
View child = getChildAt(i);
MarginLayoutParams lp = (MarginLayoutParams) child.getLayoutParams();
int childWidth = child.getMeasuredWidth()+lp.leftMargin+lp.rightMargin;
int childHeight = child.getMeasuredHeight()+lp.topMargin+lp.bottomMargin;
```

（2）根据是否要换行来计算当前控件的 top 坐标和 left 坐标。

```
if (childWidth + lineWidth >getMeasuredWidth()){
    //如果换行，则当前控件将放到下一行，从最左边开始，所以left就是0；而top则需要加上
上一行的行高，才是这个控件的top坐标
    top += lineHeight;
    left = 0;
     //同样，重新初始化lineHeight和lineWidth
    lineHeight = childHeight;
    lineWidth = childWidth;
}else{
    // 否则累加值lineWidth,lineHeight 并取最大高度
    lineHeight = Math.max(lineHeight,childHeight);
    lineWidth += childWidth;
}
```

在计算出 top、left 之后，分别计算出控件应该布局的上、下、左、右 4 个点的坐标。

需要格外注意的是 margin 而不是 padding，margin 表示控件之间的间隔。

```
int lc = left + lp.leftMargin;        //左坐标+左边距是控件的开始位置
int tc = top + lp.topMargin;          //同样，顶坐标加顶边距
int rc =lc + child.getMeasuredWidth();
int bc = tc + child.getMeasuredHeight();
child.layout(lc, tc, rc, bc);
```

最后，计算下一个坐标的位置。由于在换行时才会变更 top 坐标，所以在一个控件绘制结束时，只需要变更 left 坐标即可。

```
//将left置为下一个子控件的起始点
left+=childWidth;
```

完整的代码如下:

```java
protected void onLayout(boolean changed, int l, int t, int r, int b) {
    int count = getChildCount();
    int lineWidth = 0;
    int lineHeight = 0;
    int top=0,left=0;
    for (int i=0; i<count;i++){
        View child = getChildAt(i);
        MarginLayoutParams lp = (MarginLayoutParams) child
            .getLayoutParams();
        int childWidth = child.getMeasuredWidth()+lp.leftMargin+lp.rightMargin;
        int childHeight = child.getMeasuredHeight()+lp.topMargin+lp.bottomMargin;

        if (childWidth + lineWidth >getMeasuredWidth()){
            //如果换行,则当前控件将放到下一行,从最左边开始,所以left就是0;而top则需要加上上一行的行高,才是这个控件的top坐标
            top += lineHeight;
            left = 0;
            //同样,重新初始化lineHeight和lineWidth
            lineHeight = childHeight;
            lineWidth = childWidth;
        }else{
            lineHeight = Math.max(lineHeight,childHeight);
            lineWidth += childWidth;
        }
        //计算childView的left、top、right、bottom
        int lc = left + lp.leftMargin;
        int tc = top + lp.topMargin;
        int rc =lc + child.getMeasuredWidth();
        int bc = tc + child.getMeasuredHeight();
        child.layout(lc, tc, rc, bc);
        //将left置为下一个子控件的起始点
        left+=childWidth;
    }

}
```

第 13 章
控件高级属性

生活何尝不是龟兔赛跑，人人都想当兔子，但现实中大部分人却是乌龟。当乌龟有了梦想后，生活就会变得不一样。

13.1 GestureDetector 手势检测

13.1.1 概述

当用户触摸屏幕的时候，会产生许多手势，如 down、up、scroll、fling 等。

我们知道，View 类有一个 View.OnTouchListener 内部接口，通过重写它的 onTouch(View v, MotionEvent event)函数，可以处理一些 touch 事件。但是这个函数太过简单，如果需要处理一些复杂的手势，使用这个接口就会很麻烦。

Android SDK 给我们提供了 GestureDetector（手势检测）类，通过这个类可以识别很多手势。在识别出手势之后，具体的事务处理则交由程序员自己来实现。

GestureDetector 类对外提供了两个接口（OnGestureListener、OnDoubleTapListener）和一个外部类（SimpleOnGestureListener）。这个外部类其实是两个接口中所有函数的集成，它包含了这两个接口里所有必须实现的函数，而且都已经被重写，但所有函数体都是空的。该类是一个静态类，程序员可以在外部继承这个类，重写里面的手势处理函数。

13.1.2 GestureDetector.OnGestureListener 接口

1. 基本讲解

如果我们写一个类并继承自 OnGestureListener，则会提示有几个必须重写的函数。代码如下：

```
private class gesturelistener implements GestureDetector.OnGestureListener{
    public boolean onDown(MotionEvent e) {
```

```
        // TODO Auto-generated method stub
        return false;
    }

    public void onShowPress(MotionEvent e) {
        // TODO Auto-generated method stub

    }

    public boolean onSingleTapUp(MotionEvent e) {
        // TODO Auto-generated method stub
        return false;
    }

    public boolean onScroll(MotionEvent e1, MotionEvent e2,
            float distanceX, float distanceY) {
        // TODO Auto-generated method stub
        return false;
    }

    public void onLongPress(MotionEvent e) {
        // TODO Auto-generated method stub

    }

    public boolean onFling(MotionEvent e1, MotionEvent e2, float velocityX,
            float velocityY) {
        // TODO Auto-generated method stub
        return false;
    }

}
```

这里重写了 6 个函数,这些函数在什么情况下才会被触发呢?

- onDown(MotionEvent e):用户按下屏幕就会触发该函数。
- onShowPress(MotionEvent e):如果按下的时间超过瞬间,而且在按下的时候没有松开或者是拖动的,该函数就会被触发。
- onLongPress(MotionEvent e):长按触摸屏,超过一定时长,就会触发这个函数。

触发顺序:

onDown→onShowPress→onLongPress

- onSingleTapUp(MotionEvent e):从名字中也可以看出,一次单独的轻击抬起操作,也就是轻击一下屏幕,立刻抬起来,才会触发这个函数。当然,如果除 down 以外还有其他操作,就不再算是单独操作了,也就不会触发这个函数了。

单击一下非常快的(不滑动)Touchup,触发顺序为:

onDown→onSingleTapUp→onSingleTapConfirmed

单击一下稍微慢一点的（不滑动）Touchup，触发顺序为：

```
onDown→onShowPress→onSingleTapUp→onSingleTapConfirmed
```

- onFling(MotionEvent e1, MotionEvent e2, float velocityX,float velocityY)：滑屏，用户按下触摸屏、快速移动后松开，由一个 MotionEvent ACTION_DOWN、多个 ACTION_MOVE、一个 ACTION_UP 触发。
- onScroll(MotionEvent e1, MotionEvent e2,float distanceX, float distanceY)：在屏幕上拖动事件。无论是用手拖动 View，还是以抛的动作滚动，都会多次触发这个函数，在 ACTION_MOVE 动作发生时就会触发该函数。

滑屏，即手指触动屏幕后，稍微滑动后立即松开，触发顺序为：

```
onDown→onScroll→onScroll→onScroll→...→onFling
```

拖动，触发顺序为：

```
onDown→onScroll→onScroll→onFling
```

可见，无论是滑屏还是拖动，影响的只是中间 onScroll 被触发的数量而已，最终都会触发 onFling 事件。

2．示例

要使用 GestureDetector，有四步要走。

（1）创建 OnGestureListener()监听函数。

可以构造实例：

```
GestureDetector.OnGestureListener listener = new GestureDetector.OnGesture
Listener(){
};
```

也可以构造类：

```
private class gestureListener implements GestureDetector.OnGestureListener{
}
```

（2）创建 GestureDetector 实例 mGestureDetector。

构造函数有下面三个，根据需要选择即可。

```
GestureDetector gestureDetector=new GestureDetector(GestureDetector.
OnGestureListener listener);
GestureDetector gestureDetector=new GestureDetector(Context context,
GestureDetector.OnGestureListener listener);
GestureDetector gestureDetector=new GestureDetector(Context context,
GestureDetector.SimpleOnGestureListener listener);
```

（3）在 onTouch(View v, MotionEvent event)中进行拦截。

```
public boolean onTouch(View v, MotionEvent event) {
    return mGestureDetector.onTouchEvent(event);
}
```

(4) 绑定控件。

```
TextView tv = (TextView)findViewById(R.id.tv);
tv.setOnTouchListener(this);
```

下面举例来说明具体用法。首先,在主布局页面中添加一个 TextView,并将其放大到整屏,方便在其上的手势检测。代码如下:

```xml
<RelativeLayout xmlns:android="http://schemas.android.com/apk/res/android"
    xmlns:tools="http://schemas.android.com/tools"
    android:layout_width="match_parent"
    android:layout_height="match_parent"
    tools:context="com.example.gesturedetectorinterface.MainActivity" >

    <TextView
        android:id="@+id/tv"
        android:layout_width="fill_parent"
        android:layout_height="fill_parent"
        android:layout_margin="50dip"
        android:background="#ff00ff"
        android:text="@string/hello_world" />

</RelativeLayout>
```

其次,在 Java 代码中,依据上面的"四步走"原则,写出代码,并在所有的手势下添加日志。代码如下:

```java
public class MainActivity extends Activity implements OnTouchListener{

    private GestureDetector mGestureDetector;

    @Override
    protected void onCreate(Bundle savedInstanceState) {
        super.onCreate(savedInstanceState);
        setContentView(R.layout.activity_main);

        mGestureDetector = new GestureDetector(new gestureListener());

        TextView tv = (TextView)findViewById(R.id.tv);
        tv.setOnTouchListener(this);
        tv.setFocusable(true);
        tv.setClickable(true);
        tv.setLongClickable(true);
    }

    public boolean onTouch(View v, MotionEvent event) {
        return mGestureDetector.onTouchEvent(event);
    }

    private class gestureListener implements GestureDetector.OnGestureListener{
```

```
        public boolean onDown(MotionEvent e) {
            Log.i("MyGesture", "onDown");
            return false;
        }

        public void onShowPress(MotionEvent e) {
            Log.i("MyGesture", "onShowPress");
        }

        public boolean onSingleTapUp(MotionEvent e) {
            Log.i("MyGesture", "onSingleTapUp");
            return true;
        }

        public boolean onScroll(MotionEvent e1, MotionEvent e2,
            float distanceX, float distanceY) {
            Log.i("MyGesture22", "onScroll:"+(e2.getX()-e1.getX()) +"   "+distanceX);
            return true;
        }

        public void onLongPress(MotionEvent e) {
            Log.i("MyGesture", "onLongPress");
        }

        public boolean onFling(MotionEvent e1, MotionEvent e2, float velocityX,
            float velocityY) {
            Log.i("MyGesture", "onFling");
            return true;
        }
    };
}
```

代码很容易理解,就是将控件与 GestureDetector 进行绑定的过程。

13.1.3 GestureDetector.OnDoubleTapListener 接口

1. 构建

有两种方式设置双击监听。

方法一:新建一个类,同时派生自 OnGestureListener 和 OnDoubleTapListener。

```
private class gestureListener implements GestureDetector.OnGestureListener,
GestureDetector.OnDoubleTapListener{
}
```

方法二:使用 GestureDetector.setOnDoubleTapListener()函数设置双击监听。

```
//构建 GestureDetector 实例
mGestureDetector = new GestureDetector(new gestureListener());
```

```
private class gestureListener implements GestureDetector.OnGestureListener{

}

//设置双击监听
mGestureDetector.setOnDoubleTapListener(new doubleTapListener());
private class doubleTapListener implements GestureDetector.OnDoubleTapListener{

}
```

可以看到，无论是在方法一还是在方法二中，都需要派生自 GestureDetector.OnGestureListener。前面我们说过 GestureDetector 的构造函数，如下：

```
GestureDetector gestureDetector=new GestureDetector(GestureDetector.OnGestureListener listener);
GestureDetector gestureDetector=new GestureDetector(Context context,GestureDetector.OnGestureListener listener);
GestureDetector gestureDetector=new GestureDetector(Context context,GestureDetector.SimpleOnGestureListener listener);
```

可以看到，在构造函数中，除后面要讲的 SimpleOnGestureListener()以外的其他两个构造函数都必须是 OnGestureListener 的实例。所以，要想使用 OnDoubleTapListener 的几个函数，就必须先实现 OnGestureListener。

2．函数讲解

先来看一下 OnDoubleTapListener 接口必须重写的三个函数。

```
private class doubleTapListener implements GestureDetector.OnDoubleTapListener{

    public boolean onSingleTapConfirmed(MotionEvent e) {
        // TODO Auto-generated method stub
        return false;
    }

    public boolean onDoubleTap(MotionEvent e) {
        // TODO Auto-generated method stub
        return false;
    }

    public boolean onDoubleTapEvent(MotionEvent e) {
        // TODO Auto-generated method stub
        return false;
    }
}
```

- onSingleTapConfirmed(MotionEvent e)：单击事件，用来判定该次单击是 SingleTap，而不是 DoubleTap。如果连续单击两次，就是 DoubleTap 手势；如果只单击一次，系统等待一段时间后没有收到第二次单击，则判定该次单击为 SingleTap，而不是 DoubleTap，然后触发 SingleTapConfirmed 事件。触发顺序是：onDown → onSingleTapUp →

onSingleTapConfirmed OnGestureListener。有这样一个函数 onSingleTapUp()，它和 onSingleTapConfirmed()函数容易混淆。二者的区别是：对于 onSingleTapUp()函数来说，只要手抬起就会被触发；而对于 onSingleTapConfirmed()函数来说，如果双击，则该函数就不会被触发。

- onDoubleTap(MotionEvent e)：双击事件。
- onDoubleTapEvent(MotionEvent e)：双击间隔中发生的动作。指在触发 onDoubleTap 以后，在双击之间发生的其他动作，包含 down、up 和 move 事件。

在 13.1.2 节例子的基础上，添加双击监听，代码如下：

```java
public class MainActivity extends Activity implements OnTouchListener{

    private GestureDetector mGestureDetector;

    @Override
    protected void onCreate(Bundle savedInstanceState) {
        super.onCreate(savedInstanceState);
        setContentView(R.layout.activity_main);


        mGestureDetector = new GestureDetector(new gestureListener());
        mGestureDetector.setOnDoubleTapListener(new doubleTapListener());

        TextView tv = (TextView)findViewById(R.id.tv);
        tv.setOnTouchListener(this);
        tv.setFocusable(true);
        tv.setClickable(true);
        tv.setLongClickable(true);
    }



    /*
     * 在 onTouch()函数中，我们调用 GestureDetector 的 onTouchEvent()函数，将捕捉到的 MotionEvent 交给 GestureDetector
     * 来分析是否有合适的回调函数来处理用户的手势
     */
    public boolean onTouch(View v, MotionEvent event) {
        return mGestureDetector.onTouchEvent(event);
    }

    //OnGestureListener 监听
    private class gestureListener implements GestureDetector.OnGestureListener{
        ...
    };

    //OnDoubleTapListener 监听
    private class doubleTapListener implements GestureDetector.OnDoubleTapListener{
```

```
            public boolean onSingleTapConfirmed(MotionEvent e) {
                Log.i("MyGesture", "onSingleTapConfirmed");
                Toast.makeText(MainActivity.this, "onSingleTapConfirmed", Toast.
LENGTH_LONG).show();
                return true;
            }

            public boolean onDoubleTap(MotionEvent e) {
                Log.i("MyGesture", "onDoubleTap");
                Toast.makeText(MainActivity.this, "onDoubleTap", Toast.LENGTH_
LONG).show();
                return true;
            }

            public boolean onDoubleTapEvent(MotionEvent e) {
                Log.i("MyGesture", "onDoubleTapEvent:"+e.getAction());
                Toast.makeText(MainActivity.this, "onDoubleTapEvent", Toast.
LENGTH_LONG).show();
                return true;
            }
        };
    }
```

这里将 gestureListener 的代码隐藏掉,不再重复列出。软件运行出来的界面如下图所示。

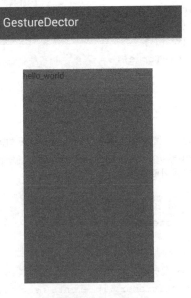

扫码看彩色图

双击所对应的事件触发顺序如下图所示。

```
com.example.harvic.myapplication I/MyGesture: onDown
com.example.harvic.myapplication I/MyGesture: onSingleTapUp
com.example.harvic.myapplication I/MyGesture: onDoubleTap
com.example.harvic.myapplication I/MyGesture: onDoubleTapEvent:0
com.example.harvic.myapplication I/MyGesture: onDown
com.example.harvic.myapplication I/MyGesture: onDoubleTapEvent:1
```

从图中可以看出:

- 在第二次单击时,先触发 onDoubleTap,再触发 onDown。
- 在触发 onDoubleTap 以后,就开始触发 onDoubleTapEvent。onDoubleTapEvent 后面的数字代表当前的事件,0 代表 ACTION_DOWN,1 代表 ACTION_UP,2 代表 ACTION_MOVE。

轻轻单击一下,对应的事件触发顺序如下:

```
onDown→onSingleTapUp→onSingleTapConfirmed
```

13.1.4 GestureDetector.SimpleOnGestureListener 类

SimpleOnGestureListener 类与 OnGestureListener 和 OnDoubleTapListener 接口的不同之处在于:

(1) 这是一个类,在它的基础上新建类,要用 extends 派生,而不能用 implements 继承。

(2) OnGestureListener 和 OnDoubleTapListener 接口里的函数都是被强制重写的,即使用不到也要重写出来一个空函数;而在 SimpleOnGestureListener 类的实例或派生类中不必如此,可以根据情况,用到哪个函数就重写哪个函数,因为 SimpleOnGestureListener 类本身已经实现了这两个接口中的所有函数,只是里面全是空的而已。

下面利用 SimpleOnGestureListener 类来重新实现上面的几个效果,代码如下:

```java
public class MainActivity extends Activity implements OnTouchListener {

    private GestureDetector mGestureDetector;

    @Override
    protected void onCreate(Bundle savedInstanceState) {
        super.onCreate(savedInstanceState);
        setContentView(R.layout.activity_main);

        mGestureDetector = new GestureDetector(new simpleGestureListener());

        TextView tv = (TextView)findViewById(R.id.tv);
        tv.setOnTouchListener(this);
        tv.setFocusable(true);
        tv.setClickable(true);
        tv.setLongClickable(true);
    }
```

```java
    public boolean onTouch(View v, MotionEvent event) {
        // TODO Auto-generated method stub
        return mGestureDetector.onTouchEvent(event);
    }

    private class simpleGestureListener extends
            GestureDetector.SimpleOnGestureListener {

        /*****OnGestureListener 的函数*****/
        public boolean onDown(MotionEvent e) {
            return false;
        }

        public void onShowPress(MotionEvent e) {
        }

        public boolean onSingleTapUp(MotionEvent e) {
            return true;
        }

        public boolean onScroll(MotionEvent e1, MotionEvent e2,
                float distanceX, float distanceY) { ;
            return true;
        }

        public void onLongPress(MotionEvent e) {
        }

        public boolean onFling(MotionEvent e1, MotionEvent e2, float velocityX,
                float velocityY) {
            return true;
        }

        /*****OnDoubleTapListener 的函数*****/
        public boolean onSingleTapConfirmed(MotionEvent e) {
            return true;
        }

        public boolean onDoubleTap(MotionEvent e) {
            return true;
        }

        public boolean onDoubleTapEvent(MotionEvent e) {
            return true;
        }

    }
}
```

从上述代码中可以看出，SimpleOnGestureListener 类内部的函数与 OnGestureListener 和 OnDoubleTapListener 接口中的函数是完全相同的。唯一不同的就是 SimpleOnGestureListener 类内部的函数不必被强制全部重写，用到哪个函数就重写哪个函数；而 OnGestureListener 和 OnDoubleTapListener 是接口，它们内部的函数是必须被重写的。

13.1.5 onFling()函数的应用——识别是向左滑还是向右滑

本小节利用上面的知识实现一个小应用：利用 onFling()函数来识别当前用户是在向左滑还是在向右滑，从而打印出日志。先来看一下 onFling()函数的参数。

```
boolean onFling(MotionEvent e1, MotionEvent e2, float velocityX, float velocityY)
```

参数：

- e1：第一个 ACTION_DOWN MotionEvent。
- e2：最后一个 ACTION_MOVE MotionEvent。
- velocityX：X 轴上的移动速度，单位为像素/秒。
- velocityY：Y 轴上的移动速度，单位为像素/秒。

实现的功能：当用户向左滑动距离超过 100 像素，且滑动速度超过 100 像素/秒时，即判断为向左滑动；向右同理。核心代码是在 onFling()函数中判断当前的滑动方向及滑动速度是不是达到指定值。代码如下：

```java
private class simpleGestureListener extends
        GestureDetector.SimpleOnGestureListener {

    /*****OnGestureListener 的函数*****/

    final int FLING_MIN_DISTANCE = 100, FLING_MIN_VELOCITY = 200;

    // 触发条件：
    // X轴的坐标位移大于FLING_MIN_DISTANCE，且移动速度大于FLING_MIN_VELOCITY 像素/秒
    public boolean onFling(MotionEvent e1, MotionEvent e2, float velocityX,
                float velocityY) {


        if (e1.getX() - e2.getX() > FLING_MIN_DISTANCE
                && Math.abs(velocityX) > FLING_MIN_VELOCITY) {
            // 向左滑
            Log.i("MyGesture", "Fling left");
        } else if (e2.getX() - e1.getX() > FLING_MIN_DISTANCE
                && Math.abs(velocityX) > FLING_MIN_VELOCITY) {
            // 向右滑
            Log.i("MyGesture", "Fling right");
        }
        return true;
    }
}
```

扫码看动态效果图

13.2 Window 与 WindowManager

Window 表示窗口，在某些特殊的时候，比如需要在桌面或者锁屏上显示一些类似悬浮窗的效果，就需要用到 Window。Android 中所有的视图都是通过 Window 来呈现的，不管是 Activity、Dialog 还是 Toast，它们的视图实际上都是附加在 Window 上的。而 WindowManager 则提供了对这些 Window 的统一管理功能。

13.2.1 Window 与 WindowManager 的联系

为了分析 Window 的工作机制，我们需要先了解如何使用 WindowManager 来添加一个 Window。

```
WindowManager manager = (WindowManager) getSystemService(Context.WINDOW_SERVICE);
WindowManager.LayoutParams layoutParams = new WindowManager.LayoutParams
(width,height,type,flags,format);
manager.addView(btn, layoutParams);
```

上面的伪代码看起来非常简单，在构建 WindowManager.LayoutParams 时，其中的 type 和 flags 参数比较重要。

flags 参数有很多选项，用来控制 Window 的显示特性。我们来看几个常用的选项。

```
public static final int FLAG_NOT_FOCUSABLE = 0x00000008;
```

表示此 Window 不需要获取焦点，不接收各种输入事件，此标记会同时启用 FLAG_NOT_TOUCH_MODAL，最终事件会直接传递给下层具有焦点的 Window。

```
public static final int FLAG_NOT_TOUCH_MODAL = 0x00000020;
```

自己 Window 区域内的事件自己处理；自己 Window 区域外的事件传递给底层 Window 处理。一般这个选项会默认开启，否则其他 Window 无法收到事件。

```
public static final int FLAG_SHOW_WHEN_LOCKED = 0x00080000;
```

可以让此 Window 显示在锁屏上。

type 参数是 int 类型的，表示 Window 的类型。Window 有三种类型：应用 Window、子 Window 和系统 Window。应用 Window 对应着一个 Activity。子 Window 不能独立存在，它需要附属在特定的父 Window 中，比如 Dialog 就是一个子 Window。系统 Window 是需要声明权限才能创建的，比如 Toast 和系统状态栏都是系统 Window。

Window 是分层的，层级大的 Window 会覆盖在层级小的 Window 上面。

- 应用 Window 的层级范围：1~99。
- 子 Window 的层级范围：1000~1999。
- 系统 Window 的层级范围：2000~2999。

type 参数就对应这些数字。如果想让 Window 置于顶层，则采用较大的层级即可；如果是系统类型的 Window，则需要在 AndroidMenifest.xml 中配置如下权限声明，否则会报权限不足的错误。

```
<uses-permission android:name="android.permission.SYSTEM_ALERT_WINDOW" />
```

WindowManager 提供的功能很简单，常用的只有三个方法，即添加 View、更新 View 和删除 View。这三个方法定义在 ViewManager 中，而 WindowManager 继承自 ViewManager。

```
public interface WindowManager extends ViewManager {

public interface ViewManager
{
    public void addView(View view, ViewGroup.LayoutParams params);
    public void updateViewLayout(View view, ViewGroup.LayoutParams params);
    public void removeView(View view);
}
```

WindowManager 操作 Window 的过程更像在操作 Window 中的 View。

13.2.2 示例：腾讯手机管家悬浮窗的小火箭效果

比如腾讯手机管家悬浮窗的小火箭效果，可以随着手指移动，而且在到达一定位置后将触发特定操作（清理手机内存）。

扫码看动态效果图

下面我们来看一个悬浮窗的例子：单击按钮，将一个 ImageView 添加到顶层窗口中，并且可以随手指移动；当最后单击移除时，从屏幕上消失。

扫码看动态效果图

效果图中演示的是在 SDK API≥23 时的情况，打开时，首先申请权限，然后进入界面。

首先，在布局中添加两个按钮（activity_main.xml）。

```
<?xml version="1.0" encoding="utf-8"?>
<LinearLayout xmlns:android="http://schemas.android.com/apk/res/android"
    xmlns:app="http://schemas.android.com/apk/res-auto"
```

```xml
    xmlns:tools="http://schemas.android.com/tools"
    android:layout_width="match_parent"
    android:layout_height="match_parent">

    <Button
        android:id="@+id/add_btn"
        android:layout_width="wrap_content"
        android:layout_height="wrap_content"
        android:text="add view"/>

    <Button
        android:id="@+id/rmv_btn"
        android:layout_width="wrap_content"
        android:layout_height="wrap_content"
        android:text="remove view"/>

</LinearLayout>
```

其次，在 onCreate()函数中进行初始化。

```java
public class MainActivity extends Activity implements View.OnTouchListener, View.OnClickListener {

    private static final String TAG = "TestActivity";

    private Button mCreateWndBtn,mRmvWndBtn;

    private ImageView mImageView;
    private WindowManager.LayoutParams mLayoutParams;
    private WindowManager mWindowManager;

    @Override
    protected void onCreate(Bundle savedInstanceState) {
        super.onCreate(savedInstanceState);
        setContentView(R.layout.activity_main);

        initView();
    }

    private void initView() {
        mCreateWndBtn = (Button) findViewById(R.id.add_btn);
        mRmvWndBtn = (Button)findViewById(R.id.rmv_btn);
        mCreateWndBtn.setOnClickListener(this);
        mRmvWndBtn.setOnClickListener(this);

        mWindowManager = (WindowManager) getApplicationContext().getSystemService(Context.WINDOW_SERVICE);
    }
}
```

最后，在单击 add view 按钮时，利用 mWindowManager.addView()函数将图片添加到

Window 的顶层；在单击 remove view 按钮时，利用 mWindowManager.removeViewImmediate() 函数将顶层图片移除。

```java
public void onClick(View v) {
    if (v.getId() == R.id.add_btn) {
        mImageView = new ImageView(this);
        mImageView.setBackgroundResource(R.mipmap.ic_launcher);

        mLayoutParams = new WindowManager.LayoutParams(
                WindowManager.LayoutParams.WRAP_CONTENT, WindowManager.LayoutParams.WRAP_CONTENT, 2099,
                WindowManager.LayoutParams.FLAG_NOT_TOUCH_MODAL
                        | WindowManager.LayoutParams.FLAG_NOT_FOCUSABLE
                        | WindowManager.LayoutParams.FLAG_SHOW_WHEN_LOCKED
                ,
                PixelFormat.TRANSPARENT);
        mLayoutParams.type = WindowManager.LayoutParams.TYPE_SYSTEM_ERROR;
        mLayoutParams.gravity = Gravity.TOP | Gravity.LEFT;
        mLayoutParams.x = 0;
        mLayoutParams.y = 300;
        mImageView.setOnTouchListener(this);
        mWindowManager.addView(mImageView, mLayoutParams);
    }else if (v.getId() == R.id.rmv_btn){
        mWindowManager.removeViewImmediate(mImageView);
    }
}
```

这里需要注意，在添加 Window 时，其实我们只是将 ImageView 利用 WindowManager 的 LayoutParams 添加到 WindowManager 中，从而可以看出，Window 只是一个虚拟概念，真正添加到 WindowManager 中的其实是 View。从代码中可以看出，对添加的 ImageView 实施了 onTouch 监听。

当触摸事件到来时，让 ImageView 随手指移动即可。

```java
public boolean onTouch(View v, MotionEvent event) {
    int rawX = (int) event.getRawX();
    int rawY = (int) event.getRawY();

    switch (event.getAction()) {
        case MotionEvent.ACTION_MOVE: {
            mLayoutParams.x = rawX;
            mLayoutParams.y = rawY;
            mWindowManager.updateViewLayout(mImageView, mLayoutParams);
            break;
        }
        default:
            break;
    }
    return false;
}
```

另外,千万别忘了,我们利用 WindowManager.LayoutParams.TYPE_SYSTEM_ERROR 添加的系统 Window,需要在 AndroidManifest.xml 中添加权限申请。

```xml
<manifest xmlns:android="http://schemas.android.com/apk/res/android"
    package="com.example.harvic.movewindow">
    <uses-permission android:name="android.permission.SYSTEM_ALERT_WINDOW"/>

    <application
        android:allowBackup="true"
...
</manifest>
```

需要注意的是,在 SDK API≥23 时,不仅需要在 AndroidManifest.xml 中添加权限申请,也需要在代码中动态申请。这就需要在桌面上创建图标前,先判断当前 SDK 的版本,如果大于 23,则需要弹出权限申请窗口。

```java
protected void onCreate(Bundle savedInstanceState) {
    super.onCreate(savedInstanceState);
    setContentView(R.layout.activity_main);

    if(Build.VERSION.SDK_INT >= Build.VERSION_CODES.M) {
        Intent myIntent = new Intent(Settings.ACTION_MANAGE_OVERLAY_PERMISSION);
        startActivityForResult(myIntent,100);
    }else {
        initView();
    }
}
```

然后利用 onActivityResult() 函数接收结果,并重新初始化。

```java
protected void onActivityResult(int requestCode, int resultCode, Intent data) {
    super.onActivityResult(requestCode, resultCode, data);

    if (requestCode == 100) {
        initView();
    }
}
```

上面的代码就实现了添加顶层 Window 和移除顶层 Window 的功能。在理解了这个示例的基础上,腾讯手机管家悬浮窗的小火箭效果就不难实现了。

反侵权盗版声明

电子工业出版社依法对本作品享有专有出版权。任何未经权利人书面许可，复制、销售或通过信息网络传播本作品的行为；歪曲、篡改、剽窃本作品的行为，均违反《中华人民共和国著作权法》，其行为人应承担相应的民事责任和行政责任，构成犯罪的，将被依法追究刑事责任。

为了维护市场秩序，保护权利人的合法权益，我社将依法查处和打击侵权盗版的单位和个人。欢迎社会各界人士积极举报侵权盗版行为，本社将奖励举报有功人员，并保证举报人的信息不被泄露。

举报电话：（010）88254396；（010）88258888
传　　真：（010）88254397
E-mail: dbqq@phei.com.cn
通信地址：北京市万寿路 173 信箱
　　　　　电子工业出版社总编办公室
邮　　编：100036